懂專利才能擁有突破低薪的競爭力

卓胡誼 編著

U0068985

全華圖書股份有限公司

國家圖書館出版品預行編目資料

懂專利才能擁有突破低薪的競爭力 / 卓胡誼編著.
-- 五版. -- 新北市：全華圖書股份有限公司,
2022.06
面；　公分
ISBN 978-626-328-206-3(平裝)

1.CST: 專利

440.6　　　　　　　　　　　　　111007642

懂專利才能擁有突破低薪的競爭力

作者 / 卓胡誼

發行人 / 陳本源

執行編輯 / 張繼元

出版者 / 全華圖書股份有限公司

郵政帳號 / 0100836-1 號

印刷者 / 宏懋打字印刷股份有限公司

圖書編號 / 0622404

五版一刷 / 2022 年 06 月

定價 / 新台幣 600 元

ISBN / 978-626-328-206-3(平裝)

全華圖書 / www.chwa.com.tw

全華網路書店 Open Tech / www.opentech.com.tw

若您對本書有任何問題，歡迎來信指導 book@chwa.com.tw

臺北總公司(北區營業處)
地址：23671 新北市土城區忠義路 21 號
電話：(02) 2262-5666
傳真：(02) 6637-3695、6637-3696

南區營業處
地址：80769 高雄市三民區應安街 12 號
電話：(07) 381-1377
傳真：(07) 862-5562

中區營業處
地址：40256 臺中市南區樹義一巷 26 號
電話：(04) 2261-8485
傳真：(04) 3600-9806(高中職)
　　　(04) 3601-8600(大專)

推薦序

運用既有知識經驗轉成智慧

臺灣光復後百廢待舉，靠著人民勤肯的天性與勞力，至六七十年代開始創造了所謂的經濟奇蹟，以便宜的勞動力換取外匯。時至今日，轉型成為以創新研發為主的方法來取代勞力，開啟了用腦袋決定口袋的新時代，充分的以理論與實務相互應用，所謂理論源自於實務，也用之於實務，發明創新旨在改變人類的生活與不便，不一定要是舉世無雙，只要可以解決問題為市場接受的，就是好的發明。

一個好的發明問世應給發明者有相對的保護，以讓發明者可以持續發明與創新。抄襲與仿冒是對發明者最大的傷害，也是最容易扼殺創意的工具，剽竊會使發明者失去信心與動力，不斷的突破、創新研發才是一條肯定自己，尊重別人，永續向前邁進之正確光明康莊大道。

「懂專利才能擁有競爭力」一書的問世也代表著創意的經驗將被傳承，創意與發明絕非天外一筆，是經過無數的嘗試與實驗加上生活上的經驗，不斷的磨合和刺激而迸發出來的想法，再將想法具現化的碩大工程。本書每個章節內容例舉了許多淺顯易懂的案例來說明，可供初學或已從事研發者來參考及防範，不致讓心血白費；卓胡誼教授更不吝分享有關專利的相關知識，以問答習作的方式來加深印象，使讀者在很短時間內就能建立正確的創作觀念與方向，並警惕大家創新發明也潛藏著複雜的風險與危機，是一本相當實用的好書。

讀完全書後，心領神會，可從字裡行間裡獲得更好、更新、更具價值的創意點子，並盡可能地以最少成本投入獲得最多收益產出，讓每一位有志於以智慧活動的個人，能「運用既有知識經驗轉成智慧」，得以實現終生理想願望。

德國 IENA 紐倫堡國際發明展　臺灣代表團　團長

德國 IENA 紐倫堡國際發明展　國際評審委員

高發育　於 2012/11/25

自序

　　　　以　　身　　作　　則

三　　　　　　　　　　　　　　　　為

不　　　　　　　　　　　　　　　　師

朽　　　　　　　　　　　　　　　　者

立　　　　　　　　　　　　　　　　傳

功　　　　　　　　　　　　　　　　道

立　　　　　　　　　　　　　　　　授

德　　　　　　　　　　　　　　　　業

立　　　　　　　　　　　　　　　　解

言　　　　　　　　　　　　　　　　惑

v

人生在世短短幾十年，往生之後，有誰還記得曾經有一個如此的生命存在過？

想要永垂不朽，必得留下讓後世難以忘懷的事蹟，才能讓人永遠感恩與懷念。

建立偉大的功績(立功)、樹立令人景仰的典範(立德)與闡述睿智的理念(立言)，

所謂的三不朽，是古聖先賢之所以能夠萬古流芳，化瞬間為永恆的三種途徑。

老師是最特殊的一種職業，能影響最多人，所造成的影響也最深遠，最長久。

解答課業上的問題(解惑)、傳授專業技能(授業)與傳播做人處事的道理(傳道)，

春風化雨，以身作則，就彷彿在學生不斷的成長中，讓自己不斷重生與延續。

本書原書名爲「懂專利才能擁有突破 22K 的競爭力」，在這個強調跨領域與創新的時代，提供一個自我提升的途徑。前次對部分內容進行改版，並將書名改爲「懂專利才能擁有突破低薪的競爭力」，以符合最低工資調漲超過 22K 的事實。

　　本次改版重點：

1. 第 5 章與第 6 章圖片放大。

2. 第 8 章因專利檢索系統的網頁變動，而配合更新。

3. 第 13 章著作權，增加畢業音樂會表演曲目是否需取得授權的說明。

宏達電的股價曾經高達每股 1220 元，但是後來手機製造侵犯專利權而必須賠償高額權利金，導致轉盈為虧，股價崩跌到每股 46 元，最後甚至將手機部門出售。

　　所以，並不是產品的品質好，功能強就會賺錢，避免踩到專利地雷是研發時必須謹慎面對的功課，否則將會血本無歸！

　　中國與美國的貿易戰對世界局勢造成重大影響，其中一個爭執的重點就是智慧財產權(專利權、商標權、著作權、營業秘密權)，希望本書能有助於讀者認識智慧財產權，能在這一波經濟動盪中，找到化危機為轉機的契機，讓自己能逆風高飛，成功再上一層樓！

國立高雄科技大學電機系教授

卓胡誼敬筆

2022.05.

編輯大意

「系統編輯」是我們的編輯方針，我們所提供給您的，絕不只是一本書，而是關於這門學問的所有知識，它們由淺入深，循序漸進。

本書以生活化的題材來介紹『專利』，並引用一些小故事讓讀者了解『發明與專利制度』的重要性，加深對專利權的印象。作者亦期待能以此書協助讀者具備專利基本知能，進而提升競爭力，擺脫低薪的困境，進而開創美好的人生。本書適合各大專院校及相關工程師使用，也適合做為通識課程"智慧財產權概論"的教材，是一本具有學習及參考價值之專業用書。

編輯大意

目錄

如何成為發明家 3-1

迴避設計 4-1

專利申請書的撰寫原則 5-1

專利說明書的撰寫原則 6-1

CHAPTER 7 申請專利範圍的其他撰寫注意事項 7-1

研發案例 10-1

商標權概論 11-1

發明的重要認知與專利制度的重要性

每個人都希望能成功，但是在進行研發時應該具有那些重要的認知，才能促進研究發明的成功？另一方面，專利制度的存在對於研發活動的進行有甚麼影響？本章將介紹研發時，應該具有的重要認知與專利制度存在的重要性。

1-1　成功與失敗只在一念之差　　IQ

有一天，魯班與同村的魯肉腳一起去爬山，經過一段山路，被路旁的植物割傷。

魯肉腳回家後愈想愈生氣，於是帶了一把刀，到那段山路，對著長滿會割傷人的植物狂砍洩憤，卻被會割傷人的植物割得遍體鱗傷，最後因細菌感染，一命嗚呼。

魯班回家後，望著疼痛的傷口想著：柔弱的樹葉怎麼能夠割傷人呢？而且傷口竟然是一條細細的直線，於是決定到那段山路一探究竟，發現原來會割傷人的植物樹葉邊緣不是平滑的，而是一個接著一個的小尖刺。

由於當時要將大塊木頭分成小塊，必須用斧頭拼命砍，不但費時、費力，而且分段處極不平整，又浪費很多木料。望著手上又細又直的傷口，忽然靈機一動，何不用這種會割傷人的樹葉來分開木材。但是很可惜，失敗了。魯班又想，為什麼失敗，是因為樹葉太軟吧，那改成用木片模仿樹葉有尖刺的邊緣再試試，結果還是失敗了。魯班再想，為什麼還是失敗，是因為木片還是不夠堅硬吧，於是找來鐵匠用金屬片模仿樹葉有尖刺的邊緣再試試看，結果不但可以輕易把大塊木頭分成小塊，而且分段處只是一條極為平整的細線，被浪費的木料非常少。所以，鋸子就被發明成功，進而流傳至今。

魯班與魯肉腳，同時遇上同一件事，但是只因一念之差，一個成功而一個失敗。

冷靜、細心、觀察入微、迅速掌握重點、深入探究原因、善於聯想、能將缺點轉化為優點與不斷更新改良是成功發明家必備的特質。

 題外話時間

在遠古時代，新技術的發明往往成為部族興衰的關鍵，而新技術的發明人也往往成為部落的首領。

例如人類原本用魚叉站在水中捕魚，每次只能抓到 1 條魚。伏羲氏模仿蜘蛛結網用繩子編成漁網，每次可捕獲幾十尾魚，因食物充足而導致人口暴增，進而成為部族興盛的關鍵。

蚩尤號稱銅頭鐵骨，事實是發現使用金屬做成頭盔與盔甲，尤其金屬的斧頭大勝當時以石頭製作的斧頭，因此統一中國大陸南部，並往北進攻炎帝部落，炎帝戰敗往北逃，黃帝發明指南車在濃霧中辨別方向，達到以聚集大部隊圍攻敵人分散小部隊，以多打少的優勢，再加上弓箭的射程遠大於長茅與斧頭，每人可攜帶的箭數量多，並以馬車快速移動，因此獲得最後勝利。

🏆 得獎發明介紹

具逃生梯之鐵窗結構獲准專利 156223 號，主要內容為：在鐵窗之框架底部設有一底架，可於發生火災等狀況時，將該底架放下變成逃生梯。政府無能，治安敗壞，讓台灣人必須裝鐵窗把自己像犯人一樣關起來，以防止盜賊入侵，成為沒錢聘請私人保鑣與安裝昂貴保全系統的小老百姓之無奈選擇，卻衍生萬一發生火災逃生困難的問題，本發明讓鐵窗的一部分變成逃生梯，是讓缺點轉變成優點的發明典範。

1-2 失傳或名留千古 🔍

在印刷術發明以前，如果想要把一本書複製一份，必須用毛筆一字一句的抄寫，早期有很多佛教高僧，一生的志願與貢獻，就是把佛經抄寫一遍，讓後人多一套經書可以研讀。用手抄寫速度非常慢，後來發明了雕版印刷的技術，將要複製的文字內容雕刻於木板上，再刷上油墨，印到紙上，類似現在拓碑的方式。雖然比手抄快一些，但是，將文字內容雕刻於木板上非常費時、費工，而且如果其中有一個錯字就必須整塊重刻，非常麻煩。

後來，畢昇發明了活字印刷的技術，以膠泥製成單字，然後在鐵板上放入油臘、松脂與紙灰等原料，再逐字將要複製的文字內容排列好，接著用火在鐵板下燒烤，使油臘、松脂與紙灰等原料熔軟，再以平板按壓，就可以把要複製的文字內容於松脂上形成一個印版，將鐵板由火上移開，切割成單字模的活字塊，等其冷卻固化後，就可刷上油墨，印到紙上。與雕版印刷的技術比較，具有製版快、一個錯字可單獨更換、印完後活字塊可繼續使用、節省人力、物力與時間等優點。但是，很可惜的是，因為難著墨且易損壞，再加上畢昇無官位無力推廣，所以此一創新技術在當時並未獲得重視，最後也就失傳了。

不過，非常幸運的是，當時有一位作家沈括，在其著作「夢溪筆談」中記錄了畢升發明的活字印刷技術。經過兩百多年後，一位發明家名叫王禎，閱讀了「夢溪筆談」中關於活字印刷的記錄，將膠泥製成單字的煩瑣步驟改良成以木頭製成單字，類似現在的印章，只是每個木頭印章上只有一個字，就是所謂的木活字印刷技術。又過了一百多年，華燧又將木活字改良成銅活字，使每個單字印章更堅固耐用。最後再改良成現在的鉛活字印刷技術。

過去，因為書本非常稀少而昂貴，因此，只有貴族才有足夠的財力去讀書，而平民百姓因為不能讀書識字，只能從事勞力的工作，生活艱辛，而且世世代代窮困，永遠難以翻身。可是，由於印刷術的發明，讓書本可以被快速、大量地複製，使書本變廉價，終結了過去只有貴族才能讀書的階級社會制度，使平民百姓也都可以經由書本學習並獲得知識，再運用所獲得的知識大大改善生活與社會地位，突破世代窮困的悲慘命運。而更多人經由書本學習並獲得知識後，也進一步改良與創造更多知識與技術流傳後世，進而促進世界文明飛快進步。畢升、沈括、王禎與華燧等人也因此名留千古。

如果沈括沒有在其著作「夢溪筆談」中記錄畢升發明的活字印刷技術，那麼王禎也無法在經過兩百多年後，將其改良成木活字印刷技術，則印刷術將失傳，人類文明也將倒退數百年。由此可見，一項新發明的技術有沒有被記錄下來，對後世與人類文明可能會發生重大影響。所以，專利制度的一項重要功能就是：確保每件有提出申請的新發明技術都有被詳細記錄下來，並且流傳下去。

 題外話時間

沒有人是一生下來就什麼都懂的，每個人都是經過不斷的學習，才漸漸累積各種知識與技能。但是，如果以前的人沒有留下他們的經驗與智慧，後來的人就沒有東西可學，而必須自己重新摸索，將浪費許多時間與精力。所以，人類的科技與文明是經由不斷累積前人的經驗與智慧而來的。人生在世短短幾十個寒暑，如果只有揮霍享樂，沒有留下任何值得後人感念的事物，豈不是白活了。但是，如果你的發明能夠造福人群，必將萬世流芳。今天，就讓勇於追求夢想的人一起來寫歷史吧！

<u>延　伸</u>：為了避免紙張破損導致資料遺失，因此規定：專利檔案中之申請書件、說明書、申請專利範圍、摘要、圖式及圖說，應由專利專責機關永久保存；其他文件之檔案，最長保存三十年。

前項專利檔案，得以微縮底片、磁碟、磁帶、光碟等方式儲存；儲存紀錄經專利專責機關確認者，視同原檔案，原紙本專利檔案得予銷毀；儲存紀錄之複製品經專利專責機關確認者，推定其為真正。

 得獎發明介紹

波浪發電裝置之進階改良

　　波浪發電裝置之進階改良獲准專利 M309014 號，如圖 1-1，主要內容為：早期的波浪發電裝置係將波浪上下或左右的動能，先轉換成水的位能、水壓或氣壓，再以旋轉式發電機轉換成電能，因層層轉換而耗損大，效率低於 5.7%。而且波浪發電裝置主體大多浸泡於海水中，不但防蝕、施工與電力傳輸到岸上困難，當遭遇颱風、海嘯等巨浪襲擊，非常容易遭受嚴重破壞。

　　中華民國發明專利第 I277274 號、美國發明專利 7012340 號，以及英國發明專利 GB2402557 號，改以浮體(81)經由槓桿(86, 87)帶動磁鐵(88)，直接將波浪能轉換成電能，使效率提升。但是，浮體與波浪發電裝置主體之間係以一根槓桿連結，因為一根槓桿的長度有限，造成波浪發電裝置主體雖然位於岸上，可是仍然很靠近海岸，依然很容易遭受嚴重破壞。而且波浪變化速度緩慢，一根槓桿的加速有限，使效率的提升依然受到很大的限制。

　　台灣新型專利第 M298646 號，改良成多組槓桿(86, 87)與滑輪(83, 84, 85)，不但使發電裝置主體(89)遠離海岸，而且使加速的效果更好，效率達 30%，接近火力發電或核能發電的效率(約 32%)，使波浪發電可以符合商業運轉需求。

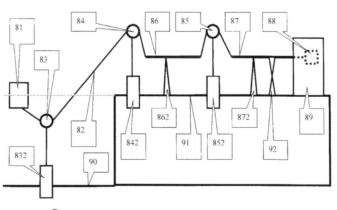

▲ 圖 1-1　波浪發電裝置之進階改良

1-3　不斷創新研發或血本無歸　　🔍

人類雖然找到將鐵熔化鑄成刀劍的方法，可是一般的刀劍卻很容易在劈砍時受損斷裂。因此一把可以將對手的刀劍砍斷，自身卻毫髮無傷，削鐵如泥的寶劍，成為世人夢寐以求的神兵利器，因為這將是能否戰勝敵人、保家衛國及攸關生死的致命關鍵。

帝王夢想擁有削鐵如泥的寶劍，下令鑄劍世家限期完成鑄劍任務，否則滿門抄斬，眼看期限將至，鑄劍大師的妻子跳入爐中希望獲得神明的憐憫，好讓家人能倖免於難，結果竟然真的造出寶劍，從此留下以活人獻祭可造出寶劍的秘方。

以活人獻祭實在太殘忍，後來請求神明憐憫，改以動物獻祭，結果依然可以造出寶劍，從此免除了以活人獻祭的殘忍行為。

後來發生飢荒，飢腸轆轆的鑄劍人再次懇求神明憐憫，先將獻祭牛羊的肉供差點餓死的家人食用之後再以骸骨獻祭，結果依然可以造出寶劍，從此發現只要用獸骨即可鑄出寶劍。直接投入獸骨容易使鑄造寶劍的秘方被竊，所以，事先將獸骨磨成粉，則想偷學者因不知道該神奇粉末的成分而難以偷學。

<u>延　伸</u>：骨中含鎂，加入生鐵中可達脫硫效果，使脆易斷的生鐵增加韌性，不易斷。

假設鑄劍世家林獨門經過祖孫三代，歷經六十年不斷嘗試，投入黃金五百兩與無數心血，終於找出在熔化的鐵中加入獸骨的秘方，使林家寶劍成為各國爭相搶購的熱門商品。林獨門倚靠此一獨門秘方，短短兩年，賺進黃金一百兩。原本希望繼續靠此獨門秘方將祖孫三代投入的黃金五百兩賺回來，並期望賺進更多資金，可以繼續研發更厲害的鑄劍技術。

不料，鑄劍工人黃偷雞、李狗盜、張隔牆與王有耳等人心懷不軌，聯手偷得林獨門祖孫三代辛苦研發的鑄劍神奇粉末一大袋，之後黃偷雞、李狗盜、張隔牆與王有耳等人各自開起了鑄劍坊，因為少了當初研發的黃金五百兩開銷，使他們能以更低的價格賣出寶劍而奪去大多數的客戶，逼使林獨門只好關門大吉。

因為當初研發的黃金五百兩只賺回黃金一百兩，林獨門血本無歸，心灰意冷，鑄劍世家從此不再研發鑄劍技術。而黃偷雞、李狗盜、張隔牆與王有耳等人只會依樣畫葫蘆，根本沒有研發鑄劍技術的能力，結果造成鑄劍技術從此停滯不前。

1

　　如果有了專利制度，由政府給予林獨門二十年的專賣權利，二十年內只有林獨門可以使用此一鑄劍的獨門秘方，其他人若偷用，將會受到政府的處罰，而二十年後則開放任何人使用。則林獨門將可在擁有專賣權利的二十年內，倚靠此一獨門生意，在沒有競爭者的情況下，將當初研發的黃金五百兩全部賺回來，並進一步賺到更多錢。如此，林獨門可以有更多資金與意願投入鑄劍技術或其他技術的後續研發，而其他人也可在二十年後共享此一技術。

　　所以專利制度可以給發明人適度保障，並獲得更多研發資金，使有研發能力的人樂於繼續研發，促使社會不斷進步。避免有研發能力的人因仿冒者惡性競爭，血本無歸，心灰意冷，使各項技術停滯不前，讓社會失去進步的動力。

 得獎發明介紹

求救空飄氣球結構

　　求救空飄氣球結構獲准專利 145241 號。登山發生山難時經常找不到等待救援者身在何處，本發明以螢光氣球與螢光繩讓等待救援者於日夜都能明顯標示自身所在位置，方便救援，成為登山或到野外者的一種簡易有效的安全配備。每次發生山難總是耗費大量人力、物力與時間，甚至延誤救人時機，建議政府應規定登山客在辦理入山證時，強制要求攜帶此求救空飄氣球，將可於萬一發生山難時，節省大量人力、物力與救援所需時間。

1-4　善心與黑心

　　瘟疫流行，奪走許多人命，還不斷傳染擴散，群醫束手無策，尋找瘟疫解藥成為避免大滅絕的當務之急。施耀黔經過一番努力，成為首先找到瘟疫解藥的人。原本眾人以為老天有眼，終於有人找到瘟疫解藥，這下子大家有救了。沒想到，施耀黔仗勢著大家都必須靠此瘟疫解藥救命，而這唯一能救命的瘟疫解藥又只有他施耀黔才有得賣，竟然獅子大開口，一帖瘟疫解藥要價黃金五十兩，還不准討價還價。雖然瘟疫解藥貴到嚇死人，但是只有窮人才會真的因為買不起瘟疫解藥而死。對那些家財萬貫的達官貴人而言，他們的命當然不只區區黃金五十兩。所以施耀黔因為賣瘟疫解藥賺翻

了，卻使那些可憐、廣大的窮苦百姓，只能怨天尤人，悲嘆自己的一條賤命原來竟不值黃金五十兩。

施耀黔首先找到瘟疫解藥，若有一顆善心，原本可救活無數人命，將可受到眾人景仰，留芳萬世。不料，這施耀黔卻有著一顆死要錢的黑心，寧可眼睜睜看著眾人病死，也不肯放棄賣瘟疫解藥的暴利。施耀黔雖然賺到金山銀山，但是這金山銀山卻埋藏著成千上萬買不起瘟疫解藥病死冤魂的怨念，詛咒著施耀黔與他的子子孫孫。

如果有了專利制度，為了感謝施耀黔找到瘟疫解藥，並彌補其為了找瘟疫解藥付出的時間、金錢與心力，也希望施耀黔以後可以繼續研發新藥，政府最多給予施耀黔瘟疫解藥二十年的專賣權利，二十年後則開放任何人使用。萬一這施耀黔黑心死要錢，專利制度還有強制授權的規定，可由政府直接授權其他人產製瘟疫解藥，避免無辜百姓受害。

> 朱門酒肉臭路有凍死骨，顯露私心的淪喪與失敗；
> 有能力去幫助許多的人，才能證明你是真的成功；
> 名車豪宅只能裝飾表面，無法填補你內心的空虛；
> 幫助別人使其展露笑容，幸福將感染充滿你的心。

 ## 題外話時間：牛痘發明人詹納

18 世紀當時全球科技最發達的英國有六分之一的出生人口死於天花，10 歲以下死亡的兒童中有三分之一死於天花，全球都對天花束手無策。

人痘接種法是將天花患者痘痂粉末送入未受感染者鼻中而獲得免疫，較不安全，有些未受感染者反而因此而死亡，死亡率較高，所以難以全面推廣。

詹納發現擠牛奶女工與馬伕極少染天花，原來牛也會得天花並於乳房長牛痘，擠牛奶女工會被傳染牛痘，但因為是牛傳人所以症狀輕，此後就對天花免疫。馬踵炎有類似情況因而使馬伕對天花免疫。

詹納因此發明牛痘，並開始宣稱可治療天花，但當時連御醫都對天花束手無策，故一個鄉下醫生宣稱可治療天花，被英國皇家學會認為他是沽名釣譽的騙子，教會也因其將牛的痘痂粉末送入人體而將其視為魔鬼化身，詛咒他下地獄！

但詹納說：走自己的路，讓別人去說吧！

詹納的助手伍德維爾發現牛痘接種者(人)可以傳染天花給未受感染的牛，找到可大量生產牛痘疫苗的方法，陸續救了許多人。

1802 與 1807 年英國政府因為已經救了很多人而確認此法確實有效，不但不再罵詹納是騙子，反而頒發 1 萬與 3 萬英鎊以便讓他能救更多人。後來英國政府還在倫敦成立皇家詹納學會推廣此技術。此技術陸續傳到世界各國拯救無數人命，後來連當時和英國交戰的法國拿破崙都稱其為人類的救星。

1980 年 5 月 8 日世界衛生組織宣佈天花絕跡。

詹納的墓碑刻有以下文字：碑石的後面是人類偉大的名醫，不朽的詹納的長眠之地，他以畢生的睿智為半數以上的人類帶來生命和健康，讓所有被拯救的兒童都來歌頌他的偉大功業，將其英名永記心中！當時英國有六分之一的出生人口死於天花，10 歲以下死亡的兒童中有三分之一死於天花，如果沒有詹納，今天可能有三分之一的人是不存在的！或許你我就是被救下的那三分之一，靠的就是詹納的善心。

 題外話時間

不藏私，將自身努力獲得的經驗與智慧傳承下去，讓後世的人可因此而更便利，過更好的生活，這正是人存在的價值。所謂三不朽，立功、立德、立言，正是此意。

 題外話時間

雖然孔子距今已經兩千多年，但是每年祭孔大典總有人很驕傲的說自己是孔子後人。可是如果你去考證後告知某人是秦檜的子孫，恐怕只會被否認並大罵無聊。岳飛廟前以青銅鑄成秦檜夫婦跪地認錯的銅像，因經常被前去祭拜岳飛的民眾踢打辱罵，而留下「青山有幸埋忠骨，青銅無辜鑄奸臣」的著名詩句。所以，奉勸有心成為發明家的人，<u>專利制度不是要人們去爭名逐利的制度，發明應該源自於善心，以能夠造福人群為目的，而專利，只是要給努力研發造福人群的發明家適當的支持與回報，人在努力賺錢的時候千萬不要不擇手段污穢自己的人格與情操，以免連子孫都覺得羞恥而不願與你沾上邊。</u>

油條的台語為「油炸檜」，因為原本是老百姓痛恨秦檜夫婦害死岳飛，所以用麵粉做成秦檜夫婦的人形，放入油鍋中油炸，取恨不得吃其肉、啃其骨、喝其血之意。但因後來官府查緝，所以不敢再做成人形，只做成兩個長條狀。所以油條都是做成兩條，因為是從油炸秦檜夫婦的典故沿襲下來的。

題外話時間：「個人池與眾生池之向上提升或向下沉淪」

圖 1-2 有一個大的水池，稱為眾生池，在眾生池中有小的水池，稱為個人池。在圖 1-2(a)中顯示由 A 到 Ad 是眾生池的水面高度，由 B 到 Bd 是個人池的水面高度。每個人因前世之行善積德，其個人池的天生水位也將有所不同。

圖 1-2(b)中顯示此人不斷向他人強取豪奪，將眾生池的水不斷汲取到個人池內，表面上看起來好像是使自己個人池由 B 到 Bd 的水面高度不斷增加。可是實際上因為眾生池的水不斷被汲取到個人池，所以，由 A 到 Ad 的眾生池水面高度卻是不斷減少，而個人池乃是依附在眾生池中，隨眾生池水面高度的增減而上升與下降，因此個人池的底部 Bd 將隨眾生池水面高度的減少而下降。

另一方面，當個人池內的水增加時，也會縮短眾生池底部 Ad 與個人池的底部 Bd 的距離，使個人池的底部 Bd 往下降。所以圖 1-2(b)將眾生池的水不斷汲取到個人池內，表面上看起來好像是使自己個人池的水面高度不斷增加。可是實際上由個人池水面 B 到眾生池底部 Ad 的距離卻是不斷減少。也就是說，這個人其實是不斷在向下沉淪。

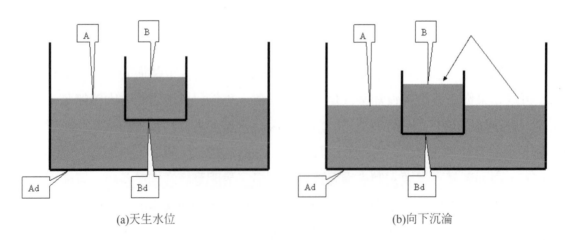

(a)天生水位　　　　　　　　　　(b)向下沉淪

▲ 圖 1-2

圖 1-2(c)中顯示此人不斷幫助他人，將個人池的水不斷汲取到眾生池內，表面上看起來好像是使自己個人池由 B 到 Bd 的水面高度不斷減少。可是實際上因為個人池的水不斷被汲取到眾生池，所以由 A 到 Ad 的眾生池水面高度卻是不斷增加，而個人池乃是依附在眾生池中，隨眾生池水面高度的增減而上升與下降，因此個人池的底部 Bd 將隨眾生池水面高度的增加而上升。

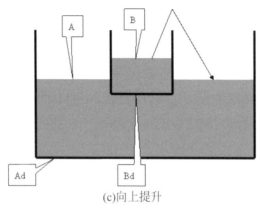

(c)向上提升

🔺 圖 1-2　(續)

另一方面，當個人池內的水減少時，也會增加眾生池底部 Ad 與個人池的底部 Bd 的距離，使個人池的底部 Bd 往上升。所以圖 1-2(c)將個人池的水不斷汲取到眾生池內，表面上看起來好像是使自己個人池的水面高度不斷減少。可是實際上由個人池水面 B 到眾生池底部 Ad 的距離卻是不斷增加。也就是說，這個人其實是不斷在向上提升。

所以，當所有個人都不斷向他人強取豪奪，眾生池的水面高度將快速減少，導致全體向下沉淪；而當所有個人都不斷無私奉獻，眾生池的水面高度將快速增加，促使全體向上提升。不擇手段踩著別人的肩膀往上爬或是不藏私地適時拉別人一把，哪個是得，哪個是失，由「個人池與眾生池之向上提升或向下沉淪」，或許有助於釐清表面的假象與潛藏的真諦。

1-5 　節省研發所需時間與費用 40% 　　　　IQ

　　稻米產量低又常受蟲害，優米公司投入六百萬資金與三年時間，將 30 種稻米品種進行雜交與篩選，終於研發出產量高、蟲害少的稻米品種。

　　良米公司也希望能培養出產量高、蟲害少的稻米品種。如果良米公司也把 30 種稻米品種都進行雜交與篩選，免不了要花費與優米公司相同的六百萬資金與三年時間。

　　而高產米公司、少蟲害米公司、眞好種米公司與好照顧米公司等其他的米公司，如果也希望能培養出產量高、蟲害少的稻米品種，也都把 30 種稻米品種全部進行雜交與篩選，每家公司全部都花費與優米公司相同的六百萬資金與三年時間。這種重複的研發，對米公司與整體人類的資源而言，都是可以避免的浪費。

　　如果有了專利制度，因為專利制度的一項重要功能就是：確保每件有提出申請的新發明技術都有被詳細記錄下來，並且流傳下去。

　　因此，當優米公司首先研發成功申請專利時，必須將雜交與篩選的方法還有最佳範例寫在專利申請書內，而當該專利資料被公開後，任何人都可以查閱該專利資料。

　　所以只要善用專利資料，良米公司、高產米公司、少蟲害米公司、眞好種米公司與好照顧米公司等其他的米公司，並不需要花費六百萬資金與三年時間把 30 種稻米品種全部進行雜交與篩選。可能只要針對優米公司專利資料內，與最佳範例相近的 10 種稻米品種進行雜交與篩選，只要花費三百萬資金與一年時間就可以達到與優米公司相同的技術水準，將可避免大量重複研發的浪費，將省下的時間與資源用於投入其他研發，使整體人類的資源產生更大的功效，使人類文明更加速進步。

　　相關研究顯示，**懂得善用專利資料，將可節省研發所需時間與費用達 40%**，所以想要成為一個成功的發明家，一定要懂得善用專利資料，才能有效降低研發成本與時間。

　　以下節錄中央通訊社 2014 年 2 月 27 日 "告 104 侵權彭文正獲賠百萬" 的報導供參考：

　　（中央社記者黃意涵台北 27 日電）台大教授彭文正不滿一零四資訊科技公司擅自使用他與學生的「網際網路資訊蒐集方法及裝置」專利，提告求償；法院判賠並不得侵害此專利定讞。

彭文正接受採訪回應，台灣的智慧財產權還停留在「嬰兒期」；What's App 和 Line 被近 200 億美元併購，影響網路產業深遠的網路市調，被侵權 10 年只能求償不到新台幣 200 萬元，「台灣的發明還有智慧財產可言嗎？」

根據判決書指出，彭文正與學生尹相志主張，他們首創研發網路問卷調查系統，可提高資訊蒐集的效率，並於民國 89 年間申請「網際網路資訊蒐集方法及裝置」發明專利獲准，但一零四資訊科技公司（104 人力銀行）卻侵害其專利，擅自使用，請求新台幣 200 萬元的損害賠償。

智慧財產法院審理後，認定 104 人力銀行確有侵權，判決一零四資訊科技公司與負責人連帶賠償 177 萬多元，這部分經最高法院駁回上訴定讞。

另外，最高法院就彭文正等人另求償懲罰性賠償金 300 萬元部分，發回法院更審。

得獎發明介紹

導煙機

導煙機獲准專利 218757 號，如圖 1-3。導煙機由百貨公司出入口以風牆阻止冷氣外流的作法獲得靈感，以ㄇ字型風扇吹出風牆將油煙包圍，讓油煙絕大部分都能被抽油煙機抽走，使媽媽因烹煮得肺癌的機率大幅降低，並獲得龐大商機。

▲ 圖 1-3　導煙機

作者第一次在發明展看到此產品，詢問價格時，廠商稱價格不確定，因為每家的瓦斯爐尺寸不同，需要依照尺寸個別訂做，所以可能需要 2 萬元。

作者被此高價嚇跑了，回家後告訴內人有此發明，但因價格太高買不下手，不料被指責沒良心，連花 2 萬元讓每餐辛苦做飯的內人免除得肺癌保住一條命都不願意，甚至責問難道其一條命不值 2 萬元。所以，有需求者與沒有親身體驗者對價格的感受完全不同。

幾年後作者又在發明展看到此產品，發現價格已降至約 5000 元，原來廠商很聰明，做出 3 個不同尺寸，讓消費者依照自家瓦斯爐尺寸挑選，因為改成量產而非訂做，所以價格得以降低。因此，讓發明產品不必個別訂做，可以量產，使價格親民化，是將發明產品成功商品化的必要步驟。

1-6　有效研發與作虛功　　　🔍

　　早期的照相機裡面有一卷底片，可拍 24~36 張照片，人們等整卷底片都拍完後，將該卷底片取出，送到照相館沖洗，就可看到照片。因此，由拍照到看到照片，中間可能需要等待幾天，甚至幾週的時間。

　　有一位父親，帶著寵愛的小女兒去拍照，父親要求小女兒擺個優美的姿勢拍照，並說待會兒可以看見美美的照片。小女兒很配合地擺出優美的姿勢，可是當拍照完後，卻沒有看到照片。雖然父親解釋必須等整卷底片都拍完，並將該卷底片取出送到照相館沖洗，才可看到照片。但是年幼天真的小女兒並無法了解，只是生氣地跺腳，嘟著小嘴怪罪父親欺騙她。慈愛的父親因為過於寵愛小女兒，並為了實現對小女兒的承諾，絞盡腦汁、努力研發，終於完成拍照後馬上可看到一張照片的「拍立得」照相機。

　　這種拍照後馬上可看到一張照片的照相機立刻造成轟動，而照相業著名的柯達公司為了搶佔商機，也立刻投入生產這種拍照後馬上可看到一張照片的照相機。原本以為投入資金、人力與時間開發出這種拍照後馬上可看到一張照片的照相機之後，從此可以賺進大把銀子。不料卻被拍立得公司一狀告到法院，指控侵犯專利權。由於美國的律師費用高昂，拍立得公司總共花費七十萬美金(約新台幣兩千萬元)的訴訟費，但是法院最後判決，柯達公司必須因侵犯專利權而賠償拍立得公司一億美金(約新台幣三十億元)。

　　在台灣，賠償新台幣三十億元還不會倒閉的公司，恐怕屈指可數。而就算沒有倒閉，至少也被剝了一層皮，必將元氣大傷。所以任何企業在研發產品之前，一定要進行專利調查，確認即將研發的產品沒有侵犯他人的專利權，否則投入大筆資金、人力與時間之後，才發現踩到地雷，被一狀告到法院，指控侵犯專利權，萬一賠償金很高，恐怕傾家蕩產都不夠賠。所以，<u>研發新產品之前，一定要進行詳盡的專利調查，才能確保進行的是有效研發而不是在作虛功。</u>

以下節錄自由時報 2014 年 2 月 10 日 "50 億權利金重擊宏達電雪上加霜" 的報導供參考：

（記者王憶紅／台北報導）宏達電上週六公告以支付權利金方式，與諾基亞就侵權案達成和解，預估宏達電須支付的權利金總額將在 150 億元以上。

法人認為，美國國際貿易委員會(ITC)原預計今(10)日終判，宏達電可能研判敗訴機率高，因此寧可與諾基亞和解。2011 年蘋果支付諾基亞侵權和解金高達 4.3 億歐元(約 178.22 億台幣)，且此次授權範圍還包含 4G LTE，法人認為，宏達電須付出的賠償金總額，會在 150 億元以上。

法人表示，不論一次支付，或按每支手機出貨時支付，對宏達電的營運都是沉重負擔。目前宏達電每出一支手機，就要支付微軟、蘋果兩家公司共約 18 美元的權利金，付給諾基亞的權利金，估算約是每支 7-8 美元，加起來未來每出一支手機，宏達電就要付 25 美元(約新台幣 760 元)的權利金；若以今年大摩預估出貨 1840 萬支計算，宏達電一年支付的權利金高達 139.8 億元。

法人形容，「這像一頭牛剝三層皮」，且這一百多億的權利金，每年都要支付，宏達電今年原本預估就會虧損，再加上權利金負擔加重，營運前景更加悲觀。

瑞銀證券預估，宏達電第一季營收 348.98 億元，虧損 9.16 億元，每股虧損 1.08 元；全年營收 1899.34 億元，每股虧損 1.81 元。

提醒：廠商經此教訓必將迫切需求懂專利之人才！

以下節錄自由時報 2017 年 9 月 21 日 "傳 HTC 手機賣 Google 宏達電今揭曉" 的報導：

宏達電在 2007 年推出 HTC 智慧型手機，與蘋果推出 iPhone 時間相當，一度在美市占率超過蘋果。宏達電在台股兩度站上千元大關；並在 2011 年入選品牌顧問公司 Interbrand 的全球百大品牌第 98 名，以品牌價值 36.05 億美元成為首度進榜全球百大品牌的台灣企業。但因三星等國際大廠加入競爭，且中國智慧型手機品牌崛起夾殺下，市占率從 11% 以上慘跌剩不到 1%，股價也崩跌，去年慘虧近 106 億元、每股虧損 12.81 元，已連兩年賠掉一個股本以上。自 2011 年後，每隔一段時間就會傳出宏達電要賣，至今已不下六次。產銷 HTC 手機品牌的上市公司宏達電，昨晚六時三十一分公告「因有重大訊息待公布」申請今日停牌；市場盛傳宏達電將宣布把手機部門賣給全球網路巨擘 Google(谷歌)。Google 將獲得相關硬體工程資產，宏達電則保有 HTC 品牌，未來專注在虛擬實境(VR)產品 Vive。

推　論：一般廠商稅後淨利大約為 3%～10%，也就是一支賣 1 萬元的手機大約淨賺 300～1000 元，宏達電剛推出 HTC 智慧型手機曾經非常賺錢，股價高達每股 1220 元，但在被告侵犯專利權而須賠償高額專利費(每支 760 元)後，獲利都被專利賠償金吃光了(300 − 760 = − 460)，反而呈現倒賠局面，股價跌到每股

46.05 元，最後不堪虧損，只好把手機部門賣掉。所以，不論技術多好，產品功能多強，過去曾經多賺錢，一旦侵犯專利權敗訴恐將得不償失！

1-7　專利資料庫是尋找商機的寶庫　　　IQ

一件新技術被研發出來，為了避免被競爭對手獲得，最初會處於保密狀態。接下來，為了獲得保障，通常會申請專利。然後，才會考慮是否在期刊、雜誌上發表。最後，通常在幾年之後，才會有人將該項新技術寫成教科書。所以，**大約 80%的新技術，只在專利資料庫找得到，而在其他如期刊、雜誌或教科書等資料庫，則必須等一段時間，甚至幾年之後才能找得到**。

不過有部分技術可能自認為無他人能破解，因此，不申請專利反而能獨佔更久。所以專利資料庫大約能找到 90%的技術，其他 10%的技術，因為沒有申請專利，一直處於保密狀態，所以除了擁有者本身之外，其他人完全無法獲得。不過這些沒有申請專利的技術，萬一被人破解，將因沒有專利的保護，而失去獨佔的優勢。

例如可口可樂的配方，據說該家族已經獨佔此配方超過一百年。

許多產業頭痛的不是沒有生產能力，而是找不到商機在哪裡。因為大約 80%的新技術，只在專利資料庫找得到，而這些新技術之所以被研發出來，還去申請專利，必然是有需求，也就是有市場與商機。那麼，**研究這些新技術的取代方案(迴避設計)、衍生方案(申請新的專利)，還有即將到期的專利(可以開始籌設生產線，等該專利到期後即可合法免費使用，搶佔剩餘市場與商機)，都是藉由專利資料庫尋找商機的重要方法**。

經由對特定領域的專利進行分析，可以了解該領域的主流技術被哪些廠商掌控(主要競爭對手是誰)，技術的發展成熟度(是否還有很大的改善空間值得投入)，技術更新速率(產品生命週期大約有幾年)，專利核准數量較少的技術領域(找尋有發展潛力的技術分析是否適合進行研發)，藉以訂定適當的研發與行銷策略。所以專利資料庫是尋找商機的寶庫，懂得運用專利資料庫才能動燭機先、掌握未來趨勢、提早進行佈局並搶得商機。

1

🏆 **得獎發明介紹**

語音韻律呼拉圈

　　語音韻律呼拉圈獲准專利 142940 號。語音韻律呼拉圈首創顯示轉動時間、次數、計算熱量消耗以及語音輸出的功能，免除健身、瘦身者的無聊感與無成就感，抓住健身與瘦身的龐大商機。

1-8　專利不是法學院學生的專利　🔍

　　許多工科與商科學生都以為專利是法學院學生才要讀的東西，這是嚴重的錯誤認知。依據台灣專利法的規定：

　　發明專利權人，除本法另有規定外，專有排除他人未經其同意而實施該發明之權。

　　物之發明之實施，指製造、為販賣之要約、販賣、使用或為上述目的而進口該物之行為。方法發明之實施，指下列各款行為：

一、使用該方法。

二、使用、為販賣之要約、販賣或為上述目的而進口該方法直接製成之物。

　　發明專利權範圍，以申請專利範圍為準，於解釋申請專利範圍時，並得審酌說明書及圖式。摘要不得用於解釋申請專利範圍。換句話說：**未經專利權人同意就去製造、販賣、使用或進口該專利物品，就會侵犯專利權**。

　　工科與商科學生畢業後，所從事的工作不外乎就是製造、販賣、使用與進口各種物品，稍有不慎，很容易就會侵犯專利權。而任何企業在研發產品之前，一定要進行專利調查，確認即將研發的產品沒有侵犯他人的專利權，並進行專利分析，找尋有發展潛力的技術與市場，訂定適當的研發與行銷策略。

　　所以，**一個只懂得研發的研發工程師，只是最初階的研發工程師**，因為必須有人明確告知要研發的主題，他才知道要做甚麼，可是做出來之後，即使技術再好，如果侵犯別人既有的專利範圍，還是只能等著被告與賠錢。所以這樣的研發工程師只配領最低的薪資。

　　一個看得懂專利資料的研發工程師，則是中階的研發工程師，因為他可以經由分析專利資料，找出目前尚未有專利，但卻可能有潛在市場，值得開發的研發領域，幫老闆與公司開創新商機。可以幫老闆與公司找到可能會賺錢的研發主題，並避開別人既有的專利，擁有這種本領的研發工程師當然有資格要求較高的薪資與職位。

　　但是，如果研發完成沒有申請專利，還是可能會被無須研發成本的仿冒者以低價傾銷擊垮。

　　所以，**一個看得懂專利資料，並且能夠撰寫專利申請書的研發工程師，就是高階的研發工程師**，因為他不但能自行找到值得開發的新商機，還可以進行迴避設計與反迴避設計，為企業創造最大的專利保護空間與利潤，此一跨雙領域、兼具法律與工程專業的人才，正是當今企業渴求的研發人才。

　　這種由尋找有商機又可避開別人既有專利的研發題目，到如何以最好的技術完成開發，然後還可以自行申請專利，將研發工作從頭到尾整個一條龍全包的研發工程師，如果老闆不懂得給更高的職位與薪資，那就只能眼巴巴地看著千里馬被其他公司挖走了。

　　所以，懂專利可以協助求職者擁有突破低薪困境的競爭力！

　　另一方面，一個看得懂專利資料，進而能夠分析出市場所在與行銷策略的企劃人才，也就是跨雙領域、兼具商業與法律專業的人員，才是當今企業渴求的企劃人才。

　　所以，**如何在眾多的求職者中成為幸運的被錄用者；如何在失業的浪潮中免於被裁員；如何在渺茫的升遷機會中被認定你是一匹千里良駒，或許認識專利，可以為工科與商科學生開啟一扇門**。此外，著作權對於文學院的學生；設計專利權對於設計學院的學生而言，也有類似功效。所以，絕對不是法學院的學生才必須懂專利，智慧財產權對所有科系的學生而言，都是必修的基本知識之一。

 ### 題外話時間：「一般大學與科技大學的專利教育」

　　有鑑於跨雙領域、兼具法律與工程專業的人才，正是當今企業渴求的研發人才，以及跨雙領域、兼具法律與商業專業的人員，才是當今企業渴求的企劃人才，國內一般大學的龍頭學校：台灣大學、政治大學、清華大學、交通大學及成功大學等學校；以及科技大學的龍頭學校：台灣科技大學、台北科技大學與雲林科技大學等學校，都特別成立專門的研究所，提供加強的專利教育課程。例如：

台灣大學「科際整合法律學研究所」、政治大學法學院「法律科際整合研究所」、清華大學「科技法律研究所」、交通大學「科技法律研究所」、成功大學「科技法律研究所(碩士班丁組)」、台灣科技大學「專利研究所」、台北科技大學「智慧財產權研究所」、雲林科技大學「科技法律研究所」。

非常值得注意的是，以上的專利相關研究所大多是開設在法律研究所中，可是通常招生對象都不是大學部由法律系畢業的學生，而是招收大學部由理、工、醫、農等相關科系畢業的學生。

國立高雄科技大學「專利師培訓課程」：有別於其他大學將專利教育鎖定在研究所階段，國內科技大學南部的龍頭學校：國立高雄科技大學，在作者的催生之下，首開先河，將專利教育往下延伸到大學階段，在大學部開辦「專利師培訓課程」。因為，**不是只有研究生才會擔任研發工作，事實上，許多大學畢業生也都在企業擔任研發工程師，而大學畢業生依法也可以報考經濟部智慧財產局的專利審查官、專利師與智慧財產法院的專業法官，而工科與商科大學畢業生的工作也會牽涉到許多專利與智慧財產相關議題，所以，大學生也非常需要對專利與智慧財產權有基礎的認知，才能在畢業後避免碰觸專利地雷，並藉由專利擴展工作職能。**

另外，國立高雄科技大學在第一校區還有科技法律研究所。

希望將來「專利課程」能成為理、工、醫、農、商等科系所學生的必修課程，讓缺乏天然資源的台灣，能依靠創新與創意，再造經濟奇蹟！

以下節錄自由時報 2014 年 5 月 7 日" 大立光成功密碼靠專利不靠廉價勞力"的報導供參考：

（記者陳梅英／台北報導）大立光早年也曾因工資低廉赴中國設廠，但二○○五年後，投資重心移回台灣，當時大立光創辦人林耀英也曾評估到越南或印度等地設廠，最後他決定「技術的提升才是根本」，與其到國外重新投入人力、物力及時間，還不如在台灣基地提升技術、拉開與競爭對手距離。

相較台灣不少電子大廠赴中國投資，最後毛利率落得「毛三到四」下場，大立光今年第一季毛利率高達 55.6%，比去年毛利率已跌破四成的蘋果還高出一截；業界更心知肚明，「營收只是面子、良率才是裡子」，大立光在八百萬畫素以上高階鏡頭良率遠高過對手，通吃全球智慧手機大廠高階鏡頭訂單，在手機鏡頭全球市佔率近五成。

林耀英最常掛在嘴上的話是，「不要說大話，just show me(只要做給我看)。」

正因研發及技術是大立光的根本，掌握關鍵技術的僅少數高層，且從零到量產鏡頭分工嚴密、標準化，每個部門都無法瞭解其他部門的工作，就算員工被挖角，完整技術及作業流程也挖不走。目前大立光已累積近五百項鏡頭專利，去年更以強悍的姿態，先後對玉晶光、先進光與三星電子提告，捍衛專利。

 題外話時間

當市場上有許多競爭者，利潤就無法拉高，否則訂單就會流失到競爭廠商。但有專利，則無競爭者，想買手機高階鏡頭只有我的專利技術做得出來，則利潤可拉高到買家可承受之最高極限。所以，最賺錢的廠商幾乎都是專利很多的廠商。

1-9 智慧財產法院與專業法官 IQ

過去，法官都是學法律的，可是當一件有關土木技術的專利侵權訴訟交到法官的手上，由於法官是學法律的，對土木技術一竅不通，所以學法律的法官無法判定該件有關土木技術的專利訴訟是否有侵權，因此往往依賴鑑定機構代為鑑定。可是鑑定機構的專業人員雖然擁有深厚的土木技術專業，卻對專利法欠缺研究。因此，最好的解決方案就是找一位既懂土木技術、又懂專利法的人來擔任法官。

同理，審理有關化學技術的專利案件時，需要既懂化學技術、又懂專利法的人來擔任法官；審理有關醫學技術的專利案件時，需要既懂醫學技術、又懂專利法的人來擔任法官；審理有關電學技術的專利案件時，需要既懂電學技術、又懂專利法的人來擔任法官；審理有關機械技術的專利案件時，需要既懂機械技術、又懂專利法的人來擔任法官。所以，**當專門負責審理智慧財產相關案件的智慧財產法院成立時，就需要許多同時具備智慧財產權與理、工、醫、農等專業背景的專業法官。**

而讓原本學理、工、醫、農等專業領域的人學會智慧財產權相關法規，似乎比讓原本學法律的人學會理、工、醫、農等專業領域來得容易。所以，智慧財產法院的專業法官大多是由原本學理、工、醫、農等專業領域，並兼具智慧財產權法律認知的畢業生所擔任的。由於台灣加入 WTO 後專利申請案與訴訟案暴增，因此，急需大量的專業法官，這將是理、工、醫、農等專業領域畢業生另一個就業的新天堂。

得獎發明介紹

電風扇擺動角度之可調裝置

電風扇擺動角度之可調裝置獲准專利 202444 號。電風扇擺動角度之可調裝置改變傳統電風扇擺動角度固定不可調整的缺點，不論人多人少都能讓電扇吹到每個人，而且不會吹到沒人的地方產生浪費，提高傳統電風扇的便利性與利用率。

1-10　專利師簡介

當發明人自己不懂或沒有時間處理專利事務時，可委託他人代為處理專利事務。這些幫他人代為處理專利事務的人稱為「專利代理人」。

早期，在台灣擔任專利代理人並不需要經過特定的考試，導致台灣的專利代理人素質良莠不齊，嚴重危害發明人的權益。因此，為了維護專利申請人之權益，強化從事專利業務專業人員之管理，台灣在中華民國 96 年 7 月 11 日公布專利師法。明定必須經過專利師考試，取得專利師證照的人，才可以擔任專利代理人，才可以幫別人代為處理專利事務。

未取得專利師證書或專利師證書經撤銷或廢止，除依法律執行業務者外，意圖營利，而受委任辦理或僱用專利師辦理第九條第一款至第四款業務者，處三年以下有期徒刑、拘役或科或併科新臺幣四十萬元以上二百萬元以下罰金。

專利師將其專利師章證或事務所標識提供與未取得專利師證書之人辦理第九條業務者，處二年以下有期徒刑、拘役或科或併科新臺幣二十萬元以上一百萬元以下罰金。

類似醫師執照，為了維護病人的權益，並非任何人都可開業當醫師，也不是醫學院畢業就可以開業當醫師替人看病。必須經過醫師考試，取得醫師證照的人，才可以開業當醫師替人看病，否則就是密醫，是違法的行為，會受到相關處罰。

所以，**專利師與醫師、律師、會計師、建築師、電機技師等必須具備經政府考試認可的專門技術才能勝任該工作的行業一樣，都由考試院的考選部，每年辦理「專門職業及技術人員高等考試」，來決定哪些應考人具備足夠的專門技術。**

依據專利師法：專利師的應考資格為中華民國國民具有下列資格之一者，得應本考試：一、公立或立案之私立專科以上學校或符合教育部採認規定之國外專科以上學校理、工、醫、農、生命科學、生物科技、智慧財產權、設計、法律及資訊管理等相關學院、科、系、組、所、學程畢業，領有畢業證書。二、普通考試技術類科考試及格，並曾任有關職務滿四年，有證明文件。

專利師的考試科目為：一、專利法規。二、專利行政與救濟法規。三、專利審查基準與實務。四、普通物理與普通化學。五、專業英文或專業日文(任選一科)。六、工程力學或生物技術或電子學或物理化學或工業設計或計算機結構(任選一科)。七、專利代理實務。

專利師考古題及測驗題解答可上網至考選部的考畢試題查詢平台，查詢"專利師考試"。

考取專利師後還必須接受職前訓練並加入專利師公會才能正式執業。

以下新聞供參考

專利師考試難王美花盼放寬

（中央社記者黃巧雯台北 2014 年 10 月 14 日電）經濟部智慧財產局長王美花今天表示，台灣專利師考試考科多又難，造成不少人改赴大陸考專利師證照，因此盼國內考試制度能進一步放寬。

經濟部智慧財產局今、明兩天在台北舉行第 7 屆兩岸專利論壇，兩岸產、官、學、研各界人士超過 200 人與會。

王美花表示，台灣專利師考科多又廣，除了專業科目外，還需考國文、民法、物理或化學，相較其他各國僅考 3、4 科，台灣考試科目多達 7 科。

由於門檻高加上考量需兼具實用性，王美花指出，造成考生考試意願降低，近年來報考專利師考試的人數有降低的趨勢，反而報名大陸專利師考試人數增加，今年台灣考生錄取率甚至已達 3 成，歷年累積錄取人數已達 121 人。

相較之下，台灣專利師考試難度高，因此得訂出 10%保證錄取率。

王美花表示，外界反映若專利師考試不調整，很難大幅提升考生考試意願，因此她將向行政院政務委員蔡玉玲反映爭取放寬。

可惜王局長高升成王次長後此案便被擱置了。

得獎發明介紹

可自動剝除蛋殼之機構

可自動剝除蛋殼之機構獲准專利 207591 號，如圖 1-4。幾乎每個便當都會附一顆滷蛋，傳統都是以人工剝除蛋殼，難以應付便當滷蛋龐大的需求量。可自動剝除蛋殼之機構將可解決此一難題。

先前曾爆發橘子果汁完全不含橘子，只是用化學配方調配出橘子的顏色與味道而已。其實，也有傳聞說有些滷蛋不是用爐火長時間將蛋放在肉汁中蒸煮入味，而是浸泡化學藥水來得到滷蛋的顏色與味道。所以，如果滷蛋切開發現蛋白部分完全沒有由外向內漸漸變淡的肉汁顏色，則很有可能是浸泡化學藥水的滷蛋，恐怕有害健康。

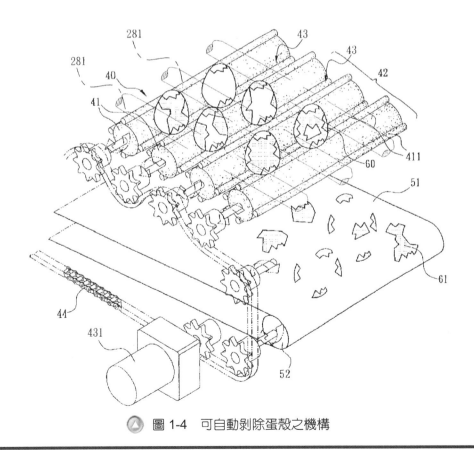

🔺 圖 1-4　可自動剝除蛋殼之機構

1-11　專利審查官簡介　　IQ

在經濟部智慧財產局負責審查專利申請案是否應該核准的人，稱為專利審查官，專利之審查官分為專利高級審查官、專利審查官及專利助理審查官。由於專利審查官是公務人員，因此，由考試院的考選部每年辦理「全國公務人員高等考試」來決定哪些應考人可以擔任專利審查官。

經濟部智慧財產局在民國 98 年約有 160 名專利審查官，由於台灣加入 WTO 後專利申請案暴增，因此急需大量的專利審查官，所以在民國 98 年一舉招聘 60 名專利助理審查官，後來陸續少量招聘，但在民國 100 年又感審查人力嚴重不足，於是在民國 100 年又大舉招聘 170 人，大學畢業每月待遇 4 萬 9 千元，碩士畢業則有 5 萬 1 千元待遇，真是羨煞許多人。

以下為公務人員特種考試經濟部專利商標審查人員考試類科及應試科目，提供有意應考者參考，具有碩士以上學歷者，可報考二等考試；具有學士以上學歷者，可報考三等考試。由於考試類科及應試科目每年均有可能變動，建議報考前再查詢考選部相關公告。

二等考試各類科普通科目均為：一、國文(作文、公文與測驗)。其占分比重，分別為作文占百分之六十，公文、測驗各占百分之二十。二、憲法與英文(各占百分之五十)。

三等考試各類科普通科目均為：一、國文(作文、公文與測驗)。其占分比重，分別為作文占百分之六十，公文、測驗各占百分之二十。二、法學知識與英文(包括中華民國憲法、法學緒論、英文)，採測驗式試題，各子科占分比重，分別為中華民國憲法、法學緒論各占百分之三十，英文占百分之四十。

二等考試部份類科所考之專業科目如下供參考：

電力工程：專利法規(包括專利法及其施行細則、專利審查基準、巴黎公約之專利部分、與貿易有關之智慧財產權協定之專利部分、專利合作條約)、高等電路學、電力電子、電力系統。

電子工程：專利法規(包括專利法及其施行細則、專利審查基準、巴黎公約之專利部分、與貿易有關之智慧財產權協定之專利部分、專利合作條約)、高等電子電路學、半導體元件物理、積體電路製程技術。

控制工程：專利法規(包括專利法及其施行細則、專利審查基準、巴黎公約之專利部分、與貿易有關之智慧財產權協定之專利部分、專利合作條約)、高等電磁學、電力電子、數位邏輯設計。

工業設計：專利法規(包括專利法及其施行細則、專利審查基準、巴黎公約之專利部分、與貿易有關之智慧財產權協定之專利部分、專利合作條約)、產品設計(包括產品功能分析、產品造形分析、操作分析、構想發展)、人因工程(包括人體工學)、創造工學。

電信工程：專利法規(包括專利法及其施行細則、專利審查基準、巴黎公約之專利部分、與貿易有關之智慧財產權協定之專利部分、專利合作條約)、數位通信系統、數位信號處理、高等電磁學。

資訊處理：專利法規(包括專利法及其施行細則、專利審查基準、巴黎公約之專利部分、與貿易有關之智慧財產權協定之專利部分、專利合作條約)、資訊管理與資通安全研究、高等資料庫設計、系統分析與設計。

三等考試部份類科所考之專業科目如下供參考：

商標審查：商標法規(包括商標法及其施行細則、商標審查基準、巴黎公約之商標部分、與貿易有關之智慧財產權協定之商標部分、商標法條約)、行政法、公平交易法、民法總則與物權、行銷學、行政程序法。

土木工程：專利法規(包括專利法及其施行細則、專利審查基準、巴黎公約之專利部分、與貿易有關之智慧財產權協定之專利部分、專利合作條約)、工程力學(包括流體力學與材料力學)、土壤力學(包括基礎工程)、測量學、結構學、鋼筋混凝土學與設計。

電力工程：專利法規(包括專利法及其施行細則、專利審查基準、巴黎公約之專利部分、與貿易有關之智慧財產權協定之專利部分、專利合作條約)、電力電子學、電路學、計算機概論、電機機械、電力系統。

　　電子工程：專利法規(包括專利法及其施行細則、專利審查基準、巴黎公約之專利部分、與貿易有關之智慧財產權協定之專利部分、專利合作條約)、電子學、電路學、半導體製程、固態物理、半導體元件。

　　控制工程：專利法規(包括專利法及其施行細則、專利審查基準、巴黎公約之專利部分、與貿易有關之智慧財產權協定之專利部分、專利合作條約)、電子學、電路學、量測與儀表學、計算機概論、控制系統。

　　電信工程：專利法規(包括專利法及其施行細則、專利審查基準、巴黎公約之專利部分、與貿易有關之智慧財產權協定之專利部分、專利合作條約)、電路學、電子學、數位信號處理、計算機概論、數位通信系統。

　　光電工程：專利法規(包括專利法及其施行細則、專利審查基準、巴黎公約之專利部分、與貿易有關之智慧財產權協定之專利部分、專利合作條約)、光學、電磁學、半導體製程、平面顯示器技術、光電工程導論。

　　資訊工程：專利法規(包括專利法及其施行細則、專利審查基準、巴黎公約之專利部分、與貿易有關之智慧財產權協定之專利部分、專利合作條約)、資料結構(包括資料庫)、計算機網路、離散數學、數位系統導論、計算機結構。

　　藥事：專利法規(包括專利法及其施行細則、專利審查基準、巴黎公約之專利部分、與貿易有關之智慧財產權協定之專利部分、專利合作條約)、藥物化學與生藥學、藥理學、調劑學(包括臨床藥學與治療學)、藥劑學(包括生物藥劑學)、藥事行政與法規。

　　醫學工程：專利法規(包括專利法及其施行細則、專利審查基準、巴黎公約之專利部分、與貿易有關之智慧財產權協定之專利部分、專利合作條約)、生物材料學、生理學、醫療儀器設計與應用、醫用電子學、醫學工程概論。

　　工業設計：專利法規(包括專利法及其施行細則、專利審查基準、巴黎公約之專利部分、與貿易有關之智慧財產權協定之專利部分、專利合作條約)、基本設計、造形原理、產品美學、圖學、創造工學。

　　專利審查官考古題可上網至考選部的考畢試題查詢平台查詢"專利商標審查人員考試"(專利商標特考)。

題外話時間

　　專利審查官是在經濟部智慧財產局負責審查專利申請案是否應該核准的人，所以，專利審查官都很清楚怎樣的撰寫方式可以使專利申請案獲准，怎樣的撰寫方式將會導致專利申請案不能通過。因此，如果由審查案件經驗豐富的專利審查官來撰寫專利申請書，或者在提出專利申請案之前，先請審查案件經驗豐富的專利審查官看一看，有哪些地方寫的不恰當，應該如何修改，則這件專利申請案的核准率自然會比較高。所以，許多人在經濟部智慧財產局擔任專利審查官幾年之後，都成為專利事務所熱門的挖角對象，甚至有許多曾任經濟部智慧財產局專利審查官的人，在幾年之後陸續離職，自行開立專利事務所當老闆。因此，到經濟部智慧財產局擔任專利審查官是創業或跳槽加薪的極佳跳板。

1-12　發明並非天才或擁有高深學識者的專利　🔍

　　許多人有一種錯誤觀念，認為必須是天才或擁有高深學識的人，才能發明創新。當然，的確有許多發明是出自於天才或擁有高深學識的人，可是更多的發明與專利是出自於沒有高學歷的普通人，或是每天操持家務的婆婆媽媽，甚至有些發明是來自於不小心的失誤。

　　高科技的發明有些的確非常值錢，但有些卻是曲高和寡、乏人問津。可是，由使用者親身體驗，因實際需求而引發靈感的各種日常用品相關發明，雖然沒有深奧的學理，但卻往往能引發許多有相同經驗使用者的共鳴，因而大發利市。

　　又例如輪胎的發明，據說是天然橡膠太軟，為了得到較硬的橡膠，通常會加入約3%的碳黑。可是，有一個迷糊的工人，竟然加入 30%的碳黑，差一個零差很多，結果橡膠變得太硬，被老闆狠批一頓。後來卻找到新用途，成為家家戶戶都需要使用的輪胎，迷糊的差不多先生，反而因錯誤使老闆大賺一筆，誰說必須是天才，或擁有高深學識的人，才能成為發明家？

題外話時間

家庭主婦往往是成功的發明家，以下節錄自 2012 年 2 月 23 日天下雜誌網路新聞 – 叛逆主婦變身韓國家電女王就是一個實例。

韓京姬以家庭主婦的同理心，設計了爲女性服務的生活科技產品。短短十年，成爲韓國小家電第一品牌，成爲名列《Forbes》雜誌亞洲最有權力女 CEO，與《華爾街日報》全球五十位最佳女性企業家之一。四十七歲的韓京姬，已是兩個孩子的媽，但做家事的經驗，卻成了韓京姬的人生轉捩點。韓國人回家進門習慣脫鞋子，因此家庭主婦最常做、也最累的家事，就是擦地板。因清潔地板，導致膝蓋、背部的疼痛，促使韓京姬興起發明方便又省力的蒸汽地板清潔機的念頭，減少婦女的痛苦。透過網路商店和電視購物台銷售的蒸汽地板清潔機，由於符合女性需要，口碑逐漸在婦女消費者間傳開。二〇〇四年，韓京姬公司營收只有四‧五億台幣；隔年就暴增到二十五‧五億台幣，成長了四‧六倍。如今韓京姬的地板清潔機和新開發的衣服掛燙機，在韓市佔率已分別高達七五％和七〇％。

1-13　智慧財產培訓學院簡介　　🔍

台灣的專利教育一直付之闕如。在台灣，除了法律系學生修讀專利法規之外，專利原本並不在學校教育的規劃之中。換句話說，絕大多數台灣民眾，在學生時代對專利完全沒有概念。也因此，由學校畢業後進入社會工作時，對專利也是一知半解，毫不重視。所以，只有極少數人因工作需要而自我進修專利相關知識。這種自我進修專利相關知識的情況維持很多年，卻因民間各種專利訓練班收費、課程與教材的紛亂，讓有心進修專利相關知識的人無所適從。

作者在民國 93 年上書總統之後，此一問題受到重視，經濟部智慧財產局於民國 94 年委託臺大法律學院科際整合法律學研究所開辦智慧財產培訓學院，規劃完整的課程、編寫統一的教材(約有六十餘本，每本售價約 200 元~450 元)，並由經濟部智慧財產局補助一半的學費，培育專利人才。

智慧財產培訓學院每年於台灣遴選大約 7~9 個機構，核准開辦專利訓練課程。2012年獲得遴選核准開辦專利訓練課程的機構爲位於北區的全國工業總會、世新大學與國立台灣科技大學，位於中區的逢甲大學，位於南區的成大研究發展基金會與國立高雄第一科技大學，還有位於東區的國立宜蘭大學。

智慧財產培訓學院每年都開辦許多不同班別的專利訓練課程，供不同需求的學員進修，智慧財產局補助後每一班別約 30 小時的專利訓練課程約需繳交 5000 元至 7000元不等的費用。

智慧財產培訓學院的專利訓練課程較常開設的內容約爲：專利法規 6~12 小時，專利程序審查基準及實務 3~6 小時，專利分類及檢索 3~6 小時，專利說明書撰寫及閱讀 6~12 小時，發明專利實體審查基準及實務 6~12 小時，新型專利形式審查基準及實務與新型專利技術報告 3~6 小時，設計專利實體審查基準及實務 3~6 小時，迴避設計3~6 小時，專利申請實務 6~12 小時等。

由於智慧財產培訓學院是由經濟部智慧財產局委託開辦，並補助一半的學費，如果完成受訓並通過考試，可獲得幾乎半官方性質的結訓證書，與其他民間自行開辦的訓練課程所開立之結訓證書比較，更具有公信力，更受業界採認。所以，自開辦以來經常一位難求。

1-14 台灣智慧財產管理規範(TIPS)簡介

台灣智慧財產管理規範(TIPS)是經濟部工業局在民國 97 年委託資策會科技法律中心輔導產業建立智慧財產管理的一種制度，所以，是專門爲企業量身訂做的制度，對以營利爲最高指導原則的企業而言，台灣智慧財產管理規範提供了在專利等智慧財產權的研發過程、費用、授權、維護及推廣等的有效掌控，對協助企業獲利有相當的助益。

當初爲了擴大實施領域，提升推廣業績，也向學校招募加入，不過在說明會後，幾乎所有學校都發現這是一個專門爲企業量身訂做的制度，對以教學爲主要目標的學校並不十分合適。

　　就像貨車是專門用來載貨物的，對貨車載運貨物時定訂詳細的綑綁規範，以防止貨車高速行駛時貨物掉落，是一種必要的措施。然而，計程車是以載人為主要目標，偶而幫客人載幾件小物品，也只要放入行李箱即可，實在沒必要對計程車載運貨物定訂詳細的綑綁規範，否則將是畫蛇添足、徒增困擾。

　　同理，以教學為主要目標的學校和以營利為最高指導原則的企業有許多不同：企業研發人員大多是研發經驗豐富的研發高手，但學校的學生則是完全欠缺研發經驗還在學習的生手；企業研發人員的所有研發相關經費都來自於企業，但學校的研發相關經費經常都必須依賴師生自行籌措；企業研發可長期佈局，追求最高利潤，學校則因學生畢業年限的急迫性，必須於短期內完成；企業擁有完整的產銷網，學校則沒有產銷通路。以上種種差異，造成學校引入台灣智慧財產管理規範，不但不能有效增進學生的學習，反而成為一種綁手綁腳的限制。

　　由當初惟一引入台灣智慧財產管理規範的學校觀察，幾年下來，該校的專利數量毫無起色，也沒有其他學校跟進引入台灣智慧財產管理規範，可得證台灣智慧財產管理規範是專門為企業量身訂做的制度，對企業有其必要性，但對以教學為主要目標的學校則並不十分合適。

 題外話時間

　　學校的主要功能是教學，即使研發，也是讓學生練習為目的，期待一個讓學生練習的研發題目能賺大錢，真是想太多了。其實研發有成的學校，大多是關係良好的老師爭取到大筆經費，聘用研發經驗豐富的研發老手當研究助理做出來的，但教育部不明究理，期待甚至要求所有學校都要靠研發賺大錢，逼老師不重視教學而必須去跟廠商協調以獲取經費！

得獎發明介紹

電動門安全斷電裝置結構

　　電動門安全斷電裝置結構獲准專利 199953 號。過去經常發生小朋友調皮玩電動捲門導致被壓死的意外，本發明於傳統電動門或電動捲門下方加裝管狀柱內導桿，平時以彈簧將接點分開，當有人或車輛擋在電動門或電動捲門下方，將使接點閉合，驅動控制電路使電動門或電動捲門倒轉 10 公分再停下來，方便在電動門或電動捲門下方的人或車輛脫困，避免被壓死或壓壞的意外。

　　其實鐵捲門由馬達驅動，馬達正轉可讓鐵捲門放下，馬達反轉可讓鐵捲門升起，所以任何電機科系的畢業生，應該都很容易做出上述當接點閉合，使電動門或電動捲門倒轉 10 公分再停下來的驅動控制電路。

　　如果發明人想抓仿冒者，至少需聘一個人挨家挨戶去查看該戶是否有在鐵捲門上使用其專利，可能花半年查了一萬家才抓到一家，就算罰個 2 萬元，也只夠付給該負責查緝的員工一個月薪水，根本划不來。

　　萬一該產品是可以關起門在家裡用，則查緝更困難，因為沒有法院核發的搜索票，根本不能隨意進入別人住宅進行查緝，否則會觸犯私闖民宅的罪。

　　所以，通常抓仿冒是抓到某商店公開陳列販售幾百上千個，然後再追其進貨的上游工廠有幾千上萬個，如此才夠支付負責查緝的員工的薪水。

　　建議避免研發可關起門在家裡偷用的專利，否則很容易因查緝困難而血本無歸。

1-15　智慧財產人員能力認證簡介　IQ

　　幫他人代為處理專利事務的人稱為「專利代理人」，台灣在中華民國 96 年 7 月 11 日公布專利師法，明定必須經過專利師考試，取得專利師證照的人，才可以擔任專利代理人，才可以幫別人代為處理專利事務。如果沒有取得專利師證照就幫別人代為處理專利事務，將是違法的。

另一方面，跨雙領域、兼具法律與工程專業的人才，正是當今企業渴求的研發人才；跨雙領域、兼具法律與商業智能的人才，正是當今企業渴求的商業人才。所以有許多人並不需要幫別人代為處理專利事務，只是需要在企業負責專利相關業務。因此，這些人並不需要考專利師，可是卻需要向企業證明他們是有能力在企業負責專利相關業務的。

基於這類需求，經濟部智慧財產局於民國 98 年委託智慧財產培訓學院開辦「智慧財產人員能力認證」，智慧財產培訓學院建構之「智慧財產人員職能基準及能力認證制度」，初步規劃出「智慧財產人員—專利類」的 3 個業務類別：A.專利技術工程類(考專利法規、專利說明書撰寫實作、專利審查基準及實務)、B.專利程序控管類(考專利法規、專利程序審查及專利權管理)、C.專利檢索分析與加值運用類(考專利法規、專利檢索、專利分析加值運用與策略)。未來將視需求及政策，逐年發展其他業務類別。

各考試科目皆為單獨報考，單科成績可保留 3 年，單類別 3 年內全數考試科目皆達通過標準，即可申請授予該類別之證書，共同科目「專利法規」，同時適用於 A、B、C 3 類，於成績有效期內不需重複報考。有報考「專利檢索」者：收取報名基本費 1,800 元，每加報考 1 科加收取報名費 700 元，以此類推。無報考「專利檢索」者：一次報考 1 科收取報名基本費 1,200 元，每加報考 1 科則加收取報名費 700 元，以此類推。

智慧財產人員能力認證考古題及測驗題解答，可上網到智慧財產培訓學院網站之"能力認證"中"專利歷次試題"查詢。

得獎發明介紹

可自行組裝的瓦斯爐開關定時裝置

可自行組裝的瓦斯爐開關定時裝置獲准專利 202208 號。可自行組裝的瓦斯爐開關定時裝置讓烹調者可設定時間自動關閉瓦斯，不必再煩惱電話鈴響時究竟該接電話或繼續烹煮，也不必再煩惱忘記關瓦斯造成危險。

以下節錄台灣醒報 2015 年 4 月 20 日" 20 高薪職業排名 10 年來變化不大"的報導供參考：

（記者鄭國強／台北報導）台積電董事長張忠謀日前提到，台積電員工的可支配所得高出台中市民平均水準 50%，讓許多就業族羨慕科技業的工作，根據勞動部調查顯示，國內排名前 20 高薪工作，僅專利工程師、電信技術、電信工程、航空機械工程等高科技相關職業就占了 5 個排名，政大金融系教授殷乃平解讀說高技術門檻工作最能「保值」。

根據勞動部最新調查資料顯示，102 年前 20 高薪職業中，最高薪的是職業運動員，其次是航空機師，第 3 名才是精算師，其他還有醫師、律師、精算師、專利工程師等等。10 年的排名中，最高就是機師，其次是醫師和財金分析師，其他律師、通信人員、工程師也是常見高薪職業，這些排名 10 年來變化不大。

【職業運動 薪水增加】102 年的資料中顯示，職業運動員收入排到第 1，平均每月有 21 萬元水準，反映這 10 年來國內職業運動的發展有成，相反的，證券業隨著網路下單盛行，證券營業員及證券經紀人員薪資收入大減，排名也掉出榜外。

10 年來前 20 高薪工作排名沒有太大變化，政大金融系教授殷乃平受訪時認為這顯示高技術工作的市場價值不減，但是基層的工作陷入低薪水循環，是因為產業結構的問題，也是全世界共同的現象，凸顯出傳統產業的成長性愈來愈低。

殷乃平以 1901 年工業革命起步時和 2000 年的網路革命做比喻，1901 年工業革命後福特汽車讓許多馬車車夫失去工作，失業率飆高，進入一個充斥著不滿的年代到 2000 年以後，網路崛起並大量替代普通勞力工作，高失業率造就大量不滿的年輕人。他呼籲，政府要輔導傳統產業進入新的世代，問題才不會更惡化。

【智力工作 永保高薪】另外，世新大學財金系副教授郭迺鋒指出，統計結果顯示，富有創造力的工作才能有高附加價值、高薪水，而且永遠是需求大於供給，「台積電的張忠謀董事長說出了他們高薪的秘密，就是人才、研發與創新。」

郭迺鋒也提醒，10 年前的低薪和現在低薪工作也差不多一樣，例如行政助理、餐飲業。前世新大學校長賴鼎銘認為，「不論外界風向如何，能發揮自己興趣的工作最重要。」

提醒：專利工程師為上述高薪行業之一。

2

專利權概論

那些發明可以獲准專利？應該申請哪一種專利？專利
權的期限有幾年？老闆與員工究竟誰才應該擁有專利
權？在他國製造再進口到國內是否有侵害專利權？這
些專利權的基本概念，將在本章一一介紹。

2-1　專利權的有效地區(屬地主義)　　IQ

本節將說明獲准專利之後，專利權所有人可以在那些地區主張專利權。

疑　問：甲發明一項新技術，獲得德國政府核發專利證書，則甲的專利權有效地區只在德國，或是包含世界各國所有地區？

解　惑：專利權，顧名思義是一種專屬的權利，是由政府頒發給某個有生命的特定人(自然人)或無生命的機構(法人)的一種專屬權利。

因此當你擁有某項物品專利權時，別人沒有經過你的同意就不能去製造、販賣、使用或進口該專利物品。

而當別人要徵求你同意(授權)的時候，你就可以向被授權人收取權利金做為同意授權的報酬，也可以將專利的所有權整個賣給別人，稱為專利權轉讓。

因此，專利權的取得必須向政府提出申請，經過審查、核准之後，才由政府頒發給予專利權，並由政府以公權力禁止其他人在未經專利權人的同意前就自行去製造、販賣、使用或進口該專利物品。

由於專利權必須依賴政府以公權力給予保護，因此**某國政府核發的專利權，其效力當然就只及於該國政府的有效管轄範圍，這就是所謂的「屬地主義」。**

提醒：如果只向德國政府申請專利，並獲准德國專利權，因效力只及於德國政府的有效管轄範圍，則他人在其他國家製造、販賣與使用，只要沒有進口到德國，都是合法的。因此，若該產品除了德國之外，在法國與西班牙也有龐大的市場，那麼就該一併向法國與西班牙提出專利申請，才能確保在法國與西班牙的權益。否則在法國與西班牙的抄襲者將因沒有研發成本與申請專利的支出而能以較低廉的價格販賣，進而搶得高市占率，導致只擁有德國專利權的原發明人在法國與西班牙陷入血本無歸的慘境。所以有龐大市場的國家都應申請專利，否則就是將該國市場拱手讓人。

推　論：為了確保在世界各國所有地區的權益，就必須向世界所有國家全部都提出專利申請，可是申請與維護專利權必須花很多錢，如果向世界所有國家全部都提出專利申請，專利申請與維護費用將造成難以承受的龐大經濟負擔。

所以，通常只針對市場較龐大的幾個國家申請專利，而目前並無任何技術獲得世界所有國家的專利權，也就是說：頂多只有多國專利，並無世界專利的存在。

延伸一：因為參加國際發明展的目的是藉由花錢租攤位展示商品尋找商機，除了攤位費，還須要支出報名費、運費、展示人員食宿機票費、評審費、翻譯費、海報看板費及文宣資料印製費等，動輒十幾萬元甚至幾十萬元的龐大開銷。

如果有獲准巴西專利，則可以在巴西主張專利權，所以任何人想在巴西製造、販賣、使用或進口你所展示的商品，都必須經過你的同意，因此有可能獲得訂單，將參加發明展的開銷連本帶利賺回來。

在紐倫堡、日內瓦或匹茲堡等發明展，也有發明人因獲得龐大訂單而一夕致富，成為億萬富翁。

但是，**如果沒有申請巴西專利，則無法在巴西主張專利權，所以任何人都可在巴西製造、販賣、使用或進口你所展示的商品，而無須經過你的同意。所以如果沒有申請巴西專利，卻花大筆銀子大老遠飛越半個地球跑去巴西參加發明展，有可能變成自己花錢把發明免費送給別人**。

因此，除非你所展示的是產製技術非常深奧，當地的工業水準仍無法仿製出來的商品，否則當地的廠商可以自己仿製該商品販售，根本不須要向你購買。

當然，如果是以教育為主要目的，而非以營利為主要目標的學校單位，以獲獎爭取評鑑績效為首要考量，則是例外的情況。

其實參加發明展是一件好事，可以學習如何推廣、宣傳與銷售所研發的產品，但是最好只參加有申請專利國家所辦的發明展，這樣才有可能藉由專利的銷售將參展的花費賺回來。如果參加沒有申請專利國家所辦的發明展，即使得獎，因為在該國無專利，所以也不會有人購買該產品或技術，則參展的花費將有去無回。

延伸二：雖然中華民國宣稱領土包含中國大陸與蒙古，但因為中華民國目前的有效管轄範圍只有台灣本島與周邊附屬島嶼、澎湖、金門與馬祖。因此，獲得**中華民國的專利權，其效力當然就只及於臺、澎、金、馬，而不及於中華人民共和國與蒙古共和國**。

另一方面，中華人民共和國雖然宣稱臺灣為中國一部分，但其目前的有效管轄範圍並不包含臺、澎、金、馬與蒙古，所以獲得**中華人民共和國的專利權，其效力當然就只及於中國大陸，而不及於臺、澎、金、馬與已經是聯合國正式會員國的蒙古**。

同理，獲得<u>蒙古共和國的專利權，其效力當然就只及於蒙古，而不及於臺、澎、金、馬與中國大陸</u>。

 題外話時間

<u>在獲准英國專利後，可直接向大英國協部分國家或殖民地登記，即可獲得該國專利，不必再經過審查的程序</u>，對發明人而言，具有相當的便利性。

大英國協(The commonwealth nations)共 53 國，人口約 18 億，約為全球人口的 30%，還有其他殖民地。例如薩摩亞允許英國專利權人在核准日起二年內提交註冊申請。

註：感謝育德國際專利商標事務所，提供以上大英國協的相關資訊。

2-2 專利權的種類

本節將介紹專利的分類以及哪種發明應該申請哪類專利。

<u>疑問一</u>：甲發明一項新技術，究竟應該申請發明專利、新型專利或是設計專利？

<u>解惑一</u>：依據台灣專利法對發明專利、新型專利與設計專利的定義，發明，指利用自然法則之技術思想之創作。

新型，指利用自然法則之技術思想，對物品之形狀、構造或組合之創作。

設計，指對物品之全部或部分之形狀、花紋、色彩或其結合，透過視覺訴求之創作。

應用於物品之電腦圖像及圖形化使用者介面，亦得依本法申請設計專利。

可供產業上利用之設計，無下列情事之一，得依本法申請取得設計專利：

一、申請前有相同或近似之設計，已見於刊物者。

二、申請前有相同或近似之設計，已公開實施者。

三、申請前已為公眾所知悉者。

設計雖無前項各款所列情事，但為其所屬技藝領域中具有通常知識者依申請前之先前技藝易於思及時，仍不得取得設計專利。所以設計專利也必須符合實用性、新穎性與進步性，且包含近似的部分。

下列各款，不予設計專利：

一、純功能性之物品造形。

二、純藝術創作。

三、積體電路電路布局及電子電路布局。

四、物品妨害公共秩序或善良風俗者。

所以因為功能產生的造形、圖畫、電路都不屬於設計專利。

同一人有二個以上近似之設計，得申請設計專利及其衍生設計專利。

所以設計的專利範圍還包含衍生設計。

注意一：衍生設計之申請日，不得早於原設計之申請日。

注意二：申請衍生設計專利，於原設計專利公告後，不得為之。

注意三：同一人不得就與原設計不近似，僅與衍生設計近似之設計申請為衍生設計專利。

申請設計專利，應就每一設計提出申請。

注意四：二個以上之物品，屬於同一類別，且習慣上以成組物品販賣或使用者，得以一設計提出申請。

注意五：申請設計專利，應指定所施予之物品。

所以設計專利是一種物品專利，是有該造型的物品。

注意六：設計專利權期限，自申請日起算 15 年屆滿；衍生設計專利權期限與原設計專利權期限同時屆滿。

簡言之，**當要申請的專利標的是一種新方法或新物品時，可以申請發明專利；當要申請的專利標的是一種物品的功能改良或增加新功能時，可以申請新型專利；當要申請的專利標的是一種應用於物品上的圖案、造型或花樣時，應該申請設計專利。**

▶ 舉例說明

在貝爾發明電話之前，世界上並無「電話」這種東西的存在，因此「電話」這種新物品被發明問世時，應該申請發明專利。

而最初的電話只有通話功能，當電話鈴響時，並不知道是誰打電話來。後來有人將電話加上來電顯示功能，因此這種具有來電顯示功能的電話，可以視為一種新物品，申

請發明專利。也可以視為對既有物品的功能改良或增加新功能，所以也可以申請新型專利。

一般常見的電話都是方形的，如果設計一個大象造型的電話，則這種電話的大象造型是一種應用於物品上的圖案、造型或花樣，所以應該申請設計專利。

> 提醒：大象造型電話的〝製造方法〞在台灣應申請發明專利。

疑問二：甲發明一項新技術，在台灣申請新型專利，可是美國沒有新型專利，該怎麼辦？

解惑二：有些國家將專利分為發明專利、新型專利與設計專利；有些國家則將新型專利納入發明專利之中。所以，對於沒有新型專利的國家，應該申請發明專利。

疑問三：甲發明一項新技術，在台灣申請發明專利，可是日本沒有發明專利，該怎麼辦？

解惑三：每個國家對專利分類所給予的名稱不同，台灣的發明專利在日本稱為「特許」，所以只要向日本提出「特許」的申請即可。

延　伸：每個國家對專利分類所給予的名稱不同，台灣的發明專利在德國稱為「大發明」；台灣的新型專利在德國稱為「小發明」，在日本稱為「實用新案」，在中華人民共和國(中國大陸)稱為「實用新型」；台灣的設計專利在日本稱為「意匠」，在中國大陸稱為「外觀設計」。

推　論：依據台灣專利法：發明，指<u>利用自然法則</u>之技術思想之創作。新型，指<u>利用自然法則</u>之技術思想，對<u>物品</u>之<u>形狀、構造或裝置</u>之創作。所以，<u>發現不等於發明</u>，因為發現是將已經存在的東西找出來，並非利用自然法則的技術創作；而<u>數學公式、節目主持方式、電腦程式、遊戲規則等都不是利用自然法則的技術創作，都不能申請專利</u>。所謂自然法則是指不論任何人來做都會得到一樣的結果，例如水往低處流。所以利用自然法則的發明技術才能留傳下去，如果獲准專利的發明沒有利用自然法則，則不同人依照專利內容去做卻得到不同結果，則此一技術將無法留傳下去。因此，要申請專利的技術必須利用自然法則否則不會獲准。

提醒：提出專利申請後，在尚未審查確定前可以變更專利申請的種類，稱為「改請」。例如原本申請發明專利，可以改為申請新型專利，或原本申請新型專利，可以改為申請設計專利。

2-3 專利權的審查 🔍

本節將說明各類專利的審查流程。

疑問一：發明專利的審查流程為何？

解惑一：台灣發明專利的審查流程如圖 2-1 所示，先進行「程序審查」，確認該有的書件是否齊備？如果有欠缺則要求補件，若於期限內未補件，則不受理該申請案。如果該有的書件齊備或於期限內完成補件，則取得申請日，並於 18 個月後公開。

接著檢視是否有申請「實體審查」，如果沒有申請實體審查，該申請案就會被擱置，直到提出實體審查的申請為止。若 3 年內都沒有申請實體審查，則該申請案就會視為放棄。

如果有申請實體審查，審查委員就會搜尋資料，針對實用性、新穎性與進步性進行審查，判定該專利是否與既有專利或技術有衝突？如果審查委員認為該申請案與既有專利或技術可能有衝突，就會要求申請人答辯。

如果申請人的答辯不能說服審查委員，該申請案就不會核准，申請人就會收到專利被核駁的通知。(被核駁仍可申請複審與行政救濟)。

如果審查委員認為該申請案與既有專利或技術沒有衝突，不需要答辯或申請人的答辯能夠說服審查委員，則該申請案就會核准，申請人就會收到專利核准需要繳費的通知。

如果申請人沒有於期限內完成繳費，該申請案就會視為自始不存在。如果申請人於期限內完成繳費，該申請案就會被公告，而申請人也會收到發明專利證書，可以從事商業實施。

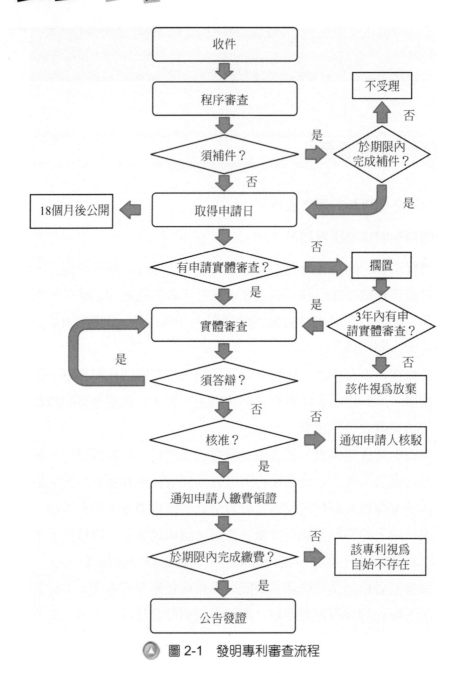

圖 2-1　發明專利審查流程

<u>疑問二</u>：**新型專利的審查流程為何？**

<u>解惑二</u>：台灣新型專利的審查流程如圖 2-2 所示，先進行「程序審查」，確認該有的書件是否齊備？如果有欠缺則要求補件，若於期限內未補件，則不受理該申請案。如果該有的書件齊備或於期限內完成補件，則取得申請日。

接著會進行「形式審查」，審查委員只會審查格式是否有錯誤，並不會去搜尋資料，判定該專利是否與既有專利或技術有衝突。

如果形式審查不通過，就會收到被核駁的通知(被核駁仍可申請複審與行政救濟)。

如果格式沒有錯誤不須修改，則該申請案就會核准，申請人就會收到專利核准需要繳費的通知。

如果申請人沒有於期限內完成繳費，該申請案就會視為自始不存在。如果申請人於期限內完成繳費，該申請案就會被公告，而申請人也會收到新型專利證書。

不過領到新型專利證書並不能對其他人進行警告，必須再申請「新型專利技術報告」。此時審查委員才會去搜尋資料，針對實用性、新穎性與進步性，判定該專利是否與既有專利或技術有衝突？並製作「新型專利技術報告」寄給申請人，此時才可以對其他人進行警告。

<u>延伸一</u>：專利法規定：申請專利之新型經公告後，任何人得向專利專責機關申請新型專利技術報告。

所以，若認為對方的新型專利有侵害自己的專利，除了舉發之外，也能藉由申請新型專利技術報告來釐清。

<u>延伸二</u>：申請新型專利技術報告，如敘明有非專利權人為商業上之實施，並檢附有關證明文件者，專利專責機關應於六個月內完成新型專利技術報告。

注意一：新型專利技術報告之申請，於新型專利權當然消滅後，仍得為之。

注意二：新型專利權人行使新型專利權時，如未提示新型專利技術報告，不得進行警告。

注意三：新型專利權人之專利權遭撤銷時，就其於撤銷前，因行使專利權所致他人之損害，應負賠償責任。但其係基於新型專利技術報告之內容，且已盡相當之注意者，不在此限。

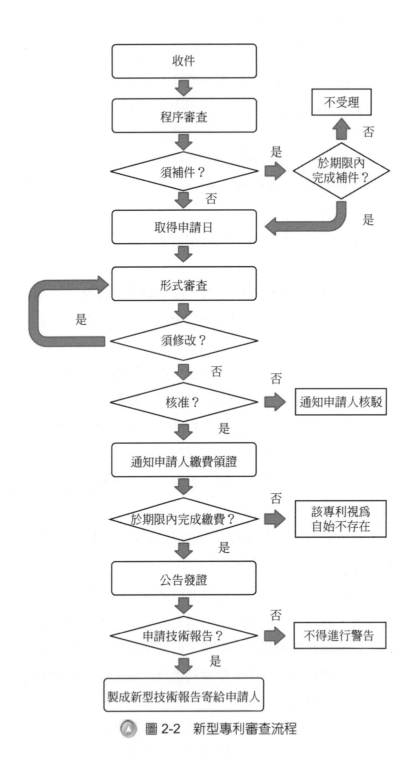

▲ 圖 2-2　新型專利審查流程

疑問三：設計專利的審查流程為何？

解惑三：台灣設計專利的審查流程如圖 2-3 所示，先進行「程序審查」，確認該有的書件是否齊備？如果有欠缺則要求補件，若於期限內未補件，則不受理該申請案。如果該有的書件齊備或於期限內完成補件，則取得申請日。

接著會進行「實體審查」，審查委員會去搜尋資料，針對實用性、新穎性與進步性進行審查，判定該專利是否與既有專利或設計有衝突？如果審查委員認為該申請案與既有專利或設計可能有衝突，就會要求申請人答辯。

如果申請人的答辯不能說服審查委員，該申請案就不會核准，申請人就會收到專利被核駁的通知。(被核駁仍可申請複審與行政救濟)

如果審查委員認為該申請案與既有專利或設計沒有衝突，不需要答辯或申請人的答辯能夠說服審查委員，則該申請案就會核准，申請人就會收到專利核准需要繳費的通知。

如果申請人沒有於期限內完成繳費，該申請案就會視為自始不存在。如果申請人於期限內完成繳費，該申請案就會被公告，而申請人也會收到設計專利證書，可以從事商業實施。

注意：設計專利的實質審查為自動進行，申請人不必像發明專利一樣另外提出實質審查的申請。

 題外話時間：交流電發明人　威斯丁豪斯

1825 年史蒂芬發明用蒸氣機推動火車，雖然方便，但因經常發生煞車來不及而撞死人的意外，因而被稱為踏著輪子的混世魔王。

1860 年威斯丁豪斯目睹火車撞馬車的意外，發現當時的煞車系統是以人力操作機械制動器，司機看到前方有狀況時拉警鈴，讓每節車廂中的煞車員以人力將煞車皮壓到輪子上，因此反應慢，煞停距離長。威斯丁豪斯想，史蒂芬可以用蒸氣機推動火車，那就可以用蒸氣使火車停止，因而發明蒸氣制動器，但火車很長，蒸氣長距離輸送會冷凝成水而失去壓力。

1869 年改良成壓縮空氣制動器，因確實有效大幅縮短煞停距離，後來全美火車都被要求強制安裝，從此踏著輪子的混世魔王(火車)就很少因煞車來不及而撞死人了。

威斯丁豪斯賺錢後用自己的名字創立西屋電氣公司，當時愛迪生發明電燈後以直流 110 V 輸電 5 公里而聞名於世，但 1885 年西屋電氣公司的史坦利發明變壓器，成功以交流輸電 6.4 公里，自此電力界的小蝦米打敗大巨人，電力系統由直流系統轉變為交流系統。

威斯丁豪斯證明想成功就不能因對手的權勢地位或聲望而退縮。

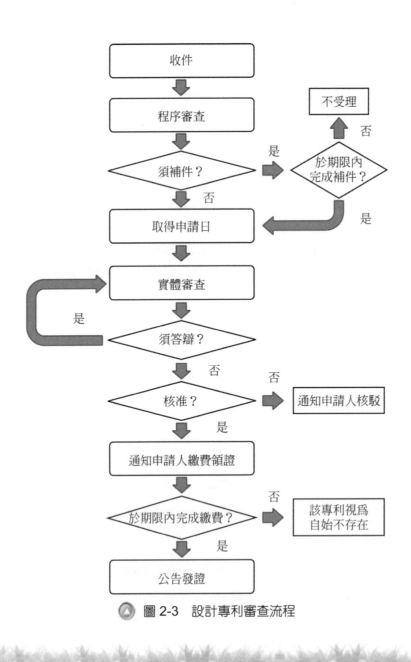

▲ 圖 2-3　設計專利審查流程

疑問四：聽說新型專利比發明專利容易獲准，兩者在審查上有何不同？

解惑四：專利是由政府頒發給某個有生命的特定人(自然人)或無生命的機構(法人)的一種專屬權利。因此當你擁有某項專利權時，別人沒有經過你的同意就不能去製造、販賣、使用或進口該專利物品或技術。

可是如果兩個專利權有重疊的部份，將會造成專屬權的糾紛，因此在核發專利權之前必須經過審查，以避免專利權之間的紛爭。

設計專利與發明專利的審查是「實質審查」，也就是審查設計專利或發明專利的實質內容，**在認定與其他既有的專利無重疊後才會核准專利權。**

因為要搜尋非常多既有的專利資料進行審慎地比對，因此經常要花費很長的時間。萬一比對過程發現與其他既有的專利有重疊的部份，則要視專利申請書的修改內容再進行審查，難免會增加專利獲准的困難度。

然而，當初為了加入世界貿易組織(WTO)，台灣配合修法，以便讓台灣的新型專利制度與 WTO 其他會員國的新型專利制度接近。因此，目前**台灣新型專利的審查是「形式審查」**，也就是只審查新型專利的形式要件(是否符合可專利要件、格式是否正確等)，**並沒有審查新型專利的實質內容，也沒有去認定與其他既有的專利是否有重疊，只要形式要件符合就會核准專利權。**所以審查的速度較快，也比較容易獲准。

也有人將目前的新型專利審查制度稱為登記制，換句話說，除非格式錯誤或不符合可專利要件，原則上只要去登記就可獲准新型專利。

推　論：新型專利形同登記制，所以取得新型專利證書後，很可能與其他既有的專利有衝突，為了避免專利權之間的紛爭，所以規定**新型專利必須通過「新型專利技術報告」才可以進行警告。**「新型專利技術報告」的審查就相當於發明專利的「實質審查」，也就是審查新型專利的實質內容，判定與其他既有的專利是否有衝突。所以**有通過「新型專利技術報告」的新型專利，具有與發明專利相同的實質效力。**

延　伸：**依據統計，獲准的專利中，大約只有 2~3% 有真的去進行商業實施。**其他97~98%的獲准專利，因為資金、市場接受度、存在其他替代商品或技術等因素，並沒有真的去進行商業實施。

因爲絕大部分的專利申請案最後並沒有眞的去進行商業實施，所以如果每一件專利申請案都進行「實質審查」，將形成審查資源的龐大負擔與浪費，也會拖累那些眞的急著要去進行商業實施的專利申請案，因審查人力被大量需要進行實質審查的申請案絆住，而拖延取得專利證書所需時間，延誤商機。**新型專利的「形式審查」制度，可以提供尚未確定是否要眞的去進行商業實施的申請案，一種較廉價且較快速獲准專利的機制。**

如果後來沒有眞的要去進行商業實施，就不必再花錢去申請「新型專利技術報告」，不但可以降低發明人申請專利的花費，也可以避免審查資源的龐大負擔與浪費。

因此形同登記制的新型專利，對剛進入發明領域，處於學習與練習階段的學生與發明新鮮人而言，可降低市場不明確，欠缺生產線、資金與行銷通路的研發障礙，用嘗試性研發先練練身手，好爲將來的關鍵性大發明奠定基礎。

 題外話時間

新型專利改爲形式審查之後，造成部分人士與單位的誤解，尤其是長期以國際期刊爲唯一評價標準的國立大學與科技部，經常把新型專利與那種只要投稿就刊登，只審查摘要幾乎不審查全篇論文內容的研討會論文相提並論，認爲是一文不值的垃圾，不但不給予補助，也不承認爲研究績效，實在是對專利制度不了解所造成的誤解。

事實上，雖然**新型專利**形同登記制，取得新型專利證書後，很可能與其他既有的專利有衝突，但是**只要通過「新型專利技術報告」**就可確定與其他既有的專利沒有衝突，則**除了有效年限較短之外，效力與發明專利完全相同**。

所以應該以有沒有通過「新型專利技術報告」來評斷新型專利的效力與價值，不宜全盤加以否定。

延　伸：「新型專利技術報告」的結果分爲 6 級，代碼 1、代碼 2、代碼 3、代碼 4 與代碼 5 都表示該新型專利與審查委員搜尋的既有專利或技術比對，無新穎性或無進步性也就是與既有專利有衝突，只是在程度上有所不同。

只有代碼 6 表示該新型專利與審查委員搜尋的既有專利或技術比對，完全沒有任何衝突。

所以**向他人購買新型專利時，應檢視其「新型專利技術報告」的代碼是否爲**

6，以避免買到可能與其他既有專利或技術有衝突的新型專利，引來可能被告侵犯專利權的隱憂。

2-4 專利權的期限 🔍

提出專利申請之後，甚麼時候可以開始擁有專利權？可以擁有幾年的專利權？這些問題，將在本節一一介紹。

疑問一： 是否只要提出專利申請案就擁有專利權？

解惑一： 依據台灣專利法：申請專利之發明，經核准審定後，申請人應於審定書送達後三個月內，繳納證書費及第一年年費後，始予公告；屆期未繳費者，不予公告，其專利權自始不存在。申請專利之發明，自公告之日起給予發明專利權，並發證書。因此並非提出專利申請案就擁有專利權，必須經過審查、核准、繳費與公告等程序，自公告之日起才正式開始擁有專利權。

疑問二： 獲准專利後是否就可以永遠擁有專利權？

解惑二： 當你擁有某項專利權時，別人沒有經過你的同意就不能去製造、販賣、使用或進口該專利物品或技術。這是一種由政府以公權力協助維持的獨佔與壟斷，目的是讓努力研發造福人群的發明家，在沒有競爭者的情況下，獲得適當的回報，並獲得更多研發資金，使有研發能力的人樂於繼續研發，促使社會不斷進步。但是如果讓某人永遠擁有專利權，則將形成永遠的獨佔與壟斷，反而造成不公平，並影響社會的進步。

所以對專利權規定適當的期限，一方面保障發明人可獲得適當的回報，另一方面也避免過度的獨佔與壟斷。台灣發明專利的專利權期限是由申請日起算二十年，台灣新型專利的專利權期限是由申請日起算十年，台灣設計專利的專利權期限是由申請日起算 15 年。

> 提　醒：由於專利是一種由政府以公權力協助維持的獨佔與壟斷，因此專利獲准後，必須每年在期限前向政府繳交專利年費，才能繼續擁有專利權。
>
> 再提醒：專利權的期限是由申請日起算，但是自公告之日起才正式開始擁有專利權，所以審查的時間愈久，真正擁有專利權的時間愈短。

他山之石可以攻錯：美國發明人發現審查的時間愈久，真正擁有專利權的時間愈短。可是審查的時間過久並非發明人的過失，而發明人卻變相遭受處罰。於是美國發明人集合眾人之力，推動「美國發明人保護法」。該法明定專利權期間之保證：若審查官無法在申請日起 3 年內發給證書，則應補償發明人延誤發證期間的專利權。

換句話說，發明專利的專利權期限是由申請日起算二十年，若審查官花費 5 年才審查完畢發給證書，原本專利權只剩下 20－5＝15 年，但依據「美國發明人保護法」，因審查官無法在申請日起 3 年內發給證書，所以，應補償發明人 5－3＝2，兩年的專利權。等於確保發明人至少可擁有 17 年的發明專利權，不因審查的時間過長而受影響。他山之石可以攻錯，他國的良好制度值得學習，這種為發明人設想的人性化制度，有賴國內發明人共同努力去爭取。

推　論：在專利權的有效期限內，其他人必須經過專利權人的同意(通常是以付費方式獲取同意)才能去製造、販賣、使用或進口該專利物品或技術。但在專利權期滿後，任何人都可以無償使用該專利技術。如果專利獲准後沒有在期限前向政府繳交每年的專利年費，就不能繼續擁有專利權，專利權將提前失效，等於提早開放讓任何人無償使用。

延伸一：查詢專利年費的繳交狀況是獲取合法免費使用已經失效之專利技術的重要手段。

 題外話時間

科技部與教育部近年積極推動產學合作，但是由於行政人員完全不懂專利，竟規定廠商出資至少佔研發經費 3 成，卻完全沒有專利權，還要繳先期技轉金，計畫結束要使用專利技術，還要再另外付費。結果廠商反應為何政府的錢被當錢看，而廠商的錢就不被當錢看！

因為一般民間廠商間的合作出資 3 成就應擁有 3 成的專利權，沒有先期技轉金，計畫結束要使用專利技術，也不必再另外付費。

政府部門對產學合作的這些不合理規定，甚至造成許多廠商不但不參與產學合作，還產生不買專利授權的心態，專門等政府與學校無力繼續繳專利年費後(目前科技部與教育部通常只補助前 3 年的專利年費)，再盡情享用免費的專利技術。

2

　　而最苦的則是學校老師，不但在學校(政府單位)與廠商間裡外不是人，在付出心血努力研發之後，不但沒有專利權，還要協助學校分攤專利申請、答辯、領証、轉讓與專利年費的開銷，真不知為誰辛苦為誰忙。

延伸二：依據台灣專利法：醫藥品、農藥品或其製造方法發明專利權之實施，依其他法律規定，應取得許可證者，其於專利案公告後取得時，專利權人得以第一次許可證申請延長專利權期間，並以一次為限，且該許可證僅得據以申請延長專利權期間一次。前項核准延長之期間，不得超過為向中央目的事業主管機關取得許可證而無法實施發明之期間；取得許可證期間超過五年者，其延長期間仍以五年為限。第一項所稱醫藥品，不及於動物用藥品。

　　因為藥物不是獲准專利就能上市販售，必須經過動物實驗與人體實驗，證實對人體無害才能上市販售，這樣將等同於變相縮短專利權期限。所以如果申請許可證花費三年的時間，則可以延長專利權期限三年，作為補償。

　　他山之石可以攻錯：中華人民共和國(中國大陸)對醫藥品不但不延長專利權期限，反而縮短其專利權期限，理由是醫藥品專利大多被外國壟斷，專利權期限過長將有害本國國民的健康。

延伸三：發明專利權人因中華民國與外國發生戰事受損失者，得申請延展專利權五年至十年，以一次為限。但屬於交戰國人之專利權，不得申請延展。

2-5　專利權的授權與轉讓　　🔍

　　本節將介紹專利授權與轉讓的應注意事項。

疑　問：甲在路上撿到一張專利證書，真是天上掉下來的禮物，甲將可因此擁有此一專利權？

解　惑：專利是一種由政府以公權力協助維持的獨佔與壟斷，因此任何專利權的授權或轉讓都必須到主管機關(經濟部智慧財產局)進行登錄才有效。

提醒：沒有到主管機關(經濟部智慧財產局)進行登錄的專利權授權或轉讓，很容易牽涉詐欺與糾紛，應該儘速到主管機關(經濟部智慧財產局)進行登錄。

推　論：<u>專利證書與身分證、畢業證書類似，若不慎遺失，可以登報作廢，申請補發。</u>因此須提防不肖份子以假造或作廢的專利證書進行詐欺，可到經濟部智慧財產局網站查詢該專利的異動狀況，避免受騙。

延　伸：新型專利必須通過「新型專利技術報告」才可以進行警告。所以對於<u>新型專利的授權或轉讓，被授權人或被讓與人應該檢視「新型專利技術報告」，以避免買到與其他既有專利有衝突的新型專利。</u>

 得獎發明介紹

圓管內上膠機結構

　　圓管內上膠機結構獲准專利 215146 號。老鼠對人類生活造成極大的困擾，各種捕鼠器因而誕生。

　　作者小時候常用捕鼠籠捉老鼠，將鐵製捕鼠籠的門打開，在裡面的鉤子上掛一塊肉，老鼠聞到肉香進入咬肉時會拉動鉤子使門關上，將老鼠困在捕鼠籠內。

　　當時路邊的水溝都沒有加蓋，將老鼠與捕鼠籠放在水溝裡，過一段時間等老鼠溺死再將死老鼠清除。之後必須日曬 4 小時或用火烤，否則其他老鼠聞到死老鼠的味道就絕不會進入該捕鼠籠內。後來有人發明捕鼠板，在木板上塗強力膠後放置於牆邊，或在上面放一塊肉，老鼠就會被強力膠黏在捕鼠板上。

　　上述傳統捕鼠器都有看到被捕老鼠掙扎與吱吱叫的驚恐畫面，造成處理上的心理障礙。

　　本發明以類似洋芋片罐子的長柱形圓管形成捕鼠器，利用老鼠愛鑽洞以及據說老鼠智商有限，只會前進與轉彎，不會直直後退的習性，在圓管內中段的位置塗上強力膠後放置於牆邊，或在裡面放一塊肉，當鑽入長柱形圓管捕鼠器的老鼠發現前腳被黏在圓管內，因為圓管很窄使老鼠無法轉彎，而老鼠智商有限不會直直後退，所以只能繼續往前掙扎，最後整隻被黏在圓管內中段，屋主發現圓管裡面有動靜時只要把蓋子蓋上扔掉即可，不會有看到被捕老鼠的驚恐畫面。

　　雖然此發明改良傳統捕鼠器會有看到被捕老鼠掙扎與吱吱叫驚恐畫面的缺點，但作者在使用過後，卻留下不敢再吃洋芋片的副作用，因為洋芋片的罐子與長柱形圓管捕鼠器的罐子真的是長得太像了，所以免不了會產生洋芋片罐子裡有老鼠的心理錯覺。

2-6 專利權的歸屬 IQ

　　大部分的人都不是自己當老闆，而是受聘於某機構擔任員工，當員工完成一項發明，其專利權究竟應該屬於老闆或是員工？本節將予以說明。

疑問一： 甲受雇於「眞好洗」洗衣機公司的洗衣機研發部門，負責研發洗衣機，後來果眞研發出一款具有新功能的洗衣機，則這款具有新功能洗衣機的專利權應該屬於甲？還是應該屬於「眞好洗」洗衣機公司？

解惑一： 依據台灣專利法：受雇人於職務上所完成之發明、新型或設計，其專利申請權及專利權屬於雇用人，雇用人應支付受雇人適當之報酬。但契約另有約定者，從其約定。

　　也就是說，除非「眞好洗」洗衣機公司與甲訂有契約，明訂雙方專利權的分配方式，否則研發洗衣機是甲每個月領薪水原本就該做的事，也就是所謂的**「職務上發明」，其專利權應該屬於公司或老闆**。但「眞好洗」洗衣機公司或老闆應支付受雇人(甲)適當的獎金，以鼓勵甲的努力研發，並激勵沒有研發成功的其他研發人員也能努力研發。

> **提醒：**「職務上發明」的專利權雖然屬於公司或老闆，但發明人或創作人依據台灣專利法享有姓名表示權，也就是專利申請書與專利證書上應註明甲才是發明人。

延伸一： 在人類文明發展的歷史洪流中，對於具有關鍵影響的重大發明，大家通常只記得發明人是誰，卻很少有人記得該重大發明的專利權是誰擁有的。所以姓名表示權可能成爲發明人留芳萬世的保障。

延伸二： 同業競爭中，想要在某個領域追上競爭者的腳步，最快速有效的方法，就是挖角。如果沒有提供更高的薪資、更高的職位與更好的福利有誰願意跳槽？所以姓名表示權可能成爲發明人跳槽、獲取更高薪資、更高職位與更好福利的敲門磚。

　　萬一老闆堅持成爲發明人，可採用老闆與員工同時掛名爲發明人的方式，千萬不要在發明人欄位只塡老闆的姓名，這樣將會失去被同業發掘的寶貴機會。除非打算買下整個企業，否則只會挖角員工，不會挖角老闆。

題外話時間

1. 「職務上發明」，其專利權應該屬於公司或老闆，但契約另有約定者，從其約定。聰明老闆會與員工訂契約與員工分享「職務上發明」的專利權，而非與員工訂契約想盡辦法剝奪員工的權益。因為與員工共享利益，才能獲得員工的向心力，才能使員工一心一意為老闆與公司打拼。

2. 「職務上發明」，其專利申請權及專利權屬於雇用人，雇用人應支付受雇人適當之報酬。

   笨老闆才會告訴員工你每個月都有領薪水那就是你的報酬，因為如此一來，勤奮者發現努力研發與沒有研發成果的怠惰者領一樣的薪水，沒有升職，也沒有加薪或獎金，從此將失去繼續努力研發的動力；怠惰者發現努力研發的勤奮者與沒有研發成果的自己領一樣的薪水，當然就繼續怠惰下去，則研發部門將變成一攤死水，不會再有成果。

   聰明老闆就會給員工獎金、升職或加薪，如此才能激勵勤奮者，並點醒怠惰者一起繼續為老闆與公司努力研發。

3. 「職務上發明」，其專利權應該屬於學校，卻要老師分攤部分甚至全部申請、維護及推廣等費用，獎金扣掉分攤的費用後變成負的，變成實質上沒有獎金反而有罰金，等於變相逼老師放棄研發專利。

疑問二：甲受雇於「真好洗」洗衣機公司的洗衣機研發部門，負責研發洗衣機，後來自行研發出一款具有新功能的日光燈，則這款具有新功能日光燈的專利權應該屬於甲？還是應該屬於「真好洗」洗衣機公司？

解惑二：依據台灣專利法：受雇人於非職務上所完成之發明、新型或設計，其專利申請權及專利權屬於受雇人。因為研發日光燈並不是甲每個月領薪水原本就該做的事，也就是所謂的**「非職務上發明」，其專利權應該屬於受雇人**(員工甲)。

題外話時間

　　部分政府單位與學校誤認為老師有領薪水，所以老師在職期間所有的研發成果都屬於職務上發明。這是嚴重的錯誤觀念，因為老師若只教學沒研究，並不會被減薪；相反地，研究成果較多的老師，教育部與學校訂有彈性加薪方案，故老師自行研究(學校沒有提供研發、專利申請、維護及推廣等經費)，應屬非職務上發明。

疑問三：具有新功能的日光燈雖然是員工甲自行研發的，可是員工甲在研發過程卻是利用「真好洗」洗衣機公司的設備來進行研發的，員工甲難道可以免費使用「真好洗」洗衣機公司的設備而不必有任何回饋？

解惑三：依據台灣專利法：利用雇用人資源或經驗者，雇用人得於支付合理報酬後，於該事業實施其發明、新型或設計。

　　　　也就是說，「真好洗」洗衣機公司可以在支付合理報酬給員工甲之後，於「真好洗」洗衣機公司內使用員工甲自行研發的日光燈。而員工甲對於使用「真好洗」洗衣機公司的設備來進行研發所必須做的回饋就是不得拒絕，必須同意授權「真好洗」洗衣機公司於公司內使用其專利。

> 提醒：有利用雇用人資源或經驗的「非職務上發明」，雇用人只獲得於該公司內使用該專利的「使用權」或稱為「營業權」，而非獲得專利權。

推　論：因為「真好洗」洗衣機公司只獲得於該公司內使用該專利的「使用權」，專利權還是屬於受雇人員工甲，所以員工甲仍然可以將該具有新功能的日光燈專利授權或轉讓給其他人，獲取其辛苦研發應有的回報。

延　伸：「真好洗」洗衣機公司的「使用權」只限於「真好洗」洗衣機公司內部，若將該具有新功能的日光燈用於「真好洗」洗衣機公司外部，將構成對員工甲專利權的侵害。

 題外話時間

　　許多學校行政人員不明白專利規定，誤認為老師有領薪水，所以老師在職期間所有的研發成果都屬於職務上發明，這是嚴重的錯誤觀念。

　　因為依據台灣專利法：利用雇用人資源或經驗者，雇用人得於支付合理報酬後，於該事業實施其發明、新型或設計。

所以如果學校沒有提供研發、專利申請、維護及推廣等經費，就算老師有使用學校資源，學校應只獲得「使用權」，不能自定內規讓學校獲得專利權，否則將成為違反專利法的違法行為。

疑問四：甲受雇於「真好洗」洗衣機公司的洗衣機研發部門，負責研發洗衣機，後來自行研發出一款具有新功能的脫水機，則這款具有新功能脫水機的專利權應該屬於甲？還是應該屬於「真好洗」洗衣機公司？

解惑四：一項發明究竟屬於「職務上發明」或「非職務上發明」，有時會出現灰色地帶，造成員工與老闆各持己見，造成紛爭。

依據台灣專利法：受雇人完成非職務上之發明、新型或設計，應即以書面通知雇用人，如有必要並應告知創作之過程。雇用人於前項書面通知到達後六個月內，未向受雇人為反對之表示者，不得主張該發明、新型或設計為職務上發明、新型或設計。

也就是說，員工甲如果認為具有新功能的脫水機是屬於「非職務上發明」，應以書面通知「真好洗」洗衣機公司。

> 提醒：「真好洗」洗衣機公司如果認為該具有新功能的脫水機是屬於「職務上發明」，應在收到該書面通知後六個月內提出，否則就等於默認該具有新功能的脫水機是屬於「非職務上發明」。

推　論：如果「真好洗」洗衣機公司於六個月內提出主張該具有新功能的脫水機是屬於「職務上發明」，則雙方應進行協商或尋求仲裁。

 題外話時間

學校一面聲稱老師在職期間所有的研發成果都應屬於「職務上發明」，卻沒有提供研發經費、專利申請(申請費、答辯費及事務所代辦費)、維護(證書費、專利年費)與推廣(廣告費、展覽費及行銷費)等費用。就樣的作法就像宣稱擁有房屋所有權，卻不願支付房屋興建的建材費、工人薪資、建照與使用執照申請費、售屋廣告行銷費等費用，甚至連房屋過戶(專利由老師名下轉讓給學校)的費用都要求老師支付，真是極端不合理。

疑問五：如果「眞好洗」洗衣機公司爲了省事，在聘僱員工甲的時候，就要求員工甲簽下切結書，要求員工甲同意於任職期間的所有研發成果之專利權都屬於公司，否則不予聘用，則員工甲將毫無保障？

解惑五：依據台灣專利法：雇用人與受雇人間所訂契約，使受雇人不得享受其發明、新型或設計之權益者，無效。因此要求員工簽下切結書，同意於任職期間的所有研發成果之專利權都屬於公司，是違反專利法的無效契約。

> 提醒：萬一遇到要求員工簽下切結書，同意於任職期間的所有研發成果之專利權都屬於公司的狀況，爲了爭取原本應屬於員工的「非職務上發明」專利權，而決定要與公司或老闆對簿公堂前，應有不論官司輸贏都可能必須另謀高就的心理準備。不過良禽擇木而棲，這類惡質的公司或老闆，還是趁早離開方爲上策。

 題外話時間

　　部分學校竟然自訂規定認定老師與學生在校期間的所有研發成果之專利權都屬於學校，這是違反專利法的無效規定。

疑問六：乙和丙並不是老闆和員工的僱傭關係，而是由乙提供資金委託丙代爲研發，則研發成果的專利權應屬於乙或丙？

解惑六：依據台灣專利法：一方出資聘請他人從事研究開發者，其專利申請權及專利權之歸屬依雙方契約約定；契約未約定者，屬於發明人或創作人。但出資人得實施其發明、新型或設計。

　　也就是說，**委託研究案的研發成果其專利權應依雙方契約的約定進行分配。如果雙方契約沒有約定，則應屬於發明人**(丙)。

　　在專利權屬於發明人(丙)的情況下，丙對於出資人(乙) 提供研發資金的回報，是不得拒絕出資人(乙)實施其專利。

推　論：因爲出資人(乙)只獲得實施該專利的「使用權」，專利權還是屬於發明人(丙)，所以發明人(丙)仍然可以將該專利授權或轉讓給其他人，獲取其辛苦研發應有的回報。

延　伸：通常出錢的是老大，出資聘請他人從事研究開發也大多會簽訂契約，而且契約內容絕大部分都對出資者較有利。被委託的研發者若不接受該契約內容，除了與出資者協商盡力爭取之外，通常只能放棄簽約，也就是放棄該研究機會與研究資金。

> 提醒：委託研究案雙方簽訂的契約，除了約定專利權的分配之外，也應該明定專利申請(申請費、答辯費及事務所代辦費)、維護(證書費、專利年費)與推廣(廣告費、展覽費及行銷費)等費用的分攤比例。

2-7 專利權的實用性 🔍

　　一個以目前的技術無法立刻實施的發明，是否可以發表論文或申請專利？本節將說明兩者之間的差異。

疑　問：**甲依據理論推導，發明一種必須在密閉空間內的溫度超過攝氏一百億度的環境下，產製某特殊物品的方法，是否可以申請並獲准台灣專利？**

解　惑：依據台灣專利法：必須可供產業上利用之發明，才可獲准專利，稱為產業利用性或實用性。因為目前並無任何材質可製成耐溫達到攝氏一百億度的密閉空間，所以甲依據理論推導的發明只能投稿學術論文，但因不能供產業上利用，故無法獲准台灣專利。

> 提醒：學術論文為了簡化問題，可以做很多不符實際的假設(例如假設沒有摩擦力)；但是專利必須馬上可供產業上利用，因此不能有任何不符實際的假設。

推　論：任何以目前工業技術可產製之物品或可達成之方法，都可找到可應用之處，並具有實用性。

延　伸：除非審查委員證實以目前工業技術無法辦到，否則不應以不具實用性核駁。
　　　　(審查委員通常要求專利申請人自行證實以目前的工業技術可以辦到，而專利申請人可提出類似案例、模型、實品或實驗數據來加以證明)

2-8 專利權的新穎性 IQ

　　以前有人用過但目前少有人知的技術，或是已經公開的技術是否還能申請並獲准專利？本節將加以說明。

<u>疑問一</u>：甲在圖書館的古書上發現一項技術，在台灣沒有聽過有人使用這樣的技術，是否可以申請並獲准台灣專利？

<u>解惑一</u>：依據台灣專利法：申請前已見於刊物或已公開實施者，或申請前已為公眾所知悉者不得獲准專利。因為人類的科技與文明是經由不斷累積前人的經驗與智慧而來的，所以前人的經驗與智慧應該是大眾共享的，不宜由某人獨占。<u>因此，已經存在而非新研發出來的物品與技術並不能獲准專利。而在提出專利申請之前並未見於刊物，且未公開實施者與沒有為公眾所知悉者，稱為具有新穎性。</u>

 題外話時間

　　相關資料實在太多，實務上視審查員是否知悉或是否找到該古書上的記載而定。萬一審查員因為沒有找到該古書上的記載而核准該專利，其他人依然可用該古書上的記載為證據提出撤銷專利的申請。

<u>疑問二</u>：甲在美國發現一個新產品，在台灣沒有看過這樣的產品，是否可以申請並獲准台灣專利？

<u>解惑二</u>：依據台灣專利法：申請前已見於刊物或已公開實施者，或申請前已為公眾所知悉者不得獲准專利。其中的刊物、公開實施與公眾並沒有限定國內或國外，所以不論是在國內或國外，只要申請前已見於刊物或已公開實施者，或申請前已為公眾所知悉者都不得獲准專利，這是所謂的「絕對新穎性」。

 題外話時間

　　相關資料實在太多，實務上視審查員是否知悉或是否找到該美國新產品而定。萬一審查員因為沒有找到美國新產品而核准該專利，其他人依然可用美國新產品為證據提出撤銷專利的申請。

延　伸：中華人民共和國(中國大陸)對於申請前已公開實施的部分，只對申請前已在
中國大陸國內公開實施有限制，而對申請前已在中國大陸之外的其他國家公
開實施則沒有限制，這是所謂的「相對新穎性」。

疑問三：**甲將其新發明尚未申請專利的一個新產品於外貿協會與電腦同業公會辦理之**
展覽會展出後，是否可以申請並獲准台灣專利？

解惑三：依據台灣專利法：因陳列於政府主辦或認可之展覽會，於其事實發生之日起
六個月內申請者，於申請時敘明事實及其年、月、日，並於專利專責機關指
定期間內檢附證明文件者，仍不影響新穎性。所以**展覽會必須為政府單位列**
名，或政府單位協辦或委託辦理才可享有 6 個月的新穎性優惠期。而外貿協
會與電腦同業公會都不是政府單位，因此甲將其新發明尚未申請專利的新產
品於該展覽會展出後，就已經為公眾所知悉而喪失新穎性，將無法獲准台灣
專利。

> 提醒：新穎性優惠期的主張以一次為限。只有第一次公開才可主張新穎性優惠期若於申請前有第
> 二次公開將喪失新穎性。

推　論：教育部辦理之展覽會可享有 6 個月的新穎性優惠期(政府單位主辦)。

延　伸：外貿協會與電腦同業公會辦理之展覽會，如果是由經濟部(政府單位) 委託辦
理，則可享有 6 個月的新穎性優惠期。

> 注意：申請專利之發明，與申請在先而在其申請後始公開或公告之發明或新型專利申請案所附說
> 明書、申請專利範圍或圖式載明之內容相同者，不得取得發明專利。但其申請人與申請在
> 先之發明或新型專利申請案之申請人相同者，不在此限。也就是說，雖然在你申請後才公
> 開或公告，以至於你申請前查不到，但因比你早申請，所以還是會影響你的新穎性。

2-9 專利權的進步性 　　　　🔍

比現有技術功能或效率較差的發明是否可以申請並獲准專利？本節將加以說明。

疑　問：**魚販賣魚時，若將活魚放在攤位上，活魚會亂跳，以長度比魚短的繩子，將**
兩端分別綁在魚頭與魚尾，就可解決活魚在攤位上亂跳的問題，是否可以申
請並獲准台灣專利？

解　惑：依據台灣專利法：為其所屬技術領域中具有通常知識者依申請前之先前技術所能輕易完成時，就不具有進步性。以繩子綁住魚頭與魚尾是漁民的通常知識與慣用方法，所以不但沒有進步性，也沒有新穎性，故無法獲准台灣專利。

延伸一：如果發明一種新的特殊綁魚手法，可以大幅減少繩子的用量、綁的時間與魚的死傷，則可能具有進步性與新穎性而能獲准台灣專利。

延伸二：專利制度存在的目的是要促進社會的進步，如果比現有技術功能或效率較差的發明還可以申請並獲准專利，則變成鼓勵退步，而非鼓勵進步。所以只有比現有技術功能或效率更好的發明才可以申請並獲准專利。進步性較深入之解說請詳見 7-11 節。

2-10　不予專利權的項目

本節將說明法律明訂不能申請專利的項目。

疑問一：郝滑頭發明一種考試作弊與吸毒不會被抓到的方法，是否可以申請並獲准台灣專利？

解惑一：依據台灣專利法：妨害公共秩序、善良風俗或衛生者不予發明專利。因為專利是由政府以公權力協助維持的一種專屬權利，政府當然不應該以公權力協助維持妨害公共秩序、善良風俗或衛生者，否則將失去政府維護公共秩序與保護人民的主要作用。

疑問二：馬奴隸發明一種生產低智商人類的方法，以便供富人作為奴隸使用，或用於摘取其器官，作為器官移植之用，是否可以申請並獲准台灣專利？

解惑二：依據台灣專利法：動、植物及生產動、植物之主要生物學方法不予發明專利。因為每個生命都應該被尊重，不應該成為被擁有、操控與利用的私人財產。

提醒：雖然微生物也是一種生命，但是微生物之生產方法可以申請並獲准台灣專利。因為微生物以肉眼看不見，但微生物在醫學上又有非常重要且廣泛的效用，因此特別排除於不予專利權的項目之外。

疑問三：楊無良發明一種目前唯一可以治好乳癌的方法，為了掌控廣大乳癌患者的龐大醫療利益，是否可以申請並獲准台灣專利？

解惑三：依據台灣專利法：人體或動物疾病之診斷、治療或外科手術方法不予發明專利。因為如果只有楊無良一個人可以使用該方法，而其他醫生都因無力負擔高昂的專利授權金而無法使用該方法去醫治病人，將導致大多數乳癌患者因無法及時獲得醫治而喪生。

提醒：投入研發與申請專利之前，應先確定研發主題與欲申請的專利範圍，確定該主題與範圍並非專利法明定不予專利權的項目，以免白忙一場。

2-11 先申請人主義 🔍

本節將說明如果有不同的人以相同內容分別提出專利申請時，將如何處置。

疑問一：甲在 2011 年 5 月 5 日向經濟部智慧財產局提出專利申請案，乙在 2011 年 5 月 6 日以相同內容向經濟部智慧財產局提出專利申請案，專利權應屬於甲或是應屬於乙？

解惑一：依據台灣專利法：同一發明有二以上之專利申請案時，僅得就其最先申請者准予發明專利。這種只將專利權給予最先提出專利申請案之申請人的制度稱為「先申請人主義」。先申請人主義是以申請日作為判斷先後的依據。因為甲的申請日比乙的申請日早，所以專利權應屬於甲。

推　論：如果該發明實際上是乙發明的，但卻被甲搶先提出專利申請案，依據「先申請人主義」，乙將失去辛苦研發的成果。

提醒：台灣與大多數國家都採用「先申請人主義」，故發明人在提出專利申請案之前，應確實做好保密措施，以免被別人搶先提出專利申請案，導致失去辛苦研發的成果。

延伸一：若同一內容同時要申請專利、申請研究計畫、參加比賽以及投稿論文等項目，務必先提出專利申請案，再進行其他項目，以確保自身的權益，避免被少數惡質的審查者剽竊構想。

延伸二：台灣雖然採用「先申請人主義」，但為了保障真正發明人的權益，依據台灣專利法：發明為「非專利申請權人」請准專利，經「專利申請權人」於該專利案公告之日起二年內申請舉發，並於舉發撤銷確定之日起六十日內申請者，以非專利申請權人之申請日為專利申請權人之申請日。

所謂「專利申請權人」就是依法有權申請該項專利的人，除以契約約定的受讓人或繼承人之外，原則上是指發明人本人。

因此，若自己的發明成果不幸被他人假冒是發明人而搶先申請並取得專利，可提出證據加以舉發，並於撤銷確定之日起六十日內，由真正的發明人提出申請，將剩餘年限的專利權搶回來。

疑問二：甲為非專利申請權人，欺瞞專利申請權人乙偷偷將乙的研發成果申請發明專利獲准，並將該專利授權給丙，後來被申請權人乙舉發而撤銷，並將該專利權人由甲改為乙，則丙先前的實施是否侵犯乙的專利權？

解惑二：專利法規定：發明專利權之效力，不及於下列情事：非專利申請權人所得專利權，因專利權人舉發而撤銷時，其被授權人在舉發前，以善意在國內實施或已完成必須之準備者。所以丙先前的實施並沒有侵犯乙的專利權。

疑問三：延續疑問二，在乙提出舉發而撤銷，並將該專利權人由甲改為乙之後，則丙先前獲得的授權剩餘期間是否還能繼續實施？

解惑三：專利法規定：因該專利權經舉發而撤銷之後，仍實施時，於收到專利權人書面通知之日起，應支付專利權人合理之權利金。所以丙先前獲得的授權剩餘期間可以繼續實施，但必須改為支付專利權權利金給乙。

2-12　國外優先權　　🔍

　　許多專利並不會只向一個國家申請專利，本節將說明同一個發明內容分別向不同國家申請專利的情況。

疑問一：甲於 2003 年 1 月 1 日向美國專利局提出專利申請，因為花了許多時間找翻譯以及台灣的專利事務所，所以直到 2003 年 8 月 1 日才以相同內容向台灣的經濟部智慧財產局提出專利申請，而非發明人乙由不明管道獲得甲的專利內容後，以相同內容於 2003 年 3 月 1 日向台灣的經濟部智慧財產局提出專利申請，則專利權應屬於甲還是屬於乙？

解惑一：發明人於一個國家提出專利申請之後，若要申請其他國家，通常會因籌措龐大的多國專利申請費用、找翻譯以及找當地事務所等因素而延誤，若因此造成專利權被其他非發明人搶走，對發明人非常不公平，因此在國際間有國際優先權的規定，<u>國際優先權也有人稱之為國外優先權</u>。

依據台灣專利法：申請人就相同發明在世界貿易組織會員或與中華民國相互承認優先權之外國第一次依法申請專利，並於第一次申請專利之日起十二個月內，向中華民國申請專利者，得主張優先權。主張優先權者，其專利要件之審查，以優先權日為準。

也就是說，<u>當有主張優先權時，「先申請人主義」改以優先權日而非申請日來判斷誰才是先申請人</u>，藉以保障真正發明人的權益。

如果甲向台灣的經濟部智慧財產局提出專利申請時，<u>沒有主張國外優先權，將以申請日來判斷誰才是先申請人</u>。

因為甲向台灣的經濟部智慧財產局提出專利申請的日期是 2003 年 8 月 1 日，而乙向台灣的經濟部智慧財產局提出專利申請的日期是 2003 年 3 月 1 日，<u>乙的申請日比甲的申請日早，則專利權應屬於乙</u>。

但是，如果甲向台灣的經濟部智慧財產局提出專利申請時，<u>有主張國外優先權，將以優先權日來判斷誰才是先申請人</u>。

因為甲向美國專利局提出專利申請的日期是 2003 年 1 月 1 日，所以甲的優先權日是 2003 年 1 月 1 日，而乙向台灣的經濟部智慧財產局提出專利申請

的日期是 2003 年 3 月 1 日，沒有主張國外優先權，沒有優先權日，只有申請日，雖然乙的申請日比甲的申請日早，但是**甲的優先權日比乙的申請日早**，則專利權應屬於甲。

疑問二：甲於 2003 年 1 月 1 日向美國專利局提出專利申請，因為花了許多時間找翻譯以及台灣的專利事務所，所以，直到 2004 年 2 月 1 日才以相同內容向台灣的經濟部智慧財產局提出專利申請，而乙以相同內容於 2003 年 3 月 1 日向台灣的經濟部智慧財產局提出專利申請，則專利權應屬於甲，或應屬於乙？

解惑二：依據台灣專利法：申請人就相同發明在世界貿易組織會員或與中華民國相互承認優先權之外國第一次依法申請專利，並**於第一次申請專利之日起十二個月內**，向中華民國申請專利者，得主張優先權。

因為甲向台灣的經濟部智慧財產局提出專利申請的日期是向美國專利局提出專利申請日期之後的十三個月，超過十二個月，依法不能主張國外優先權。所以將以申請日來判斷誰才是先申請人。

因為甲向台灣的經濟部智慧財產局提出專利申請的日期是 2004 年 2 月 1 日，而乙向台灣的經濟部智慧財產局提出專利申請的日期是 2003 年 3 月 1 日，乙的申請日比甲的申請日早，則專利權應屬於乙。

> 提醒：必須於向外國第一次申請專利之日起十二個月內，以相同內容向中華民國申請專利者，才可以主張優先權。

> 注意：可主張國外優先權的期間，於設計專利申請案為六個月。發明與新型為十二個月。

疑問三：甲於 2003 年 1 月 1 日向美國專利局提出專利申請，於 2003 年 3 月 1 日以相同內容向英國專利局提出專利申請，因為花了許多時間找翻譯以及台灣的專利事務所，所以，直到 2003 年 5 月 1 日才以相同內容向台灣的經濟部智慧財產局提出專利申請，優先權日如何判定？

解惑三：依據台灣專利法：申請人於一申請案中主張二項以上優先權時，其優先權期間之起算日為最早之優先權日之次日。所以應以較早提出的美國專利申請案計算。

疑問四：甲於 2003 年 1 月 1 日向美國專利局提出專利申請，於 2003 年 3 月 1 日以部份相同內容向英國專利局提出專利申請，因為花了許多時間找翻譯以及台灣的專利事務所，所以，直到 2003 年 5 月 1 日才以美國與英國兩件專利申請案的合併內容與外加內容向台灣的經濟部智慧財產局提出專利申請，優先權日如何判定？

解惑四：<u>由於內容並非完全相同，所以應該分開處理</u>。如圖 2-4 所示，與美國專利申請案相同內容的 A 部份，其優先權日以較早提出的美國專利申請案計算；與英國專利申請案相同內容的 B 部份，其優先權日以較晚提出的英國專利申請案計算；美國與英國重疊的 D 部份，由疑問三，應以較早提出美國專利申請案計算；若存在與美國和英國兩件專利申請案都不同的 C 部份，則該部分不能主張國外優先權。

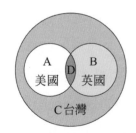

◢ 圖 2-4　部份相同內容之國外優先權

疑問五：甲於 2003 年 3 月 1 日上午九點鐘向台灣的經濟部智慧財產局提出專利申請，而乙以相同內容於 2003 年 3 月 1 日下午四點鐘向台灣的經濟部智慧財產局提出專利申請，則專利權應屬於甲，或應屬於乙？

解惑五：依據台灣專利法：同一發明有二以上之專利申請案時，僅得就其最先申請者准予發明專利。但後申請者所主張之優先權日早於先申請者之申請日者，不在此限。前項申請日、優先權日為同日者，應通知申請人協議定之，協議不成時，均不予發明專利。
<u>由於判斷基準單位是"日"，而沒有細分到"時"。所以雖然甲於上午九點鐘提出專利申請，而乙於同日下午四點鐘才提出專利申請，但仍判定甲與乙的申請日為"同日"</u>，則甲與乙必須進行協議來決定專利權的歸屬與分配比例，若協議不成，將導致甲與乙都不能獲准專利。

疑問六：甲於 2003 年 3 月 1 日上午九點鐘向台灣的經濟部智慧財產局提出專利申請案 A，又以相同內容於 2003 年 3 月 1 日下午四點鐘向台灣的經濟部智慧財產局提出專利申請案 B，是否會以相同內容獲准兩件專利？

解惑六：有些發明人認為不同的審查員存在不同的審查標準，讓不同的審查員審到，會有較難通過與較易通過的差異，因此心存僥倖，以為相同內容重複送多件申請案可以提高核准的機率。

事實上，經濟部智慧財產局定有審查基準來規範審查員的審查。此外依據台灣專利法：同一發明有二以上之專利申請案時，僅得就其最先申請者准予發明專利。但後申請者所主張之優先權日早於先申請者之申請日者，不在此限。前項申請日、優先權日為同日者，應通知申請人協議定之，協議不成時，均不予發明專利。**其申請人為同一人時，應通知申請人限期擇一申請，屆期未擇一申請者，均不予發明專利。**

所以，甲將被通知於內容相同的 A、B 兩案中限期擇一，若屆期未擇一申請，將導致 A 案與 B 案都不能獲准專利。

延　伸：依據台灣專利法：申請人就相同發明在世界貿易組織會員或與中華民國相互承認優先權之外國第一次依法申請專利，並於第一次申請專利之日起十二個月內，向中華民國申請專利者，得主張優先權。

由於台灣外交處境艱困，在尚未加入世界貿易組織之前，許多國家並不同意以台灣專利申請案前往該國主張國外優先權，對台灣發明人相當不利。而在加入世界貿易組織初期，還是有部份世界貿易組織會員國不同意以台灣專利申請案前往該國主張國外優先權。

後來台灣發明人向經濟部智慧財產局反映，經由經濟部智慧財產局不斷向世界貿易組織爭取之後，終於除了主張台灣是中國一部份的中華人民共和國之外，其他所有的世界貿易組織會員國都同意以台灣專利申請案前往該國主張國外優先權。

題外話時間

　　中華人民共合國與台灣都是世界貿易組織會員國，都應該遵守世界貿易組織的規定。可是，由於<u>台灣外交處境艱困，在加入世界貿易組織時，並不是以國家的名義加入，而是以臺澎金馬關稅領域的名義加入</u>，以至於中華人民共合國蠻橫地主張台灣(臺澎金馬關稅領域)是中國的一部份，拒絕以台灣專利申請案前往該國主張國外優先權。最後，是在以一中架構爲前提的情況下，中華人民共合國與台灣簽署 ECFA 之後，中華人民共合國才同意以台灣專利申請案前往該國主張國外優先權。

延　伸：國外優先權與國民待遇是依據「保護工業財產權巴黎公約(Paris Convention for the Protection of Industrial Property; PCPIP，簡稱巴黎公約)」而來。世界大多數國家簽署，該公約規定每一個簽約國家保證對其他國家的公民賦與等同於其本身公民所享有之專利和商標方面權益，稱爲國民待遇。該公約亦規定專利、商標和工業設計(設計專利)之優先權。此項權利是指，基於在某一會員國提出符合規定的第一次申請案，申請人得於一定期間內，向所有其他會員國申請保護。這些嗣後申請案將被視爲與第一次申請案提出的日期相同。因此，這些申請人對於在同一期間內已就相同發明提出申請案之其他人而言，享有優先權。再者，這些基於首次申請案提出之嗣後申請案，不會因爲前後案間隔期間內完成的任何行爲而被認定無效，例如發明的公開或利用、複製品的販售或商標的使用。當第一次申請案是一專利申請案時，前述的一定期間，即是嗣後申請案得在其他國家提出之期間，爲 12 個月；當第一次申請案屬工業設計(設計)或商標申請案時，期間爲 6 個月。

2-13　國內優先權　🔍

　　本節將說明國外優先權與國內優先權的差異。

疑問一：由於台灣採用先申請人主義，所以甲研發成功後，爲了搶申請日，沒有多加考慮，急著立刻提出專利申請，因此甲於 2008 年 1 月 1 日向經濟部智慧財產局提出專利申請案 A；但是經過 3 個月反覆思考，卻發現有一個部份可以改得更完美，所以甲於 2008 年 4 月 1 日又向台灣的經濟部智慧財產局提出

專利申請案 B，然而專利申請案 A 與專利申請案 B 大部分內容都相同，只有一小部分有改良；是否會以相同內容獲准兩件專利？

解惑一：如果改良的部份不影響申請專利範圍，則專利申請案 A 與專利申請案 B 會被視為內容相同，依據台灣專利法：同一發明有二以上之專利申請案時，僅得就其最先申請者准予發明專利。其申請人為同一人時，應通知申請人限期擇一申請，屆期未擇一申請者，均不予發明專利。所以甲將被通知於 A、B 兩案中限期擇一，若屆期未擇一申請，將導致 A 案與 B 案都不能獲准專利。

如果改良的部份有影響申請專利範圍，則專利申請案 A 與專利申請案 B 會被視為內容不相同，則專利申請案 A 可獲准專利權，專利申請案 B 與專利申請案 A 不同(改良)的部份，可獲准另一個專利權。而專利申請案 B 與專利申請案 A 相同的部份，當然不能再獲准另一個專利權。

> 提醒：如果改良的部份不影響申請專利範圍，甲將被通知於 A、B 兩案中限期擇一，所以提出 A、B 兩案是浪費錢的做法，甲只要針對專利申請案 A 提出修正即可，不需要浪費錢另外提出專利申請案 B。

推　論：如果改良的部份有影響申請專利範圍，提出 A、B 兩案雖然可分別獲准專利權，但因專利申請案 A 與專利申請案 B 大部分內容都相同，只有一小部分有改良，所以還是有浪費錢的感覺。若能直接以改良後專利範圍較大的專利申請案 B 取代改良前專利範圍較小的專利申請案 A，則較為理想。

疑問二：甲於 2008 年 1 月 1 日向經濟部智慧財產局提出專利申請案 A；但是經過 3 個月反覆思考，卻發現有一個部份可以改得更完美，因此甲於 2008 年 4 月 1 日又向台灣的經濟部智慧財產局提出專利申請案 B，因為專利申請案 A 與專利申請案 B 大部分內容都相同，只有一小部分有改良，所以甲認為直接以改良後專利範圍較大的專利申請案 B 取代改良前專利範圍較小的專利申請案 A 是較為理想的做法，所以，甲放棄專利申請案 A，保留專利申請案 B。

另一方面，乙由不明管道獲得甲的專利內容後，以專利申請案 B 相同的內容，於 2008 年 3 月 1 日向的經濟部智慧財產局提出專利申請案 C，則專利權應屬於甲還是屬於乙？

解惑二：專利申請案 A 被放棄，專利申請案 C 的申請日是 2008 年 3 月 1 日，專利申請案 B 的申請日是 2008 年 4 月 1 日，所以專利申請案 C 與專利申請案 A 內容不相同(改良)的部份，可獲准專利，專利權屬於乙，而專利申請案 B 與專利申請案 C 內容相同無法獲准專利。

提醒：雖然專利申請案 A 被放棄，但是仍會影響專利申請案 C 的新穎性，所以專利申請案 C 與專利申請案 A 內容相同的部份，不能獲准專利。

上述情況對發明人甲不利，因此有「國內優先權」的補救措施。依據台灣專利法：申請人基於其在中華民國先申請之發明或新型專利案再提出專利之申請者，得就先申請案申請時說明書或圖式所載之發明或創作，主張優先權。前項先申請案自其申請日起滿十五個月，視爲撤回。主張優先權者，其專利要件之審查，以優先權日爲準。

疑問三：甲於 2008 年 1 月 1 日向經濟部智慧財產局提出專利申請案 A；但是經過 3 個月反覆思考，卻發現有一個部份可以改得更完美，因此甲於 2008 年 4 月 1 日又向台灣的經濟部智慧財產局提出專利申請案 B，並以專利申請案 A 爲基礎案，主張國內優先權。

另一方面，乙由不明管道獲得甲的專利內容後，以專利申請案 B 相同的內容，於 2008 年 3 月 1 日向的經濟部智慧財產局提出專利申請案 C，則專利權應屬於甲，或應屬於乙？

解惑三：專利申請案 A 的申請日是 2008 年 1 月 1 日，專利申請案 C 的申請日是 2008 年 3 月 1 日，專利申請案 B 的申請日是 2008 年 4 月 1 日，但是專利申請案 B 以專利申請案 A 爲基礎案，主張國內優先權。所以專利申請案 B 的優先權日爲 2008 年 1 月 1 日，比專利申請案 C 的申請日 2008 年 3 月 1 日還早，因此專利申請案 B 的專利權屬於甲，專利申請案 C 無法獲准專利。

延　伸：專利申請案 B 以專利申請案 A 爲基礎案，主張國內優先權，表示以專利申請案 B 取代專利申請案 A，專利申請案 A 視爲撤回。而且專利申請案 B 以專利申請案 A 的申請日爲優先權日，以確保發明人的權益，避免他人於 A、B 兩案中間插入搶走專利權。

提醒：國外優先權是前申請案(國外申請案)與後申請案(國內申請案)兩件申請案並存；國內優先
　　　權則是以改良之後申請案(國內申請案)取代前申請案(國內申請案)，兩件申請案不能並
　　　存，只保留後申請案。

2

2-14 一發明一專利(單一性)原則 🔍

本節將說明是否可將許多發明內容合併成一件專利申請案。

疑問一： 專利申請費很貴，是否可以將很多件專利申請案合併成一件，以減少專利申
　　　　請費的支出？

解惑一： 依據台灣專利法：申請發明專利應就每一發明提出申請。二個以上發明，屬
　　　　於一個廣義發明概念者，得於一申請案中提出申請。所以原則上應就每一發
　　　　明提出一件專利申請案，稱為一發明一專利原則，或稱為單一性原則。但是
　　　　如果屬於一個廣義發明概念的話，也可以將很多件專利申請案合併成一件，
　　　　以減少專利申請費的支出。

提醒一：2 個以上之發明或新型屬於一個廣義發明概念(單一性)是指申請專利範圍，而非說明書
　　　　之內容。

推　論： 必須屬於一個廣義發明概念才可以將很多件專利申請案合併成一件，例如第
　　　　一件發明為物品 A，另一件發明為製造物品 A 的方法，則屬於一個廣義發明
　　　　概念，可以將兩件專利申請案合併成一件，以減少專利申請費的支出。

疑問二： 第一件發明為地線與火線插片大小不同的插頭，另一件發明為地線與火線插
　　　　孔大小不同的插座，是否可以將兩件專利申請案合併成一件，以減少專利申
　　　　請費的支出？

解惑二： 因為地線與火線插片大小不同的插頭，與地線與火線插孔大小不同的插座必
　　　　須搭配使用，而且兩者具有相同的可專利要件(用一大一小的插片與插孔分辨
　　　　火線與地線)，所以可以將兩件專利申請案合併成一件，以減少專利申請費的
　　　　支出。

題外話時間

家庭常用的 110V 單相兩線電力系統，兩條線之中有一條稱爲火線，火線經常與大地保持高電位差，因爲人站在大地上與大地同電位，所以摸到火線一定會被電到。

火線經常使用紅色的導線，提醒施工人員與用戶小心不要觸電。另一條稱爲地線，地線經常與大地保持同電位，因爲人站在大地上也與大地同電位，所以理論上摸到地線不會被電到。

不過萬一接地系統沒有做好，這時候地線與大地之間仍會有小的電位差存在，則摸到地線還是會有輕微被電到的感覺。

地線經常使用黑色或綠色的導線。在牆壁內的電線將電引到插座時，如果沒有地線與火線插孔大小不同的設計，仍會分不清楚哪一個是地線，哪一個是火線。

電器的插頭如果沒有地線與火線插片大小不同的設計，也會分不清楚哪一個是地線，哪一個是火線。

如此一來，當電器的插頭插入牆上的插座，很可能發生地線接火線的情況，則摸到地線不會被電到的安全設計將不存在，會增加用電的危險性。

<u>疑問三</u>：第一件發明爲地線與火線插片大小不同的插頭，另一件發明爲三插孔的插座，是否可以將兩件專利申請案合併成一件，以減少專利申請費的支出？

<u>解惑三</u>：因爲兩者並不具有相同的可專利要件，所以不可以將兩件專利申請案合併成一件。

 題外話時間

家庭常用的 110V 單相兩線電力系統，如果採用三插孔的插座，表示其中一條是火線，一條是地線，另一條是設備金屬外殼專用的接地線，可避免設備金屬外殼累積靜電或漏電導致使用者被電到。

<u>疑問四</u>：將兩件(含)以上不具有相同可專利要件的專利申請案合併成一件會如何？

<u>解惑四</u>：審查委員發現不符合單一性原則後，會要求申請人去把那<u>一件專利申請案分成兩件(含)以上的專利申請案，稱為分割。</u>

疑問五：如果原本將兩件具有相同可專利要件的專利申請案合併成一件，後來反悔，是否可將該件專利申請案分成兩件專利申請案？

解惑五：因為該件專利申請案符合單一性原則，審查委員並不會主動要求分割，所以必須由申請人自己提出分割的申請。

疑問六：甲於 2008 年 1 月 1 日向經濟部智慧財產局提出專利申請案 A，於 2008 年 6 月 1 日將專利申請案 A 分割成專利申請案 B 與專利申請案 C，則專利申請案 B 與專利申請案 C 的申請日是哪一天？

解惑六：依據台灣專利法：准予分割者，仍以原申請案之申請日為申請日。就好像連體嬰分割成兩個人之後，他們的生日還是出生的那一天，而不是分割的那一天。所以專利申請案 B 與專利申請案 C 的申請日是 2008 年 1 月 1 日，也就是專利申請案 A 當初的申請日。

　　以下節錄自由時報 2009 年 9 月 28 日標題為 "忠仁忠義分割 30 年賣畫助人" 的報導供參考。

　　〔記者王昶閔／台北報導〕國內第一對進行分割的連體嬰忠仁、忠義，其分割手術成功迄今屆滿三十年，昨日兄弟倆公開義賣畫作以回饋社會，將五幅畫所募得的十萬元，捐助八八水災災民，同時現場又臨時募得十萬元，要捐給國內首例新流感孕婦死亡病例，身後留下的六個月早產兒。

　　一九七九年九月十日，三歲的忠仁、忠義分割成功，昨日舉行「分割三十週年、感恩傳愛紀念」茶會，感謝醫療團隊與社會大眾。

　　前台大校長陳維昭表示，當年在忠仁、忠義之前，全球只有三對連體嬰分割手術，美國手術雙胞胎均存活，英國一死一生，法國則是兩人均死。當年忠義、忠仁分割的成功率，剛好五成。忠仁、忠義是亞洲首例成功分割的三肢坐骨連體嬰。

> **提醒二**：分割子案(專利申請案 B 與專利申請案 C)的申請人必須與原申請案(專利申請案 A) 的申請人相同。
> 可是分割子案(專利申請案 B 與專利申請案 C)的發明人可以不必與原申請案(專利申請案 A)的發明人相同，只要是原申請案(專利申請案 A)發明人的全部或一部分就可以了。因為有可能專利申請案 B 的發明人是丙，專利申請案 C 的發明人是丁，而當初合併申請的原申請案(專利申請案 A) 的發明人是丙與丁。

疑問七：甲向經濟部智慧財產局提出發明專利申請案 A，是否可以將發明專利申請案 A 分割成發明專利申請案 B 與新型專利申請案 C？

解惑七：分割子案(專利申請案 B 與專利申請案 C)的專利種類必須與原申請案(專利申請案 A)的專利種類相同。所以只能將發明專利申請案 A 分割成發明專利申請案 B 與發明專利申請案 C。再於分割完後將 C 案 〝改請〞 為新型。

延　伸：只能將新型專利申請案 A 分割成新型專利申請案 B 與新型專利申請案 C。

得獎發明介紹

小便器結構改良

　　小便器結構改良獲准專利 155547 號，如圖 2-5 所示。主要是把洗手槽安裝於小便盆之頂端，讓洗手後所流下之水，可用於清洗小便器。

　　缺水與省水是當今人類生活的重要課題，傳統男生上小號，進廁所先洗手、人站到小便斗時，小便斗會先沖水以防止尿液沾黏於小便斗壁、上完後人離開小便斗時，小便斗會沖水以清洗尿液、離開廁所前會洗手，所以，傳統男生上小號總共用了四次水。本發明讓洗手的水變成沖洗的水，幾乎節省一半的用水量，非常值得推廣使用。

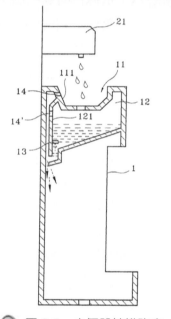

圖 2-5　小便器結構改良

2-15　早期公開制　　IQ

　　本節將說明早期公開制。

疑　問：甲於 2008 年 1 月 1 日向經濟部智慧財產局提出發明專利申請案 A，其他人什麼時候可以看到專利申請案 A 的內容？

解　惑：依據台灣專利法：發明專利申請案無不合規定程式，且無應不予公開之情事者，自申請日起十八個月後，應將該申請案公開之。所以專利申請案 A 的內容會在 2009 年 7 月 1 日被公開。

> 提醒：早期台灣的發明專利申請案是在審查完畢核准之後才會被公開內容，稱為公告。但是為了配合世界趨勢，目前是在申請日起十八個月後就會公開內容，稱為早期公開。
>
> 可是大部分的發明專利申請案很少在申請日起十八個月內就審查完畢，所以自申請日起十八個月後就公開內容，稱為「早期公開制」，因為被公開的時候，大部分案子都還在審查中。
>
> 所以專利核准之後被公開的內容，稱為公告。而專利申請日起十八個月後被公開的內容，則稱為早期公開。

　　大部份案件公開與公告內容相同，但若公開後的審查過程有因答辯等原因而修改，將使公開與公告內容出現差異。

推　論：早期公開制是世界趨勢，目的是加快資訊的公開，促進新技術的產生。

延伸一：**早期公開制只適用於發明專利申請案**，新型專利申請案與設計專利申請案還是維持審查完畢核准之後才會被公開內容的制度。

延伸二：經公告之專利案，任何人均得申請閱覽、抄錄、攝影或影印其審定書、說明書、申請專利範圍、摘要、圖式及全部檔案資料。但專利專責機關依法應予保密者，不在此限。

2-16 實體審查申請制

　　本節將說明有關發明專利申請案實體審查的制度。

疑　問：甲於 2008 年 1 月 1 日向經濟部智慧財產局提出發明專利申請案 A，沒有勾選一併申請實體審查，到 2012 年是否會獲准專利？

解　惑：依據台灣專利法：自發明專利申請日起三年內，任何人均得向專利專責機關申請實體審查。未於規定之期間內申請實體審查者，該發明專利申請案，視為撤回。因為甲沒有在提出發明專利申請時一併申請實體審查，也沒有在申請日起三年內申請實體審查，所以發明專利申請案 A 將被視為撤回，不可能獲准專利。

> 提醒一：除了申請人本身之外其他任何人都可以提出實體審查的申請。不過除非有切身的利害關係，否則依常理，其他不相干的人不太可能自掏腰包替別人去繳交申請實體審查的費用。
>
> 提醒二：早期台灣的發明專利申請案是在提出發明專利申請後，經濟部智慧財產局就主動直接進行實體審查。但是為了配合世界趨勢，目前是在發明專利申請日起三年內，有人提出實體審查的申請，才會被動進行實體審查，稱為「實體審查申請制」。

推　論：實體審查申請制是世界趨勢，目的是讓一些沒有市場、沒有商品化與已經被新技術取代的申請案自動放棄實體審查，一方面減少發明人無謂的開銷，另一方面減少審查員的審查負擔。

延　伸：**實體審查申請制只適用於發明專利申請案；新型專利申請案目前採用形式審查制，以及新型技術報告申請制；設計專利申請案還是維持提出設計專利申請後，經濟部智慧財產局就主動直接進行實體審查的制度。**

2-17 暫准專利　　IQ

本節將說明有關發明專利申請案還在審查中就被早期公開的配套補償措施，稱為暫准專利。

疑　問：甲於 2008 年 1 月 1 日向經濟部智慧財產局提出發明專利申請案 A，依據早期公開制，發明專利申請案 A 的內容在 2009 年 7 月 1 日被公開，可是發明專利申請案 A 還在審查中，所以甲還沒擁有專利權。此時乙看到發明專利申請案 A 被公開的內容後，就用發明專利申請案 A 的技術製造產品進行販售牟利，甲如何維護自身的權益？

解　惑：依據台灣專利法：發明專利申請人對於申請案公開後，曾經以書面通知發明專利申請內容，而於通知後公告前就該發明仍繼續為商業上實施之人，得於發明專利申請案公告後，請求適當之補償金。

這種**在發明專利申請案公開後到核准公告前，給予尚未真正擁有專利權的申請人，對於在該期間進行商業實施之人求償的權利，稱為「暫准專利」**，是早期公開制的配套措施，用於維護發明人的權益。

所以甲應對乙發出書面通知，告知該技術已經提出專利申請，要求乙不要再繼續以該技術製造產品進行販售牟利。如果乙還是繼續以該技術製造產品進行販售牟利，甲可以於專利獲准後，對乙要求適當之補償金。

> 提醒：如果發明專利申請案 A 最後沒有獲准，當然無法主張任何權利。

2

推　　論：此制度有變相鼓勵不尊重專利權的嫌疑，因為將變相鼓勵投機者故意尋找已公開卻尚未核准的發明專利申請案進行商業實施，如果運氣好一直沒有被申請人發現，則在公開後到公告前這段時間就可以免費使用。

萬一被申請人發現(通常申請人要花很多人力與時間才能抓到涉嫌仿冒者)，還可以再賭賭運氣，若最後沒有獲准專利，還是可以免費使用。

萬一最後真的有獲准專利，申請人還必須到法院提告，而且必須告贏，確定有侵犯專利權，仿冒者才必須付費，萬一仿冒者利用漫長的訴訟期脫產，恐怕申請人也拿不到賠償金。

所以，由實際執行的難易度來看，此制度明顯對不尊重專利權的投機者有利，有待發明人共同努力，集思廣益，謀求解套方案。

延　　伸：假設當初申請人同時申請發明專利與新型專利，如果在發明專利被早期公開時新型專利已經獲准，則行使新型專利權與發明專利的暫准專利，二者只能擇一。

2-18　進口權(真品平行輸入)　IQ

在別的國家生產製造之後再進口到國內，這樣有沒有侵犯專利權，將在本節之中加以說明。

疑問一：甲獲准台灣專利(物品 A)，沒有獲准越南專利，乙在越南生產製造與販賣物品 A，是否侵犯甲的專利權？

解惑一：專利是屬地主義，所以甲獲准的台灣專利只在台灣有效，在越南無法主張任何權利，因此乙在越南生產製造與販賣物品 A，並沒有侵犯甲的專利權。含

法生產製造的物品稱為「真品」，非法生產製造的物品稱為「仿冒品」。因此乙在越南生產製造與販賣物品 A 是為「真品」，若乙在台灣生產製造與販賣物品 A 才是「仿冒品」，才會侵犯甲的專利權。

疑問二：甲獲准台灣專利(物品 A)，沒有獲准越南專利，乙在越南生產製造物品 A，然後未經甲的同意，將物品 A 進口到台灣販賣，是否侵犯甲的專利權？

解惑二：依據台灣專利法：物品專利權人，除本法另有規定者外，專有排除他人未經其同意而製造、為販賣之要約、販賣、使用或為上述目的而進口該物品之權。所以甲獲准的台灣專利包含進口權，乙未經甲的同意，將物品 A 進口到台灣販賣，將會侵犯甲的專利權。

未經專利權人同意而進口的行為稱為「平行輸入」。雖然乙在越南生產製造與販賣物品 A 是為「真品」，但未經甲的同意，將物品 A 進口到台灣販賣是為「平行輸入」，所以合起來稱為「**真品平行輸入**」，**是侵犯專利權的行為**。

提醒：因為專利權與商標權規定不同，所以「真品平行輸入」並不一定是侵犯商標權的行為。

推　論：某物品 A 在他國(例如美國、日本、德國或韓國)有專利，但在台灣沒有專利，則在台灣生產製造與販賣物品 A 並不違法，這是台灣中小企業可以合法免費使用他國專利技術進行牟利的竅門。

疑問三：台灣的專利權包含進口權，是否要等到侵權人進口並販售後才能採取防止侵權的行動？

解惑三：專利法規定：專利權人對進口之物有侵害其專利權之虞者，得申請海關先予查扣。前項申請，應以書面為之，並釋明侵害之事實，及提供相當於海關核估該進口物完稅價格之保證金或相當之擔保。

所以，專利權人只要懷疑進口之物有侵害其專利權之虞，就可以在海關先申請予以查扣，不必等到侵權人進口並販售後才能採取防止侵權的行動，但必須支應相對的保證金，於萬一沒有侵犯專利權時作為賠償。

疑問四：上述被查扣人是否能要求廢止查扣？

解惑四：專利法規定：被查扣人得提供第二項保證金二倍之保證金或相當之擔保，請求海關廢止查扣，並依有關進口貨物通關規定辦理。

所以被查扣人可以要求廢止查扣，但必須繳 2 倍的保證金。

疑問五：如果被查扣物有侵害專利權，該物品就不得進口，那查扣期間的費用應由誰支付？

解惑五：專利法規定：查扣物經申請人取得法院確定判決，屬侵害專利權者，被查扣人應負擔查扣物之貨櫃延滯費、倉租、裝卸費等有關費用。

所以查扣期間的費用應由侵權人(被查扣人)支付。

延　伸：如果被查扣物沒有侵害專利權，該物品就會由被查扣人通關進口與販售，查扣期間的損失則由申請查扣人當初繳交的保證金賠償。

疑問六：申請海關查扣後是否一定要提出侵權訴訟？

解惑六：專利法規定：申請人於海關通知受理查扣之翌日起十二日內，未依規定就查扣物為侵害物提起訴訟，並通知海關者，海關應廢止查扣。前項規定之期限，海關得視需要延長十二日。所以，申請人必須於海關通知受理查扣之翌日起十二日內(最多延長為二十四日內)提出侵權訴訟，否則海關就會廢止查扣。可避免為打擊競爭對手，胡亂提出查扣之劣行。

2-19 專利權效力不及之事項

在某些特殊情況下使用有專利的技術並不會侵犯專利權，本節將加以說明。

疑問一：甲擁有以 A 方法製造 B 物品的專利權，乙為了想研發出更好的方法，也試著以 A 方法製造 B 物品，以便找出 A 方法的缺點，則乙未經甲同意以 A 方法製造 B 物品的行為，是否構成侵犯甲的專利權？

解惑一：如果乙必須經甲同意才能以 A 方法製造 B 物品，以便找出 A 方法的缺點，研發出更好的方法，可想而知，甲必定不會同意，否則乙若成功研發出更好的方法，甲的專利將被乙研發出的更好方法所取代，造成甲失去市場。可是

如此一來技術將難以進步。

因爲專利權的目的是讓甲可藉由專屬的販售權，將投入研發的費用賺回來，所以只要乙以 A 方法製造 B 物品，沒有販售行爲，純粹爲了研發出更好的方法，將無損甲的權益，又能使技術繼續進步。

所以依據台灣專利法：發明專利權之效力，不及於下列各款情事：

一、非出於商業目的之未公開行爲。

二、以研究或實驗爲目的實施發明之必要行爲。

因此乙未經甲同意以 A 方法製造 B 物品的行爲，只要沒有販售營利，純粹爲了研發出更好的方法，將不會構成對甲專利權的侵犯。

疑問二： 新加坡航空公司的飛機上裝有自動駕駛裝置，該自動駕駛裝置擁有台灣專利權。如果新加坡航空公司的飛機載運旅客到台灣降落，再飛往日本，是否構成侵犯專利權？

解惑二： 自動駕駛裝置專利權的販賣對象應該是飛機製造商，而飛機載運旅客降落的動作，不牽涉自動駕駛裝置專利權的販賣行爲，也不能視爲進口。所以依據台灣專利法：發明專利權之效力不及於僅由國境經過之交通工具或其裝置。

🏆 得獎發明介紹

後視鏡構造改良

後視鏡構造改良獲准專利 147053 號，如圖 2-6 所示。主要內容爲：由馬達之旋轉帶動後視鏡旋轉，藉旋轉產生之離心力，使後視鏡表面之水滴或污塵被迅速拋離，以達後視鏡表面之清晰者。下雨天騎機車或開車時，後視鏡上的水珠會造成看不清楚的問題，本發明以馬達高速轉動圓形後視鏡的方式來排除後視鏡上的水珠，有助於提升交通安全。不過圓形後視鏡似乎有無法正確判斷物體距離的缺點，仍有改良的空間。

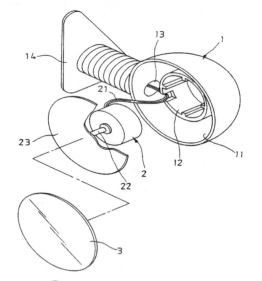

▲ 圖 2-6　後視鏡構造改良

另有利用荷葉表面讓水珠不散開原理製成貼片，貼在後視鏡讓水珠因重力落下，不會存在後視鏡上，以保持良好視線的發明。

2-20 專利權一次耗盡原則 IQ

2

本節將說明專利物品販賣後的所有權問題。

疑　問：甲擁有 A 物品的專利權，甲自己開工廠生產幾萬個 A 物品進行販售，乙向甲購買一個 A 物品，後來乙把向甲買來的那一個 A 物品賣給丙，是否構成侵犯甲的專利權？

解　惑：依據台灣專利法：物品專利權人，除本法另有規定者外，專有排除他人未經其同意而製造、為販賣之要約、販賣、使用或為上述目的而進口該物品之權。所以乙未經甲同意販賣專利物品 A 的行為，將會構成對甲專利權的侵犯。

可是乙的 A 物品明明是合法向專利權人甲買來的，如果乙買下 A 物品後不能自行處置這件財產，誰還願意購買。

所以台灣專利法另有規定：發明專利權之效力不及於專利權人所製造或經其同意製造之專利物品販賣後，使用或再販賣該物品者。上述製造、販賣不以國內為限。

這種**在專利物品第一次被販賣後其專利權就到此截止的原則稱為專利權一次耗盡原則**，意思就是說：如果專利權人(甲)自己製造或經其同意所製造之專利物品(A)，在販賣後，其專利權就到此截止，其後此販賣出去的物品(A)的所有權就屬於買走的人(乙)，則乙可以自行使用或再販賣該物品(A)，而不構成侵犯甲的專利權。

提醒：乙可以自行使用或再販賣的只有向甲買來的那一個 A 物品，其他幾萬個 A 物品的專利權仍然屬於甲。

延　伸：依據台灣專利法：混合二種以上醫藥品而製造之醫藥品或方法，其專利權效力不及於醫師之處方或依處方調劑之醫藥品。因為醫師開處方後，病人還是得向藥商買藥，所以醫師開處方的行為並不影響藥商的專利權。而藥局向藥商買藥後，再賣給病患的行為也不構成專利權之侵害。

2-21 專利權異動登記制度 IQ

本節將說明專利權買賣的登記制度。

疑　問：甲擁有 A 物品的專利權，甲將 A 物品的專利權賣給乙，沒有去經濟部智慧財產局登記，又再將 A 物品的專利權賣給丙，而且有去經濟部智慧財產局完成登記，則 A 物品的專利權究竟屬於甲、乙還是丙？

解　惑：依據台灣專利法：發明專利權人以其發明專利權讓與、信託、授權他人實施或設定質權，<u>非經向專利專責機關登記，不得對抗第三人</u>。

　　　　所以雖然甲先將 A 物品的專利權賣給乙，然後才賣給丙。可是甲與乙的買賣沒有去經濟部智慧財產局登記，是無效的，甲與丙的買賣有去經濟部智慧財產局完成登記，才是有效的。所以 A 物品的專利權屬於丙。

　　　　至於甲與乙的買賣則存在甲對乙之債務不履行問題，與丙無關，乙可去控告甲不履行債務，要求甲返還當初給付的價款。

　　　　這樣的規定與進行土地或房屋買賣，必須去各縣市政府的地政事務所登記的規定類似。

提醒：進行專利權的讓與、信託、授權實施或設定質權等權利異動行為，一定要去經濟部智慧財產局完成登記，才能確保自身權益。

2-22 共有專利 IQ

本節將說明多人共同擁有專利時，於授權以及賣專利權時應注意的事項。

疑問一：甲與乙兩人共同擁有 A 物品的專利權，約定每人擁有 50%的專利權。甲是否可以在不經乙同意的情況下，將 A 物品的專利權授權給丙實施？

解惑一：依據台灣專利法：發明專利權為共有時，除共有人自己實施外，非得共有人全體之同意，不得讓與或授權他人實施。但契約另有約定者，從其約定。

　　　　所以除非甲與乙訂有契約，同意甲可以不經乙的同意，將 A 物品的專利權授

權給丙實施；否則甲必須經乙的同意，才可以將 A 物品的專利權授權給丙實施。

疑問二：**甲與乙兩人共同擁有 A 物品的專利權，約定每人擁有 50%的專利權。甲是否可以在不經乙同意的情況下，將甲所擁有 50%的 A 物品專利權讓與給丙？**

解惑二：依據台灣專利法：發明專利權共有人未得共有人全體同意，不得以其應有部分讓與、信託他人或設定質權。所以甲必須經乙的同意，才可以將甲所擁有 50%的 A 物品專利權讓與給丙。

推　論：當甲將所擁有的 50% A 物品專利權讓與給丙之後，變成丙與乙兩人共同擁有 A 物品的專利權，則乙往後的讓與或授權他人實施都必須經過丙的同意，會對乙的權益造成重大影響。所以在甲將所擁有的 50% A 物品專利權讓與給丙之前，應先獲得乙的同意。

延　伸：專利申請權共有人拋棄其應有部分時，該部分歸屬其他共有人。所以，如果甲與乙兩人共同擁有 A 物品的專利權，約定每人擁有 50%的專利權。當甲拋棄其所有的 50%後，變成乙擁有 100%

2-23 強制授權

萬一社會發生特殊狀況，急需某專利技術解決問題，但專利所有權人卻因私利而不願授權，導致社會大眾因此受難，政府是否可收回專利權？本節將加以說明。

疑　問：**SARS 流行時，因為一般口罩無法阻隔 SARS 病毒，只有 N95 口罩才能阻隔 SARS 病毒，但是擁有 N95 口罩專利權的廠商故意不增產，造成原本一個約 50 元的 N95 口罩，因嚴重缺貨，飆漲到一個約 2000 元，甚至達到一個 3000 元，形成暴利，讓許多民眾買不起或買不到，若因此造成大流行，將嚴重影響國民健康，難道對存心發國難財、賺黑心錢的廠商毫無辦法，只能眼睜睜看著老百姓因買不起或買不到 N95 口罩而紛紛送命？**

解　惑：依據台灣專利法：為因應國家緊急危難或其他重大緊急情況，專利專責機關應依緊急命令或中央目的事業主管機關之通知，強制授權所需專利權，並盡速通知專利權人。

這種<u>沒有經過專利所有權人同意，直接由政府授權他人實施專利的情況，稱為強制授權</u>。因此政府可以因應國家緊急情況為理由，強制他人實施 N95 口

罩專利，增加產量，解決 N95 口罩缺貨與價格飆漲，可能引發大流行，危害國民健康的問題。

 題外話時間

強制授權並非專利制度的常態，只適用於特殊情況，因此條件非常嚴苛，對獲得強制授權者相當不利。

上述 N95 口罩缺貨與價格飆漲的現象，其實並非有專利，而是一般口罩製造商無能力製造的結果。因為一般口罩是軟的，而 N95 口罩是硬的、立體的，當時嚴重到連醫護人員都無法獲得足夠的 N95 口罩，在作者上書總統府，以上戰場的軍人沒有防彈鋼盔比擬醫護人員沒有 N95 口罩的嚴重性，並建議以強制授權因應之後，政府立刻指示有能力製造的國軍單位投入生產，順利化解 N95 口罩缺貨與價格飆漲的問題。

而此一以為有專利，建議以強制授權應對的模擬先例，也引發後來禽流感爆發，唯一可克制禽流感的「克流感」藥物，雖然在台灣擁有專利權，但卻沒有在台灣設廠，造成台灣可能因「克流感」藥物缺貨爆發大流行的緊急狀態發生時，政府立刻駕輕就熟，對該擁有專利權的外國廠商提出強制授權，順利化解危機。

後來發生武漢肺炎時，政府也依照先前經驗立刻管制口罩不得出口，並統一徵用，統一調配，有效防止口罩價格飆漲。

延　伸：新規定：為協助無製藥能力或製藥能力不足之國家，取得治療愛滋病、肺結核、瘧疾或其他傳染病所需醫藥品，專利專責機關得依申請，強制授權申請人實施專利權，以供應該國家進口所需醫藥品。

依前項規定申請強制授權者，以申請人曾以合理之商業條件在相當期間內仍不能協議授權者為限。但所需醫藥品在進口國已核准強制授權者，不在此限。

 得獎發明介紹

點滴液面偵測警示器

點滴液面偵測警示器獲准專利 152903 號，護理人力不足，導致病人吊點滴時，萬一點滴液面過低仍未處理而使空氣進入血管，將有造成病人死亡的危險。本發明將傳統用於水塔的液面控制技術轉用於點滴瓶，在點滴液面過低時自動啟動警示器，提醒需更換點滴以確保病人的安全。

2-24 標示義務 IQ

　　擁有專利權的人都不希望被仿冒，所以，擁有專利權的人有義務讓其他人知道這是有專利的，是不該仿冒的。

疑問一：甲看到市面上有一種新商品，賣得非常好，也想要生產該商品來販售，但又怕侵犯專利權而被告，如何可得知該商品是否有專利？

解惑一：依據台灣專利法：專利物上應標示專利證書號數；不能於專利物上標示者，得於標籤、包裝或以其他足以引起他人認識之顯著方式標示之。所以甲可查看該商品上是否有標示專利證書號，來判斷該商品是否有專利。

疑問二：甲看到市面上有一種新商品，賣得非常好，也想要生產該商品來販售，經過詳細檢查，發現上面沒有標示專利證書號數，所以放心地去生產該商品來販售，不料卻被乙控告侵犯專利權，甲是否須因侵犯專利權而賠償？

解惑二：依據台灣專利法：專利物上應標示專利證書號數；不能於專利物上標示者，得於標籤、包裝或以其他足以引起他人認識之顯著方式標示之；其未附加標示者，於請求損害賠償時，應舉證證明侵害人明知或可得而知為專利物。所以乙必須舉證證明侵害人甲明知或可得而知為專利物才能求償。

　　所以當專利權人乙發現其他人(甲)生產其專利物品 A 販售時，可以先發存證信函警告甲，說明這是有專利權的物品，請甲不要再繼續生產與販賣，如果甲置之不理，則專利權人乙就可因此取得甲明知這是有專利權物品的證明，並依法提出請求損害賠償。

推　論：如果專利權人乙可以和不小心的侵權者甲取得和解，將求償改為授權，則不但可以省下龐大的訴訟費用與等待訴訟判決的時間，也可因此增加產量與銷售點，讓雙方都可因而獲利。所以實務上，許多專利侵權的官司並不是著眼於短暫、少許的侵權賠償，而是逼迫對方購買授權，藉以獲取長期、龐大授權金的一種手段而已。

提醒：有些有專利的商品可能沒有標示專利證書號，或者標示專利證書號的包裝可能已經被拆掉，所以比較保險的做法是去經濟部智慧財產局的網站查詢，或者直接向生產該商品的廠商詢問。

2-25 專利應繳費用 🔍

　　申請專利需要繳交那些費用？本節將加以說明。

疑問一： 甲向經濟部智慧財產局提出專利申請，由提出專利申請到專利權截止，應向經濟部智慧財產局繳交哪些費用？

解惑一： 提出申請時應繳納申請費；審查過程若有修正或答辯，視修正或答辯的修改程度而定，有時需繳修正費或答辯費；專利核准時，須繳交領證費與第一年的專利年費；往後每年都須繳該年的專利年費。若為發明專利申請案，還必須繳交實體審查申請費，才會進行審查；若為新型專利申請案，如果選擇申請新型專利技術報告，還必須繳交新型專利技術報告的申請費。

提醒：如果委託專利代理人(事務所)代為辦理，必須付給事務所代辦費，有時事務所代辦費甚至高於向經濟部智慧財產局繳交的規費，因此若有委託專利代理人代為辦理，必須特別留意所需經費之估算，以免超出預算。

疑問二： 甲應於 2010 年 2 月 1 日前向經濟部智慧財產局繳交第二年的專利年費 2500元，如果忘記繳交，結果會如何？

解惑二： 依據台灣專利法：發明專利第二年以後之專利年費，未於應繳納專利年費之期間內繳費者，得於期滿後六個月內補繳之。但其專利年費之繳納，除原應繳納之專利年費外，應以比率方式加繳專利年費。前項以比率方式加繳專利年費，指依逾越應繳納專利年費之期間，按月加繳，每逾一個月加繳百分之二十，最高加繳至依規定之專利年費加倍之數額；其逾繳期間在一日以上一個月以內者，以一個月論。

疑問三： 甲應於 2010 年 2 月 1 日前向經濟部智慧財產局繳交第二年的專利年費，結果忘記繳交，而且甲也沒有在 2010 年 8 月 1 日前加倍向經濟部智慧財產局補繳第二年的專利年費，結果會如何？

解惑三：依據台灣專利法：第二年以後之專利年費未於補繳期限屆滿前繳納者，自原繳費期限屆滿之次日消滅。所以如果甲沒有在 2010 年 8 月 1 日前加倍向經濟部智慧財產局補繳第二年的專利年費，則該專利將失效。

延　伸：專利權人非因故意，未於第九十四條第一項所定期限補繳者，得於期限屆滿後一年內，申請回復專利權，並繳納三倍之專利年費後，由專利專責機關公告之。

> **提醒**：未於補繳期限屆滿前繳納專利年費將導致專利失效，但每年繳納專利年費實為沉重之負擔，故在提出專利申請前務必做好經費規畫。

疑問四：忘記繳專利年費將導致專利失效，但每年繳納一次專利年費很容易忘記，可否一次繳很多年的專利年費，以免發生忘記繳交的情況？

解惑四：依據台灣專利法：專利年費，得一次繳納數年。

疑問五：甲怕忘記繳專利年費將導致專利失效，所以在 2010 年 2 月 1 日一次繳 2 年的專利年費，當時規定每年的專利年費為 2500 元，故 2 年的專利年費共繳納 5000 元。可是，後來經濟部智慧財產局在 2010 年 10 月 1 日將每年的專利年費由 2500 元調高為 3000 元，甲是否要補繳 500 元的差額？

解惑五：依據台灣專利法：專利年費得一次繳納數年，遇有年費調整時，毋庸補繳其差額。所以甲不需要補繳 500 元的差額。

推　論：經濟部智慧財產局以不需要補繳差額的方式鼓勵專利所有權人一次繳納多年的專利年費。

> **提醒**：台灣的專利年費是在專利核准之後才開始繳交，但是有些國家，例如加拿大，專利年費是在專利申請之後就開始繳交，可能發生提出專利申請，繳交 3 年的專利年費後，才被通知審查不通過，白繳 3 年專利年費的狀況，必須特別留意。

2-26 減免專利年費 IQ

政府為了鼓勵研發並照顧弱勢，訂有減免專利年費的規定。

疑問一：每年繳納專利年費對一般人(學生、上班族及自由工作者)而言負擔非常沉重，是否有降低專利年費負擔的方法？

解惑一：依據台灣專利法：專利權人為自然人、學校或中小企業者，得向專利專責機關申請減免專利年費；其減免條件、年限、金額及其他應遵行事項之辦法，由主管機關定之。所以學生、上班族及自由工作者都是自然人，可以向經濟部智慧財產局申請減免專利年費。

依本辦法規定減收之專利年費，每件每年金額如下：

一、第一年至第三年：每年減收新臺幣八百元。

二、第四年至第六年：每年減收新臺幣一千二百元。

疑問二：台灣首富郭台銘所屬的鴻海企業每年都申請許多專利，每年都要繳納許多專利年費，是否可以向經濟部智慧財產局申請減免專利年費？

解惑二：依照經濟部對中小企業的認定標準，鴻海企業並不屬於中小企業，對這種規模龐大、非常賺錢的大企業，並不適用減免專利年費的規定。

疑問三：鴻海企業不屬於中小企業不適用減免專利年費的規定，但是國立高雄科技大學是學校，適用減免專利年費的規定。如果國立高雄科技大學與鴻海企業合作研發專利，提出專利申請時，國立高雄科技大學與鴻海企業同時列為申請人，是否可以向經濟部智慧財產局申請減免專利年費？

解惑三：提出專利申請時的申請人，在專利核准後就是專利所有權人，必須共同擁有專利權的全部專利所有權人都符合減免專利年費的規定，才能向經濟部智慧財產局申請減免專利年費。

疑問四：九騙企業屬於中小企業，在 2010 年 2 月 1 日一次繳 2 年的專利年費時，當時規定每年的專利年費為 2500 元，故 2 年的專利年費共應繳納 5000 元。因為有向經濟部智慧財產局申請減免專利年費，每年減免 800 元，所以只繳 3400 元。不過九騙企業在 2010 年 10 月 1 日增資，擴大事業規模，增聘員工，變成大企業，九騙企業是否要補繳 800 元的差額？

解惑四：專利權人經專利專責機關准予減收專利年費並已預繳專利年費後，不符合本辦法規定得減收專利年費者，應自次年起補繳其差額。九騙企業在 2010 年 2 月 1 日屬於中小企業，符合減免專利年費的規定，但九騙企業在 2010 年 10 月 1 日變成大企業，不符合減免專利年費的規定，所以，2011 年預繳的專利年費必須補繳 800 元的差額。

2-27　侵害專利權的賠償　　　　🔍

本節將說明侵害專利權的賠償原則。

疑問一：甲擁有 A 物品的專利權，乙於 2010 年 2 月 1 日開始仿冒侵權，甲在 2012 年 3 月 1 日發現被侵權，甲是否可向乙請求賠償損害？

解惑一：依據台灣專利法：專利權受侵害時，專利權人得請求賠償損害，並得請求排除其侵害，有侵害之虞者，得請求防止之。專屬被授權人亦得為前項請求。但契約另有約定者，從其約定。**本條所定之請求權，自請求權人知有行為及賠償義務人時起，二年間不行使而消滅；自行為時起，逾十年者，亦同。**
因為自 2010 年 2 月 1 日開始仿冒侵權到被發現還沒有超過十年，所以，甲可以在 2012 年 3 月 1 日發現被侵權之日起二年內，也就是 2014 年 3 月 1 日前向乙請求賠償損害，如果超過 2014 年 3 月 1 日則將喪失賠償損害的請求權。

疑問二：甲擁有 A 物品的專利權，乙於 2000 年 2 月 1 日開始仿冒侵權，甲在 2012 年 3 月 1 日發現被侵權，甲是否可向乙請求賠償損害？

解惑二：因為自 2000 年 2 月 1 日開始仿冒侵權到 2012 年 3 月 1 日發現被侵權已經超過十年，所以甲將喪失賠償損害的請求權。

 題外話時間

　　對賠償損害的請求權設定年限，明顯對仿冒侵權者有利，此制度有變相鼓勵不尊重專利權的嫌疑，因為將變相鼓勵投機者故意仿冒侵權，如果運氣好，在賠償損害的請求權年限之前一直沒有被專利所有權人發現(通常專利所有權人要花很多人力與時間才能抓到涉嫌仿冒者)，就可以免費使用。

所以由實際執行的難易度來看，此制度明顯對不尊重專利權的投機者有利，有待發明人共同努力，集思廣益，謀求解套方案。

疑問三： 甲擁有 A 物品的專利權，每年因此專利可賺 100 萬元，後來發現每年只能賺到 30 萬元，調查許久才發現原來是乙在仿冒，低價傾銷，造成市場被嚴重瓜分，甲在仿冒侵權官司勝訴後，可向乙請求多少金額的損害賠償？

解惑三： 依據台灣專利法：不能提供證據方法以證明其損害時，發明專利權人得就其實施專利權通常所可獲得之利益，減除受害後實施同一專利權所得之利益，以其差額為所受損害。所以甲可向乙請求每年原本可賺 100 萬元與每年後來只能賺到 30 萬元的差額，也就是每年 70 萬元的損害賠償。

疑問四： 甲擁有 A 物品的專利權，調查之後發現乙在仿冒，由查扣乙的帳冊得知乙每年因此仿冒行為可賺 100 萬元，甲在仿冒侵權官司勝訴後，可向乙請求多少金額的損害賠償？

解惑四： 依據台灣專利法：可依侵害人因侵害行為所得之利益為所受損害。於侵害人不能就其成本或必要費用舉證時，以銷售該項物品全部收入為所得利益。所以，甲可向乙請求每年 100 萬元的損害賠償。

疑問五： 甲擁有 A 物品的專利權，調查之後發現乙在仿冒，由查扣乙的帳冊得知乙每年因此仿冒行為可賺 100 萬元，乙每年因此仿冒行為買原料、聘工人等成本為 30 萬元，甲在仿冒侵權官司勝訴後，可向乙請求多少金額的損害賠償？

解惑五： 因為仿冒者乙的帳冊證明乙每年因此仿冒行為的成本為 30 萬元，所以甲可向乙請求每年因仿冒行為可賺 100 萬元與每年成本 30 萬元的差額，也就是每年 70 萬元的損害賠償。因為事實上，乙每年因此仿冒行為只可淨賺 70 萬元。

疑問六： 甲擁有 A 物品的專利權，調查之後發現乙在仿冒，甲發存證信函警告乙不要再繼續仿冒，乙置之不理，仍然繼續仿冒，甲會同檢調單位查緝乙的仿冒行為，由查扣乙的帳冊得知乙每年因此仿冒行為可賺 100 萬元，甲在仿冒侵權官司勝訴後，可向乙請求多少金額的賠償損害？

解惑六： 依據台灣專利法：侵害行為如屬故意，法院得依侵害情節，酌定損害額以上之賠償，但不得超過損害額之三倍。因為乙收到甲發出的存證信函卻置之不理，仍然繼續仿冒，所以乙的仿冒行為是屬故意，甲最高可向乙請求每年 100 萬元的三倍，也就是每年 300 萬元的損害賠償。

2

提醒：如果查到有仿冒者就立刻提告，只能獲得 1 倍的賠償；但若先發出存證信函，等對方置之不理，仍然繼續仿冒才提出告訴，則有可能獲得 3 倍的賠償。

推　論：如果乙收到甲發出的存證信函後就不再仿冒，則專利權人甲可以藉此機會將求償改為授權，則不但可以省下龐大的訴訟費用與等待訴訟判決的時間，也可因此增加產量與銷售點，讓雙方都可因而獲利。所以眼光宜放遠，不要只著眼於短暫、少許的侵權賠償，而應藉由存證信函與可能的侵權訴訟，逼迫對方購買授權，藉以獲取長期、龐大的專利授權金，並獲得擴大市場佔有率的成長機會。

提醒：另外還可提起信譽減損之賠償。

2-28　舉證責任之逆轉　🔍

　　本節將說明專利侵權訴訟時，舉證責任的歸屬問題。

疑問一：名偵探柯女與同伴到達凶殺案現場時，發現只有嫌疑犯江慶國在死者身邊，因此推理認為江慶國就是殺人犯，可是為什麼法官包整卻判江慶國無罪，難道包整是恐龍法官？

解惑一：辦案講求證據而非只靠推理，古代的司法為<u>「有罪推定」，就是當任何嫌疑犯被帶進法庭就被認定有罪，嫌疑犯必須提出證據，證明自己的清白，否則就是有罪</u>。因為嫌疑犯並非調查蒐證的專業人士，又被關在牢內，無法外出調查蒐證，而嫌疑犯提出的說明又常被認為是狡辯，法庭則經常以刑求逼迫嫌疑犯認罪，所以出現很多冤獄。

　　現代的司法則改良為<u>「無罪推定」，就是當任何嫌疑犯被帶進法庭，都被認定無罪，檢調單位必須提出證據，證明嫌疑犯的犯行，否則就是無罪。</u>因此冤獄比較少。

　　名偵探柯女只因為與同伴到達凶殺案現場時，發現只有嫌疑犯江慶國在死者身邊，就以此推理認為江慶國就是殺人犯，可是並無任何明確證據。所以依據**「無罪推定」**，法官包整判江慶國無罪才能避免冤獄。

若要法官包整判江慶國有罪，則名偵探柯女必須找到嫌疑犯江慶國殺人的確切證據才行，不能只靠當時死者身邊只有嫌疑犯江慶國這種「阿達」的推理，否則可能會無端害死無辜的江慶國。

疑問二：依據「無罪推定」，任何仿冒嫌疑犯被帶進法庭，都被認定無罪，檢調單位必須提出證據，證明嫌疑犯的仿冒犯行，否則就是無罪。因此舉證的責任在原告與檢調單位。

可是甲發明用 A 方法製造新物品 N，在甲發明 A 方法之前，新物品 N 不曾被製造出來。甲告乙仿冒，爲什麼法庭不要求原告(甲)與檢調單位提出證據，反而要求被告(乙)必須證明其所製造的物品 N 是以不同於 A 方法的 B 方法所製成，否則就認定乙有罪？

解惑二：這種情況稱爲<u>「舉證責任之逆轉」，就是舉證的責任由原告與檢調單位，反過來轉變成舉證的責任在被告</u>。

爲什麼舉證責任會逆轉，因爲在甲發明 A 方法之前，新物品 N 不曾被製造出來。所以 A 方法是世界上已知唯一能夠製造出新物品 N 的方法。除了 A 方法，目前找不出任何其他方法可以製造出新物品 N。

所以如果乙無法證明其所製造的物品 N 是以不同於 A 方法的另一種 B 方法所製成，則乙所製造的物品 N 必定是以 A 方法所製成，乙就是構成侵權。因爲 A 方法是世界上已知唯一能夠製造出新物品 N 的方法，所以才會出現舉證責任逆轉的特殊情況。

 題外話時間

雖然「有罪推定」可能因罪證不足、胡亂推理而造成冤獄，但是「無罪推定」也有可能因蒐證困難或故意不蒐證而縱放罪犯。然而究竟要採用「寧可錯殺一百，也不放過一人」的方案，還是要採用「寧可放過百人，也不錯殺一人」的方案，恐怕每個人的想法都因經歷與處境而有所不同。人權團體大多認爲罪犯也應享有人權；但被害者家屬則多認爲，相對於慘遭殘酷虐殺的被害者，加害者根本不配享有一般人應有的尊重與對待，否則被害人的人權何在！

2-29 以舉發拖延侵權訴訟之防止 🔍

本節將說明專利訴訟時應注意的事項。

疑問一：甲擁有 A 物品的專利權，調查之後發現乙在仿冒，甲告乙仿冒侵權，乙反過來舉發甲的 A 物品專利權應被撤銷。甲告乙在先，乙舉發甲在後，為什麼法官不先處理甲告乙的案子，卻反而先處理乙舉發甲的案子？

解惑一：依據台灣專利法：舉發案涉及侵權訴訟案件之審理者，專利專責機關得優先審查。

因為甲告乙仿冒侵權的前提是甲擁有 A 物品的專利權，可是如果甲的 A 物品專利權被撤銷，則甲將失去告乙仿冒侵權的權利。

所以法官必須先處理乙舉發甲的案子，確定甲的 A 物品專利權繼續有效，則甲告乙仿冒侵權的案子才有必要進行；否則如果甲的 A 物品專利權被撤銷，則因為專利權已經無效，乙自然不存在仿冒侵權的可能，而甲告乙仿冒侵權的案子也就沒有必要再進行。

所以法官必須先處理乙舉發甲的案子，確定甲的 A 物品專利權繼續有效後，再處理甲告乙仿冒侵權的案子。

疑問二：甲擁有 A 物品的專利權，調查之後發現乙在仿冒，甲告乙仿冒侵權，乙反過來舉發甲的 A 物品專利權應被撤銷。如果乙一直不斷地舉發甲的 A 物品專利權應被撤銷，則甲告乙仿冒侵權的案子就會被一直擱置，將使乙可以一直繼續仿冒，甲的權益將蕩然無存？

解惑二：對於乙一直不斷地舉發甲的 A 物品專利權應被撤銷之行為，將被質疑其正當性而可能不受理；而當舉發人與侵權訴訟案的被告有關時，經濟部智慧財產局將會優先審查，儘速確定甲的 A 物品專利權是否繼續有效，以確保甲的權益。

推　論：通常被告仿冒侵權的乙也不會笨到一直用自己的名字去舉發甲的 A 物品專利權應被撤銷，很可能會改用其親朋好友或員工的名字，甚至花錢找人頭去舉發甲的 A 物品專利權應被撤銷，此時法院的法官、經濟部智慧財產局的審查官以及擁有 A 物品專利權的甲，如何證明舉發人與被告乙之間的關係，可能成為一項難題。

延　伸：目前新規定：舉發案審查期間，專利專責機關認有必要時，得協商舉發人與專利權人，訂定審查計畫。增加對專利權人的保護。

2-30 專業法庭、專業法官與鑑定專業機構 🔍

學法律的法官如何審理有關手機通訊技術的專利侵權案？本節將加以說明。

疑　問：**甲擁有 A 藥品的專利權，調查之後發現乙在仿冒，甲告乙仿冒侵權，可是法官是學法律的，不具備藥品的專業知識，如何判斷有無侵權？**

解　惑：依據台灣專利法：法院為處理發明專利訴訟案件，得設立專業法庭或指定專人辦理。司法院得指定侵害專利鑑定專業機構。法院受理發明專利訴訟案件，得囑託前項機構為鑑定。

過去法官都是學法律的，不具備藥品、電機、電子、土木、化學、通訊、半導體及機械等的專業知識。因此通常會將專利訴訟案件委託司法院指定的侵害專利鑑定專業機構做鑑定，法官再依據鑑定報告審判。

但是鑑定專業機構的人員，雖然在藥品、電機、電子、土木、化學、通訊、半導體及機械等領域是專家，可是通常都欠缺法律與專利方面的專長。所以鑑定專業機構的專家依據其專業領域所作之判斷，是否符合專利法的相關規定，有時不無疑問。

所以如果可以由同時具備法律與藥品、法律與電機、法律與電子、法律與土木、法律與化學、法律與通訊、法律與半導體、法律與機械的人員來審理專利侵權案件，將是兩全其美的方案。

目前經濟部智慧財產局已經開始招考並訓練具有藥品、電機、電子、土木、化學、通訊、半導體及機械等專業知識背景的人員，再特別給予法律方面的訓練，成為具有專業知識背景的法官，稱為專業法官，而由專業法官審判的法庭就稱為專業法庭。所以未來需要很多法律與藥品、法律與電機、法律與電子、法律與土木、法律與化學、法律與通訊、法律與半導體、法律與機械等跨領域的專業人才，將可有效提升法院處理專利訴訟案件的速度與品質，也會使相關科系學生增加許多就業機會。

2-31　電子申請　🔍

本節將說明有關專利的電子申請方式。

過去，如果要提出專利申請案，申請人必須親自將紙本申請書送到智慧財產局的台北總局、新竹分局、台中分局、台南分局(因作者建議而增設)或高雄分局其中之一，或者以掛號寄送，隨著電腦科技日新月異，直接以電子檔申請書用電子郵件提出申請的呼籲愈來愈熱烈。

專利電子申請實施辦法在中華民國 97 年 5 月 8 日訂定發布，提供有電子憑證與數位簽章的專利申請人，使用專利專責機關所規定之軟硬體資訊設備傳送專利電子申請文件，適用於發明專利、新型專利與設計專利之申請案以及其他相關申請案。

要使用專利電子申請必須先取得政府機關核發的憑證，例如自然人憑證、工商憑證及機關單位憑證等。

如果沒有取得政府機關核發的憑證，也可以設法取得經濟部智慧財產局委託台灣網路認證公司核發的憑證，例如智慧財產憑證 IC 卡或智慧財產軟體憑證。

然後必須到經濟部智慧財產局智慧財產權 e 通網的會員專區，填寫基本資料登錄成為會員，並下載執行電子申請程式。

至於詳細的操作細節，請參閱經濟部智慧財產局 → 專利 → 快速連結(線上申請)。

> 注意：專利之申請及其他程序，以書面提出者，應以書件到達專利專責機關之日為準；如係郵寄者，以郵寄地郵戳所載日期為準。郵戳所載日期不清晰者，除由當事人舉證外，以到達專利專責機關之日為準。

2-32　授權的分類　　IQ

本節將說明專利授權的應注意事項。

<u>疑問一</u>：甲把他的專利 A 授權給乙，甲是否可以把他的專利 A 再授權給丙、丁、戊、己與庚等其他人？

<u>解惑一</u>：專利授權可分為獨占授權與非獨占授權，所謂<u>獨占授權，就是只授權給 1 個人(自然人或法人)，而非獨占授權則可同時授權給很多人</u>。

所以如果甲給乙的是 A 專利的獨占授權，甲就不可以把他的專利 A 再授權給丙、丁、戊、己與庚等人或其他任何人。

在此情況下，乙可以獨占市場，獲利較多，故甲對乙收取的權利金通常金額會比較大。

相反地，如果甲給乙的是 A 專利的非獨占授權，則甲仍然可以同時把他的專利 A 再授權給丙、丁、戊、己與庚等人或其他任何人。在此情況下，因為有丙、丁、戊、己與庚等許多人瓜分市場，乙無法獨占市場，將導至獲利較少，故甲對乙收取的權利金通常金額會比較少。

<u>疑問二</u>：**甲把他的專利 A 獨占授權給乙，甲自己是否可以實施專利 A？**

<u>解惑二</u>：如果甲給乙的是 A 專利的獨占授權，原則上除了乙之外，其他任何人(包含甲)都不得實施專利 A。

所以如果專利權人甲本身想繼續享有實施專利 A 的權利，必須在給乙的獨占授權契約中增加專利權人甲可繼續實施專利 A 的特別條款，並獲得乙的同意才行。

<u>疑問三</u>：**甲把他的專利 A 非獨占授權給乙，甲自己是否可以實施專利 A？**

<u>解惑三</u>：因為甲給乙的是 A 專利的非獨占授權，所以專利權人甲本身可以繼續享有實施專利 A 的權利，不必在給乙的授權契約中增加任何特別條款。

<u>疑問四</u>：**甲把他的專利 A 授權給乙，授權契約中沒有寫明是那一種授權，則到底是屬於獨占授權？還是屬於非獨占授權？**

<u>解惑四</u>：因為一般的授權都是屬於非獨占授權，所以<u>除非授權契約中有寫明是獨占授權，否則，通常都認定是屬於非獨占授權</u>。

疑問五：甲把他的專利 A 授權給乙，約定授權期間爲 10 年，乙評估每年可因此專利授權獲利 3000 萬元，所以同意約定授權期間，每年乙應付給甲 100 萬元的權利金。

但是甲與乙的授權契約成立 3 年後，甲將專利 A 改良成專利 B，並授權給丙。由於專利 B 比專利 A 成本較低，效果較好，導致專利 A 原本的市場幾乎完全被專利 B 取代，連帶造成乙因此專利授權的獲利，由每年 3000 萬元降爲只有每年 50 萬元。

因此在約定授權期間 10 年的後面 7 年，乙每年因此專利授權的獲利只有 50 萬元，卻必須付給甲 100 萬元的權利金。

可是因爲當初授權契約明定授權期間 10 年內乙每年應付給甲 100 萬元的權利金，所以即使乙提出抗議也不會被甲接受。那麼當初訂定授權契約時，乙應如何避免這種血本無歸的情況發生？

解惑五：第一種方式，當初訂定授權契約時，不要以固定金額爲權利金的給付方式，改採以實際獲利百分比爲權利金的給付方式。例如，約定授權期間內，乙每年依實際獲利的百分之 3 給付給甲當做權利金。

第二種方式，當初訂定授權契約時，要求訂定「現在及未來技術授權」的契約。一般的授權契約是指「現在技術授權」，只有授權現在的技術，所以未來技術有所改良時，可以授權給其他人。

所謂「現在及未來技術授權」則不是只有授權現在的技術，而是連未來的改良也一併授權，所以，未來技術有所改良時，不可以改授權給其他人。

當然，如果乙當初訂定授權契約時，要求訂定「現在及未來技術授權」的契約，自然會被甲索取較高的權利金。

所以對於未來的技術改良是否很可能會在幾年內出現，也就是產品生命週期的評估，還有該未來的技術改良可能是在那個功能的那種改良，此一改良對現在技術的取代程度可能會有多嚴重，將是決定應簽訂「現在技術授權」或「現在及未來技術授權」的重要關鍵。

以下節錄自中時新聞網 2021 年 10 月 23 日的報導供參考。

華藝網涉嫌誘簽「賣身契」檢再查出 400 受害藝術家

〔記者黃捷報導〕

「全球華人藝術網」負責人林株楠，被控以申請文化部補助為名義，夾藏「作品賣身契」讓藝術家誤簽，2 年前遭依詐欺罪起訴。台北地檢署持續追查，發現還有約 400 名藝術家也受騙，一一傳訊後，其中約有 300 人表明提告意願，檢察官遂於 29 日對林追加起訴。

檢方上次起訴指出，「全球華人藝術網」2011 年以「台灣百年藝術家傳記」電子書計畫，向文化部申請補助，林株楠帶領員工拜訪百大藝術家，要求簽署授權文件，卻夾帶與計畫無關的無償讓渡同意書。

藝術家一時不察誤簽，把<u>過去、現在、未來的作品版權都歸給了華藝網</u>，後來委託其他廠商展售作品時，其他廠商遭林株楠控告侵權，藝術家才發現當出簽下「賣身契」，就連歐豪年、吳炫三等知名藝術家都受害。

前案已在台北地院審理中，林株楠否認犯行，辯稱老師們授權藝術品後，華藝網一直致力經營、維護，10 幾年後卻突然挨告，讓他不解，如果老師們真的不願意，直接停止授權即可，而不是提告詐欺。

而檢察官在案件審理期間，陸續發現還有約 400 名藝術家也遭同樣手法詐騙，主動分案調查，逐一傳喚這些被害藝術家後，約 300 人表明要提告，檢察官因此對林株楠及 9 名業務員追加起訴。

提　醒：簽授權文件務必小心，勿讓有心人士惡意奪取一生的心血(過去、現在、未來都授權)。
　　　　一般只授權某 1 件或某幾件而已！

疑問六：甲目前以專利技術 A 產製商品 Y 銷售營利，乙研發出產製商品 Y 的新技術並獲准專利 B，由於專利 B 比專利 A 成本較低，效果較好，甲擔心專利 B 若被其他人實施將造成自己的獲利嚴重減少，所以花費 500 萬元向乙購買專利 B 為期 10 年的獨占授權。

可是甲獲得專利 B 的獨占授權後，卻依然使用原本的專利技術 A 產製商品 Y，並不實施專利 B，因為若要實施專利 B，甲必須花費 3000 萬元更新生產設備。相較之下，花費 500 萬元向乙購買專利 B 卻不實施，比花費 3000 萬元更新生產設備便宜許多。

因此可以預見，專利 B 在未來 10 年都不會被實施，而 10 年後，專利 B 很可能因更新的技術問世而喪失被實施的機會，乙應如何使自己辛苦研發的新技術被實施？

<u>解惑六</u>：相信所有發明人都會有深深的期待，期待有朝一日，自己辛苦研發的新技術、新方法或新產品會被實施，以便對世人有所貢獻。

那種感覺，就像是父母看到自己的子女有好的成就一樣，是一個人基本存在與奮鬥的價值所在，也是支持發明家持續研發的動力所在。

這種來自內心深處的感動與喜悅，讓短暫生命化為永恆的悸動，是無法以金錢衡量的無限價值，絕不容許以有限的權利金去換取不被實施的悲哀。就好像不會有任何父母願意以有限的賠償金去換取讓自己的子女變成植物人是一樣的。

所以為了讓自己辛苦研發的新技術可以被實施，乙可以在獨占授權契約中明訂「被授權人必須於授權契約存續期間實施本專利，否則將可再授權他人」，藉此逼迫獨占授權的被授權人必須實施自己辛苦研發的新技術、新方法或新產品。

 得獎發明介紹

腳控式水龍頭(追加一)

腳控式水龍頭(追加一)獲准專利 69366 號。醫生、廚師與用餐者等需要洗手的人員，若再以手關閉水龍頭，可能又把水龍頭開關上的病菌沾到手上，失去洗手的意義。本發明改以腳的動作來控制水龍頭啟閉，完美解決上述問題。

 2-33　好神拖爭議評析

本節將以好神拖的授權爭議探討授權的應注意事項。

以下節錄 TVBS 在 2013 年 10 月 11 日 **"好神拖爆掏空股東控告董事長"** 的報導供參考：

作者廖靖尹

6 年來，全球銷售超過一億組，婆婆媽媽的打掃幫手「好神拖」，至少獲利新台幣 50 億元，但現在卻爆出掏空風波，股東丁明哲指控，帝凱公司董事長林長儀涉嫌背信、侵占及洗錢，好神拖

的營收根本沒有進到帝凱，因此向檢調提出控告，但是林長儀表示，控訴的內容不實，但已經進入司法程序，不再發言。

丁明哲原本只是花蓮鄉下山產店的老闆，因為看到老婆用洗衣機脫水時，突發奇想，如果水桶也有脫水裝置，就不用費力洗拖把了，因此有了好神拖的概念，但是沒錢研發，找林長儀一起合作，所以專利屬於公司。

但是丁明哲認為，帝凱片面中斷授權在台灣生產拖把公司的權利金，在大陸市場的營收也沒有進入公司帳冊，甚至沒經過股東同意，營收都被林長儀自己的鉅宇公司代收。

對此，董事長林長儀反駁說，當初公司成立時沒錢，需要的準備金、週轉金都由鉅宇墊付，錢當然要匯入鉅宇公司帳戶，是丁明哲自己不懂帳務。帝凱公司董事長林長儀：「由於本件業已進入司法程序，相關的事證都與事實不符，基於偵查不公開，及避免干擾司法的調查，那麼我們就靜待司法調查。」想不到當初的合作關係，如今卻撕破臉對簿公堂，現在只好上法院打官司解決了。

以上的專利爭議可分成以下幾種情況：

情況一：轉讓而且有去經濟部智慧財產局完成登記

專利權轉讓就是賣斷專利權，如果當初好神拖發明人丁明哲沒錢找林長儀一起合作時，是把專利權轉讓給林長儀，而且有去經濟部智慧財產局完成登記，則好神拖發明人丁明哲拿到賣斷專利權的錢之後，就無法再主張權利，因為專利權已經歸別人所有了，後來該專利賺了多少錢都已經與發明人丁明哲無關，就算後悔當初要求的轉讓金額太低也只能自怨自艾而已。

不過，如果當初好神拖發明人丁明哲只是把台灣的專利轉讓給林長儀，則國外專利權之歸屬仍然值得爭取。

情況二：轉讓但是沒有去經濟部智慧財產局完成登記

如果當初好神拖發明人丁明哲沒錢找林長儀一起合作時，是把專利權轉讓給林長儀，但是沒有去經濟部智慧財產局完成登記，則該專利權轉讓尚未得到官方承認，好神拖發明人丁明哲如果後悔當初要求的轉讓金額太低，可以向林長儀爭取重定契約要求較高的金額，或轉賣他人去登記，有去經濟部智慧財產局完成登記的專利權轉讓，才是得到官方承認的專利權轉讓。不過，如果當初好神拖發明人丁明哲已經向林長儀收取轉讓的錢，再轉賣他人去登記也可能反被告背信罪。

情況三：授權而且有去經濟部智慧財產局完成登記

專利權授權並不是賣斷專利權，所以專利權還在好神拖發明人丁明哲手上，若對授權的金額、年限或地域有爭議，必須視當時的授權契約內容而定。如果是非獨占授權，則可以再轉授權他人以增加收入。

情況四：授權但是沒有去經濟部智慧財產局完成登記

專利權授權並不是賣斷專利權，所以專利權還在好神拖發明人丁明哲手上，而且因為沒有去經濟部智慧財產局完成登記，所以該專利權授權尚未得到官方承認，若對授權的金額、年限或地域有爭議，可爭取重定契約或轉授權他人去登記，有去經濟部智慧財產局完成登記的專利權授權，才是得到官方承認的專利權授權。不過，如果當初好神拖發明人丁明哲已經向林長儀收取授權的錢，而且是獨占授權，則再轉授權他人去登記也可能反被告背信罪。但是如果是非獨占授權，則再轉授權他人就不會有問題。

情況五：合開公司

由上述報導看來屬於合開公司的可能性似乎比較高。

如果當初好神拖發明人丁明哲沒錢找林長儀一起合作時是合開公司，並且以公司為專利所有權人，雖然好神拖發明人丁明哲沒有錢，但是應該視為技術入股，通常技術入股約可爭取相當於 20% 的股份，則公司的獲利應該依各股東持有的股份所佔的比例去分配。如果好神拖發明人丁明哲的技術入股視為 20% 的股份，則應該分到公司獲利的 20% 才對。

依據上述報導，合開 A 公司，錢卻進入 B 公司，明顯是錯誤的。錢應該進入 A 公司，再依各股東持有的股份分配。

若 B 公司持有 A 公司的股份，錢也應該先進入 A 公司，再依 B 公司持有 A 公司的股份分配之後，錢才能進入 B 公司。

即使視為 A 公司向 B 公司借錢，A 公司的獲利也應該先進入 A 公司，再由股東會以及當初的借款契約決定如何償還，才能把錢轉入 B 公司。

2-34　同時申請發明、新型與設計專利　IQ

　　一個創作是否只能申請發明、新型或設計專利的其中一種，或是可以同時申請兩種專利，甚至發明、新型與設計 3 種專利都申請？

疑問一：可以同時申請發明專利與設計專利嗎？

解惑一：因為發明專利是方法或新物品，屬技術層面，設計專利是物品的造型，所以，如果創作內容是方法，只能申請發明專利，因為方法沒有造型，無法申請設計專利。如果創作內容是物品，則一個創作可就技術層面申請發明專利，同時以其造型申請設計專利。

疑問二：可以同時申請新型專利與設計專利嗎？

解惑二：新型專利是對物品增加新功能或功能改良，屬技術層面，設計專利是物品的造型，所以，一個創作可就技術層面申請新型專利，同時以其造型申請設計專利。

疑問三：可以同時申請發明專利與新型專利嗎？

解惑三：發明專利與新型專利都屬技術層面，是否可同時申請，必須看技術內容而定。如果創作內容是方法，只能申請發明專利，但因不符合新型專利的定義，所以不能申請新型專利。

　　但若是物品，因為新型專利是對既有物品增加新功能或功能改良，所以，在被增加新功能或被功能改良之後的物品也能視為新物品，也符合發明專利的定義，所以，如果創作內容是物品，則可以申請發明專利，也可以申請新型專利。

　　至於同一物品是否可以同時申請發明專利與新型專利，過去的規定是不能同時申請，只能二選一。但後來修改規定，變成可以同時申請。

疑問四：同時申請發明專利與新型專利必須同日嗎？

解惑四：專利法規定：同一人就相同創作，於同日分別申請發明專利及新型專利者，應於申請時分別聲明。所以必須同日，而且必須聲明有同時申請發明專利及新型專利。如果一前一後，則後申請者將失去新穎性。

疑問五：既然可以同時申請發明專利與新型專利，那獲准後 1 個創作將擁有 1 個發明專利與 1 個新型專利，共 2 個專利嗎？

解惑五：專利法規定：同一人就相同創作，於同日分別申請發明專利及新型專利者，應於申請時分別聲明。其發明專利核准審定前，已取得新型專利權，專利專責機關應通知申請人限期擇一；申請人未分別聲明或屆期未擇一者，不予發明專利。申請人依前項規定選擇發明專利者，其新型專利權，自發明專利公告之日消滅。

因為新型專利是形式審查，而發明專利是實質審查，所以通常新型專利會先核准，但專利法規定發明專利核准審定前，已取得新型專利權，專利專責機關應通知申請人限期擇一，所以最後並不會擁有 1 個發明專利與 1 個新型專利，共 2 個專利，而是只能保留其中 1 個。因為發明專利的期限比新型專利的期限長，所以大多數人都會選擇保留發明專利。

疑問六：新型專利期限短，發明專利是實質審查有可能審很多年，如果發明專利核准前新型專利已經失效，還能獲准發明專利嗎？

解惑六：專利法規定：發明專利審定前，新型專利權已當然消滅或撤銷確定者，不予專利。所以，如果發明專利核准前新型專利已經失效，就不能獲准發明專利了。

推　論：如果害怕發明專利核准前新型專利已經失效導致不能獲准發明專利，可以只申請發明專利而不要同時申請新型專利。

疑問七：可以同時申請發明、新型與設計專利嗎？

解惑七：如果創作內容是方法，則只能申請發明專利。因為不符合新型專利的定義，所以不能申請新型專利。又因為方法沒有造型，所以也無法申請設計專利。

如果創作內容是物品，則技術層面可以同時申請發明專利與新型專利，物品造型還可以再同時申請設計專利。

不過如前所述，最後發明專利與新型專利在核准之後只能保留其中 1 個。

疑問八：專利法規定：發明專利申請人對於申請案公開後，曾經以書面通知發明專利申請內容，而於通知後公告前就該發明仍繼續為商業上實施之人，得於發明專利申請案公告後，請求適當之補償金。如果同時申請發明專利與新型專利，則發明專利公開後公告前可能新型專利早已核准，是否可一方面行使新型專利權又同時要求補償金？

解惑八：對於在發明專利公開後公告前為商業上實施之人可請求適當之補償金(暫准專利)乃是針對發明專利早期公開制導致在發明專利尚未核准前就被公開的補救配套措施，但若同時申請發明專利與新型專利，而且在發明專利公開後公告前新型專利早已核准，則專利法規定：僅得在請求補償金或行使新型專利權間擇一主張之。所以，不能一方面行使新型專利權又同時要求發明專利之暫准專利的補償金，只能在兩者之間選擇其中一個。

如何成為發明家

在發明展等競賽獲獎，是對發明人的肯定，也是對所販售商品的保證與榮耀，本章將說明研發與展覽競賽的注意事項。

3-1 發現需求 IQ

　　人為什麼要發明新物品與新技術？是因為有需求。如果投注許多財力與人力於不被需要的研發，對個人與社會都是一種損失。

疑　問：我很想成為發明家，可是都想不出來究竟要發明什麼？

解　惑： 發明始終源自於需求，而需求始終源自於人性，渴望更便利、更快速、更有效、更多樣化、更廉價、更多選擇、更多功能與更加完美。

　　因為人人都有需求與夢想，找到前所未有的方式，滿足需求及實現夢想就有可能成為一項有貢獻的發明。

　　所以成為發明家的第一步就是要培養敏銳的觀察力，關心生活週遭的人、事、物，對他人的遭遇與不便，設身處地的去感受，你將會發現，人類的需求真是無窮無盡，可發明的題目多到花一輩子的時間也做不完。

 題外話時間

　　人不是機器，人是有血、有肉、有感情的，就算同一對夫妻生下的孩子，也存在許多差異。

　　所以<u>人最可貴之處在於：每個人在世界上都是獨一無二的！</u>

　　<u>因此每個人的思考、感覺及反應也都是獨一無二的，而這正是讓發明創新具有多樣化的精髓所在。</u>

　　看到一棵樹，木匠想到的是適合做成哪種傢俱；化學家則想提煉精油；生物學家發現樹皮分泌驅蟲汁液；太陽能廠商由模仿樹葉生長方式製造可攫取最多陽光的太陽能光電板。

　　所以用固定的規則與方式去強迫腦力激盪所得出的發明題目，通常都缺乏真正的創新，因為是用像機器大量製造一樣的模子所產出的，像是沒有靈魂的空殼。唯有用心感受，真正符合需求的創作，才有可能成為感動人心的成功發明。

3-2 找靈感(需求)的技巧 　　🔍

　　再次強調，每個人在世界上都是獨一無二的，每個人的思考、感覺及反應也都是獨一無二的，所以適用於每個人的找靈感方式也都不同，在此只是列出可能的原則，絕非一成不變的固定規則。

3-2-1 親身嘗試

　　針對想要創新改良的事物，親自去使用，留意每一個步驟與細節，找出可以再繼續改善之處。如果找不出來，多次反覆使用或多找一些不同的廠牌與機型進行比較。

 題外話時間

　　作者在臺大唸研究所時，負責電力公司配電系統變壓器與饋線負載平衡的研究。電力公司的配電系統線路交錯，有許多負載段，負載段之間又有許多分段開關，有人戲稱是蜘蛛網。

　　當時的調度人員大都是依照過去的調度經驗，判斷負載段上的負載量，再派人到現場逐步操作分段開關的導通與斷開，來達成儘量使變壓器與饋線負載平衡的目標。但是因為每個負載段上的負載量會一直改變，所以時常會發現過去的調度經驗不再適用。

　　作者首先花了一個半月，將被戲稱為蜘蛛網的配電系統線路整理成一張圖，再將該圖影印兩百張，每張都對每個負載段設定不同的負載量，並假設自己是調度員，苦思最有效的調度策略。經過將近兩百次不同負載量調度模擬的親身體驗，終於摸索出最有效的調度策略。

　　當繳交研究成果時，連指導教授與電力公司的調度員也都大吃一驚，因為指導教授雖然學識淵博，可是並沒有實際的調度經驗；而電力公司的調度員雖然有實際的調度經驗，可是除非任職十五年以上，否則實際調度次數與所遇到負載量的變化幅度，都很難超越我自己模擬的經驗。

　　許多投稿 IEEE(電機領域世界排名第一的國際期刊)的論文都被要求大幅修改，甚至退稿，而以上使變壓器與饋線負載平衡的論文則只被挑出幾個拼字錯誤，以「這是一篇好論文」迅速被接受刊登。

也因此，作者研究所碩士班唸了一年就被指導教授推薦直攻博士學位，最後碩士加博士，總共只花三年半就畢業了。比許多人碩士花兩到三年，博士花四到八年快許多。原因不是作者比別人聰明，重點只在於，作者比別人勤勞！

在大學任教將近二十年，發現當前的年輕學生總想不勞而獲，幻想一步登天；別忘了，想比別人有成就，當然就得比別人更勤勞、更努力付出。剛畢業就只想要求錢多、事少、離家近；可是如果錢多、事少、離家近的好缺都讓給菜鳥新人，難不成是要老鳥與主管去負責錢少、事多、離家遠的爛缺？除非公司是自家開的，否則人總得由基層做起，再慢慢往較好的職位調動。

3-2-2　傾聽使用者的抱怨

許多廠商會辦理舊機換新機活動，別以為廠商頭殼壞去，做賠本生意。事實上，廠商是以回收各廠牌舊機的方式，傾聽使用者對各廠牌舊機型的抱怨，哪些部分常故障，哪些功能不理想，應該增加哪些功能等等，如果能將使用者對各廠牌舊機型的抱怨都一一加以改良，或做出消費者想要的功能，將可獲得無限商機！

3-2-3　創造需求

四十年前的台灣，大多數家庭沒有電話，但人人還是活的既充實又快樂；三十年前的台灣，大多數人沒有手機，可是生活好像也沒甚麼太大的影響；二十年前的台灣，大多數手機沒有遊戲功能，也沒多少人會整天掛在網上打電動；十年前的台灣，大多數手機沒有上網、收發信及聽歌等功能；現在的台灣，許多人有兩支甚至三、四支手機，而許多年輕人覺得沒有手機就會活不下去！雖然智慧手機充斥，可是相信有許多人覺得平白浪費很多錢買了很多根本用不著的功能。

檢視生活周遭，你將會發現，商人為了賺錢，創造了多少非必要的需求來挖消費者的荷包！

 題外話時間

上一輩的人沒有電話也活得好好地，下一輩的人沒有手機就會覺得活不下去！

商人刻意創造的許多非必要需求，像網路遊戲以免費試玩培養出廢寢忘食的顧客群；假借名牌與時尚流行以偶像劇與廣告不斷對年輕人洗腦，沒有用這些你就是跟不上時代的原始人！

逼迫人們接受商人創造出來的許多非必要需求，更奢侈、更浪費與更消耗能源，這些對人類的永續發展究竟是有益或是有害？值得深思！

以下節錄 APP01 於 2014 年 10 月 7 日標題為"iPhone 6 又奪冠，但是電磁波數值，請謹慎使用！"的報導供參考。

在購買智慧型手機之前，會特別觀察手機電磁波的數值嗎？一般而言，我們都會不經意忽略這一項有機會影響人類身體健康的資訊。
究竟電磁波會不會對人體造成傷害呢？目前為止，似乎還沒有一個定論。根據醫學研究副刊指出，手機和手機發射台放出的電波屬於無線電頻率能量，是處於調頻無線電波和微波之間，如同調頻無線電波、微波、可見光和熱，不同於較強的「游離輻射」，如 X 光、紫外光或伽馬射線等，並不會損壞身體細胞內脫氧核糖核酸 DNA 的化學結構而致癌；但另一方面醫學實驗結果顯示，全世界手機使用頻率最高的國家挪威和瑞典，產生手機使用頻率與頭痛指數成正比的現象。

你知道目前市面上大部分的旗艦機種，哪一支 SAR(Specific Absorption Rate，每支手機發出的無線電頻率的特定吸收比率)最高嗎？假設電磁波對人體有害，SAR 數值越高，對人危害也越大。依照 FCC(美國聯邦通信委員會)的標準，每支即將上市的手機不得超過每一公斤 1.6 瓦特(W/kg)，這也是為何每一支智慧型手機或平板必須通過 FCC 檢測。

據 phonearena 針對每支手機 SAR 數據的報告，iPhone 6 的數值高達 1.59 W/kg，只比標準少於 0.01 而已，至於其他機種，例如，LG G3－0.99 W/kg、Samsung Galaxy Note 3－1.07 W/kg、Samsung Galaxy Note 4－1.2 W/kg、HTC One M8－1.29 W/kg、LG G2－1.44 W/kg、Sony Xperia Z3 Compact－1.45 W/kg。

無論你是否相信電磁波會影響身體健康，少用及遠離或許是最佳預防的方法。
Source: phonearena、mingpaocanada、myaweb.asia、iphonelife.

3-2-4 反向叛逆思考

女性內衣為了使正面美觀，原本釦子都在背後；大膽違反傳統思維，將釦子改到前面，反而可增加哺乳的便利性。不過聽說小三買得比孕婦還多！

拖鞋鞋底不乾淨，走過後造成地板髒污，要拖地很麻煩；乾脆在拖鞋鞋底加裝類似便利貼的黏片，走過去反而把地板黏乾淨。

能將缺點轉化為優點，化危機為轉機的反向叛逆思考，並不是只適用在創新研發新商品，當人生遇到低潮與困境，轉個 180 度看事物，或許會發現類似獨孤九劍能夠反敗為勝的智慧。

題外話時間

當有人指出你的缺點，你的反應是生氣還是感激？如果我是你的競爭對手，我才不會笨到去告訴你，你的缺點在哪裡，因為你的缺點愈多，犯的錯誤愈多，我得勝的機率才會愈高。

可是如果我是你的父母、師長或朋友，一個希望你有機會去改善缺點，能夠愈來愈強的人，即使你會怒目相向，即使你會因誤解而記恨，我還是會苦口婆心的一再提醒。

就像少林弟子為什麼要通過 18 木人巷的考驗才能下山，因為無法通過 18 木人巷的考驗表示所學的武藝未成，遇到高手很容易就會被打死，師長如何捨得讓你下山去送死？

所以愛之深責之切是所有父母的天性，尤其子女在叛逆期的父母，深怕子女年少輕狂、思慮欠周、魯莽衝動與不夠成熟，而容易犯錯與受騙，難免都會比較囉嗦；還有自知大限將至的老人，深恐將來沒機會再提醒子女而變得嘮叨。

想成功就要儘量減少錯誤與缺點，當父母、師長及朋友指出你的缺點，是在幫你還是在害你？你的反應是生氣還是感激？

小時候在家裡，父母會認為孩子年紀小，不懂是應該的，所以做錯了通常都會得到完全的包容與耐心地指導。

年紀漸長進入學校，師長仍然認為學生有很多不懂的，所以才要付學費到學校來學習，因此做錯了通常還是會獲得原諒與指導，不過為了提醒年紀漸長的學生應該學會為自己的行為負責，通常也會要求對自己的錯誤承擔後果，接受校規的處罰。

畢業後進入社會，老闆會認為你應該甚麼都會，如果甚麼都不會，那何必每個月付薪水給你。所以老闆每個月付薪水給你是要你來工作的，而且你不應該出錯，出錯很可能會被炒魷魚。

所以，學校是一個人由溫馨家庭進入現實社會的過渡期，尤其大學與研究所將是此過渡期的最後階段，提醒即將畢業者，應該儘速擺脫"我是學生，我犯錯應該獲得原諒，應該有再一次機會"的幼稚想法，趕快讓自己為進入職場做好職能與心理上的準備。

3-2-5　正向互補聯想

　　火力發電排放大量的溫排水，造成區域海水溫度上升，珊瑚白化死亡，影響生態；另一方面，全球發生缺水危機，許多地區考慮以海水淡化的方式供應淡水。

　　可是海水淡化技術必須消耗大量的能源，如果將火力發電排放溫排水的大量熱能用於將海水淡化，兩者互補的結果，不但使其原本的缺點(排放大量熱能)變成優點(提供大量熱能)，還能提供淡水。

> 提醒：跨領域及廣泛的閱讀，對達成有效的正向互補聯想相當有助益。

 題外話時間

　　目前火力發電廠與核能發電廠的效率約為 34%，換句話說，燃燒煤、石油、天然氣或核分裂產生的熱能，只有大約三分之一轉換成電能供人類使用，其他三分之二則經由煙囪與排放溫排水的方式，丟棄到大氣與海洋，形成對環境的熱汙染。

　　作者曾發表研究論文，指出若將原本由火力發電廠與核能發電廠溫排水丟棄到海洋的熱能(相當於全台灣用電量兩倍的熱能)，改為用於產製蒸餾水，以市售的包裝水600 毫升可賣 15 元計算，則火力發電廠與核能發電廠賣水的收入將超過賣電的收入，可使國庫每年增加數仟億元的收入。

　　不料，在向政府建議之後，當時的執政者卻說，提供合格的飲水給民眾乃是政府的責任，怎可故意提供水質差的水給民眾，再靠賣水給民眾獲取暴利。所以不但沒有以上述方式去賣水牟利，反而花了上百億元改善高雄的水質。

　　民之所欲常在我心，不能只是一句口號，由執政者的所作所為，才可看出是否為說一套、做一套的騙子。

　　以下節錄 2003 年 11 月 21 日新台灣新聞週刊第 400 期標題為 "大高雄好水—解民眾恐水症" 的報導供參考。

　　田裕斌

　　大高雄地區的水質一向給人的感覺就是有異味、難喝，雖然有自來水供應，但民眾卻往往自行向民間業者買水喝。

台灣省自來水公司總經理陳榮藏指出，目前高雄水除硬度仍高於台北外，高雄水質可以說是全國最好的，不過，硬度低對人體健康不見得有幫助，對人體有益的礦物質應予保留。

以下的數據，對於大高雄水質改善可以提出具體說明：未改善前，水的硬度是四百度，燒水有水垢、洗衣衣服會變黃、淨水器濾心很快會髒；但是改善後硬度為一百五十度，該些情形將完全獲得改善。而在濁度方面，台北市為四，大高雄地區則小於〇‧三，也遠遠低於台北市。

據了解，由於大高雄地區的用水八〇％來自高屏溪區域，在高屏溪水源遭到污染、且水質在經加熱後會形成白色碳酸鈣沉澱物，讓民眾對自來水水源水質的安全性產生疑慮，雖然經檢驗，證明自來水的品質皆符合「飲用水水質標準」，但民眾對大高雄地區自來水的信心，已然喪失。
而隨南化水庫與高屏溪攔河堰聯通管路完工，及三座新淨水場完工後，大高雄地區水質已大幅改善，從二仁溪以南、高屏溪以西的大高雄區域，包括高雄市十一個行政區，以及高雄縣鳳山市在內的十八個鄉鎮市，大約有二百五十萬居民，因為水質改善而受惠。這項大高雄地區水質水量改善工程計畫投資高達一百億元，分為「水資源開發」與「水質改善」兩大主題。

在「水資源開發」方面，由經濟部水利署規劃「南化水庫與高屏溪攔河堰聯通管路工程計畫」，增建管線，達成二處水源的聯合運用；而在「水質改善」部分，則由台灣省自來水公司擔綱，逐步以「改善原水水質」、「提升水處理技術」、「改善管網系統」、「建立自來水監控系統」、「加強清配水池維護」及「加強宣導」等六大具體措施著手。

行政院亦指出，由於原水取水口上移後可取得較佳之原水水質，淨水場加氯量約可降低四〇％以上，另於拷潭、翁公園及澄清湖等三淨水場共增設每日七十四萬噸之高級處理設備以及於坪頂、鳳山一期增設每日六十五萬噸之水質軟化處理設備。

3-2-6　一機多功能

老年人需要一副近視眼鏡抬頭看遠方，還要一副老花眼鏡低頭看書報，兩副眼鏡換來換去很麻煩，在一副眼鏡上將鏡片分成上半部是近視鏡片，下半部是老花鏡片，達到一機多功能的效果。

3-2-7　為失敗作品找新用途

威而鋼原本是為了治療心臟病研發的藥物，但在進行人體試驗時卻發現藥效不彰而失敗，可是很奇怪的是：醫師發現女性試藥者幾乎都將尚未吃完的藥繳回，但是上了年紀的男性試藥者卻幾乎都不願意將尚未吃完的藥繳回，詢問後才意外發現原來該藥在某些方面有神奇效果，結果失敗的心臟病藥物竟然轉變為神奇的藍色小藥丸，而大發利市。

便利貼原本是想研發黏性很強的黏膠，但因黏性不夠而失敗，後來在上教堂想在很薄的聖經紙張上做筆記，字太多需用小抄，夾在聖經中的小抄紙張常掉落，用貼的卻常在撕下時將聖經撕破。所以需要可黏又容易撕下的貼紙，才將當初因黏性不夠而失敗的黏膠拿來找到可多次黏上與撕下的新用途，而成為銷量龐大的便利貼商品。

3-2-8　將其他領域的方法拿來應用

化學家本生在使用其發明的酒精燈(原來稱為本生燈)時，發現火燄顏色與常見的顏色不同，經過多次試驗，才發現原來是燃燒酒精與酒精用完燃燒到燈芯的差異，進而發現不同的物質燃燒會產生不同顏色的火燄，可用於判斷東西是由何種材質組成的，可是只能判斷單一材質，對混合物則無法判斷。

其友人物理學家克希赫夫(提出克希赫夫電壓定律與克希赫夫電流定律)想到牛頓曾經用分光鏡觀察太陽光譜，建議用分光鏡將被燒混合物的光分離，成功發明了可判斷物質組成的光譜儀。

由此案例可知細心觀察與跨領域合作的重要性。

3-2-9　不怕失敗、不斷嘗試

事實上，在蔡倫出生的一百多年前就已經有紙的存在，但是當時的紙極為粗糙不利書寫。

蔡倫經過不斷嘗試，發現用樹皮當造紙的原料，並加入石灰，可以使製造出來的紙更細、更白，方便書寫。所以後來認定蔡倫是(可書寫)紙的發明人，蔡倫後來因此一重要發明對後世有極大的貢獻而被皇帝封為侯爵，當時將其發明的紙張稱為「蔡侯紙」。

蔡倫小時候因家貧，被送入皇宮當太監，但是此一失去男性特徵與生育後代能力的嚴重打擊並未將其擊垮，蔡倫反而奮發向上，後來發明紙張並被皇帝封為侯爵，名留青史。

人生難免遇到挫折，但是仔細想想，有甚麼打擊比變成太監的打擊更大，蔡倫可以戰勝命運、出人頭地，相信遇到比變成太監小很多打擊的你，應該更能突破困境，開創出一片屬於自己的藍天！

在愛迪生之前也有許多人研發電燈，但是燈絲都很快被燒毀。愛迪生經過不斷嘗試，發現用碳化的竹子當燈絲，並以燈罩隔絕外部氧氣，避免燈絲被燒毀，成功研發出可以亮很久的電燈。後來又進一步，把碳化的竹子換成鎢絲，並把燈罩內的氧氣抽換掉，使燈絲可以更耐久。所以後來認定愛迪生是(可以亮很久)電燈的發明人。

3-2-10　換個角度看

許多人有自我感覺良好的毛病，對別人的作品可以挑出千百個缺點，但對自己的作品，則不管怎麼看都覺得真是太完美了。也因為如此，經常失去繼續改良的創意空間。

若能嘗試由別人的角度來看，或直接請教他人的看法(須留意保密以免影響新穎性)，或許可找出許多有價值的改良創意。

例如柴油引擎的發明人狄塞爾，將煤氣機與汽油機因壓縮壓力太高，使燃點降低會使燃料爆燃，導致熱效率無法再提高的缺點，改為先吸入空氣，只壓縮空氣，再噴入燃料的方式，因空氣的燃點比燃料高很多，所以可以壓縮大量空氣使效率大幅提高，因而獲得大筆訂單成為百萬富翁。

但卻因沒有持續改良，導致客戶因不滿意某些小缺點而退貨，使狄塞爾破產，最後因受不了暴起暴落的打擊而跳海自殺。

另一方面，經過其他人繼續改良上述的小缺點，如今柴油機仍是經濟與效率很高的動力機之一，目前仍被廣泛使用，也讓人為柴油引擎的發明人狄塞爾感到非常惋惜！

 題外話時間

要感激對你提出批評與指責的人，因為他協助你發現自己的盲點，幫你找到可讓自己變強的著力點。

否則不論你有多優秀，當別人持續改進，而你始終原地踏步，終有一天會被超越。

同理，一個單位或團體，如果只容許歌功頌德，只沉醉在過去的光環與榮耀之中，容不下好還要更好的期許與檢討，未來堪慮！

3-2-11　迴避設計

對現有專利的解決方案進行探討，尋找其他可能的解決方案。(有關迴避設計的詳細介紹請參閱第 4 章)

3-2-12　帶小抄不遺漏好點子

人生大約可分三階段，25 歲以前大多只負責學習，身體與智能都快速成長；25 歲到 50 歲之間，上有父母、下有子女，工作、家庭兩頭忙，可供學習的時間很少，但身體與智能還是慢慢成長；50 歲以後，準備交棒，經驗繼續累積，但體力與記憶力卻逐漸流失。

所以通常只有在第一階段，25 歲以前，不太會把想到的好點子遺漏掉。第二階段與第三階段，25 歲以後，想到好點子若沒有立刻寫下來，很可能因為忙著處理其他事，等過一段時間處理完剛才在忙的事後，很容易就把之前想到的好點子給忘了。

所以隨身攜帶一本小抄，想到好點子立刻寫下來，待會兒有時間就可接著繼續完成剛剛想到的好點子。

3-2-13　神奇的睡覺思考術

人腦非常神奇，清醒時，按照你的主觀意識運作；可是睡覺時，人腦會依照潛意識運作。所以想一個問題，一直想一直想理不出頭緒，有時候去睡一覺，在睡夢中人腦會自行依照潛意識整理之前想的問題，等到一覺醒來，睡前解不開的難題，有時竟可迎刃而解。

3-2-14　模仿大自然

人也是大自然的一部份，許多人的問題，在大自然中早已有類似的問題，也早已發展出極佳的解決方法。例如雷達是模仿蝙蝠以叫聲發出聲波探測前方有無障礙物，或飛蟲，並以大耳朵接收回聲的作品；魚雷的外型也是模仿海豚的身體，因為魚雷要比船快才能打到想逃走的敵艦，故魚雷在水中要使其阻力最小，而海豚經過長期演化，早已使其身體的外形演化成在水中具有最小阻力的流線形。因此「人定勝天」只是無知狂妄的說法，以謙卑與學習之心融入大自然，經常可發現人類的渺小與侷限，感嘆宇宙的奧妙與神奇！

3-3 尋求可達成該需求的可能方案

找到靈感後，必須找出可達成該需求的可能方案，並評估可能方案在當前技術水準是否可行，是否有更好的效果，是否有更低的成本，是否有安全的疑慮等。

至於是否可以找出較多的可能方案，以及是否有足夠的能力進行適切的評估，都有賴發明人對專業知識的深入程度與在廣泛領域的涉略廣度而定。

因此老話一句「機會只給準備好的人」。當發明人本身的知識與常識愈豐富，自然可以找(聯想)到更多的可能方案，增加成功的機率。以下用日常用品延長線與冷氣讓讀者發揮聯想力：

💡 延長線研發案例

需求 1　：插座與電器距離太遠，電器上的電線不夠長。
解決方案 1：用一段電線將插座延伸到電器附近。
解決方案 2：用一段電線將電器上的電線延伸到插座。
產品　　：延長線。

需求 2　：插座或延長線上的插孔太少，要用電的電器太多。
解決方案：增加插孔數目。
產品　　：多孔的延長線。多孔的延伸插座。

需求 3　：不用電時要切斷電源確保安全，但是要由被遮住的插座拔下插頭，或由多孔延長線上一一拔下多個插頭，非常麻煩。
解決方案：在延長線上裝 1 個開關。
產品　　：有 1 個開關的延長線。

需求 4　：有開關的延長線是否在有電的狀態？
解決方案：在延長線上裝指示燈。
產品　　：有指示燈的延長線。

需求 5　　　：夜晚找不到延長線的開關。

解決方案　　：讓延長線的開關會亮。

產品　　　　：開關內附小燈的延長線。

需求 6　　　：只有 1 個開關的多孔延長線，一部份電器要斷電，一部份電器要用電，

　　　　　　　　必須將要斷電的電器插頭一一由多孔延長線上拔下，非常麻煩。

解決方案　　：每 1 個電器各由 1 個開關控制。

產品　　　　：有多個開關的延長線。

需求 7　　　：延長線上的用電量是否太多，發生危險？

解決方案　　：過載自動斷電確保安全。

產品　　　　：附保險絲的延長線。

需求 8　　　：過載需等保險絲燒掉才知道，且換保險絲很麻煩，最好可立即顯示是否

　　　　　　　　有過載。

解決方案 1　：以溫度顯示是否有過載。

產品 1　　　：附溫度計的延長線。

解決方案 2　：大範圍溫度計太貴，改用只可顯示是否有過載的廉價小範圍溫度計。

產品 2　　　：附到達過載溫度會變色的廉價溫度色帶的延長線。

解決方案 3　：以溫度顯示是否有過載不可靠，改以電流表顯示是否有過載。

產品 3　　　：附電流表的延長線。

需求 9　　　：有些電器須在特定時間用電。

解決方案　　：在延長線上裝定時器。

產品　　　　：附定時器的延長線。

需求 10　　　：延長線的插頭凸出牆面，妨礙傢俱無法靠牆擺設。

解決方案　　：避免延長線的插頭凸出牆面。

產品　　　　：扁平插頭的延長線。

需求 11　　：火線與地線接反較危險。

解決方案　：強迫電器的火線與插座或延長線上的火線相接，並強迫電器的地線與插座或延長線上的地線相接。

產品　　　：插座或延長線上的插孔其火線孔與地線孔大小不同，配合電器插頭上的火線插片與地線插片也是大小不同，以便強迫電器的火線與插座或延長線上的火線相接，並強迫電器的接地線與插座或延長線上的接地線相接。

需求 12　　：有些 110V 電器須防靜電、過電壓，接地較安全。

解決方案　：強迫電器的設備(外殼、底板)接地線與插座或延長線上的接地線相接。

產品　　　：增加接地線插孔(110V 卻有 3 插孔)的延長線。

需求 13　　：插座上的插孔其火線孔與地線孔大小不同，只能單向插接，造成延長線延伸方向與電器位置呈反方向。

解決方案　：讓延長線延伸方向可改變。

產品　　　：插頭可轉向的延長線。

需求 14　　：手機等充電器插接後，導致其他插孔被擋住。

解決方案　：由延長線上延伸 1 個充電器插孔，避免充電器擋住其他插孔。

產品　　　：具有延伸充電器插孔的延長線。

需求 15　　：電腦上 USB 插孔不足或有其他必須以 USB 插孔供電的電器。

解決方案　：在延長線上提供 USB 插孔。

產品　　　：具有 USB 插孔的延長線。

需求 16　　：有些電器遇雷擊或突波易被破壞。

解決方案　：讓延長線具備突波吸收功能。

產品　　　：具有突波吸收功能(防雷擊)的延長線。

需求 17	：有時候無法空出兩隻手去拔下插頭。	
解決方案	：讓插頭可用單手或腳拔出。	
產品	：壓按鈕即可將插頭彈(頂)出的延長線。	

需求 18	：一部份電器需要 110V，一部份電器需要 220V。
解決方案	：讓延長線同時具備 110V 與 220V 插孔。
產品	：同時具備 110V 與 220V 插孔的延長線。

需求 19	：延長線的電線很長、雜亂又難收。
解決方案	：讓延長線具備收線功能。
產品	：具備收線功能的延長線。

需求 20	：人在 A 房間(樓、地點)卻要跑到 B 房間(樓、地點)去開啓或關閉延長線上的電源。
解決方案	：讓延長線具備遙控功能。
產品	：具備遙控功能的延長線。

　　以上的 20 種延長線都有實際商品，也都能各別申請一項專利，您是否還有其他想法？

冷氣研發案例

需求 1	：粉塵有害健康。
解決方案 1	：靜電除塵(耗電、粉塵堆積易阻塞)。
解決方案 2	：過濾網除塵(粉塵堆積易阻塞)。
解決方案 3	：利用冷氣排水流經過濾網除塵，並帶走粉塵。
產品	：具除塵功能的冷氣。

需求 2	：霉菌有害健康。
解決方案	：利用冷氣廢熱高溫除霉。
產品	：具除霉功能的冷氣。開機自動短時間除霉。自行設定除霉時間。

需求 3　　：冷氣滴水造成樓下鄰居與行人困擾。
解決方案　：利用冷氣廢熱將水蒸發。
產品　　　：不滴水的冷氣。(目前冰箱大多用此技術，而不必倒水)

需求 4　　：冷氣只吹到 1 個地方其他地方不涼。
解決方案　：出風口加(自動)導風板。
產品　　　：出風口加(自動)導風板的冷氣。

需求 5　　：太吵。
解決方案　：改用較安靜的渦捲式壓縮機。
產品　　　：靜音冷氣。

需求 6　　：還是太吵。
解決方案　：把較吵的部份移到室外。
產品　　　：室內機與室外機分離的冷氣。

需求 7　　：溫度變化大(因壓縮機高溫運轉、低溫停止)。
解決方案　：以變頻方式讓壓縮機只改變轉速而非停止運轉。
產品　　　：變頻冷氣(具靜音效果)。

需求 8　　：裝太多台室內機與室外機(公寓陽台小，只能裝 1 台室外機)。
解決方案　：1 台室外機對應多台室內機。
產品　　　：1 對多冷氣。

需求 9　　：剛睡很熱溫度設較低，睡著後易著涼。
解決方案　：睡著後溫度設定自動調高 1~2 度。
產品　　　：具睡眠功能的冷氣。

需求 10　：特定時間要吹冷氣。
解決方案　：增加定時裝置。
產品　　　：具定時功能的冷氣。

需求 11　：人在 A 處，冷氣卻吹向 B 處。

解決方案　：感應人所在位置，將冷氣吹向該處。

產品　：走到那吹到那的冷氣。

需求 12　：房間內人數改變還要調溫度設定。

解決方案　：感應人數自動調溫度設定。

產品　：依人數自動調溫度設定的冷氣。

3

需求 13　：冷氣房密閉太久空氣不新鮮、氧氣不足。

解決方案　：增加換氣裝置。

產品　：具換氣功能的冷氣。

需求 14　：夏天吹冷氣，冬天吹暖氣，要裝 2 台。

解決方案　：冷氣機與暖氣機合併成 1 台。(冷氣將室內的熱移到室外，暖氣將室外的
　　　　　　　熱移到室內，冷媒倒行即可)

產品　：同時具有冷氣與暖氣功能的冷氣。

需求 15　：半夜下雨或輻射冷卻效應導致室外溫度降低，吹冷氣太耗電，吹電扇較
　　　　　　　合適，但因關在冷氣房而不知室外溫度已降低。

解決方案　：偵測室外溫度判斷是否關閉冷氣，改吹電扇並打開電動窗。

產品　：偵測室外溫度自動開關冷氣、電扇與電動窗的冷氣。

需求 16　：人在室外很熱，進冷氣房後才開啟冷氣機，要等很久才會涼。

解決方案　：進冷氣房可遙控先開啟冷氣機。

產品　：可遠端遙控的冷氣。

　　以上的 16 種冷氣方案都可申請一項專利，您是否有想到其他好點子？

3-4　優勢與劣勢分析　IQ

　　發明品要正式上市之前，一定要針對類似產品進行比較，列出優勢與劣勢，並防
範他人可能的迴避設計，以避免盲目投資，血本無歸。

3-4-1　知己知彼百戰百勝

目前市面上已經有哪些類似商品，哪些有專利權，其專利範圍如何，優、缺點是甚麼，市場佔有率等，都將影響研發標的與策略，蒐集與分析愈詳盡，愈能找出有利的切入點，並避免被告侵權的危機。(詳見第 8 章專利檢索)

得獎發明介紹

鋼骨樑柱接頭

鋼骨樑柱接頭獲准專利 68622 號，如圖 3-1 所示。主要內容為：一種鋼骨樑柱接頭，其形成於一 H 型樑之一端，用以將該 H 型樑與一柱相連結，其包括：一腹板；以及一對翼板，分別形成於該腹板之相對邊；其特徵在於：在該對翼板上沿該 H 型樑縱長方向之兩側同時開設有一對相對的缺口。

本發明為科技部資助之研究計畫，可提高鋼樑柱接頭的耐震度 3 倍，為臺北 101 大樓採用的技術，科技部也對 921 地震災區重建提供免費使用。

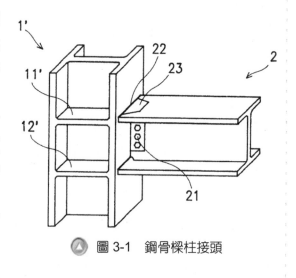

▲ 圖 3-1　鋼骨樑柱接頭

3-4-2　擴大專利範圍

申請專利範圍可以有獨立項與附屬項，建議以最基本且不可或缺的部份為獨立項，再將可附加之功能與變化分別以附屬項涵蓋，可使專利範圍達到最大。不過申請專利範圍愈大，愈有可能與他人的專利重疊，因此必須比對先前的專利資料，適可而止，不宜無限擴大申請專利範圍。(詳見第 6 章專利說明書的撰寫原則)通常產業界會為了省錢或迴避設計，而在一個專利內包含多個請求項，但學術界則常將可包含於一個專利的多個請求項拆成多個專利，以便衝高研究業績的數量。

得獎發明介紹

具有顯示公車近臨之告示裝置

　　具有顯示公車近臨之告示裝置獲准專利 115878 號，主要內容為：於公車上設置一無線發射器，而在站牌上設置一無線接收器，一旦公車近臨車站時，公車上之無線發射器便傳送一信號至無線接收器上，在無線接收器接收信號後，以燈組閃爍顯示於公車站牌上，如此一來，等候公車者便可得知，此時有何公車將來。

　　除了臺北火車站等少數大型公車站之外，大多數站牌只有少數幾路公車，所以本專利後來被改成顯示公車大約還有多久會到本公車站。

3

3-4-3　反迴避設計

　　如同下棋一般，你想讓對手倒棋，對手也想把你將軍！所以申請專利範圍的撰寫也必須防範競爭業者可能的迴避設計手法。(詳見第 4 章迴避設計)

 得獎發明介紹

具有換氣系統之鞋底組合(追加一)

　　具有換氣系統之鞋底組合(追加一)獲准專利 116745 號，如圖 3-2 所示。主要內容為：包含有鞋底、中底及上底等元件；其中中底部位設有空氣道，該空氣道之一端設有對應上底通氣孔之缺槽，及於空氣道之另一端對應一出氣閥，該出氣閥是與鞋跟部之空氣室連通者，及於空氣室之一側設有進氣閥。藉由上述結構之組合，即使在鞋底部位無法形成空氣道之場合，其中底元件亦可提供空氣道之換氣系統。

　　腳部悶熱與香港腳可因此發明而避免，換氣鞋商機龐大。

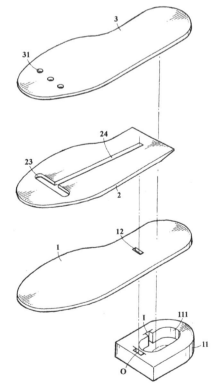

▲ 圖 3-2　具有換氣系統之鞋底組合(追加一)

3-5　行銷策略、財務規劃與創業協助　Q

當發明品預備上市前，應先做好行銷策略與財務規劃，必要時可尋求創業協助。

<u>疑問一</u>：如何擬定行銷策略？

<u>解惑一</u>：通常會依據 SWOT(強項、弱項、機會與競爭)分析，擬定適當的行銷策略。對於缺乏資金、工廠、人力與行銷網的個人發明家，建議以賣斷專利權、專利授權或與企業合作的模式較易成功。

 得獎發明介紹

夾附式第二眼鏡片夾持器

　　夾附式第二眼鏡片夾持器獲准專利 127245 號，如圖 3-3 所示。主要內容為一夾持構件，可夾附第二眼鏡片夾持座於任一眼鏡框上。簡單的設計讓一般眼鏡可輕易變身為太陽眼鏡。

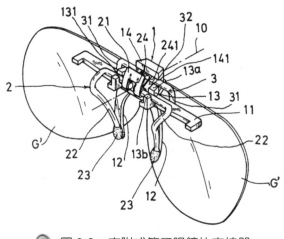

圖 3-3　夾附式第二眼鏡片夾持器

<u>疑問二</u>：財務規劃至少應估算那些開銷？

<u>解惑二</u>：專利由申請、答辯、修正、領証以及核准後每一年的專利年費，開銷龐大，再加上生產機具、場地、人力與行銷網等，費用驚人，務必事先做好適當的財務規劃。

🏆 得獎發明介紹

單向排汗之牛仔布料

單向排汗之牛仔布料獲准專利 131878 號，主要內容為：一種由聚丙烯纖維所構成的經紗，以及一種由吸水性佳之棉纖維所構成的緯紗；前述之經紗不具含水性，僅藉由其編織而成的組織以及毛細作用將體表之汗水吸入，最後藉由吸水性更佳的緯紗再將該汗水吸取，並遠離體表而排至未觸及身體之外側布面，經由風乾而達到排汗與保持乾燥的效果。

吸濕排汗衫讓與體表接觸的部分保持乾爽，避免因流汗浸濕衣服，讓與體表接觸的部分變得濕黏，造成不舒服的感覺，近年流行熱賣。

疑問三：如何獲得創業協助？

解惑三：經濟部的中小企業處以及教育部所屬各個大專院校的創新育成中心等單位，都有提供創業協助，也可尋求國內發明人團體的協助。

3-6　國際發明展 🔍

國內外的國際發明展提供發明人展示發明品，尋求買主的機會，曾有發明人於國際發明展獲得大批訂單，一夕致富的例子。不過也不宜過度幻想，以免落入詐欺集團的圈套！以下對國內外的國際發明展做一簡單介紹：

3-6-1　德國紐倫堡國際發明展

已經舉辦六十幾屆，是歷史悠久的國際發明展，由台灣傑出發明人協會帶團。

3-6-2　瑞士日內瓦國際發明展

由於日內瓦是許多國際機構的所在地，各國派駐國際機構的人員及家屬齊聚，消費能力強，對新事物接受度高，是拓展商機的重要展覽，由台灣發明協會帶團。

3-6-3　美國匹茲堡國際發明展

美國為全球消費能力最強的重要市場，世界各國的重要專利幾乎都不會遺漏向美國提出申請，造就美國匹茲堡國際發明展成為商業氣息濃厚的國際發明展，由台灣發明協會帶團。

以上三個歷史較悠久、規模較龐大的發明展，被稱為三大國際發明展。

3-6-4　台北國際發明展

台灣的發明展原本是國內展，並沒有外國發明團隊展出，只有國內發明人展示作品，也沒有其他單位的研發成果，所以規模小、參觀人潮與擠得水洩不通的電腦資訊展相比，顯得相當稀少。

經過作者於民國 93 年向總統府建議後，隔年民國 94 年，立即改為國際發明展。除了邀請許多外國發明團隊前來展出，也增加工研院、國防部、經濟部、教育部、農委會與科技部等單位的研發成果。

再加上總統接受作者建議，連續數年親自出席開幕典禮，並帶領相關部會首長蒞臨部份展示攤位，炒熱新聞、帶動人潮，展現政府對發明的重視，還多次接見國際發明展的得獎人，終於使台北國際發明展的參觀人潮出現類似電腦資訊展人擠人的盛況。

而展出發明品的學校，也由原本只有兩、三校，於短短幾年內暴增至幾十校，民國 100 年起主辦單位甚至因為學校展出太踴躍，而限制每個學校所能申請的攤位數量。

在各方努力之下，成功達到使台灣大專院校由過去只重視學術論文的研究，轉變為廣泛與企業合作，研發專利的風氣。

也促使經濟部智慧財產局大幅增加審查人力、成立智慧財產培訓學院、編寫智慧財產教材、成立專業法庭，以及促成臺、清、交、成、臺科大與北科大等校陸續成立專利相關研究所，使台灣的產、官、學、研共同攜手，積極投入專利研發的行列。

目前台北國際發明展經常因攤位額滿而提前截止報名，出現一位難求的盛況，甚至相同攤位租給學校比租給廠商還貴一萬多元以價制量的情況，提醒有意展出的發明人，報名趁早，以免向隅！

2014 年起也開辦高雄國際發明展，方便南部的發明人參展。

題外話時間

　　企業界參加國際發明展主要是希望能拓展商機獲得訂單，而得獎將是該商品優異的最好宣傳；學術界參加國際發明展主要是希望能獲得獎項，增加學校的知名度與研究績效，以便於評鑑時能獲得好的成績。所以在發明展得獎成為所有參展者一致的希望。

　　作者本身與所指導的學生，曾獲得美國匹茲堡國際發明展、德國紐倫堡國際發明展、英國倫敦國際發明展、中國國際發明展、韓國首爾國際發明展與台北國際發明展等國內外國際發明展獎項數十件；還 4 度榮獲國內發明界最高榮譽「國家發明創作獎」，也曾 1 人獨得 8 個獎項，引來眾人要求分享得獎技巧，在此介紹發明展得獎技巧與讀者分享。

　　首先必須認知一個事實：由於參展品數量眾多而且評審時間有限，所以評審於每一個作品停留聆聽的時間原則上不會超過 10 分鐘。因此<u>最忌諱冗長、無重點及無條理的長篇大論</u>，會讓評審不耐煩而產生反感。

　　其次，原則上評審來評分前應該都看過參賽者繳交的資料，心裡對每件作品會有大約的印象與預訂的分數。所以<u>比賽前繳交的資料必須用心製作，清楚標示作品的內容與優點</u>，才能在評審心中產生先入為主的好印象。

　　再者，專利講究實用性，所以選擇的作品主題要能打動人心，讓評審覺得這件非得獎不可，作者曾因感動評審而同時獲得金牌獎、銀牌獎、銅牌獎、特別獎，通常選擇環保、省能、省材料、增加便利性與增進效率等主題，<u>比較容易讓評審認為這個發明創作非常有意義</u>，而不是為創作而創作，變成一種可有可無的發明。

　　還有，國際發明展的作品都有分類，所以原則上評審都是該領域的專家，<u>切勿班門弄斧與評審強辯</u>，通常會得到減分的反效果。

　　最後<u>現場的解說與海報一定要簡單扼要，並再次強調優點</u>，也可準備 1 份資料讓評審帶回去，好讓評審加深印象，則評審心中預定銀牌的作品，很可能因現場解說的加分效果而改得金牌。

3-6-5 　其他國際發明展

　　許多國家發現辦理國際發明展可以因國內外參展品刺激，引發國內廠商及發明人的創意，有效提升國內研發風氣、帶動經濟成長，所以也陸續開辦國際發明展，包含英國國際發明展、法國國際發明展、科威特國際發明展、羅馬尼亞國際發明展、俄羅斯國際發明展、澳門國際發明展、波蘭國際發明展、韓國國際發明展、越南國際發明展、香港國際發明展、馬來西亞國際發明展、日本國際發明展、中國國際發明展及新加坡國際發明展等，國內都有不同的發明人團體在負責帶團。

　　早期因為參加國際發明展費用高昂，通常只有廠商為了拓展商機，會到有獲准專利的國家去參加國際發明展。

　　因為如果沒有獲准該國專利，則無法在該國主張專利權，所以任何人都可在該國製造、販賣、使用或進口你所展示的商品，而無須經過你的同意。所以如果沒有獲准該國專利，卻花大筆銀子大老遠飛去參加發明展，有可能變成自己花錢把發明免費送給別人。

　　但是最近幾年，由於教育部評鑑著重國際競賽獎項，導致學校不論在該國是否有獲准專利，不管是否能於該國獲得商機，只要能得獎讓評鑑獲得好成績，便不計成本，瘋狂熱衷於參加國際發明展，使得台灣的發明團幾乎在世界各發明展都成為最大的團，也都在世界各國際發明展奪得佳績，多次成為該次國際發明展獲獎最多的發明團。

　　然而當其他國家也都陸續開辦國際發明展，急起直追之際，台灣是否能繼續保有大幅領先的優勢，恐怕是政府與發明界都必須儘速重視的問題。

 題外話時間

　　摘錄 2011 年 2 月 21 日自由時報的新聞報導如下：【記者林曉雲、胡清暉、湯佳玲／台北報導】行政院主計處最新統計在美國核准的發明專利數，美、日、德、南韓位居前四名，我國以六千六百四十二件排名第五。

　　成大校長黃煌輝建議，也應重視專利及技術轉移，並應把產業合作及專利技轉列為教授的升等及評鑑項目。

　　不過多位參與「反對獨尊 SSCI、SCI 等指標」連署的學者憂心，這項獨霸現象在國內已出現偏差。

曾任科技部教育學門召集人的臺師大名譽教授吳武典指出，連署迄今已超過一千六百名學界人士參與，尤其是社會人文科學的 SSCI，在台灣已到走火入魔地步，有學者譏為「三流的資料庫」，更導致一些學者荒廢專書著作、忽略教學。

由以上摘錄的新聞報導可知：**台灣的專利研發已經被主要競爭對手南韓超越(過去幾年在美國核准的發明專利數排名依序為，美、日、德、台灣，台灣原本為第四名，目前已經被南韓取代)。**

其次，台灣學術界獨尊論文及輕視專利的歪風，也造成嚴重的問題。台灣如何防範繼續被其他國家超越並再次超越南韓，恐怕是政府、學術界、產業界與發明界都必須儘速重視的問題。

3-6-6　國際發明展中的詐騙手法

前往國際發明展有時會遇見詐騙，例如：以不實發明品、剪報與文宣誘使提供研發資金，導致血本無歸；謊稱可代為以高價出售專利，其實是騙取仲介費；謊稱有國外買主要下大訂單，騙取宣稱用於打點買方關鍵人物的禮物與紅包等，應有所防範。

 題外話時間

摘錄 2011 年 10 月 25 日自由時報的新聞報導如下：【記者林俊宏、侯柏青、何瑞玲、卓冠廷／綜合報導】慶驊國際能源公司與台灣新動力公司以「磁能車」為幌子，宣稱免加油、免充電及零污染的磁能動力車可使用一輩子，以老鼠會的方式，涉嫌對外吸金詐財逾億元。

台北地檢署指揮新北市調處搜索，起出這種「不可思議的車」，但竟然騎 3 分鐘就不動了，當場戳破謊言。

該集團聲稱有 23 個國家都來臺下單，連美國總統歐巴馬都曾派密使來洽談，還曾和國內機車大廠接洽合作，但機車大廠日前已嚴正否認和該集團有關。

調查官追問實際負責人謝均權後，原來不需能源的磁能車只是電動車；業者辯稱，電動磁能技術是有構想，尚未向國內專業單位送驗認證。

至於幹員質問名片上的「博士」頭銜，業者卻無法交代是哪所學校授予。

提醒：業者在名片印假的「博士」頭銜，招搖撞騙，其實只要向教育部或相關學校查詢，應該就
　　　可破解假「博士」的騙術！

 題外話時間

引用經濟部智慧財產局網站公告如下：如獲不明大陸買主邀約，請提高警覺以免受騙！本會日前接獲廠商通知，遭不肖大陸業者以洽談合作為誘因進行詐騙(詐騙手法及過程詳如下方廠商來信)，請各位廠商接獲來路不明邀約時務必提高警覺，如有任何疑慮請直接與本會聯繫。

致外貿協會的長官：

我是一家科技公司業務專員，前陣子接到一個號稱"雲南世博"的業務經理，他告訴我們在台北的世貿展上看到我們的產品很有興趣，想跟我們訂購 1500 個，要求我們過去雲南昆明的公司簽約。

該公司派人來昆明機場接機並帶我們去他們安排的金審大酒店，建議在簽約前先跟他們高層見面，並帶著我們到金舖與商店，要我們買些贈品向他們領導和官方的主任表達一些意思，然後要我們回到飯店休息等簽約。

隔天九點約定時間對方沒有現身，去電後發現，電話有接通聲但無人回應，我們確認受騙後到附近警察局報案，警察說這已經不是第一起，已經有很多臺商、港商、新加坡商人和美國商人受騙。

用的都是類似手法，他們會向受害者聯絡說要談一筆大生意，騙受害者到雲南簽約，幫對方安排飯店，因為他們熟知哪家飯店攝影機裝設位置，然後表示自己是半公營事業公司有政府出資有甚麼投資案想合作，然後安排飯局並要求一些回扣像金飾電腦或現金等，目的是這些回扣，他們用的聯絡電話皆非法來源，打得通但詐騙後不會再接聽，名片也是假的。

由以上引用與個人實際經驗提供參考：**如獲不明大陸買主邀約，切勿隻身前往中國大陸，甚至曾有隻身前去，結果被綁票，進而向台灣家屬勒索贖金的傳聞，建議可要求對方到台灣來簽約，或要求透過海基會與海協會辦理，若對方為詐騙者，自然會放棄。**

題外話時間

作者曾在國際發明展遇到有人以剪報等資料四處邀請，要求提供研發資金合作。

以圖 3-4 說明其理念，以水平的力 F1 將圖 3-4 中的圓球由 a 位置移到 b 位置，經過數學推導，該機構得到 F3 的力。

因爲 F3 的力可分解爲 F1+F2，故宣稱該機構輸入水平的力 F1，結果除了原本輸入的水平力 F1 之外，還獲得垂直的力 F2，所以，該機構可以將地心引力拉出來替人類做工。而地心引力無所不在，故該發明「錢」途無量，鼓吹大家提供研發資金合作。

事實上，圖 3-4 中的圓球被上方固定長度的線所限制，所以 a 位置與 b 位置的水平高度不同。

也就是說，以水平的力 F1 不可能將圖 3-4 中的圓球由 a 位置移到 b 位置，必須是斜向的力 F3 才能辦到。

因此，宣稱該機構輸入水平的力 F1，結果獲得 F3 的力，增加獲得垂直力 F2 的說法根本是騙局。因爲原本輸入的就是 F3 的力，而非只有輸入水平的力 F1。所謂額外增加獲得的垂直力 F2，根本就是當初自己輸入的！

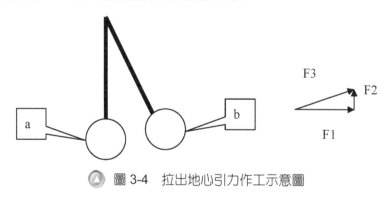

◎ 圖 3-4　拉出地心引力作工示意圖

 題外話時間

有時在發明展會遇到有發明人宣稱其發明打破能量不滅定律，雖然大多是基於本身學理不足，而非詐騙，但仍應小心提防，以免投入研發資金導致血本無歸。

宣稱打破能量不滅定律的發明可概分爲兩大類：第一類、永動機，發明人宣稱其發明只要輸入 1 次有限的少許能量，讓其發明物開始動作，則不必再輸入任何能量，即可讓該發明物永遠繼續動作。

由一般生活經驗與能量不滅定律可知這是不可能的，但是仍有發明人深信不疑，甚至投入大量時間與金錢，卻始終只能停留在書面推理階段，無法完成實際物品。因為通常問題出在發明人的推理過程有錯誤，或低估甚至忽略應有的磨擦與風阻等損耗。

第二類、以輸出大於輸入來證明打破能量不滅定律，這類發明人大多有完成實際物品，甚至提出經過國際知名機構測試的報告，證明其輸出大於輸入。但是詳細觀察可發現，這類發明人將「瞬間功率」與「能量」混為一談，或對時間的截取有問題。

例如有人以 500 瓦小馬達帶動大飛輪，再以大飛輪帶動發電機，將電能儲存於電瓶，經過 2 小時的儲存之後，瞬間將電瓶的電釋出，然後說「經過國際知名機構的測試報告，證明其輸出為 2000 瓦，大於輸入 500 瓦，所以宣稱打破能量不滅定律」。

注意，2000 瓦與 500 瓦都是「瞬間功率」，該國際知名機構的測試報告，只是證明其瞬間輸出功率為 2000 瓦，大於瞬間輸入功率 500 瓦。

可是實際的「能量」則是，瞬間輸入功率 500 瓦，歷經 2 小時，總輸入能量為(500 瓦乘以 2 小時)，即為 1000 瓦時；而總輸出能量為(2000 瓦乘以 3 分鐘)，只有 100 瓦時。

該系統總輸入能量為 1000 瓦時，總輸出能量只有 100 瓦時，不但沒有打破能量不滅定律，相反地，效率非常低，只有 10%而已。

在此建議企圖打破能量不滅定律的發明人，應放下迷思，改以提高效率為研發目標，例如某機構原本效率 23%，經發明人運用自然法則或某特殊設計，可降低損耗而使效率提高為 36%，以免浪費生命於不可能達成的事物上而勞神傷財！

3-7 成功商品化的案例 　　　　　　　　　　IQ

成功商品化的案例一：台灣傑出發明人協會的前任團長高發育團長早年研發成功拔雞毛的機器，為非常成功的案例。

當時去菜市場向雞販買雞必須等很久，因為雞隻宰殺後，要先用熱水燙，讓毛孔張開，再以手一根一根的將雞毛拔除。

高發育團長研發成功自動拔雞毛的機器之後，只要短短 3 分鐘，就能把雞毛拔乾淨。造成菜市場中有自動拔雞毛機器的雞販生意興隆，沒有自動拔雞毛機器的雞販門可羅雀。所以全部雞販都搶著買自動拔雞毛機器，而出現「提現金來排隊」的豪語。

高發育團長後來發現包裝衛生筷的工人用嘴吹氣，使細長的包裝袋撐開以便放入衛生筷，此一動作會把工人的口水吹進包裝袋所以非常不衛生，進而研發出衛生筷自動包裝機。

初期生意不佳，後來搭上新聞報導外食者使用餐廳提供的餐具，若前一位使用者有 B 型肝炎可能會傳染給下一位使用者的新聞，高發育團長找餐廳免費試用，並請媒體配合報導此餐廳使用免洗餐具不會傳染 B 型肝炎，藉此造成轟動，所有餐飲業者幾乎都瘋狂改用免洗餐具，讓衛生筷的銷售量急速成長。

在當時還沒有宅配的年代，首創請計程車司機送貨並代收款的行銷手法，也引發一批計程車司機改行當老闆的風潮。當時高發育團長賣給計程車司機的衛生筷自動包裝機，兩台的售價就約值當時一棟透天房屋的售價，但是因為衛生筷銷售太好，大約幾年就還本了，也因此造就出一批衛生筷新貴。

高發育團長後來又增加在衛生筷包裝袋上面印廣告圖文的功能，讓衛生筷自動包裝機的銷售更上一層樓。不過因為外國人不用筷子，使衛生筷自動包裝機的外銷受挫，進而又研發出吸管自動包裝機，大賺外國人的錢。此後研發的牙籤自動包裝機也造成轟動。

自動將吸管一端裁切出湯匙形狀的吸管湯匙自動製造機，與多功能咖啡機也是非常暢銷的成功商品化案例。

尤其為了國民健康，捨棄已經完成的檳榔自動切割機，基於良知將到手的金山往外推之高尚情操，更是發明人的表率！

詳情請參閱高發育團長的著作「台灣發明啟示錄-邁向創意發明成功之路」。

一個人存在的價值，不在於是否賺了很多錢或擁有很高的職位；而是在於是否留給後世很多值得感念的貢獻與典範。

成功商品化的案例二：剪指甲的時候常會因被剪下的指甲亂飛而發生困擾，後來發明指甲剪護套，可將被剪下的指甲收納其中，免除亂飛的困擾。雖然只是一個小東

西，但是需求量龐大，也是非常暢銷的成功商品化案例。(感謝台灣發明協會的陳宗台會長提供此案例)。

成功商品化的案例三：台灣早期民風保守，震動保險套研發後在台灣銷售不理想。後來前往日內瓦國際發明展展出，因西方人較為開放，震動保險套形成轟動，獲得大筆訂單，最後紅回國內，使發明人賺得荷包滿滿。所以成功商品化有時需配合當地的民情風俗。(感謝台灣發明協會的陳宗台會長提供此案例)。

3-8 腦力激盪的迷思 IQ

曾有人問作者：我們十幾個人合作，腦力激盪好幾週，為什麼產出的作品完全不被認同？我們用以下的腦力激盪範例來加以說明：

有一天，3 個完全不曾下水游泳的人，在游泳池邊看到許多人在學游泳，卻一直無法游得像游泳選手那麼好，他們便決定腦力激盪。

首先，有人提出依他的觀察，很多游泳者都拿著一塊板子，可能是因為板子太薄、太軟，才會游不好，所以他提出改用厚鐵板的方案。

其次，另一個人提出依他的觀察，很多游泳者都帶著眼鏡，可能是因為眼鏡看不遠，怕撞到前面的東西才會游不快，所以他提出改用望遠鏡的方案。

接著，另一個人提出依他的觀察，很多游泳者都帶著帽子，可能是因為帽子太軟沒能好好保護頭部，使游泳者不能放心大膽用力往前游，才會游不好，所以他提出改用軍人鋼盔的方案。

因此經過幾小時腦力激盪之後，穿戴著沉重軍人鋼盔、長長的望遠鏡與超重厚鐵板的游泳者裝備被提出來。

不過相信任何曾經下水游泳的人都會對這套裝備嗤之以鼻吧！

首先，板子之所以能幫助游泳者學習游泳是因為浮力，所以板子的材質必須是密度小於水的，改用密度遠大於水的厚鐵板，只會讓游泳者永遠浮不起來。

其次，游泳者帶著眼鏡只是避免眼睛進水，改用長長的望遠鏡，反而在水中造成很大的阻力，妨礙游泳者前進。

接著，游泳者帶帽子一方面是避免頭髮掉落汙染游泳池，另一方面是減少頭部在水中的阻力，改用軍人的沉重鋼盔只會讓游泳者抬不起頭。

所以**並不是一堆人腦力激盪就可以達到 3 個臭皮匠勝過一個諸葛亮的效果。事實上，腦力激盪的重點在於：參與腦力激盪的人必須是該領域的專家，才能發揮集思廣益的功效。**

例如，3 位游泳教練或奧運游泳選手一起腦力激盪，必定會與上述由 3 位完全不曾下水游泳的人激盪出完全不同，但必定對輔助游泳更有效的方案。

例如，在泡棉浮板下方加一層光滑薄膜以減少浮板在水中的阻力；將泳鏡由平面改為往前凸出的半圓形，以減少在水中的阻力；將泳帽的粗糙表面加一層光滑薄膜以減少在水中的阻力等較符合水的特性與游泳者需求的方案。

若以學習與教學的立場看，腦力激盪至少必須由 1 位(或更多位)該領域的專家帶領，故意先不講答案讓學員去思考，但是當學員的思考方向偏了，負責帶領的專家可適時告知其錯誤之所在，並引導學員往正確的方向思考。

因此**負責帶領的專家心中必須至少有一個甚至多個腹案**，藉以在某些關鍵點引導學員的思考，這種腦力激盪的目的是在教育學員、讓學員練習思考問題。所以只能當作練習，不能奢望可以真正激盪出非常好的方案。

當然如果是由一堆完全沒經驗的人在一起玩瞎子摸象的遊戲，那麼就只能獲得像上述由 3 位完全不曾下水游泳的人去腦力激盪游泳裝備的「笑果」了。

3-9　國家發明創作獎　　🔍

國際發明展原則上是發明人自己付出攤位費、報名費、食宿交通費、運費、海報看板費、評審費與翻譯費等費用，向各個國際發明展主辦單位租攤位，展示發明品，希望藉由展示獲得買主喜愛，賜下訂單，賺取商機。

所以若能在國際發明展中獲獎，除了表示受到評審的肯定之外，也能有助於廣告，促進商機。也有助於將參加國際發明展的龐大費用回收。

而各個國際發明展主辦單位也希望能吸引愈多的國家與商品前來展示，以展現該國際發明展的重要性。所以在國際發明展中設置金牌獎、銀牌獎、銅牌獎與特別獎成爲慣例。

雖然各個國際發明展主辦單位的評分方式不同，不過大約每十件參展品中會有一件金牌獎、一件銀牌獎與一至兩件銅牌獎。

所以**在一個大型國際發明展中，因為參展品可能多達千件以上，因此金牌獎的數量也可能多達百件以上**，而金牌獎、銀牌獎與銅牌獎的總數則可能多達三、四百件。

由於獎項實在太多，以致於在某些國際發明展中，只有金牌獎會上臺接受頒獎，銀牌獎與銅牌獎則只在臺下領獎。

由於國際發明展有許多國外發明人繞過半個地球遠道而來，爲了嘉獎以及鼓勵參與，也會由各個發明協會的會長頒發特別獎。

許多獨尊論文的學者藉此批評，認爲發明展的獎項每 10 件參展品大約有 3 件獲獎太容易獲得，根本沒價值。其實即使是 SCI 的期刊，平均每 10 篇投稿的論文大約會有 2~3 篇被接受刊登，這與發明展每 10 件參展品大約有 3 件獲獎的機率相當，但是幾乎從來沒人因爲平均每 10 篇投稿的論文大約會有 2~3 篇被接受刊登，而批評認爲這些論文被接受率太高，根本沒價值。更別提有許多期刊與研討會的論文幾乎是有投必上，被接受率幾乎是百分之百，比發明展大約 3 成的得獎率高出好幾倍。

還有一些獨尊論文的學者批評認爲，每年有十幾個國家舉辦國際發明展，可得獎場次太多，這場沒得獎還可以報名別的場次。可是學者論文可投稿的期刊不是比發明展的場次多出好幾倍嗎？不是這個期刊沒上就趕快改投其他期刊嗎？

還有人批評認爲發明展不是競賽，因爲不像跑步有比賽對手，只有評審來打分數。事實上，像科展、紅點設計大賽、廚師、美術、音樂及作文等競賽，也都是各自完成作品再由評審打分數定高下，甚至有所謂論文競賽，評選出最佳論文，不也是各自完成論文再由評審評分。若因此就說這不是競賽，顯然是不恰當的。

所以這些金牌獎、銀牌獎、銅牌獎與特別獎都是無上的榮譽，表示發明品受到高度的肯定，不過**雖然有獎牌、獎狀，甚至有獎座，卻是沒有獎金的**(近年增加有獎金的鉑金獎)。

　　雖然總統、院長、市長或局長等長官有時也會接見表揚，不過許多發明人還是經常抱怨：高爾夫球、棒球、跆拳道、舉重、網球、游泳及紅點設計大賽等選手，代表國家出國比賽獲獎，提高台灣的國際知名度，政府都頒發高額獎金，獎勵為國爭光，惟獨國際發明展，發明人代表國家出國比賽獲得許多獎項，同樣是為國爭光，政府卻都不頒發任何獎金。

　　為了鼓勵參加國外發明展，目前新規定：發明、新型或設計之創作在我國取得專利權後之四年內，參加著名國際發明展獲得金牌、銀牌或銅牌獎之獎項者，得檢附相關證明文件，向專利專責機關申請該參展品之運費、來回機票費用及其他相關經費之補助。

前項經費補助如下：

一、亞洲地區：以新臺幣二萬元為限。

二、美洲地區：以新臺幣三萬元為限。

三、歐洲地區：以新臺幣四萬元為限。

　　同一人同時以二以上發明、新型或設計之創作參加同一著名國際發明展者，其補助依前項規定辦理；如該發明、新型或設計之創作曾獲專利專責機關補助，不得再於同一著名國際發明展申請補助。當年度同一著名國際發明展之申請補助項目曾獲其他單位補助者，僅能就實際支出金額超出該補助金額部分向專利專責機關申請補助。

　　第一項之著名國際發明展，由專利專責機關公告。

　　有別於沒有獎金的國際發明展，政府另外有舉辦頒發高額獎金的國家發明創作獎。依據中華民國發明創作獎助辦法：為鼓勵從事研究發明或創作者，專利專責機關得設國家發明創作獎予以獎助。

　　獎助之對象，限於中華民國之自然人、法人、學校、機關(構)或團體。

　　國家發明創作獎原本每年辦理評選一次，現在則改為 2 年一次。

　　國家發明創作獎之獎項如下：

一、發明獎

　　(一)**金牌：最多六件**，每件頒發獎助金**新臺幣四十五萬元**、獎狀及獎座。

　　(二)**銀牌：最多二十件**，每件頒發獎助金**新臺幣二十五萬元**、獎狀及獎座。

二、創作獎

　　(一)金牌：最多六件，每件頒發獎助金新臺幣二十五萬元、獎狀及獎座。

　　(二)銀牌：最多十二件，每件頒發獎助金新臺幣十萬元、獎狀及獎座。

　　所以經濟部智慧財產局依據發明創作獎助辦法舉辦國家發明創作獎，頒發自十萬元至四十五萬元不等的高額獎金，每屆全國名額只有 44 個。

　　特別值得注意的是：發明創作獎助辦法明訂，參選發明獎或創作獎之獎助，以專利證書中所載之發明人或創作人為受領人。

　　也就是說，獎金是給發明人而非專利所有權人。因此就算是職務上發明，雖然專利所有權屬於公司或老闆，但是獎金還是屬於發明人的。

　　作者曾遇過多位領獎人，私底下很無奈的表示，雖然由他上台領獎，但獎金絕大部分，甚至全部都被公司與老闆拿走。

　　不過值得慶幸的是，至少老闆還是識得千里馬，知道能得此大獎者乃難得之人才，必得好好重用，以免被競爭公司高薪挖腳。

　　所以雖然獎金絕大部分，甚至全部都被公司與老闆拿走，發明人卻也因此而升官調薪，也算是另類的獎金。

　　另外特別值得注意的是：有別於只要提出專利申請案就能參加的國際發明展，參選國家發明創作獎的發明獎者，以其發明在報名截止日前六年內，取得我國之發明專利權為限。

　　參選國家發明創作獎的創作獎者，以其創作在報名截止日前六年內，取得我國之新型專利權或設計專利權為限。

　　因為提出專利申請案並不保證該專利會獲准，也不保證該專利申請案沒有與其他專利有所衝突，所以曾經發生在國際發明展獲得大獎的作品，最後竟被踢爆是抄襲他人專利的仿冒品。

　　因此頒發自十萬元至四十五萬元不等高額獎金的國家發明創作獎特別規定：必須獲准專利，而且是六年內的有效專利才能參選。

　　又因為新型專利已經改採形式審查，只有形式審查就發給專利證書的新型專利，也不保證該專利申請案沒有與其他專利有所衝突。

所以國家發明創作獎特別規定：**新型專利權，為中華民國九十三年七月一日本法施行後採形式審查所核准者，應另檢附新型專利技術報告。**

這是近幾屆報名被退件與要求補件的最主要項目，所以特別提醒以新型專利報名國家發明創作獎者，一定要記得檢附新型專利技術報告。

還有國家發明創作獎報名被退件的另一個常見項目是：過去已經報名過了。因為**國家發明創作獎特別規定：曾參選發明獎或創作獎之發明或創作，不得再行參選。**

所以只要過去已經報名過了，不論是否有得獎，都不可以再報名。

許多發明人誤以為和**國際發明展**一樣，**只要以前沒有得過獎，就可以再報名**，這是錯誤認知，應特別注意。

其實，國家發明創作獎每屆都舉辦盛大的頒獎典禮，結合「經濟部產業科技發展獎」、「國家發明創作獎」、「大學產業經濟貢獻獎」與「產業創新成果表揚」4 種獎項，**號稱台灣科技界的奧斯卡獎**，舉辦科技之夜-聯合頒獎晚會，除了電視轉播之外，歷屆都**由行政院院長、經濟部部長與智慧財產局局長等長官親自出席頒獎**，以隆重的頒獎典禮活動來表揚在創新研發上有卓越貢獻的企業、學界、團隊與個人。

因此，就像一位演藝人員，若能獲得奧斯卡獎就等同對其一生演藝事業的肯定一樣，一位投身研發的科技人，終其一生若能獲得「經濟部產業科技發展獎」、「國家發明創作獎」、「大學產業經濟貢獻獎」或「產業創新成果表揚」4 種獎項其中之一，此號稱台灣科技界的奧斯卡獎，將是畢生無上的榮耀。

 題外話時間

國家發明創作獎對於鼓勵發明創作有畫龍點睛的功效，不過非常可惜，依據以下中央通訊社於 2014 年 2 月 18 日 "經部國家發明創作獎將縮水" 的報導，政府節省開銷居然採用殺雞取卵的方式，實在令人感嘆！

(記者黃巧雯)經濟部修正發明創作獎助辦法部分條文，調整國家發明創作獎舉辦週期，從每年 1 次改為 2 年 1 次，並將減少獎項，也刪除國家發明創作獎的貢獻獎。

發明創作獎助辦法自民國 85 年 7 月 31 日訂定發布，曾歷經 8 次修正，經濟部智慧財產局表示，為配合國家整體預算編列及運用，使相關獎助規定更具彈性，並考量國家整體施政重點，精簡獎項及數量。

智慧局官員表示，鑑於政府財源困難，加上部分單位頒發的獎項性質類似，決定調整國家發明創作獎舉辦週期，從每年 1 次改為 2 年 1 次。

值得注意的是，102 年度編列的獎金共 1160 萬元，其中發明獎為 6 金、28 銀，創作獎 6 金 24 銀，分別調整為 6 金 20 銀、6 金 12 銀，總獎金也減至約 880 萬元。

過去 1 年舉辦國家發明創作獎編列預算 1300 萬元，未來調整後，2 年預算減為 1450 萬元。

由於政府提出要鼓勵民間創新，調整舉辦週期及縮減獎項是否會影響民間創新誘因，官員坦言，希望每年能舉辦活動，但基於政府財源困難，加上類似獎項眾多，若重複表揚反而效果可能不如預期。

官員強調，由於國家發明創作獎主要針對發明人，有實質獎勵對創新研發有實質幫助，因此希望未來能爭取維持目前的獎金規模，不宜再逐年減少。

此殺雞取卵之新辦法施行後，專利申請量就大幅減少，對國內創新研發造成重大打擊，實有檢討之必要，以下節錄今日新聞網之報導供參考。

Q3 專利申請連 6 季衰退

中央社 2014 年 11 月 03 日

經濟部智慧局今天公布第 3 季發明專利申請情形，第 3 季專利新申請案總件數共 1 萬 9218 件，下滑 4.28%，連續 6 季衰退，其中發明專利申請共 1 萬 1444 件，年減 4.51%，連 2 季衰退。

鴻海以 190 件續奪本國法人冠軍，但件數大減 70.72%，且連 4 季下滑、連 2 季減幅超過 7 成，推測與內部調整專利申請策略有關。

迴避設計

當某一技術擁有專利權,其他人若沒有獲得專利權人
的同意,就不能使用該技術。但是,大多數廠商都希
望能使用近似的技術而不想付出高昂的專利權利金。
所以專門針對某專利技術加以迴避,改成沒有侵犯專
利權的近似技術或不同技術,就成為廠商極度熱衷的
活動。這也就是為什麼懂得「迴避設計」的人才會成
為各廠商爭相禮聘對象的原因。

4-1 文義侵權(全要件原則) IQ

想要達成「迴避設計」，必須先了解如何才算侵犯專利權，本節將加以說明。

疑　問：甲擁有物品 A 的專利權，發現乙販售的物品 B 與物品 A 很像，如何判定乙販售的物品 B 是否侵犯甲擁有的物品 A 專利權？

解　惑：一件專利申請案是以專利說明書內的「申請專利範圍」界定其在法律上的權力範圍，所以<u>是否侵犯專利權並不是以兩件物品像不像來判定，而是以「申請專利範圍」來判定。</u>

除非遇到較為特殊的情況，否則如果符合全要件原則，通常就可確定是有侵犯專利權。

全要件原則又稱文義侵權。

所謂全要件原則是指疑似仿冒品 B 與專利物品 A 的「申請專利範圍」中，某一請求項的全部元件(特徵)完全對應。

也就是說，由專利物品 A 的「申請專利範圍」中，某一請求項的文字意義看起來，疑似仿冒品 B 與專利物品 A 是一樣的，所以稱為文義侵權。

全要件原則範例：假設專利物品 A 的「申請專利範圍」為

1、一種自動張開的剪刀，係由：

兩個有孔的握柄，用於讓使用者將拇指與其他手指分別伸入握柄中；

兩個刀，一端連接握柄，另一端為刀刃；

一個支點，位於握柄與刀刃之間，用於將兩個刀連接，並使兩個刀可以支點為軸旋轉；

一個彈簧，連接於兩個握柄之間所組成；

當使用者施力剪東西時，彈簧被壓縮，而當使用者沒有施力時，被壓縮的彈簧伸張，使兩個握柄自動張開，連帶使兩個刀刃自動張開者。

假設疑似仿冒品 B 如圖 4-1 所示，我們以上述「申請專利範圍」逐一檢視疑似仿冒品 B 是否符合。

首先檢視疑似仿冒品 B 是否有兩個有孔的握柄，該握柄是否用於讓使用者將拇指與其他手指分別伸入？(答案為是)。

其次檢視疑似仿冒品 B 是否有兩個刀,該兩個刀是否一端連接握柄,另一端爲刀刃?(答案爲是)。

接著檢視疑似仿冒品 B 是否有一個支點,該支點是否位於握柄與刀刃之間,用於將兩個刀連接,並使兩個刀可以支點爲軸旋轉?(答案爲是)。

最後檢視疑似仿冒品 B 是否有一個彈簧,該彈簧是否連接於兩個握柄之間,當使用者施力剪東西時,彈簧被壓縮,而當使用者沒有施力時,被壓縮的彈簧伸張,使兩個握柄自動張開,連帶使兩個刀刃自動張開?(答案爲是)。

因爲以上述「申請專利範圍」逐一檢視疑似仿冒品 B,結果全部符合。所以由文字意義看起來,疑似仿冒品 B 與專利物品 A(一種自動張開的剪刀)是一樣的。因此疑似仿冒品 B 有侵犯專利物品 A(一種自動張開的剪刀)的專利權。

4

圖 4-1　疑似仿冒品 B 的圖

提醒:在某些較爲特殊的情況,即使符合全要件原則也沒有侵犯專利權(詳見 4-9 節)。

4-2 均等論 IQ

以「申請專利範圍」逐一檢視疑似仿冒品，如果不符合全要件原則，是否就可以確定是沒有侵犯專利權？本節將加以說明。

疑 問： 如果以「申請專利範圍」中的某一請求項逐一檢視疑似仿冒品，結果大多數符合，卻有少數一、兩個不完全符合，是否就確定沒有侵犯專利權？

解 惑： 如果以「申請專利範圍」中的某一請求項逐一檢視疑似仿冒品，結果大多數都不符合，才可以確定沒有侵犯專利權。如果只是少數一、兩個不完全符合，則必須再以「均等論」判斷是否有侵犯專利權。

所謂「均等論」是指：**實質上使用同一方法，發揮同一作用，實現同一結果，就被視為均等**。

所以如果少數一、兩個不完全符合的部份被視為均等，則依然是有侵犯專利權。

均等論範例：假設專利物品 A 的「申請專利範圍」如前一節所述。

假設疑似仿冒品 C 如圖 4-2 所示，我們以前述「申請專利範圍」逐一檢視疑似仿冒品 C 是否符合。

首先檢視疑似仿冒品 C 是否有兩個有孔的握柄，該握柄是否用於讓使用者將拇指與其他手指分別伸入？(答案為是)。

其次檢視疑似仿冒品 C 是否有兩個刀，該兩個刀是否一端連接握柄，另一端為刀刃？(答案為是)。

接著檢視疑似仿冒品 C 是否有一個支點，該支點是否位於握柄與刀刃之間，用於將兩個刀連接，並使兩個刀可以支點為軸旋轉？(答案為是)。

最後檢視疑似仿冒品 C 是否有一個彈簧，該彈簧是否連接於兩個握柄之間，當使用者施力剪東西時，彈簧被壓縮，而當使用者沒有施力時，被壓縮的彈簧伸張，使兩個握柄自動張開，連帶使兩個刀刃自動張開？

答案為否，因為疑似仿冒品 C 並沒有使用彈簧，而是使用一個金屬彈片。

所以由文字表面的意義看起來不同，不符合文義侵權。

　　因為以「申請專利範圍」逐一檢視疑似仿冒品 C，結果沒有全部符合。所以不符合全要件原則，必須針對少數(一個)不完全符合的部分，以「均等論」判斷是否有侵犯專利權。

　　重點在於：疑似仿冒品 C 以金屬彈片取代專利物品中的彈簧，是否被視為均等。因為金屬彈片與彈簧實質上使用同一方法(都是以被壓縮後的反彈力動作)，發揮同一作用(都是以反彈力使兩個握柄自動張開)，實現同一結果(都是被壓縮後的反彈力使兩個握柄自動張開，連帶使兩個刀刃自動張開)。所以原則上會被視為均等，則依然是有侵犯專利權。

△ 圖 4-2　疑似仿冒品 C 的圖

 題外話時間：諾貝爾獎創辦人　諾貝爾

　　諾貝爾是瑞典人，共獲得 355 項專利，其中 127 項與炸藥有關。

　　諾貝爾家族在 1863 年發明用硝化甘油 20% 與黑色火藥 80% 製作炸藥，但不穩定。1864 年工廠實驗室爆炸，諾貝爾的弟弟被炸死，因周圍居民抗爭導致被迫封閉實驗室，諾貝爾的父親也因此放棄。

　　但諾貝爾不願放棄，搬到郊外湖中的一艘船上獨自研究，藉此避免發生意外炸死其他人，終於在 1867 年發明雷酸汞可安全引爆硝化甘油，也就是有雷管的炸藥。當時開礦、挖運河、建鐵路、挖隧道等需求龐大，但因運輸過程的強烈震動而引爆，使瑞典、美國、德國等都下令禁止使用。

面對此一挫敗，諾貝爾再接再厲，終於發明用矽藻土吸收硝化甘油形成黏稠漿狀物，就算被撞擊也不會意外引爆，發明了用矽藻土與硝化甘油以 1：3 比例製成的黃色炸藥，獲得大量採用。

但矽藻土不能助燃反而吸收熱量，諾貝爾在 1875 年實驗時不慎受傷，以膠棉包傷口，半夜疼痛睡不著，聯想到將膠棉混入炸藥中，熬夜試驗研發出塑膠炸藥，所有成分都能完全燃燒成氣體，安全且不溶於水，易加工成任何形狀，最後成為恐怖份子的最愛。

諾貝爾發明炸藥的初衷是用於開礦、挖運河、建鐵路、挖隧道等，但最後大部分被用於戰爭。因為諾貝爾的弟弟也是被炸藥炸死，所以原本想放棄，但後來認為"當雙方軍隊能在一分鐘內彼此殲滅的時候，所有文明國家都會撤離戰爭遣散軍隊"，但事實證明，所有國家都不是文明國家，為了權勢仍會發起戰爭。

雖然因炸藥發大財，但心中始終有遺憾，故諾貝爾在 1896 年逝世後以其財產成立基金會，自 1901 年起頒發諾貝爾獎。

4-3　什麼是迴避設計　　🔍

據說懂迴避設計的研發工程師，可以獲得比一般研發工程師較高的薪水，甚至經常被高薪挖角，究竟甚麼是迴避設計？本節將加以說明。

疑　問：什麼是迴避設計？為什麼要迴避設計？

解　惑：迴避設計是指針對某件專利「申請專利範圍」中的某一個請求項，以不同或近似的技術開發出具替代性的商品，而且不但沒有符合全要件原則，也不符合均等論。

也就是說，<u>迴避設計是在沒有侵犯專利權的情況下，合法使用與該專利非常近似的技術</u>。

因為沒有侵犯專利權，所以不必支付高昂的專利權利金，再加上可以使用與該專利非常近似的技術，又可省下大筆研發經費與時間，所以對節省營運開銷有莫大助益。也因此廠商都非常熱衷於「迴避設計」，也都爭相聘請懂得「迴避設計」的人才。

迴避設計範例一：假設專利物品 A 的「申請專利範圍」如 4-1 節所述。

假設疑似仿冒品 D 如圖 4-3 所示，我們以「申請專利範圍」逐一檢視疑似仿冒品 D 是否符合，發現大多數符合，但是檢視疑似仿冒品 D 是否有一個彈簧，該彈簧是否連接於兩個握柄之間，當使用者施力剪東西時，彈簧被壓縮，而當使用者沒有施力時，被壓縮的彈簧伸張，使兩個握柄自動張開，連帶使兩個刀刃自動張開？

答案為否，因為疑似仿冒品 D 並沒有使用彈簧連接於兩個握柄之間，而是使用兩個金屬彈片分別連接於握柄與刀背之間。

因為以上述「申請專利範圍」逐一檢視疑似仿冒品 D，結果沒有全部符合。所以不符合全要件原則，必須針對少數(一個)不完全符合的部分，以「均等論」判斷是否有侵犯專利權。

重點在於：疑似仿冒品 D 以金屬彈片取代專利物品中的彈簧，是否被視為均等。因為金屬彈片與彈簧的數量與裝設位置完全不同，所以實質上是使用不同的方法(專利品是以壓縮連接於兩個握柄之間的一個彈簧後的伸張力動作，而疑似仿冒品 D 是以兩個連接於握柄與刀背之間金屬彈片被拉長後的收縮力動作)。所以原則上會被視為不均等，沒有侵犯專利權。但必須再用均等論判斷，所以存在風險。

⚠ 圖 4-3　疑似仿冒品 D 的圖

迴避設計範例二：假設專利物品 A 的「申請專利範圍」如 4-1 節所述。

假設疑似仿冒品 E 如圖 4-4 與圖 4-5 所示，我們以「申請專利範圍」逐一檢視疑似仿冒品 E 是否符合，發現大多數符合，但是檢視疑似仿冒品 E 是否有一個彈簧，該彈簧是否連接於兩個握柄之間，當使用者施力剪東西時，彈簧被壓縮，而當使用者沒有施力時，被壓縮的彈簧伸張，使兩個握柄自動張開，連帶使兩個刀刃自動張開？

答案為否，因為疑似仿冒品 E 並沒有使用彈簧連接於兩個握柄之間，而是使用一個塑膠彈片連接於一個握柄，而且該塑膠彈片可收納於握柄中，使剪刀不用時刀刃可閉合，避免危險。

因為以上述「申請專利範圍」逐一檢視疑似仿冒品 E，結果沒有全部符合。所以不符合全要件原則，必須針對少數(一個)不完全符合的部分，以「均等論」判斷是否有侵犯專利權。

重點在於：疑似仿冒品 E 以塑膠彈片取代專利物品中的彈簧，是否被視為均等。因為塑膠彈片與彈簧的連接方式完全不同，所以實質上是使用不同的方法(專利品是以連接於兩個握柄之間的一個彈簧動作，而疑似仿冒品 E 是以一個連接於單一握柄上的塑膠彈片動作，而且該塑膠彈片可收納於握柄中，使剪刀不用時刀刃可閉合，避免危險)。所以原則上會被視為不均等，沒有侵犯專利權。但必須再用均等論判斷，所以存在風險。

△ 圖 4-4　疑似仿冒品 E 塑膠彈片伸出的圖

△ 圖 4-5　疑似仿冒品 E 塑膠彈片收納的圖

迴避設計範例三：假設專利物品 A 的「申請專利範圍」如 4-1 節所述。

假設疑似仿冒品 F 如圖 4-6 所示，我們以上述「申請專利範圍」逐一檢視疑似仿冒品 F 是否符合，發現大多數符合，但檢視疑似仿冒品 F 是否有一個彈簧，該彈簧是否連接於兩個握柄之間，當使用者施力剪東西時，彈簧被壓縮，而當使用者沒有施力時，被壓縮的彈簧伸張，使兩個握柄自動張開，連帶使兩個刀刃自動張開？

答案為否，因為疑似仿冒品 F 並沒有使用彈簧連接於兩個握柄之間，而是讓兩個刀刃具有磁性，同為 N 極，或同為 S 極，利用兩個刀刃磁性互斥的原理，使兩個刀刃自動張開。

△ 圖 4-6　疑似仿冒品 F 的圖

因為以上述「申請專利範圍」逐一檢視疑似仿冒品 F，結果沒有全部符合，少了一個元件(彈簧)。所以不符合全要件原則，而且<u>因為根本沒有對應彈簧的元件，所以也不必再以「均等論」判斷，直接可斷定沒有侵犯專利權。</u>

由以上範例可知：<u>迴避設計的最高境界就是在元件(或步驟)較少的情況下，仍能達成相同的功效，這是最保險也最成功的迴避設計。</u>

<u>其次若能有效改變或扭曲某關鍵元件，有時也能達成迴避設計的需求。但是因為改變或扭曲某關鍵元件的作法，還必須再經過「均等論」的檢驗，所以是比較冒險的迴避設計手法。</u>

4

 得獎發明介紹

鐵捲門破壞器(二)

鐵捲門破壞器(二)獲准專利 116019 號，如圖 4-7，主要是以呈扁平形狀，前段為三角形，兩側具銳利刃口，後段為 O 形的破壞器，用前段尖端對密閉式鐵捲門之連結片打穿後，可旋轉九十度站立，使前段後端卡於連結片兩端重疊接合處，再用掛鉤勾後段，藉車子將整個密閉式鐵捲門拉垮，以利於火災內外人員進出，達到方便逃生與救災的目的。

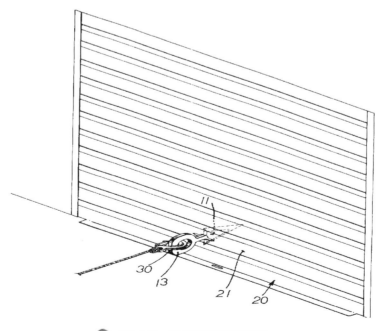

△ 圖 4-7 鐵捲門破壞器(二)

原本破壞鐵捲門是不應該的壞事，但是火災發生時迅速把人由火場救出來是最重要的，消防員為迅速破壞鐵捲門以便進入火場救人，發明了鐵捲門破壞器，把原本破壞的壞事變成救人的好事。所以看事情只看局部或看整體，只由一個角度看或由不同角度看，經常是會有不同涵義的，是非善惡只在一念之差，有時並不適用簡單的對錯二分法。

4-4 反迴避設計(申請專利範圍撰寫原則)

發明人付出極大的心血才研發成功獲准專利，若被迴避設計成功，則將無人購買專利，可能導致血本無歸。本節將介紹反制迴避設計的原則。

疑　問：迴避設計是在沒有侵犯專利權的情況下，合法使用與某專利非常近似的技術。因為沒有侵犯專利權，所以不必支付專利權利金，再加上可以使用與該專利非常近似的技術，將可省下大筆研發經費，所以對『合法仿冒者』營運開銷的降低有莫大助益。

但是相反地，對努力研發創新該專利的發明人則構成莫大的傷害！

因此『合法仿冒者』努力想要達到成功的迴避設計；而專利發明人則必須拼命防止自己千辛萬苦研發的專利被別人迴避設計成功。

就像下象棋的雙方，除了努力使對方倒棋之外，也要拼命防止自己被對方將軍一樣。可是實務上要如何才能反迴避設計呢？

解　惑：迴避設計是指針對某件專利「申請專利範圍」中的某一個請求項，以不同或近似的技術開發出具替代性的商品，但是不能符合全要件原則，也不能符合均等論。

因此反迴避設計的最高境界就是：在撰寫「申請專利範圍」中的請求項時，使別人無法迴避設計成功。

所以達成反迴避設計的原則就是：

第一、以最基本、不可缺少的元件(或步驟)組成「申請專利範圍」中的獨立項。

第二、在撰寫「申請專利範圍」中的附屬項時，應該將獨立項的各種可能變化儘量包含進去。

之所以要用最基本與不可缺少的元件(或步驟)組成「申請專利範圍」中的獨

立項,是因為:獨立項中的所有元件(或步驟)都是不可缺少的,所以如果企圖迴避設計者以減少元件(或步驟)的方式企圖達成迴避設計,必然不能達成相同的功效,就無法迴避設計成功。

而之所以要用「申請專利範圍」中的附屬項,將獨立項的各種可能變化儘量包含進去,是因為:先將企圖迴避設計者可能對元件(或步驟)進行的改變或扭曲,以附屬項包含到「申請專利範圍」中,搶得先機,讓企圖迴避設計者無法再以相同手法迴避設計成功。

反迴避設計範例一:假設專利物品 G 的「申請專利範圍」為

1、一種地球儀,至少包含:

一個球體,用於代表地球,球體上端與上支撐桿的一端連接,球體下端與下支撐桿的一端連接;

一個上支撐桿,連接於球體與弧形支架之間,用於使球體固定於弧形支架上端;

一個下支撐桿,連接於球體與弧形支架之間,用於使球體固定於弧形支架下端;

一個弧形支架,經由上支撐桿與下支撐桿支撐整個球體,使球體可以上支撐桿與下支撐桿為軸而轉動;

一個支柱,連接於底座與弧形支架之間;

一個底座,連接於支柱下方,用於使地球儀可以平穩放置;

達成讓使用者不必長時間手持,方便平穩放置,旋轉球體進行觀察者。

由以上「申請專利範圍」可知,該專利物品「地球儀」G 如圖 4-8 所示,至少包含:球體(61)、上支撐桿(62)、下支撐桿(63)、弧形支架(64)、支柱(66)與底座(65)共 6 個元件。

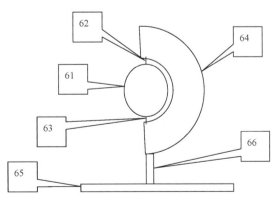

圖 4-8 包含:球體(61)、上支撐桿(62)、下支撐桿(63)、弧形支架(64)、支柱(66)與底座(65) 共 6 個元件的地球儀 G

　　假設有人做出如圖 4-9 所示的地球儀 H，是否有侵犯專利物品「地球儀」G 的專利權？因為只包含：球體(61)、上支撐桿(62)、下支撐桿(63)、弧形支架(64)與底座(65)共 5 個元件，所以沒有侵犯專利物品 G(共 6 個元件)的專利權。這是因為在撰寫專利物品 G 的「申請專利範圍」時，將非必要元件支柱(66)納入所導致的結果。

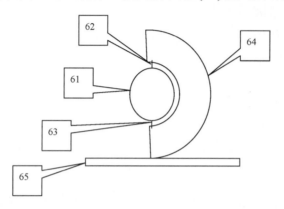

🔺 圖 4-9　包含：球體(61)、上支撐桿(62)、下支撐桿(63)、弧形支架(64)與底座(65)共 5 個元件的地球儀 H

　　依據達成反迴避設計的第一原則：以最基本與不可缺少的元件(或步驟)組成「申請專利範圍」中的獨立項。我們重新看這個案例：

　　假設專利物品 H 的「申請專利範圍」為

1.　一種地球儀，至少包含：

　　一個球體，用於代表地球，球體上端與上支撐桿的一端連接，球體下端與下支撐桿的一端連接；

　　一個上支撐桿，連接於球體與弧形支架之間，用於使球體固定於弧形支架上端；

　　一個下支撐桿，連接於球體與弧形支架之間，用於使球體固定於弧形支架下端；

　　一個弧形支架，經由上支撐桿與下支撐桿支撐整個球體，使球體可以上支撐桿與下支撐桿為軸而轉動；

　　一個底座，連接於弧形支架下方，用於使地球儀可以平穩放置；

　　達成讓使用者不必長時間手持，方便平穩放置，旋轉球體進行觀察者。

　　假設有人做出地球儀 G，因為包含：球體(61)、上支撐桿(62)、下支撐桿(63)、弧形支架(64)、支柱(66)與底座(65)共 6 個元件，所以，將會侵犯專利物品 H(共 5 個元件)的專利權。

因此建議以專利物品 H 的「申請專利範圍」為獨立項。

至於支柱的變化,依據達成反迴避設計的第二原則:以「申請專利範圍」中的附屬項,將獨立項的各種可能變化儘量包含進去。

建議在「申請專利範圍」中加入如下的附屬項:

2. 如申請專利範圍第 1 項的地球儀,其中弧形支架與底座之間,有一支柱,可增加美觀,並方便觀察者以手握持。

反迴避設計範例二:假設有人做出地球儀 I,如圖 4-10 所示,其中弧形支架(64)成一傾斜角度,不但符合地球與黃道面存在傾斜角的事實,也便利觀察者觀察下半球體。所以,很可能因增加新功能(存在傾斜角便利觀察者觀察下半球體)而獲准新的專利權。

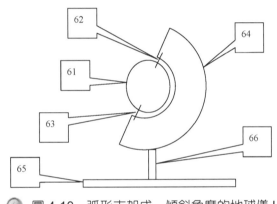

圖 4-10 弧形支架成一傾斜角度的地球儀 I

依據達成反迴避設計的第二原則:以「申請專利範圍」中的附屬項,將獨立項的各種可能變化儘量包含進去。

建議在「申請專利範圍」中加入如下的附屬項:

3 單一. 如申請專利範圍第 1 項的地球儀,其中弧形支架成一傾斜角度,以便利觀察者觀察下半球體。

這種附屬在 1 個獨立項(或附屬項)的附屬項,稱為單一附屬項,或單項附屬項。
可是如果只針對申請專利範圍第 1 項的地球儀增加弧形支架成一傾斜角度的變化。那麼,萬一有人做出既有支柱(66),又有成一傾斜角度弧形支架的地球儀,將有可能逃出上述「申請專利範圍」之外。

所以建議將單一附屬項 3 修改如下:

3 多項. 如申請專利範圍第 1 項**或**第 2 項的地球儀，其中弧形支架成一傾斜角度，以便利觀察者觀察下半球體。

這種附屬在 2 個或 2 個以上獨立項(或附屬項)的附屬項，稱為多項附屬項。特別留意：多項附屬項裡各項之間的聯接詞必須用「或」，決不能使用「及」，也不能使用「和」。

反迴避設計範例三：假設有人做出地球儀 J，如圖 4-11 所示，其中在弧形支架增加延伸桿(67)與放大鏡(68)，方便觀察者放大所欲觀察的部份球體。所以，很可能因增加新功能(存在放大鏡方便觀察者放大所欲觀察的部份球體)而獲准新的專利權。

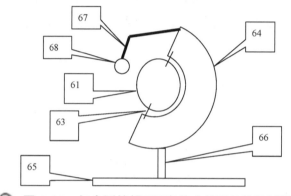

圖 4-11　包含延伸桿(67)與放大鏡(68)的地球儀 J

依據達成反迴避設計的第二原則：以「申請專利範圍」中的附屬項，將獨立項的各種可能變化儘量包含進去。

建議在「申請專利範圍」中加入如下的附屬項：

4. 如申請專利範圍第 1 項**或**第 2 項的地球儀，其中弧形支架增加延伸桿與放大鏡，以便利觀察者放大所欲觀察的部份球體。

5. 如申請專利範圍第 3 項的地球儀，其中弧形支架增加延伸桿與放大鏡，以便利觀察者放大所欲觀察的部份球體。

特別留意：上述附屬項 4 與 5 決不能合併成：

6 錯誤. 如申請專利範圍第 1 項**或**第 2 項**或**第 3 項的地球儀，其中弧形支架增加延伸桿與放大鏡，以便利觀察者放大所欲觀察的部份球體。

因為**多項附屬項只能附屬在獨立項或單一附屬項上，多項附屬項不能附屬在多項附屬項(申請專利範圍第 3 項)上**，否則會造成混淆。

　　此外，如果一開始就以包含延伸桿(67)與放大鏡(68)的地球儀 J 為獨立項，那麼去除延伸桿(67)與放大鏡(68)的地球儀 G 將可能成為不侵犯專利權的產品。

　　所以再次強調：達成反迴避設計的第一原則：應以最基本、不可缺少的元件(或步驟)組成「申請專利範圍」中的獨立項。

 題外話時間：失敗與失戀

> 很少有人不曾失敗，失敗後自暴自棄，只證明你果然應該失敗；
>
> 人生難免遭遇失敗，能反省奮發改進，才能擺脫失敗邁向成功；
>
> 很少有人不曾失戀，失戀後頹廢消沉，只能證明被甩是正確的；
>
> 【你果然真的比他(她)選的那個人還更差】
>
> 人生難免痛失摯愛，奮起提升更優異，才能證明是對方看走眼！
>
> 【讓他(她)後悔為何選那個比你還差的人】

4-5　撰寫多項附屬項的注意事項

　　本節將說明申請專利範圍中多項附屬項的撰寫原則。

　　假設書寫板 K 的申請專利範圍有兩個獨立項如下：

1.　一種書寫板係由：
　　一書寫面，供書寫之用；
　　一集塵置物溝，連接在書寫面的下方，供集塵置物之用；
　　組成一種可供書寫之面板者。

2.　一種書寫板係由：
　　一書寫面，供書寫之用；
　　一吊物鉤，連接在書寫面的下方，供吊掛物品之用；
　　組成一種可供書寫之面板者。

　　第 1 個獨立項是在書寫面的下方連接一集塵置物溝，供集塵置物之用，如圖 4-12 所示。

◢ 圖 4-12　　　　　◢ 圖 4-13

而第 2 個獨立項是在書寫面的下方連接一吊物鉤，供吊掛物品之用，如圖 4-13 所示。

現在要在第 1 個獨立項或第 2 個獨立項的書寫面的上方增加一吊掛鉤，以便將書寫面吊掛起來，則可以寫成兩個單項附屬項：

3.　如申請專利範圍第 1 項之書寫板，其中有一吊掛鉤，連接在書寫面的上方，供吊掛書寫面之用。

4.　如申請專利範圍第 2 項之書寫板，其中有一吊掛鉤，連接在書寫面的上方，供吊掛書寫面之用。

單項附屬項 3 如圖 4-14 所示。

◢ 圖 4-14　　　　　◢ 圖 4-15

單項附屬項 4 如圖 4-15 所示。

如果把 3 與 4 的兩個單項附屬項合併成一個多項附屬項，則應寫成：

5.　如申請專利範圍第 1 項或第 2 項之書寫板，其中有一吊掛鉤，連接在書寫面的上方，供吊掛書寫面之用。

表示在第 1 個獨立項或第 2 個獨立項的書寫面的上方增加一吊掛鉤。此時很清楚書寫面下方連接的是集塵置物溝或吊物鉤其中之一。多項附屬項 5 如圖 4-16 所示。

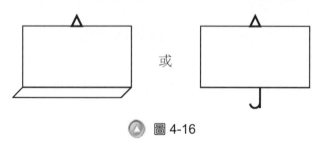

或

◢ 圖 4-16

但是，如果寫成：

6. 如申請專利範圍第 1 項及第 2 項之書寫板，其中有一吊掛鉤，連接在書寫面的上方，供吊掛書寫面之用。

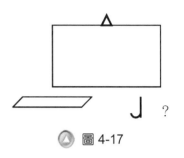

△ 圖 4-17

表示在第 1 個獨立項及第 2 個獨立項的書寫面的上方增加一吊掛鉤。此時將發生問題，因為會搞不清楚書寫面下方連接的究竟是集塵置物溝，還是吊物鉤。多項附屬項 6 如圖 4-17 所示。

所以撰寫多項附屬項必須特別注意：被附屬項之間，只能使用"或"這個連接詞，不能使用"及"這個連接詞，也不能使用"和"這個連接詞。

如果要在上述書寫板增加磁鐵吸附功能，可以寫成：

7. 如申請專利範圍第 1 項*或*第 2 項*或*第 3 項*或*第 4 項之書寫板，其中在書寫面的背面增加一磁性板，供吸附鐵磁物質之用。

表示在第 1 個獨立項*或*第 2 個獨立項*或*第 3 個單項附屬項*或*第 4 個單項附屬項的書寫面的背面增加一磁性板。此時很清楚書寫面下方連接的是集塵置物溝*或*吊物鉤其中之一。多項附屬項 7 如圖 4-18 所示。

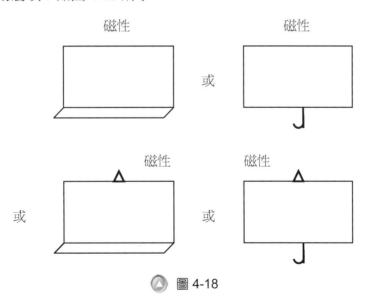

△ 圖 4-18

但是，不能寫成：

8. 如申請專利範圍第 1 項或第 2 項或第 5 項之書寫板，其中在書寫面的背面增加一磁性板，供吸附鐵磁物質之用。

此時將發生問題，因為多項附屬項 8 附屬於多項附屬項 5 的時候，會產生搞不清楚書寫面下方連接的究竟是集塵置物溝，還是吊物鉤。多項附屬項 8 如圖 4-19 所示。

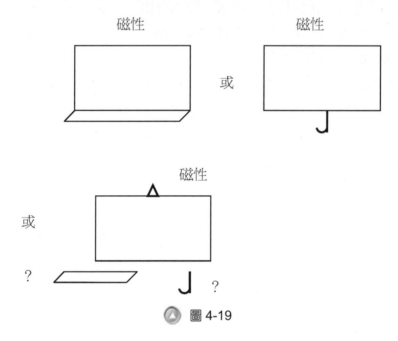

▲ 圖 4-19

所以<u>撰寫多項附屬項必須特別注意：多項附屬項不能附屬在多項附屬項上。</u>

🏆 得獎發明介紹

方便裝設照明兼具防盜之燈座

方便裝設照明兼具防盜之燈座獲准專利 110222 號，主要內容為，當有人接近即可感應自動點亮，除了防盜，也可達省電之功效，成為熱門商品。但若於有人接近時，發射強雷射光使其失明或死亡，則為不當之設計，所以專利仍須考慮安全性，合理性及合法性。

4-6 禁反言 🔍

　　所謂「禁反言」，依照字面解釋就是禁止前後自相矛盾的相反言詞。

　　例如甲在專利審查階段，被審查委員以某先前技術的引證案提出質疑，認為甲的專利申請案不應核准，而甲為了使該專利申請案可以被核准，便向審查委員答辯，主張與該引證案有衝突的部份並非該專利申請案的專利範圍。

　　則當甲的專利申請案被核准之後，甲不可以為了商業利益，說出前後自相矛盾的相反言詞，再重新主張與該引證案有衝突的部份是屬於該專利申請案的專利範圍，去告別人有侵犯其專利權。因為此一早就被甲放棄的部份，不應有侵犯該專利權的問題存在。

　　禁反言範例：假設甲的專利申請案說明書中「申請專利範圍」如下：

1.　一種冷凍裝置的照明設備至少包含：
　　一個冷凍庫或冷藏室，提供須冷凍、冷藏物品的儲放空間；
　　一個光源，位於冷凍庫或冷藏室之外，提供冷凍庫或冷藏室所需之照明；
　　一個電源，提供冷凍庫或冷藏室以及光源所需的電力；
　　一個貫穿孔，貫穿冷凍庫或冷藏室的內部與外部；
　　一個導光裝置，經由貫穿孔將位於冷凍庫或冷藏室之外的光源所產生的光，導引到冷凍庫或冷藏室之內進行照明。

2.　如申請專利範圍第 1 項之冷凍裝置的照明設備，其中使用側光光纖做為導光裝置。

　　結果，在專利審查階段，被審查委員以先前技術的引證案 A 提出質疑，因為引證案 A 是以側光光纖做為導光裝置，為沒有開窗的暗房提供輔助照明。

　　審查委員認為甲的專利申請案中，申請專利範圍第 2 項，使用側光光纖做為導光裝置與引證案 A 有衝突，不應該核准。

　　而甲為了使該專利申請案可以被核准，便向審查委員答辯，主張刪除申請專利範圍第 2 項。

　　因此，當甲的專利申請案被核准之後，甲不可以為了商業利益，說出前後自相矛盾的相反言詞，再重新主張申請專利範圍第 1 項中的導光裝置為「上位概念」(請參閱

7-2 節上位概念與下位概念)，包含使用側光光纖做為導光裝置，而主張使用側光光纖做為導光裝置為其專利範圍。

因為使用側光光纖做為導光裝置早就被甲在專利審查階段放棄了，不應有侵犯該專利權的問題存在。

提醒：調閱專利審查階段與舉發階段的先前技術引證案與答辯資料，經常是打贏侵犯專利權官司的關鍵所在。

 ## 得獎發明介紹

潮汐發電與風力發電之結合

潮汐發電與風力發電之結合獲准專利 I307995 號，主要內容為：風能與風速的三次方成正比，假設風力發電機設計於風速達到 15(公尺/秒)發電機輸出額定值，則當風速為 6(公尺／秒)，發電機輸出將只能達到額定值的 6.4%而已。

因此風力發電雖然可能 24 小時都在發電，但是大多數時段發電機輸出都遠小於額定值。

離岸式風力發電的發電機成本約佔總成本的 33%，岸上式風力發電的發電機成本可佔總成本的 65%(澎湖七美)，甚至高達 67%(澎湖望安)。

一個花費總成本三分之一到三分之二的重要設施，大多數時段其輸出都遠小於額定值，真是非常可惜。

反觀潮汐發電，雖然在可發電時段可以滿載發電，但是在一天之中的可發電時段卻只集中於低潮時段與滿潮時段的 5~6 個小時，其他 18~19 個小時，潮汐發電廠則處於等待漲潮或退潮的閒置狀態。

本發明提出一種可將潮汐發電與風力發電結合的方法，使兩者共用發電機，並以潮汐發電的堤壩當作風力發電的基座，可以使風力發電成為離岸式，因為離岸式風力發電基座成本約佔總成本的 24%，發電機成本約佔總成本的 33%，故本發明可使離岸式風力發電的成本大幅降低約 57%。(但前題是有要蓋一座潮汐發電廠，可是因為台灣不打算蓋潮汐發電廠，故此方案並未被政府採用)

4-7 逆均等

依據均等論(請參閱 4-2 節均等論)，實質上使用同一方法，發揮同一作用，實現同一結果，就被視為均等。

可是如果使用的方法其實大家早就知道，也普遍在使用，那就是所謂的「習知技術」。

「習知技術」沒有新穎性與進步性，不會獲准專利。所以「習知技術」不屬於任何專利的專利範圍，使用「習知技術」不應有侵犯該專利權的問題存在。

因此即使被認定實質上使用同一方法，發揮同一作用，實現同一結果，但因是「習知技術」，所以不應被認定為均等，這種情況被稱為「逆均等」。

逆均等範例：假設甲的專利申請案說明書中「申請專利範圍」的一部份內容如下：

1.　一種太陽能熱水器，至少包含：

一個真空管集熱器，用於將水加熱；

一個聚光裝置，用於將陽光聚集於真空管集熱器；

…(為節省篇幅，其餘部份省略未寫出)

2.　如申請專利範圍第 1 項之太陽能熱水器，其中聚光裝置係以反射板裝置於真空管集熱器下方。

結果甲的專利申請案被核准之後，乙產製使用放大鏡將陽光聚焦於真空管集熱器的太陽能熱水器販售，因而被甲控告侵犯專利權。

假設在「文義侵權」(請參閱 4-1 節文義侵權)的比對中，乙產製的太陽能熱水器除了放大鏡之外，其餘各元件都與甲的專利申請案相同。

再經均等論(請參閱 4-2 節均等論)判斷，認定使用放大鏡將陽光聚焦於真空管集熱器與甲的專利申請案，實質上使用同一方法，發揮同一作用，實現同一結果，故被視為均等。

雖然甲在申請專利範圍第 2 項係使用反射板為聚光裝置，但依「上位概念」(請參閱 7-2 節上位概念與下位概念)，甲在申請專利範圍第 1 項中的用語為「聚光裝置」是「上位概念」，包含放大鏡，故乙產製的太陽能熱水器很可能會被判定為均等。

可是使用放大鏡將陽光聚焦的方法是大家早就知道，也普遍在使用的「習知技術」，沒有新穎性與進步性，不會獲准專利，不屬於任何專利的專利範圍，不應有侵犯該專利權的問題存在。因此將可被認定為「逆均等」，沒有侵犯專利權。

 題外話時間：電報發明人　摩斯

電報發明人摩斯原本是美國畫家協會的主席，在 41 歲時於乘船途中有人展示電磁鐵實驗證明不管電線多長電流都能神速通過，因而想到是否可用電流來進行遠距傳訊，進而發明摩斯電碼，將通電、斷電，斷電時間用點、線與空白的組合來代表字母。

1844 年 5 月 24 日成功完成由華盛頓到巴爾的摩 64 公里的通訊測試，使人類的通訊由嘴、鼓聲、旗語、燈號等短距通訊進步到使用電碼的長距通訊。

一位 41 歲的美國畫家協會主席能發明電報，證明年齡不是問題，背景也不是難題，一切只看你的心！

4-8　是否有侵犯專利權的判定流程 🔍

許多欠缺專利概念的人常會有一種錯誤的認知：以為兩件物品看起來很像，若其中一件有專利，則另一件應該就是有侵犯專利權。

事實上，**是否有侵犯專利權並不是由外觀是否看起來很像來判定的**。圖 4-20 為是否有侵犯專利權的判定流程。

首先取得「疑似有侵犯專利權的物品或技術」，然後依據專利說明書中「申請專利範圍」的某一個請求項進行比對，看是否符合「文義侵權」(請參閱 4-1 節文義侵權)？

如果符合「文義侵權」，則有侵犯專利權的嫌疑很大，但是必須再判斷是否有「禁反言」(請參閱 4-6 節禁反言)的情況，才能真的確定是否有侵犯專利權？

如果有「禁反言」的情況，就沒有侵犯專利權；如果沒有「禁反言」的情況，才是有侵犯專利權。

如果不符合「文義侵權」，必須再以均等論(請參閱 4-2 節均等論)判斷是否為均等？

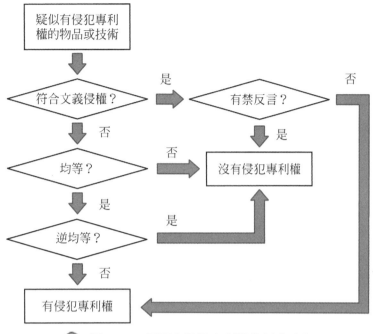

圖 4-20　是否有侵犯專利權的判定流程

4

如果判定為不均等，就沒有侵犯專利權；如果判定為均等，則必須再判斷是否為逆均等(請參閱 4-7 節逆均等)？

如果判定為逆均等，就沒有侵犯專利權；如果判定不為逆均等，才是有侵犯專利權。

此流程不只用於檢視某商品是否侵犯專利權，當研發新商品前，也應以此流程檢視所欲研發之商品是否侵犯搜尋到的相關專利，以避免作白工，甚至淪為侵犯專利權的被告，慘遭索取鉅額賠償。想以專利提高薪資的研發工程師必須經常使用此流程幫老闆避開專利地雷，才會獲得加薪與升職！

 得獎發明介紹

記憶合金伸脹式安全栓扣構造

記憶合金伸脹式安全栓扣構造獲准專利 128755 號，本發明利用形狀記憶合金製作之彈簧，在常溫時，形狀記憶合金彈簧伸長，將栓桿推入環座，達到鎖門的功效；火災時，形狀記憶合金彈簧因溫升，達到記憶溫度而縮短，將栓桿拉離開環座，達到自動開門供人逃災的功效，可避免火災時逃生門無法開啟的悲劇。

　　記憶合金發明後曾被帶回台灣，一端放入陽明山煮蛋的溫泉熱水中，使記憶合金因達到記憶溫度而欲回復原來的形狀，此作用力拉動另外一端的轉軸，帶動轉軸上連接的發電機，發出電能使燈泡發亮。此一展示讓人對利用記憶合金與台灣豐富的地熱資源發電充滿憧憬，不過後來並沒有實際發展成功。因為記憶合金可能形狀變化 10 萬次就會發生金屬疲勞而劣化損壞，而一般發電機的轉速是每分鐘 3600 轉，換句話說，大約運轉 27 分鐘記憶合金就會發生金屬疲勞而劣化損壞。然而後來記憶合金被用在女性胸罩的定形鋼圈，稱為記形胸罩。當胸罩脫下來洗的時候定形鋼圈可能會變形，若是傳統鋼圈，變形就不能用了。可是用記憶合金做的定形鋼圈，脫下來洗的時候即使變形，只要一穿上身，人體的體溫就會使記憶合金因達到記憶溫度而回復原來的形狀。因為一件胸罩不可能穿超過 10 萬次，所以記形胸罩成為熱賣商品大發利市。

 題外話時間

　　由以上是否有侵犯專利權的判定流程可知：是否符合「文義侵權」？是否有「禁反言」？是否為均等？否為逆均等？將成為是否有侵犯專利權的關鍵。因此，如果您委任的律師能在上述關鍵點說服法官採用有利於您的認定，將可大大提高您勝訴的機會。

　　而如何說服法官採用有利於您的認定，將考驗律師上山下海找遍國內外資料與「把黑的說成白的，把白的說成黑的」，所謂舌燦蓮花的功力。

　　因此在是否有侵犯專利權的利益得失與名律師高昂的收費之間如何拿捏，將是在興訟前必須謹慎評估的項目。

4-9 被迴避設計的案例

本節列舉一些被迴避設計的案例供讀者參考。

4-9-1 具有導光裝置的太陽能系統

作者在中華民國 94 年 6 月 1 日提出專利申請案「具有導光裝置的太陽能系統」，在中華民國 96 年 5 月 11 日獲准專利 I 281016 號，並於 95 年 9 月台北發明展以「引用太陽光節省室內照明之用電需求」為題展出。

主要內容為：太陽能系統推廣上最大的問題在於光電板或集熱器太貴。台灣大學黃教授成功發展出集光式太陽光發電追蹤控制系統，在兩倍聚光後，使所需之太陽能光電板數量減少一半，可使裝置成本降低。

不過聚光後導致陽光並非垂直照射到太陽能光電板，使原本發電 16W 的太陽能光電板，在兩倍聚光後只發電 31W 而非 32W。

而且在聚光時，追日機構必須同時帶動太陽能光電板與聚光鏡，100W 的太陽能光電板約重 10 公斤，因而造成耗能的增加。

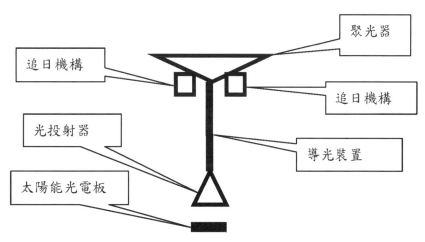

🔺 圖 4-21　具有導光裝置的太陽能系統示意圖

作者針對上述缺點進行改良，提出具有導光裝置的太陽能系統，其示意圖如圖 4-21 所示，聚光器架設於支撐結構(圖中未畫出)上，以追日機構使聚光器隨時對準太陽，將陽光聚焦，在聚光器焦點接有玻璃光纖等導光裝置，將被聚焦的陽光導引到太陽能

光電板或太陽能集熱器附近，再由光投射器將陽光均勻分散投射到太陽能光電板或太陽能集熱器上。

與傳統太陽能追日方式比較，此一方法具有以下優點：

第一、傳統太陽能追日方式係將非常重的太陽能光電板或太陽能集熱器轉動對準太陽，造成追日機構成本較高，耗費的能量也較多;本專利所提方法則是將非常輕的聚光器轉動對準太陽，而非常重的太陽能光電板或太陽能集熱器則是固定不動，故追日機構成本較低，耗費的能量也較少。

第二、傳統太陽能系統若要收集大面積的日光，就必須安裝大面積的太陽能光電板或太陽能集熱器，由於太陽能光電板或太陽能集熱器價格昂貴，因此造成傳統太陽能系統價格高昂，乏人問津。

事實上，陽光可被壓縮，而太陽能光電板的發電量與入射光強度成正比，本專利所提方法由聚光器將大面積的陽光壓縮於小面積，故若要收集大面積的日光，只要安裝小面積的太陽能光電板或太陽能集熱器，可以使太陽能系統的價格大幅降低。

第三、傳統聚光型太陽能追日方式係將非常重的太陽能光電板或太陽能集熱器以及聚光器一起轉動，造成成本較高，耗費的能量也較多。

而且聚光器面積與太陽能光電板或太陽能集熱器面積的比例約為二比一，聚光效果不夠顯著，此外，聚光後照設到太陽能光電板或太陽能集熱器的陽光變成斜射，而非垂直，造成效率較差。

本專利所提方法則是只有轉動非常輕的聚光器，由於玻璃光纖可耐攝氏 200 度高溫，將可壓縮大量日光，故聚光器面積與太陽能光電板或太陽能集熱器面積的比例可以大幅提高，而且聚光後的陽光，經由導光裝置與光投射器之後，將以垂直方式照射到太陽能光電板或太陽能集熱器，造成效率較高。

第四、傳統太陽能系統，必須將太陽能光電板或太陽能集熱器裝設在室外，支撐結構必須考慮颱風等因素，成本較高。

本專利所提方法可以用玻璃光纖等導光裝置將陽光引到室內，故本專利所提方法的太陽能光電板或太陽能集熱器可以裝設在室內，而不必裝設在室外，也不須有仰角，可以水平放置，故太陽能光電板或太陽能集熱器的支撐結構不必考慮颱風等因素，可降低成本。

結果中華民國 99 年 12 月 27 日就有人提出以下的申請案進行迴避設計，並於中華民國 100 年 06 月 01 日公告獲准專利 M 404927 號，專利名稱為太陽能光照明裝置，圖 4-22 所示係為該創作配合設置於一建築物內之安裝示意圖。

作者在中華民國 94 年 6 月 1 日提出專利申請案「具有導光裝置的太陽能系統」，以安裝在室外的追日機構使聚光器隨時對準太陽，將陽光聚焦，在聚光器焦點接有玻璃光纖等導光裝置，將被聚焦的陽光導引到室內。

而中華民國 99 年 12 月 27 日提出的迴避設計案，改為以安裝在室外的集光單元，經由有反光層的主通道與支通道將陽光導引到室內。

而另一件迴避設計案則在中華民國 95 年 12 月 25 日提出，並於中華民國 96 年 8 月 11 日公告，獲准專利 M 316971 號，專利名稱為太陽能光照明裝置，如圖 4-23 所示。

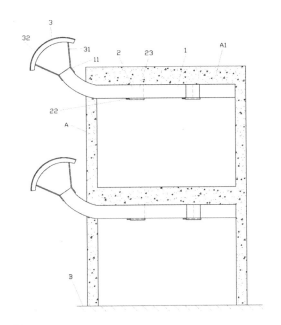

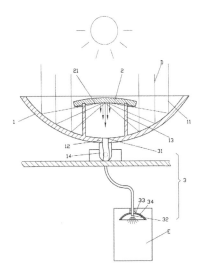

圖 4-22　M 404927 一種太陽能光照明裝置示意圖

圖 4-23　M 316971 一種太陽能光照明裝置示意圖

而中華民國 95 年 12 月 25 日提出的迴避設計案，只是將原本的聚光器改為集光盤與反射盤而已，其他部份幾乎完全相同。

由於新型專利只有形式審查，沒有實體審查(沒有調查是否與先前的專利或技術有所衝突)，所以可以獲准專利。而作者若要主張專利 M 316971 號與 M 404927 號和 I 281016 有所衝突，則必須額外花錢提出舉發，並提出充分證據才能將其專利撤銷。

4-9-2　彈簧式追日裝置

作者在中華民國 94 年 7 月 14 日提出專利申請案「彈簧式追日裝置」，在中華民國 96 年 1 月 1 日獲准專利 M 284856 號，如圖 4-24 所示。

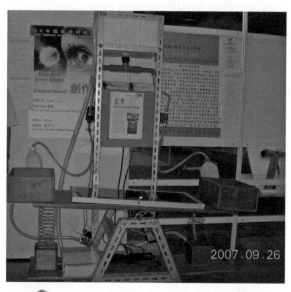

圖 4-24　彈簧式追日裝置展示照片

主要內容為：不必使用馬達，只以廉價的定時器、電磁閥、彈簧、水槽與管路，就能以極為低廉的價格使太陽能系統達到追日的功能，可以大幅改善傳統太陽能系統的效能並降低裝置成本。

係在太陽能光電板或太陽能集熱器兩端以彈簧支撐，並於兩端各設一水槽，利用在水槽中注水或排水，以水槽重力驅動、彈簧制動方式達成追日功能，使太陽能光電板或太陽能集熱器可以隨時對準太陽，提高效能。

經測試，追日耗能只佔總發電量的約 0.39%，且追日後輸出可比固定式增加約 31.33%，換句話說，原本使用 4 片光電板，若採用本專利的技術，則只要 3 片光電板即可達到相同效果，但成本降低許多，與目前固定式的系統比較，效率具有突破性的改善。

結果中華民國 98 年 3 月 4 日就有人提出以下的申請案進行迴避設計，並於中華民國 99 年 2 月 21 日公告獲准專利 M 374595 號，專利名稱為浮力式太陽能追日裝置。

作者在中華民國 94 年 7 月 14 日提出專利申請案「彈簧式追日裝置」，以位於太陽能板上方的水槽之注入水量產生重力驅動，並以位於太陽能板下方的彈簧制動之方式，達成追日功能。

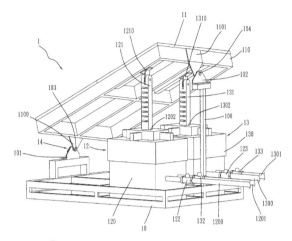

▲ 圖 4-25　浮力式追日裝置示意圖

中華民國 98 年 3 月 4 日提出的迴避設計則改為，以位於太陽能板下方的水槽之注入水量產生浮力驅動與制動。將水槽由位於太陽能板上方改為位於太陽能板下方，並將水槽之注入水量產生重力驅動改為水槽之注入水量產生浮力驅動，此一逆向思考達成之迴避設計，也讓作者只能感嘆：每個人看事情的角度的確是有所不同！

🏆 得獎發明介紹

引用河水的潮汐發電法獲准專利 I295338 號，主要內容為：全球都面臨缺水問題，而且消耗性能源耗竭，污染嚴重，本專利引用河水的潮汐發電法，可以大量開發水力發電而且又能大量儲存淡水，同時解決能源與淡水供應的問題。

將水庫與潮池結合建於海邊，由堤壩圍築而成，若選擇具有懸崖峭壁地形的海邊，配合開挖方式建築潮池，將可節省成本，並提供建築砂石。

在河流中上游具有相當海拔處設置引水設施，將部份河水經引水管路引到潮池中，則蓄水後可發電，並使潮池兼具有儲存淡水的功能。

與傳統潮汐發電比較，可以使水位差由數公尺大幅提高為數十公尺，甚至數百公尺，可以使發電量大幅增加。

可以使潮汐發電的發電時段由每天 5~6 小時，延長為 24 小時，可以使龐大的潮池由儲存不能飲用的海水，改為儲存可以飲用的淡水。

與現有的陸上水庫比較，不影響河川生態，沒有人畜搬遷問題，不會對民眾生命財產造成威脅，集水區也較大。

與抽水站比較，有大量儲水的功能。與其他發電方式比較，技術成熟、污染少、成本低、穩定，適合擔任基載電廠，不需自國外進口，自主性高。

員山子分洪計劃係因八十九年象神颱風造成汐止地區嚴重水患後，行政院通過的緊急計劃，總經費為六十億元，原本預定進度是於九十三年十月完工，但因北部地區遭遇九一一豪雨、納坦颱風及南瑪都颱風，在隧道未完全完工前，就提前啟動應急分

洪而使完工日期延後，但是這幾次提前啟用，都已明顯發揮降低基隆河洪峰水位的作用。

員山子分洪道係於臺北縣瑞芳鎮瑞柑新村旁施設進水口分洪結構、開鑿內徑 12 公尺、長度 2,483.5 公尺引水隧道及出水口放流設施，完成後每秒可導引 1,310 立方公尺水量入海，使基隆河自侯硐介壽橋以下河段可達 200 年重現期距之防洪保護標準，其執行經費計約 60 億元。

員山子分洪主體工程於九十一年六月開工，於九十四年七月竣工。

員山子分洪道的操作原理為，只要基隆河在員山子分洪道進水口處的水位達到六十二點五公尺，河水就會流過側流堰，進入沉砂池，但水位若持續上漲至六十三公尺溢過攔河堰，就會進入分洪隧道，由基隆河上游直接經由員山子分洪道流入外海，達到自動分洪的功能，降低基隆河中下游發生水患的機率。

本專利的概念與員山子分洪道類似，係在河川上游或中游設置引水設施，將部份河水經引水管路引到海邊。

員山子分洪道是將花費大筆經費引到海邊的淡水丟棄，而本專利則是將花費大筆經費引到海邊的淡水儲存於潮池中，作為發電或供應淡水之用。

4-9-3 聚光追日型太陽能熱水器

作者在中華民國 94 年 7 月 14 日提出專利申請案「聚光追日型太陽能熱水器」，並獲准專利 M279834 號，主要內容為：先前的太陽能追日裝置都是依賴馬達來驅動，因為太陽能熱水器的集熱器裡面裝滿水，重量相當重，如果採用馬達驅動的方式，則

不但成本較高，而且耗費的電量也較多，故一般大多採用固定式，但因上午與下午陽光斜射，故所能吸收的太陽能比追日式少。

此外太陽能集熱器價格昂貴，使太陽能熱水器造價偏高，不利於太陽能熱水器的推廣。

本專利所提出之的聚光追日型太陽能熱水器如圖 4-26 與圖 4-27 所示，聚光裝置(82)由追日機構(83)轉動，將陽光聚焦於真空管太陽能集熱器(81)上，真空管太陽能集熱器(81)內的水被加熱，密度變小，經由熱水上升管路(86)上升到熱水儲存槽(84)內，使熱水儲存槽(84)內的冷水被排擠，經由冷水下降管路(85)下降到真空管太陽能集熱器(81)內被加熱，形成加熱循環。

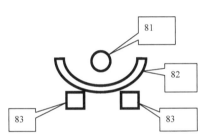

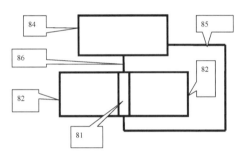

🔺 圖 4-26　聚光追日型太陽能熱水器剖面示意圖

🔺 圖 4-27　聚光追日型太陽能熱水器鳥瞰示意圖

與傳統太陽能熱水器比較，本專利所提出之的聚光追日型太陽能熱水器具有以下優點:

第一、追日機構(83)只轉動很輕的聚光裝置(82)，裝滿水、很重的太陽能集熱器則固定不動。則追日機構(83)的成本與耗能都可大幅降低。

第二、只使用一根真空管集熱器(81)，可大幅降低成本。

第三、傳統太陽能熱水器在集熱面積內平均分布許多集熱器，故每一集熱器單元所能吸收的太陽熱能較少，所能達到的溫度較低，連帶的，熱水儲存槽(84)內所能達到的水溫也較低。

本申請案所提出的聚光追日型太陽能熱水器則是將集熱面積內的太陽熱能全部集中於一根真空管集熱器(81)，故真空管集熱器(81)所能達到的溫度較高，連帶的，熱水儲存槽(84)內所能達到的水溫也較高，可使太陽能熱水器的效能提升。

結果中華民國 97 年 10 月 17 日就有人提出以下的申請案進行迴避設計，並於中華民國 98 年 4 月 21 日公告獲准專利 M 355241 號，專利名稱為太陽能蒸餾水器，其主要內容如下：

聚光板之自動追日過程如圖 4-28 所示，經由控制器來控制馬達，修正與對準日照方向，提升入射之太陽能量，而馬達之電能來自於太陽光電模組。

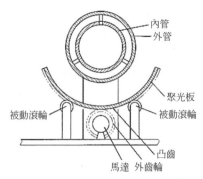

內管
外管
聚光板
被動滾輪   被動滾輪
凸齒
馬達 外齒輪

⬆ 圖 4-28　太陽能蒸餾水器之追日結構圖示意圖

可以輕易看出中華民國 97 年 10 月 17 日提出的迴避設計案其圖 4-28 與作者在中華民國 94 年 7 月 14 日提出的專利申請案「聚光追日型太陽能熱水器」的圖 4-26 相似度有多高。

4-9-4　輔助電熱器位於集熱器下方的太陽能熱水器

作者在中華民國 90 年 12 月 28 日提出專利申請案「輔助電熱器位於集熱器下方的太陽能熱水器」，並於中華民國 93 年 4 月 1 日獲准專利 221989 號，主要內容為：目前太陽能熱水器的輔助電熱器，大都是以市電做為電源。不過，由於再生能源受到重視，政府對於裝設太陽能熱水器與太陽能光電板都給予補助。因此，在白天直接以太陽能光電板所產生的電力，來做為太陽能熱水器輔助電熱器的電源，以增加太陽能的利用率，將成為未來的趨勢之一，也可省下將太陽能光電板產生之直流電，轉換為交流電的轉換器之費用。

不過，目前太陽能熱水器的輔助電熱器大都裝在熱水儲存槽內，這對上述以太陽能光電板所產生的電力，來做為太陽能熱水器輔助電熱器電源的應用方式將有不良影響。因為輔助電熱器加熱後，會使熱水儲存槽內的水溫高於集熱器的水溫，會使加熱循環中斷，結果反而會妨礙系統吸收太陽熱能。

　　而本專利提出，將輔助電熱器裝設於太陽能集熱器下方的改良型太陽能熱水系統，若在白天以輔助電熱器協助加熱，不但不會妨礙系統吸收太陽熱能，而且會使加熱循環更順暢，可以幫助使系統吸收更多的太陽熱能，所以非常適合與太陽能光電板搭配使用。

　　結果中華民國 93 年 4 月 20 日就有人提出以下的申請案進行迴避設計，並於中華民國 94 年 1 月 11 日公告獲准專利 M 255332 號，專利名稱為熱水器發電輔助裝置，如圖 4-29 與圖 4-30 所示。

　　由圖 4-29 與圖 4-30 可輕易看出中華民國 93 年 4 月 20 日提出的迴避設計案只是把作者在中華民國 90 年 12 月 28 日提出的專利申請案中，以太陽能光電板所產生的電力來做為太陽能熱水器輔助電熱器電源的想法，改成單獨或另外增加，以風力發電所產生的電力來做為太陽能熱水器輔助電熱器電源而已。

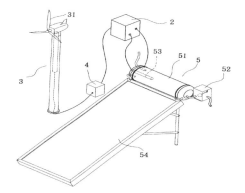

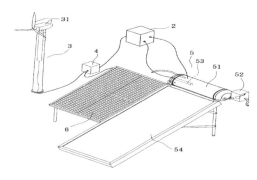

圖 4-29　M 255332 熱水器發電輔助裝置示意圖一　　　圖 4-30　M 255332 熱水器發電輔助裝置示意圖二

提醒一：家中最晚洗完澡的人應關閉輔助電熱器電源，才能有效利用太陽能，避免花大錢裝太陽能熱水器，結果全用電能加熱。

提醒二：冷水水塔與集熱桶之間，還有加熱循環迴路中都要裝逆止閥，才能避免無謂的散熱而耗電。

4-9-5　自發電式手電筒

　　自發電式手電筒在中華民國 92 年 12 月 31 日提出專利申請案，並於中華民國 93 年 11 月 11 日獲准專利 M250091 號，如圖 4-31 所示。其主要創意為：自發電式手電筒，不會因電池沒電就不能照明，只要持續拉線就可提供手電筒所需之電力，後來被

迴避設計成如圖 4-32 以按壓的發電方式取代拉線的發電方式，以及如圖 4-33 以旋轉的發電方式取代拉線的發電方式。

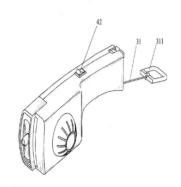

▲ 圖 4-31　拉線式自發電式手電筒示意圖

▲ 圖 4-32　以按壓的發電方式取代拉線發電方式的自發電手電筒

▲ 圖 4-33　以旋轉的發電方式取代拉線發電方式的自發電手電筒

4-9-6　具倒數顯示而達安全功能之符號式交通燈號顯示器

具倒數顯示而達安全功能之符號式交通燈號顯示器在中華民國 86 年 9 月 22 日提出專利申請案，並於中華民國 89 年 2 月 11 日獲准專利 382475 號。

主要內容為：在各燈號亮起時均具倒數之時間顯示，俾可安撫駕駛人並因之使路口淨空；燈號各藉圓、叉狀符號代表綠、紅燈俾供色盲者辨識。其主要創意為：以○與╳取代傳統的紅、黃、綠三色紅綠燈，並搭配倒數秒數。

結果在中華民國 99 年 6 月 2 日如下的新聞報導發現該創意被挪用並獲得大獎與高額獎金。

加 XO 圖像　紅綠燈設計奪大獎

　民視新聞　更新日期:2010/06/02 15:01

科技大學三名學生設計單一燈座，加上圈叉符號的 LED 紅綠燈，可以讓色盲者方便辨識燈號，又具有環保概念，奪下美國 IDEA 設計大獎，並得到教育部 80 萬元獎助金。

開車上路，綠燈行，紅燈停，因為是用不同顏色燈號做交通控管，所以有色盲的民眾不能考駕照，科技大學三名學生，將紅綠燈改成用 XO 圖像顯示，多了符號輔助，患有色盲的民眾也可以辨

識交通號誌，而這個設計創意來自溜溜球，設計中還加入太陽能概念，單一燈座、LED 燈，環保又省電。

這樣的設計也讓他們一舉奪下美國知名的 IDEA 和 IF 兩項設計大獎，受到國際重視，教育部也頒發 80 萬的獎金鼓勵，可謂名利雙收。(民視新聞鄭孝欽雲林報導)

作者向教育部反應後，獲得的答覆是：

第一、該專利權已經失效。

第二、該作品的內容在材質與技術都和該專利不同。

所以，教育部依然維持該高額獎金。

不過，本爭議的重點不在於該專利權是否已經失效，而是在於兩件作品的創意是否相同？

如果 99 年的作品得到美國 IDEA 設計大獎，並得到教育部 80 萬元獎助金的理由是與專利 382475 號不同的材質與技術，則不存在抄襲問題。

但若 99 年的作品得到美國 IDEA 設計大獎，並得到教育部 80 萬元獎助金的理由是如新聞報導，因為將紅綠燈改成用 XO 圖像顯示，讓患有色盲的民眾也可以辨識交通號誌的創意，則與專利 382475 號的創意相同。

當然新聞報導可能沒有抓到真正的重點而容易使人產生誤解，可是新聞報導的內容通常是採訪記者依據被採訪者提供的資料或受訪的說明整理而來的，是否被採訪的得獎者本身強調的獲獎重點也有沒抓到真正重點的缺失，進而導致採訪記者在被混淆後，連帶造成報導失焦，將不同材質與技術的獲獎理由誤導成將紅綠燈改成用 XO 圖像的獲獎理由，再因此造成看到新聞報導民眾的誤解呢？

以下為另一件新聞報導，經濟部智慧財產局與教育部有截然不同的反應，值得有意參加比賽者參考，或許在參賽前也應搜尋資料，避免使用與別人相同或太類似的創意，以避免不必要的紛爭。

著作權海報首獎抄來的　得主：後悔

自由時報 2010/09/24

【記者林毅璋／台北報導】真糗！明明是要宣導著作權的保護觀念，首獎作品竟是抄襲而來。經濟部智慧財產局去年舉辦保護著作權的創意生活海報設計競賽，被民眾於日前檢舉校園組第一名得獎作品「著作，支離破碎」是抄襲自荷蘭藝術家的作品「Truth」。

智慧局經查證後確認屬實，將向抄襲者追回五萬元獎金與獎狀。目前正服替代役的吳姓抄襲者昨日對此坦言不諱，感到十分後悔，強調：「知道錯了。」

去年他還在就讀中部某國立科技大學時，同時參加四個設計相關競賽，最後兩幅作品進入決賽，包括智慧局的「保護著作權」海報設計比賽。

吳某稱，他家境不好，當時急需一筆錢，而比賽截稿日期將至，於是上中國的網站找素材與圖庫，無意間發現荷蘭藝術家的作品，改了顏色後，僅加上自己的設計理念就投稿。

打算回母校並寫信向原創者致歉

吳某說，得知得獎的那一剎那，「完全笑不出來」。現在家人對他也很不諒解，他正積極向家人解釋，也打算回母校以及寫信向原創者致歉。

智慧局副局長高靜遠強調，「事實只有一個，創作就是創作，創作是偉大的，而抄襲是違法的」。

但他也強調，若正面來看，這是機會教育，希望大家給吳某機會。

高靜遠表示，所有參賽者事前都簽署「所有海報設計源自於自有創意，絕無侵害智慧財產權情事」，吳某坦言侵權，將依競賽規則追回獎金與獎狀。

依「著作權法」，侵權最高可處三年以下有期徒刑，或併科七十五萬元以下的罰金及民事賠償。不過這屬於告訴乃論，荷蘭藝術家本人才有權利提出告訴。

4-9-7　自動澆水裝置

作者在中華民國 95 年 2 月 20 日提出專利申請案「自動澆水裝置」，並獲准專利 M294195 號。

主要內容為：缺水是二十一世紀全球的共同危機，台灣也有非常嚴重的缺水問題，尤其在台灣，農業灌溉一向耗水最多，可是，許多灌溉用水卻因無法掌握澆水的正確時機與適當的量而被浪費掉了。

目前灌溉的各種先前技術，以水位、定量、定時、虹吸作用及毛細作用等方式，都不能掌握澆水的正確時機與適當的量。

乾旱的以色列有一半的農地都採取滴水灌溉法，農民把小量的水直接送達植物根部，因此可以比一般淹灌或噴灑作物的方式減少九成水分蒸發，雖可達到省水效果，但卻難以準確掌握澆水時機，很容易造成澆水量不足而使植物枯死。

直接偵測土壤濕度雖然可以掌握澆水的正確時機與適當的量，但是構造複雜、成本高。

本專利作品研發出一種自動澆水裝置，可視土壤濕度而自動運作，可是並不直接偵測土壤濕度，而是以一個具有吸水蓄水性質與土壤之性質相近的物質置於土壤中，再以簡易低廉的設備偵測此一物質的溼度，取代複雜昂貴的直接偵測土壤濕度設備。

如此一來，既可掌握澆水的正確時機與適當的量，又可達到便宜便利與省水的目的，榮獲 97 年國家發明創作獎。

結果中華民國 99 年 3 月 5 日就有人提出申請案進行迴避設計，並於中華民國 99 年 7 月 11 日公告獲准專利 M383912 號，專利名稱為綠色節能自動澆水裝置。

中華民國 99 年提出的迴避設計案 M383912 只是把中華民國 95 年專利 M294195 號沒有寫出來的周邊設施，儲水槽、抽水馬達與造型容器加上去而已。

 得獎發明介紹

風大時免停機的風力發電系統

目前商用風力發電機大多設計於風速達到約 2.5(公尺／秒)開始發電，於風速達到約 15(公尺／秒)發電機輸出額定值，於風速達到約 25(公尺／秒)停止發電。但是風速 17(m/s)就是輕度颱風，而根據調查，全球使用風力發電最多的國家(德國)以及台灣本島的年平均風速都是大約 5~6(公尺／秒)，即使在澎湖等離島的年平均風速也只是大約 7~8(公尺／秒)，因為風力系統的發電量與風速的 3 次方成正比，則當風速為 5~8(公尺／秒)時，輸出將只能達額定值的 3.7%~15%，顯示風力發電具有發電量太低的問題。

本專利以廉價的集風裝置提高風速，因為風力系統的發電量與風速的 3 次方成正比，提高風速可大幅增加發電量。

實際測試結果：在主要風向加強集風裝置之後，有集風裝置的風力機輸出可達沒有集風裝置風力機的 13 倍。

假設 1 部風力發電機的造價 100 萬元，佔地面積 10 平方公尺，每月可發電 100 瓦時，每月要發電 1300 瓦時需裝設 13 部風力發電機造價 1300 萬元，佔地面積 130 平方公尺。使用本專利技術，每月要發電 1300 瓦時只需裝設一部風力發電機與集風裝置，1 部風力發電機的造價 100 萬元，加裝集風裝置(造價 50 萬元)，總計只需花費 150 萬元，佔地面積 45 平方公尺，可大幅提高風力發電的效能，並可大幅降低風力發電的成本。

圖 4-34 為實際測試系統照片，左方為沒有集風裝置的風力機，右方為加裝集風裝置的風力機，上方為 4 片太陽能光電板。

提醒：許多風能與太陽能結合的設計是將風力機裝在太陽光電板上方，這是錯誤的設計，因為位於上方的風力機會擋到太陽光電板的陽光，如圖 4-34 將太陽光電板裝在風力機上方才是正確的設計。

圖 4-34　集風裝置實際測試系統照片

題外話時間

　　日本福島核災後，造成對核能安全的嚴重疑慮，依照民國 102 年的資料顯示，核一廠、核二廠與風力各佔當年總發電量的 4.34%、7.33%及 0.76%。如果採用上述集風裝置讓風力發電量增加爲 13 倍，則風力佔當年總發電量將可由 0.76%增加爲 9.88%，完全不用增加新的風力機就幾乎可以取代核一廠加核二廠 11.67%的發電量，讓核一廠與核二廠可在不缺電的前題下順利除役，讓台灣免除核災的威脅。

　　但是，原本要買 13 台風力機，用此技術只要買 1 台就能發出一樣多的電，將使賣風力機賺錢的廠商收入銳減，導致此技術推廣困難重重！

4

專利申請書的撰寫原則

當發明人歷經千辛萬苦完成發明創新內容,為了避免仿冒及確保權益,必須申請專利,而想要申請專利就必須填寫「專利申請書」向欲申請國家的專利局提出申請。

因為目前大部分國家都加入世界貿易組織(WTO),而想要成為 WTO 會員國就必須遵守 WTO 的許多共同協定,所以許多國家的「專利申請書」雖然格式不盡相同,但是需撰寫的內容則大同小異。

因此在本章只介紹有關台灣經濟部智慧財產局「專利申請書」的撰寫原則,至於其他國家,因為通常需透過專利事務所才能辦理,建議與所委任的專利代理人共同協商。

　　由於台灣的專利分為發明專利、新型專利與設計專利 3 種，所以，在撰寫「專利申請書」時，應到經濟部智慧財產局的網站下載最新版的「發明專利申請書」、「新型專利申請書」或「設計專利申請書」，依照所欲申請的種類選擇其中一種填寫。

　　進入經濟部智慧財產局官網如圖 5-1，點選左上方「專利」，會進入圖 5-2 的頁面，點選「申請表格」，會進入圖 5-3 的頁面，移到下方申請表格及申請須知的頁面如圖 5-4 所示，可分別點選發明專利申請書、申請須知與範例的 word 檔或 pdf 檔，也可以點選新型專利申請書、申請須知與範例的 word 檔或 pdf 檔，也可以點設計專利申請書、申請須知與範例的 word 檔或 pdf 檔。

圖 5-1　經濟部智慧財產局官網　點選「專利」

圖 5-2　點選「申請表格」

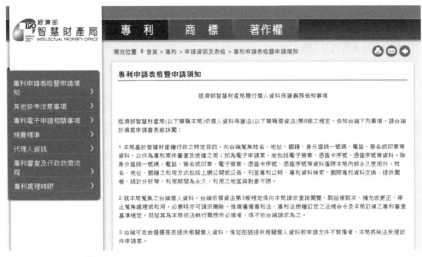

5

⬆ 圖 5-4　申請表格及申請須知的頁面

提醒一：若選擇錯誤的「專利申請書」，例如申請的是設計專利，卻誤填「新型專利申請書」將會被退件或造成無法獲准的結果。

提醒二：由經濟部智慧財產局網站下載的「發明專利申請書」、「新型專利申請書」與「設計專利申請書」都有固定格式，尤其各段的字體大小切勿擅自加以更改。因為字體大小、行數與行距等設定會影響頁數，而頁數與所需繳交的金額有關，所以切勿擅自加以更改，否則可能會被退件要求修正，延誤時機。

5-1 不必填寫的事項 🔍

　　如圖 5-5 所示，專利申請書首頁最上方有一些**不必填寫的事項，包含申請案號、案由、申請日**。這些不必填寫的事項前面都特別以符號※加以標示，提醒專利申請人不必填寫這些事項，因為這些事項是要留給經濟部智慧財產局填寫的。

發明專利申請書

(本申請書格式、順序，請勿任意更動，※記號部分請勿填寫)

※ 申請案號：	※案　由：10000
※ 申請日：	

☐本案一併申請實體審查

一、發明名稱：(中文/英文)

二、申請人：(共　　人)(多位申請人時，應將本欄位完整複製後依序填寫，姓名或名稱欄視身分種類填寫，不須填寫的部分可自行刪除)

（第 1 申請人）

國　　籍：　☐中華民國　☐大陸地區（☐大陸、☐香港、☐澳門）
　　　　　　☐外國籍：＿＿＿＿＿＿＿

身分種類：　☐自然人　　　　　　☐法人、公司、機關、學校

ID：

姓名：　姓：　　　　　　名：
　　　　Family　　　　　　Given
　　　　name：　　　　　　name：
　　　　　　　　　　　　　　　　　　　　　　　　　　(簽章)

名稱：　(中文)
　　　　(英文)
　　　　　　　　　　　　　　　　　　　　　　　　　　(簽章)

代表人：(中文)
　　　　(英文)
　　　　　　　　　　　　　　　　　　　　　　　　　　(簽章)

地址：　(中文)
　　　　(英文)

☐註記此申請人為應受送達人

聯絡電話及分機：

1　　　　　　　　　109.01.01

▲ 圖 5-5　不必填寫的事項

得獎發明介紹

　　地震自動斷路的無熔絲開關獲准專利 187699 號，如圖 5-6 所示。

　　地震時如果沒有斷電，很可能因地震導致地板或牆壁斷裂而使電線斷掉的情況，使人員發生感電的危險。本發明在一般無熔絲開關內加上地震感應器，當地震來襲時，8 的銅球因地震掉落到 9 的位置，使電路導通，驅動使斷路器自動斷電，確保安全。

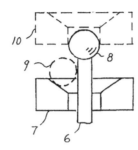

△ 圖 5-6　地震自動斷路的無熔絲開關

5

5-2 本案是否一併申請實體審查的選項 IQ

　　如果申請的是**發明專利**，如圖 5-7 所示。專利申請書首頁在上述不必填寫的事項下方，<u>會有一個「□本案一併申請實體審查」的選項</u>必須勾選。

發明專利申請書

(本申請書格式、順序，請勿任意更動，※記號部分請勿填寫)

※ 申請案號：　　　　　　　　　　　※案　由：10000

※ 申請日：

> □本案一併申請實體審查

一、發明名稱：(中文/英文)

二、申請人：(共　　人) (多位申請人時，應將本欄位完整複製後依序填寫，姓名或名稱
　　　　　　　　　　　　　欄視身分種類填寫，不須填寫的部分可自行刪除)

(第 1 申請人)

國　　籍：　□中華民國 □大陸地區 (□大陸、□香港、□澳門)
　　　　　　□外國籍：＿＿＿＿＿＿

身分種類：　□自然人　　　　　　□法人、公司、機關、學校

ID：

姓名：　姓：　　　　　　名：
　　　　Family　　　　　　Given
　　　　name：　　　　　　name：
　　　　　　　　　　　　　　　　　　　　　　　(簽章)

名稱：　(中文)
　　　　(英文)
　　　　　　　　　　　　　　　　　　　　　　　(簽章)

代表人：(中文)
　　　　(英文)
　　　　　　　　　　　　　　　　　　　　　　　(簽章)

地址：　(中文)
　　　　(英文)

□註記此申請人為應受送達人

聯絡電話及分機：

1　　　　　　　　　109.01.01

▲ 圖 5-7　是否一併申請實體審查的選項

如果專利申請人在此項打勾，表示在提出專利申請的時候就一併申請實體審查，如此一來，在繳費時，除了專利申請費之外，還要繳交實體審查費；如果專利申請人沒有在此項打勾，表示實體審查留待以後再申請，如此一來，在繳費時，只要繳交專利申請費，暫時不必繳交實體審查費。

如果申請的是新型專利或設計專利，則不會有「□本案一併申請實體審查」的欄位須填寫，因為新型專利是採「形式審查」，而設計專利則是提出專利申請就自動進行實體審查。

提醒：如果專利申請人沒有在「□本案一併申請實體審查」的選項打勾，則必須記得在申請日起
　　　3年內繳費另外提出要求進行實體審查的申請，否則此一專利申請案將會被視為放棄。

5

 得獎發明介紹

節能 LED 路燈控制系統：半夜多數人都在睡覺，路上人車稀少，但是路燈卻整夜大放光明浪費許多能源。本發明控制讓 LED 路燈在人車稀少時段為半亮，當感應到有人車靠近才控制使 LED 路燈為全亮，當人車通過後，再度控制使 LED 路燈為半亮，達到省電效果。

5-3 專利名稱的撰寫原則 🔍

在申請專利時，必須指明欲申請專利的標的是什麼事項，所以必須有一個名稱。

如果申請的是發明專利，則在「發明專利申請書」中本欄位的標題就是「發明名稱」，如圖 5-8 所示；如果申請的是新型專利，則在「新型專利申請書」中本欄位的標題變成「新型名稱」，如圖 5-9 所示；如果申請的是設計專利，則在「設計專利申請書」中本欄位的標題則是「設計名稱」，如圖 5-10 所示。

發明專利申請書

（本申請書格式、順序，請勿任意更動，※記號部分請勿填寫）

※ 申請案號：　　　　　　　　　　　　※案　由：10000

※ 申請日：

☐本案一併申請實體審查

一、發明名稱：（中文/英文）

二、申請人：（共　　人）（多位申請人時，應將本欄位完整複製後依序填寫，姓名或名稱欄視身分種類填寫，不須填寫的部分可自行刪除）

（第1申請人）

國　　籍：　☐中華民國　☐大陸地區（☐大陸、☐香港、☐澳門）
　　　　　　☐外國籍：＿＿＿＿＿＿＿＿

身分種類：　☐自然人　　　　　☐法人、公司、機關、學校

ID：

姓名：　姓：　　　　　　　名：
　　　　Family：　　　　　　Given：
　　　　name　　　　　　　name
　　　　　　　　　　　　　　　　　　　　　　　　（簽章）

名稱：　（中文）
　　　　（英文）
　　　　　　　　　　　　　　　　　　　　　　　　（簽章）

代表人：（中文）
　　　　（英文）
　　　　　　　　　　　　　　　　　　　　　　　　（簽章）

地址：　（中文）
　　　　（英文）

☐註記此申請人為應受送達人

聯絡電話及分機：

1　　　　　　　　　　　　　　109.01.01

▲ 圖 5-8　發明名稱

新型專利申請書

（本申請書格式、順序，請勿任意更動，※記號部分請勿填寫）

※申請案號：　　　　　　　　　　　　※案　　由：10002

※申請日：

一、新型名稱：（中文/英文）

二、申請人：（共　　人）（多位申請人時，應將本欄位完整複製後依序填寫，姓名或名稱欄視身分種類填寫，不須填寫的部分可自行刪除）

（第 1 申請人）

國　　籍：　□中華民國 □大陸地區（□大陸、□香港、□澳門）
　　　　　　□外國籍：____________

身分種類：　□自然人　　　　　　□法人、公司、機關、學校

ID：

姓名：　姓：　　　　　　　　名：
　　　　Family name：　　　　Given name：

（簽章）

名稱：　(中文)
　　　　(英文)

（簽章）

代表人：(中文)
　　　　(英文)

（簽章）

地址：　(中文)
　　　　(英文)

□註記此申請人為應受送達人

聯絡電話及分機：

1　　　　　　　　109.01.01

圖 5-9　新型名稱

設計專利申請書

（本申請書格式、順序，請勿任意更動，※記號部分請勿填寫）

※申請案號：　　　　　　　　　　　　※案　　由：10003

※申請日：　　　　　　　　設計種類：□整體□部分□圖像□成組

一、設計名稱：（中文/英文）

二、申請人：（共　　人）（多位申請人時，應將本欄位完整複製後依序填寫，姓名或名稱
　　　　　　　　　　　　　欄視身分種類填寫，不須填寫的部分可自行刪除）

（第1申請人）

國　　籍：　□中華民國　□大陸地區（□大陸、□香港、□澳門）
　　　　　　□外國籍：＿＿＿＿＿＿＿

身分種類：　□自然人　　　　　　　□法人、公司、機關、學校

ID：

姓名：　姓：　　　　　　　　名：
　　　　Family：　　　　　　　Given：
　　　　name　　　　　　　　name
　　　　　　　　　　　　　　　　　　　　　　　　　（簽章）

名稱：　（中文）
　　　　（英文）
　　　　　　　　　　　　　　　　　　　　　　　　　（簽章）

代表人：（中文）
　　　　（英文）
　　　　　　　　　　　　　　　　　　　　　　　　　（簽章）

地址：　（中文）
　　　　（英文）

□註記此申請人為應受送達人

聯絡電話及分機：

1

▲ 圖 5-10　設計名稱

　　經濟部智慧財產局用心良苦，特別以不同的標題來提醒專利申請人不要用錯表格。不論是「發明名稱」、「新型名稱」或「設計名稱」，都應該儘量與專利申請內容符合，並避免使用誇大形容詞、廣告與姓氏。

　　例如專利申請內容是一種安裝在腳踏車上，當踩踏腳踏車時，將踩踏動能轉成電能使燈光閃爍，防止夜間腳踏車被其他人車碰撞的裝置，則「新型名稱」可寫成「腳踏車防撞閃光燈」或「防撞腳踏車」。

　　若寫成「防撞汽車」則與專利申請內容明顯不符合，就非常不恰當。試想，若開汽車時還要一邊用腳踩踏才能使燈光閃爍，以防止汽車於夜間被其他人車碰撞，將是一個比現有技術(汽車方向閃光燈)明顯退步的爛設計。

　　此外若將上述「新型名稱」寫成「宇宙無敵沒人敢撞的腳踏車」，則因包含不必要、誇大的形容詞，也是不恰當的。

　　而「李氏防撞腳踏車」則因包含姓氏，也是不恰當的。

　　「發明名稱」、「新型名稱」與「設計名稱」通常兼具中文與英文，以斜線分開或是換行加以區分。

5-4　申請人的撰寫原則　🔍

　　本節說明申請人的撰寫原則。

疑問一：「申請人」與「專利所有權人」有什麼關係？

解惑一：所謂「申請人」就是提出專利申請的人，因此當專利獲准之後，「申請人」就理所當然變成「專利所有權人」。所以「申請人」關係到專利權的歸屬，必須慎重為之。

疑問二：什麼人可以擔任「申請人」？

解惑二：依據台灣專利法：專利申請權，指得依本法申請專利之權利。專利申請權人，除本法另有規定或契約另有約定外，指發明人、創作人或其受讓人或繼承人。所以除非研發出該專利內容的人有同意將申請專利的權利轉讓給其他人，否則「申請人」原則上是指研發出該專利內容的人。

首先**必須填寫「申請人」總共有幾人**，如圖 5-11 所示。依據台灣專利法：專利申請權為共有者，應由全體共有人提出申請。所以必須清楚地填寫「申請人」總共有幾人，才能確定專利權的歸屬。下載的申請書電子檔，申請人相關欄位只有 1 個人，若有 2 人以上則須自行複製相關欄位。

發明專利申請書

（本申請書格式、順序，請勿任意更動，※記號部分請勿填寫）

※ 申請案號：　　　　　　　　　　　　　※案　由：10000

※ 申請日：
　　□本案一併申請實體審查

一、發明名稱：（中文/英文）

二、申請人：（共　　人）（多位申請人時，應將本欄位完整複製後依序填寫，姓名或名稱欄視身分種類填寫，不須填寫的部分可自行刪除）

（第 1 申請人）

國　　籍：　　□中華民國　□大陸地區（□大陸、□香港、□澳門）
　　　　　　　□外國籍：＿＿＿＿＿＿

身分種類：　　□自然人　　　　　　□法人、公司、機關、學校

ID：

姓名：　姓：　　　　　　　　名：
　　　　Family　：　　　　　　Given　：
　　　　name　　　　　　　　name
　　　　　　　　　　　　　　　　　　　　　　　　　　（簽章）

名稱：　（中文）
　　　　（英文）
　　　　　　　　　　　　　　　　　　　　　　　　　　（簽章）

代表人：（中文）
　　　　（英文）
　　　　　　　　　　　　　　　　　　　　　　　　　　（簽章）

地址：　（中文）
　　　　（英文）
　　　　□註記此申請人為應受送達人

聯絡電話及分機：

1

圖 5-11　必須填寫「申請人」總共有幾人

其次如圖 5-12 所示,應該依照順序填寫每一位「申請人」的資料,包含該位「申請人」是第幾位申請人。

發明專利申請書

(本申請書格式、順序,請勿任意更動,※記號部分請勿填寫)

※ 申請案號: ※案　由:10000

※ 申請日:

　□本案一併申請實體審查

一、發明名稱:(中文/英文)

二、申請人:(共　　人)(多位申請人時,應將本欄位完整複製後依序填寫,姓名或名稱欄視身分種類填寫,不須填寫的部分可自行刪除)

（第 1 申請人）

國　　籍:　□中華民國　□大陸地區（□大陸、□香港、□澳門）
　　　　　　□外國籍:＿＿＿＿＿＿

身分種類:　□自然人　　　　　　□法人、公司、機關、學校

ID:

姓名:　姓:　　　　　　名:
　　　　Family：　　　　　　Given：
　　　　name　　　　　　　　name

（簽章）

名稱:　(中文)
　　　　(英文)

（簽章）

代表人:(中文)
　　　　(英文)

（簽章）

地址:　(中文)
　　　　(英文)

□註記此申請人為應受送達人

聯絡電話及分機:

1　　　　　　　　　　　　109.01.01

▲ 圖 5-12　該位「申請人」是第幾位申請人

接下來如圖 5-13 所示，應該依照順序填寫每一位「申請人」的國籍，勾選是屬於中華民國、大陸、香港、澳門或寫明為其他國家(例如日本)。因為專利有國外優先權等相關權利會與申請者的國籍有關(請詳見 2-12 國外優先權)，所以必須詳填申請人的國籍。

發明專利申請書

(本申請書格式、順序，請勿任意更動，※記號部分請勿填寫)

※ 申請案號：　　　　　　　　　　※案　由：10000

※ 申請日：
　　☐本案一併申請實體審查

一、發明名稱：(中文/英文)

二、申請人：(共　　人)(多位申請人時，應將本欄位完整複製後依序填寫，姓名或名稱欄視身分種類填寫，不須填寫的部分可自行刪除)

(第 1 申請人)

國　　籍：	☐中華民國　☐大陸地區（☐大陸、☐香港、☐澳門）☐外國籍：＿＿＿＿＿＿

身分種類：　☐自然人　　　　　☐法人、公司、機關、學校

ID：

姓名：　姓：　　　　　　名：
　　　　Family：　　　　Given：
　　　　name　　　　　name
　　　　　　　　　　　　　　　　　　　　　　(簽章)

名稱：　(中文)
　　　　(英文)
　　　　　　　　　　　　　　　　　　　　　　(簽章)

代表人：(中文)
　　　　(英文)
　　　　　　　　　　　　　　　　　　　　　　(簽章)

地址：　(中文)
　　　　(英文)

☐註記此申請人為應受送達人

聯絡電話及分機：

1　　　　　　　　　　　　109.01.01

▲ 圖 5-13　「申請人」的國籍

接下來如圖 5-14 所示，應該依照順序填寫每一位「申請人」的身分種類，勾選是屬於自然人或法人。

疑　問：自然人與法人有何差異？

解　惑：**自然人是指有生命的人**，在法律上每個有生命的人都可主張其權利；**法人是指沒有生命的機構**，例如公司或學校，在法律上每個機構也都可主張其權利，所以在法律上將這些實際上沒有生命的機構，賦予其類似人類的身分地位，稱為法人。

發明專利申請書

(本申請書格式、順序，請勿任意更動，※記號部分請勿填寫)

※ 申請案號：　　　　　　　　　　　　※案　由：10000

※ 申請日：
　　□本案一併申請實體審查

一、發明名稱：(中文/英文)

二、申請人：(共　　人)(多位申請人時，應將本欄位完整複製後依序填寫，姓名或名稱欄視身分種類填寫，不須填寫的部分可自行刪除)

(第 1 申請人)

國　　籍：□中華民國 □大陸地區 (□大陸、□香港、□澳門)
　　　　　□外國籍：＿＿＿＿＿＿

身分種類：□自然人　　　　　□法人、公司、機關、學校

ID：

姓名：　姓：　　　　　　　名：
　　　　Family name：　　　　Given name：
　　　　　　　　　　　　　　　　　　　　　　　　(簽章)

名稱：　(中文)
　　　　(英文)
　　　　　　　　　　　　　　　　　　　　　　　　(簽章)

代表人：(中文)
　　　　(英文)
　　　　　　　　　　　　　　　　　　　　　　　　(簽章)

地址：　(中文)
　　　　(英文)

□註記此申請人為應受送達人

聯絡電話及分機：

1　　　　　　　　　　　109.01.01

▲ 圖 5-14　「申請人」的身分種類

接下來如圖 5-15 所示，應該依照順序填寫每一位「申請人」的識別碼(ID)，**如果「申請人」是中華民國國民，則識別碼(ID)應填寫身分證號碼**；如果「申請人」是自然人，但不是中華民國國民，則識別碼(ID)應填寫護照號碼或經濟部智慧財產局所給予的識別編號；**如果「申請人」是法人，則識別碼(ID)應填寫該機構的統一編號**。

發明專利申請書

（本申請書格式、順序，請勿任意更動，※記號部分請勿填寫）

※ 申請案號：　　　　　　　　　　　※案　由：10000

※ 申請日：

　□本案一併申請實體審查

一、發明名稱：（中文/英文）

二、申請人：（共　　人）（多位申請人時，應將本欄位完整複製後依序填寫，姓名或名稱欄視身分種類填寫，不須填寫的部分可自行刪除）

（第1申請人）

國　　籍：　□中華民國　□大陸地區（□大陸、□香港、□澳門）
　　　　　　□外國籍：＿＿＿＿＿＿

身分種類：　□自然人　　　　　□法人、公司、機關、學校

ID：

姓名：　姓：　　　　　名：
　　　　Family：　　　　 Given：
　　　　name　　　　　　 name
　　　　　　　　　　　　　　　　　　　　　　（簽章）

名稱：　（中文）
　　　　（英文）
　　　　　　　　　　　　　　　　　　　　　　（簽章）

代表人：（中文）
　　　　（英文）
　　　　　　　　　　　　　　　　　　　　　　（簽章）

地址：　（中文）
　　　　（英文）

□註記此申請人為應受送達人

聯絡電話及分機：

1　　　　　　　　　　　109.01.01

圖 5-15　「申請人」的識別碼(ID)

接下來如圖 5-16 所示，應該依照順序填寫每一位「申請人」的姓名或名稱與代表人。如果「申請人」是自然人，則應填寫中英文姓名(**請注意：不論中、英文都是姓在前，名在後，而且英文必須全部大寫**)；如果「申請人」是法人，則應填寫該機構的名稱與代表人，例如機構的名稱為「宏達國際電子股份有限公司」，代表人為董事長「王雪紅」。

> 提醒：如果「申請人」是自然人，則必須於右方簽章(簽名及蓋章)；如果「申請人」是法人，則必須同時蓋機關章與代表人的官章(俗稱大、小章)。這裡所蓋的印章非常重要，因為未來所有關於本件專利申請案的一切事項(修正、答辯、領證書、繳費及轉讓等)都必須使用這個印章才會被認可！(與到銀行領錢認章不認人類似)

5

發明專利申請書

(本申請書格式、順序，請勿任意更動，※記號部分請勿填寫)

※ 申請案號：　　　　　　　　　　※案　由：10000

※ 申請日：
　　□本案一併申請實體審查

一、發明名稱：(中文/英文)

二、申請人：(共　　人)(多位申請人時，應將本欄位完整複製後依序填寫，姓名或名稱欄視身分種類填寫，不須填寫的部分可自行刪除)

(第1申請人)

國　　籍：　□中華民國　□大陸地區(□大陸、□香港、□澳門)
　　　　　　□外國籍：＿＿＿＿＿＿

身分種類：　□自然人　　　　　　□法人、公司、機關、學校

ID：

姓名：	姓：Family name	名：Given name	(簽章)
名稱：	(中文)(英文)		(簽章)
代表人：	(中文)(英文)		(簽章)

地址：　(中文)
　　　　(英文)

□註記此申請人為應受送達人

聯絡電話及分機：

1　　　　　　　　　　　109.01.01

▲ 圖 5-16　「申請人」的姓名或名稱(**記得要蓋章**)

接下來如圖 5-17 所示，應該依照順序填寫每一位「申請人」的中英文地址。由於經濟部智慧財產局經常會有公文必須寄給申請人進行修正、答辯、領證書、繳費、轉讓等事項，因此，「申請人」的中英文地址必須明確，且應確保經常有人收信。

發明專利申請書

（本申請書格式、順序，請勿任意更動，※記號部分請勿填寫）

※ 申請案號：　　　　　　　　　　※案　由：10000

※ 申請日：
　　☐本案一併申請實體審查

一、發明名稱：（中文/英文）

二、申請人：（共　　人）（多位申請人時，應將本欄位完整複製後依序填寫，姓名或名稱欄視身分種類填寫，不須填寫的部分可自行刪除）

（第 1 申請人）

國　　籍：　☐中華民國　☐大陸地區（☐大陸、☐香港、☐澳門）
　　　　　　☐外國籍：＿＿＿＿＿＿＿

身分種類：　☐自然人　　　　　　☐法人、公司、機關、學校

ID：

姓名：　姓：　　　　　　　名：
　　　　Family：　　　　　　Given：
　　　　name　　　　　　　name
　　　　　　　　　　　　　　　　　　　　　　（簽章）

名稱：　（中文）
　　　　（英文）
　　　　　　　　　　　　　　　　　　　　　　（簽章）

代表人：（中文）
　　　　（英文）
　　　　　　　　　　　　　　　　　　　　　　（簽章）

地址：　（中文）
　　　　（英文）

☐註記此申請人為應受送達人

聯絡電話及分機：

1　　　　　　　　　　　　109.01.01

▲ 圖 5-17　「申請人」的中英文地址

接下來如圖 5-18 所示，如果「申請人」不只一個人，則必須勾選由眾多「申請人」中的哪一位「申請人」擔任「應受送達人」。

發明專利申請書

（本申請書格式、順序，請勿任意更動，※記號部分請勿填寫）

※ 申請案號：　　　　　　　　　　　　　※案　由：10000

※ 申請日：

☐本案一併申請實體審查

一、發明名稱：（中文/英文）

二、申請人：（共　　人）（多位申請人時，應將本欄位完整複製後依序填寫，姓名或名稱欄視身分種類填寫，不須填寫的部分可自行刪除）

（第 1 申請人）

國　　籍：　☐中華民國　☐大陸地區（☐大陸、☐香港、☐澳門）
　　　　　　☐外國籍：＿＿＿＿＿＿

身分種類：　☐自然人　　　　　　☐法人、公司、機關、學校

ID：

姓名：　姓：　　　　　　　名：
　　　　Family : 　　　　　Given :
　　　　name　　　　　　　name

名稱：　（中文）
　　　　（英文）
　　　　　　　　　　　　　　　　　　　　（簽章）

代表人：（中文）
　　　　（英文）
　　　　　　　　　　　　　　　　　　　　（簽章）

地址：　（中文）
　　　　（英文）
☐註記此申請人為應受送達人

聯絡電話及分機：

🔼 圖 5-18　勾選由眾多「申請人」中的哪一位「申請人」擔任「應受送達人」

由於經濟部智慧財產局經常會有公文必須寄給申請人進行修正、答辯、領證書、繳費、轉讓等事項，可是如果「申請人」不只一個人，經濟部智慧財產局並不會給每一位「申請人」都寄 1 份公文。

實務上經濟部智慧財產局只會寄出 1 份公文，因此必須勾選由眾多「申請人」中的哪**一位「申請人」負責收公文，也就是所謂的「應受送達人」。**

如果沒有在眾多「申請人」中勾選「應受送達人」，則經濟部智慧財產局會以排名第一的「申請人」擔任「應受送達人」。

> 注意：審定書或其他文件無從送達者，應於專利公報公告之，並於刊登公報後滿三十日，視為已送達。所以要儘量保持有人收信，以免漏接通知影響權益。

接下來如圖 5-19 所示，每一位「申請人」的聯絡電話及分機則為選項，可選擇填寫，也可選擇不填寫。不過選擇填寫可方便審查委員與申請人聯繫，有助釐清申請內容的疑點，使專利申請案能夠早日完成審查，所以建議選擇填寫。

發明專利申請書

(本申請書格式、順序，請勿任意更動，※記號部分請勿填寫)

※ 申請案號：   ※案　由：10000

※ 申請日：
   □本案一併申請實體審查

一、發明名稱：(中文/英文)

二、申請人：(共　　人)(多位申請人時，應將本欄位完整複製後依序填寫，姓名或名稱欄視身分種類填寫，不須填寫的部分可自行刪除)

(第 1 申請人)
國　　籍：　□中華民國　□大陸地區（□大陸、□香港、□澳門）
　　　　　　□外國籍：＿＿＿＿＿＿

身分種類：　□自然人　　　　　　□法人、公司、機關、學校

ID：

姓名：　姓：　　　　　　名：
　　　　Family　　　　　　Given
　　　　name：　　　　　　name：
　　　　　　　　　　　　　　　　　　　　　　　　　　(簽章)

名稱：　(中文)
　　　　(英文)
　　　　　　　　　　　　　　　　　　　　　　　　　　(簽章)

代表人：(中文)
　　　　(英文)
　　　　　　　　　　　　　　　　　　　　　　　　　　(簽章)

地址：　(中文)
　　　　(英文)

□註記此申請人為應受送達人
┌─────────────────────────────┐
│聯絡電話及分機：　　　　　　　　　　　　　　　　　　│
│　　　　　　　　　　　　　　　　　　　　　　　　　│
└─────────────────────────────┘

1   109.01.01

△ 圖 5-19　「申請人」的聯絡電話及分機

得獎發明介紹

　　馬桶之除臭裝置獲准專利 170289 號，如圖 5-20 所示，主要內容爲：在馬桶的座墊下有一配合其形狀之底板，該底板面對馬桶之位置及座墊內側緣上開設有一個以上之抽氣孔，且該底板在座墊與馬桶蓋樞接處接設有一抽風管，該抽風管另一端則接設有風扇，該風扇可固定在馬桶蓋上或馬桶其它位置上，且該風扇上另接設向外延伸之排氣管，可藉由風扇之抽吸，將使用者排出糞便產生之臭味經抽氣孔抽入座墊與蓋體所形成之通道，而使臭味不致外洩，再由抽風管接設之排氣管，將馬桶中臭味完全排除出去。

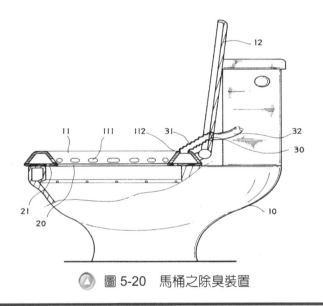

圖 5-20　馬桶之除臭裝置

5-5 代理人的撰寫原則 IQ

如圖 5-21 所示，如果申請人是透過專利事務所辦理專利申請事宜，則必須將所委任專利事務所的資料填入代理人的相關欄位。如果申請人是自己提出專利申請，則本欄可填「無」。

◎代理人：(多位代理人時，應將本欄位完整複製後依序填寫)

ID：

姓名：

　　　　　　　　　　　　　　　　　　　　　　　　　　(簽章)

證書字號：

地址：

聯絡電話及分機：

三、發明人：(共　人)(多位發明人時，應將本欄位完整複製後依序填寫)

（第 1 發明人）

ID：　　　　　　　　　　　　國籍：

姓名：姓：　　　　　　　　　　名：
　　　　Family name：　　　　　　Given name：

四、聲明事項：(不須填寫的部分可自行刪除)

☐ 本案符合優惠期相關規定：(請載明公開事由、事實發生日期，並檢送相關公開證明文件)

☐ 主張優先權：

【請依序註記：受理國家（地區）、申請日、申請案號 】

1.

2.

☐ 以電子交換方式檢送優先權證明文件：(優先權證明文件以電子交換方式檢送者，僅須勾選及填寫本項資料)

☐日本：【請依序註記：申請日、申請案號、國外申請專利類別、存取碼 】

1.

2.

☐韓國：【請依序註記：申請日、申請案號 】

1.

2.

☐ 主張利用生物材料：

☐ 須寄存生物材料者：

國內寄存資訊 【請依序註記：寄存機構、日期、號碼 】

2　　　　　　　　　　　　　109.01.01

△ 圖 5-21　代理人的相關資料

依據專利法施行細則：申請人委任專利代理人者，應檢附委任書，載明代理之權限及送達處所。

所以**如果申請人是透過專利事務所辦理專利申請事宜，則必須另外附上申請人與專利事務所簽訂的「委任書」**，而且「委任書」並須清楚記載申請人是將哪一件專利申請案委任給哪一家專利事務所辦理，委任的範圍包含申請、答辯、領證書及繳年費等事項的哪些項目，以及委任的時間期限。

此外，依據專利法施行細則：<u>申請人委任的專利代理人不得逾三人</u>。專利代理人有二人以上者，均得單獨代理申請人。

例如申請人有 A、B、C、D、E，5 件專利申請案，可分別委任專利代理人甲辦理專利申請案 A、專利代理人乙辦理專利申請案 B、專利代理人丙辦理專利申請案 C、D、E，專利代理人甲、乙、丙均單獨代理其所負責的部份。

又例如申請人只有 A，1 件專利申請案，可分別委任專利代理人甲負責申請、專利代理人乙負責答辯、專利代理人丙負責領證書。

> 提醒：依據專利法施行細則：專利代理人經申請人同意，得委任他人為複代理人。所以如果申請人與專利事務所簽訂的「委任書」中有同意委任他人為複代理人的條文，則表示申請人以 6 萬元將專利申請案 A 委任給代理人甲辦理後，代理人甲可以再用 3 萬元將專利申請案 A 再轉委任給複代理人丁辦理。
>
> 通常這是適用於申請人經由位於台灣的事務所(代理人甲)申請外國(例如美國)的專利，表示申請人同意位於台灣的代理人甲可自行將專利申請案 A 再轉委任給位於美國的事務所(複代理人丁)辦理美國的專利申請事務。
>
> 但若代理人甲與複代理人丁都在台灣，代理人甲此舉只是為了賺取差價，則恐怕會影響申請案的撰寫品質。所以國內的申請案件建議刪除複代理人的相關條文。

 題外話時間：自行申請與委任專利代理人申請

發明人經常難以抉擇究竟應該自行申請或是應該委任專利代理人申請，茲分析如下表 5-1 所示，以利發明人依據自己與申請案的狀況下決定。

▼ 表 5-1　自行申請與委任專利代理人申請的利弊分析

項目	自行申請	委任專利代理人申請
前提	必須發明人自己懂得如何撰寫專利申請書(含說明書)。	發明人只要會陳述所研發之內容即可。
費用	少,只需負擔繳給經濟部智慧財產局的規費即可。	多,除了必須負擔繳給經濟部智慧財產局的規費之外,每一次辦理申請、修正、答辯、領證書、繳費、轉讓等事項,專利事務所都要收取代辦費。
保密性	佳,只有發明人自己知道所研發之內容。	視所委任專利代理人的品格而定,雖然幾乎沒有發生過,但還是有不肖事務所承辦人欺騙、侵吞發明人辛苦研發成果的傳聞。
時間	長,通常發明人自己撰寫的專利申請書因經驗、功力不足,較常發生被要求修正、補件與答辯等狀況,造成公文往返、審查時間被拉長。	短,通常專利代理人撰寫的專利申請書比較少發生被要求修正、補件與答辯等狀況,可縮短審查時間。
通過率	低,通常發明人自己撰寫的專利申請範圍過大,造成與其他既有專利衝突而被核駁的機會較大。	高,通常專利代理人撰寫的專利申請範圍因經驗較多、功力較高,若再加上前案搜尋與比對,比較能排除與其他既有專利衝突的狀況,進而提高通過率。
對迴避設計的反制能力	低,通常發明人自己撰寫的專利申請範圍比較沒有思考迴避設計的問題,所以,比較容易被迴避設計成功。	高,通常專利代理人撰寫的專利申請範圍因經驗較多、功力較高,比較能夠達成反迴避設計的需求。

　　曾有互為競爭對手的 A、B 廠商都找 C 事務所委辦專利,結果 B 廠商勾結 C 事務所承辦人,侵吞 A 廠商研發成果的傳聞,故應留意事務所的保密性與人員操守。

 題外話時間：大小專利事務所

　　發明人一旦決定委任專利代理人提出專利申請後,經常會遇到究竟應該找很貴的大型專利事務所或是應該找很便宜的小型專利事務所的難題。茲分析如下表 5-2 所示,以利發明人依據自己與申請案的狀況下決定。

表 5-2　大小專利事務所的利弊分析

項目	大型專利事務所	小型專利事務所
費用	高，有時有許多分店必須繳高昂店租與負擔大批人力薪資的大型專利事務所，其價格甚至比小型專利事務所貴兩三倍。	低，有時小型專利事務所的價格甚至不到大型專利事務所的一半。
被重視性	大型專利事務所通常有固定大量提專利申請案的大主顧、大廠商，面對好幾年才提1件專利申請案的個人發明家，比較可能指派生疏的新手接案。	小型專利事務所因本身人力與案件來源有限，即使是好幾年才提1件專利申請案的個人發明家，也經常由資深的熟手接案。
專業性	大型專利事務所通常各領域的人力充足，一般都能指派與申請案相同專業領域的承辦人接案。	小型專利事務所因本身人力有限，有時可能因缺電機領域的承辦人，而被迫由機械領域的承辦人去承接電機領域的案件。

5-6　發明(創作)人的撰寫原則

本節說明發明人與創作人的撰寫注意事項。

如圖 5-22 所示，如果申請的是發明專利，則在「發明專利申請書」中本欄位的標題就是「發明人」；如圖 5-23 所示，如果申請的是新型專利，則在「新型專利申請書」中本欄位的標題變成「新型創作人」；如圖 5-24 所示，如果申請的是設計專利，則在「設計專利申請書」中本欄位的標題則是「設計人」。不過為了方便起見，口語上一般還是統稱為發明人。

◎代理人：(多位代理人時，應將本欄位完整複製後依序填寫)

ID：

姓名：

(簽章)

證書字號：

地址：

聯絡電話及分機：

三、發明人：(共　人)(多位發明人時，應將本欄位完整複製後依序填寫)

（第1發明人）

ID：　　　　　　　　　　　　　　國籍：

姓名：姓：　　　　　　　　　　　名：

　　　Family　　　　　　　　　　Given
　　　name：　　　　　　　　　　name：

四、聲明事項：(不須填寫的部分可自行刪除)

☐ 本案符合優惠期相關規定：(請載明公開事由、事實發生日期、並檢送相關公開證明文件)

☐ 主張優先權：

　　【請依序註記：受理國家（地區）、申請日、申請案號 】

　　1.

　　2.

　　☐ 以電子交換方式檢送優先權證明文件：(優先權證明文件以電子交換方式檢送者，僅須勾選及填寫本項資料)

　　☐日本：【請依序註記：申請日、申請案號、國外申請專利類別、存取碼 】

　　　1.

　　　2.

　　☐韓國：【請依序註記：申請日、申請案號 】

　　　1.

　　　2.

☐ 主張利用生物材料：

　　☐ 須寄存生物材料者：

　　　國內寄存資訊 【請依序註記：寄存機構、日期、號碼 】

2　　　　　　　　　　　　　　　　109.01.01

⬆ 圖 5-22　發明專利發明人

◎代理人：(多位代理人時，應將本欄位完整複製後依序填寫)

ID：

姓名：

（簽章）

證書字號：

地址：

聯絡電話及分機：

三、新型創作人：（共　人）(多位新型創作人時，應將本欄位完整複製後依序填寫)

（第 1 新型創作人）

ID：　　　　　　　　　　　　　　國籍：

姓名：姓：　　　　　　　　　　　名：

　　　　　Family
　　　　　name：　　　　　　　　Given
　　　　　　　　　　　　　　　　name：

四、聲明事項：(依法不須填寫的部分可自行刪除)

☐ 本案符合優惠期相關規定：(請載明公開事由、事實發生日期、並檢送相關公開證明文件)

☐ 主張優先權：

【請依序註記：受理國家（地區）、申請日、申請案號 】

1.

2.

☐ 以電子交換方式檢送優先權證明文件：(優先權證明文件以電子交換方式檢送

者，僅須勾選及填寫本項資料)

☐日本：【請依序註記：申請日、申請案號、國外申請專利類別、存取碼 】

1.

2.

☐韓國：【請依序註記：申請日、申請案號 】

1.

2.

☐ 聲明本人就相同創作在申請本新型專利之同日，另申請發明專利。

2　　　　　　　　　　　　　　　　109.01.01

🔼 圖 5-23　新型專利新型創作人

三、設計人：（共　人）(多位設計人時，應將本欄位完整複製後依序填寫)

（第 1 設計人）

ID：　　　　　　　　　　　　　　國籍：

姓名：姓：　　　　　　　　　　　名：

　　　　　Family
　　　　　name：　　　　　　　　Given
　　　　　　　　　　　　　　　　name：

🔼 圖 5-24　設計專利設計人

　　首先**必須填寫發明(新型創作)(設計)人總共有幾人**，如圖 5-22、圖 5-23 及圖 5-24 所示。由於發明(新型創作)(設計)人原則上就是申請人，也就是未來的專利所有權人，即使有專利申請權轉讓的情況，也必須所有的發明(新型創作)(設計)人都簽名蓋章，專利申請權的轉讓才會生效。所以發明(新型創作)(設計)人的人數直接影響專利權的歸屬，必須特別加以寫明。其次如圖 5-25、圖 5-26 及圖 5-27 所示，應該依照順序填寫每一位發明(新型創作)(設計)人的資料，包含該位發明(新型創作)(設計)人是第幾位發明(新型創作)(設計)人。

◎代理人：(多位代理人時，應將本欄位完整複製後依序填寫)
ID：
姓名：
　　　　　　　　　　　　　　　　　　　　　　　　(簽章)
證書字號：
地址：
聯絡電話及分機：

三、發明人：(共　　人)(多位發明人時，應將本欄位完整複製後依序填寫)

（第 1 發明人）

ID：　　　　　　　　　　　國籍：
姓名：姓：　　　　　　　　名：
　　　Family　　　　　　　Given
　　　name　　　　　　　 name

四、聲明事項：(不須填寫的部分可自行刪除)
□ 本案符合優惠期相關規定：(請載明公開事由、事實發生日期、並檢送相關公開證明文件)

□ 主張優先權：
　　　　【請依序註記：受理國家（地區）、申請日、申請案號 】
　　　　1.
　　　　2.
　　　□ 以電子交換方式檢送優先權證明文件：(優先權證明文件以電子交換方式檢送
　　　　者，僅須勾選及填寫本項資料)
　　　　□日本【請依序註記：申請日、申請案號、國外申請專利類別、存取碼 】
　　　　　1.
　　　　　2.
　　　　□韓國【請依序註記：申請日、申請案號 】
　　　　　1.
　　　　　2.

□ 主張利用生物材料：
　　　□ 須寄存生物材料者：
　　　　國內寄存資訊【請依序註記：寄存機構、日期、號碼 】

2　　　　　　　　　　　　　　　　　　109.01.01

▲ 圖 5-25　發明專利的發明人是第幾位發明人

三、新型創作人：（共　人）（多位新型創作人時，應將本欄位完整複製後依序填寫）

（第1新型創作人）

ID：　　　　　　　　　　　　　　國籍：

姓名：姓：　　　　　　　　　　　名：
　　　Family
　　　name：
　　　　　　　　　　　　　　　　　Given
　　　　　　　　　　　　　　　　　name：

🔺 圖 5-26　新型專利的新型創作人是第幾位新型創作人

三、設計人：（共　人）（多位設計人時，應將本欄位完整複製後依序填寫）

（第1設計人）

ID：　　　　　　　　　　　　　　國籍：

姓名：姓：　　　　　　　　　　　名：
　　　Family
　　　name：
　　　　　　　　　　　　　　　　　Given
　　　　　　　　　　　　　　　　　name：

🔺 圖 5-27　設計專利的設計人是第幾位設計人

5

接下來如圖 5-28 所示，應該依照順序填寫每一位發明(新型創作)(設計)人的識別碼(ID)，如果發明(新型創作)(設計)人是中華民國國民，則識別碼(ID)應填寫身分證號碼；如果發明(新型創作)(設計)人不是中華民國國民，則識別碼(ID)應填寫護照號碼或經濟部智慧財產局所給予的識別編號。

◎代理人：(多位代理人時，應將本欄位完整複製後依序填寫)

ID：

姓名：

(簽章)

證書字號：

地址：

聯絡電話及分機：

三、發明人：(共　人)(多位發明人時，應將本欄位完整複製後依序填寫)

　(第 1 發明人)

| ID： | 國籍： |

姓名：姓：　　　　　　　　　　　　名：
　　　Family　　　　　　　　　　　　Given
　　　name：　　　　　　　　　　　　name：

四、聲明事項：(不須填寫的部分可自行刪除)

☐ 本案符合優惠期相關規定：(請載明公開事由、事實發生日期、並檢送相關公開證明文件)

☐ 主張優先權：

　　【請依序註記：受理國家（地區）、申請日、申請案號 】

　　　1.
　　　2.

　　☐ 以電子交換方式檢送優先權證明文件：(優先權證明文件以電子交換方式檢送

　　　者，僅須勾選及填寫本項資料)

　　☐日本：【請依序註記：申請日、申請案號、國外申請專利類別、存取碼 】

　　　　1.
　　　　2.

　　☐韓國：【請依序註記：申請日、申請案號 】

　　　　1.
　　　　2.

☐ 主張利用生物材料：

　　☐ 須寄存生物材料者：

　　　國內寄存資訊 【請依序註記：寄存機構、日期、號碼 】

2　　　　　　　　　　　　　　　　　109.01.01

▲ 圖 5-28　發明(新型創作)(設計)人的識別碼(ID)

接下來如圖 5-29 所示，應該依照順序填寫每一位發明(新型創作)(設計)人的國籍。

◎代理人：(多位代理人時，應將本欄位完整複製後依序填寫)

ID：

姓名：

(蓋章)

證書字號：

地址：

聯絡電話及分機：

三、發明人：(共　人)(多位發明人時，應將本欄位完整複製後依序填寫)

（第 1 發明人）

ID：　　　　　　　　　　　　國籍：

姓名：姓：　　　　　　　　　名：

　　　Family　　　　　　　　　Given
　　　name：　　　　　　　　　name：

四、聲明事項：(不須填寫的部分可自行刪除)

☐ 本案符合優惠期相關規定：(請載明公開事由、事實發生日期、並檢送相關公開證明文件)

☐ 主張優先權：

【請依序註記：受理國家（地區）、申請日、申請案號 】

1.

2.

☐ 以電子交換方式檢送優先權證明文件：(優先權證明文件以電子交換方式檢送

者，僅須勾選及填寫本項資料)

☐日本【請依序註記：申請日、申請案號、國外申請專利類別、存取碼 】

1.

2.

☐韓國【請依序註記：申請日、申請案號 】

1.

2.

☐ 主張利用生物材料：

☐ 須寄存生物材料者：

國內寄存資訊 【請依序註記：寄存機構、日期、號碼 】

2　　　　　　　　　　　　　　109.01.01

🔺 圖 5-29　發明(新型創作)(設計)人的國籍

接下來如圖 5-30 所示，應該依照順序填寫每一位發明(新型創作)(設計)人的中英文姓名，**請注意：不論中英文都是姓在前，名在後，而且英文必須全部大寫。**

◎代理人：(多位代理人時，應將本欄位完整複製後依序填寫)

ID：

姓名：

(簽章)

證書字號：

地址：

聯絡電話及分機：

三、發明人：(共　人)(多位發明人時，應將本欄位完整複製後依序填寫)

(第 1 發明人)

ID：　　　　　　　　　　　國籍：

姓名：姓：	名：
Family name：	Given name：

四、聲明事項：(不須填寫的部分可自行刪除)

☐ 本案符合優惠期相關規定：(請載明公開事由、事實發生日期、並檢送相關公開證明文件)

☐ 主張優先權：

【請依序註記：受理國家（地區）、申請日、申請案號 】

1.

2.

☐ 以電子交換方式檢送優先權證明文件：(優先權證明文件以電子交換方式檢送

者，僅須勾選及填寫本項資料)

☐日本：【請依序註記：申請日、申請案號、國外申請專利類別、存取碼 】

1.

2.

☐韓國：【請依序註記：申請日、申請案號 】

1.

2.

☐ 主張利用生物材料：

☐ 須寄存生物材料者：

國內寄存資訊 【請依序註記：寄存機構、日期、號碼　】

2   109.01.01

▲ 圖 5-30　發明(新型創作)(設計)人的中英文姓名

 得獎發明介紹

冰箱電鍋獲准專利 M359998 號，主要內容為：現代人生活忙碌，經常沒有足夠的煮飯時間，因此利用電鍋的加熱烹煮功能，以定時方式在就寢前準備隔天早餐或上班、上學前準備午餐、晚餐，就成為一種方便的選項。

但是食物處理好之後就直接放入電鍋中，如果在正式加熱前的等待時間太長，很容易發生腐敗變質的問題。所以如果食物處理好之後可以先放入冰箱冷藏、冷凍，等到要正式加熱的時候才放入電鍋，則是較佳的方式。

問題是：現代人生活忙碌，經常是在就寢前準備隔天早餐或上班、上學前準備午餐、晚餐，不可能睡到半夜專門起床或上班、上學到一半，專程趕回家將食物由冰箱取出，放入電鍋。

而目前傳統的電鍋只具有加熱功能，而且電鍋在加熱時必須排放蒸氣以釋放壓力，故傳統電鍋並非密封，此與冰箱冷藏、冷凍需要密封的需求不同。造成目前市面上的電鍋都無法在加熱前完全取代冰箱冰存食物的功能。

本專利所提出之『冰箱電鍋』的設計理念就是讓冰箱與電鍋合為一體，使電鍋在加熱前可以完全取代冰箱冰存食物的功能。

則在就寢前欲準備隔天早餐或上班、上學前欲準備午餐、晚餐，在食物處理好之後就可以直接放入本專利的冰箱電鍋中，先切換到冰箱的冷凍、冷藏功能冰存食物，保持新鮮，等到接近用餐時間，再依據設定的切換時間，將冰箱電鍋切換到電鍋加熱烹煮的功能。

本專利後來被迴避設計成電子冰盤，以下為節錄自 2012 年 11 月 2 日自由時報的報導。

2012 年英國倫敦國際發明展，共有英、美、德、法和馬來西亞及香港等十五個國家地區參賽，「電子冰盤」擊敗歐美亞洲等先進國家，勇奪金牌。「電子冰盤」將俄製「製冷晶片」應用，解決迅速加熱和降溫的難題，增設散熱鋁鰭和風扇，能從室溫在兩分半鐘內加熱到一百三十度，也能從室溫在兩分鐘內急速冷凍至負十度。團隊成員說，「電子冰盤」體積小可應用在一般保溫箱，變成烤箱和冰箱，不需化學藥劑和壓縮機，只需八顆三號電池能運作二十分鐘到四小時，環保節能又實用。

事實上『冰箱電鍋』早在 2009 年就獲得台北國際發明暨技術交易展銀牌獎以及英國倫敦國際發明展銀牌獎。而上述「電子冰盤」只是把『冰箱電鍋』的相同設計，改成冰箱與烤箱，也就是把電鍋改成烤箱而已。

5-7 聲明事項的撰寫原則

如圖 5-31 所示，如果在提出專利申請前的半年內曾經因研究、實驗而公開，或在提出專利申請前的半年內曾經在政府主辦或認可之展覽會展出，則必須在(□本案符合優惠期相關規定)的選項勾選，並註明日期以及提出相關證明文件，才能保有新穎性，否則將因上述公開或展出的行為而喪失新穎性，成為專利不通過的核駁理由。

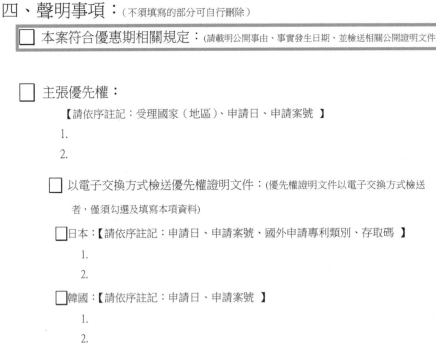

四、聲明事項：(不須填寫的部分可自行刪除)

　　□ 本案符合優惠期相關規定：(請載明公開事由、事實發生日期、並檢送相關公開證明文件)

　　□ 主張優先權：
　　　　【請依序註記：受理國家（地區）、申請日、申請案號 】
　　　　　1.
　　　　　2.

　　　　□ 以電子交換方式檢送優先權證明文件：(優先權證明文件以電子交換方式檢送
　　　　　者，僅須勾選及填寫本項資料)

　　　　□日本：【請依序註記：申請日、申請案號、國外申請專利類別、存取碼 】
　　　　　　1.
　　　　　　2.

　　　　□韓國：【請依序註記：申請日、申請案號 】
　　　　　　1.
　　　　　　2.

圖 5-31　主張新穎性優惠期的選項

如圖 5-32 所示，如果在向經濟部智慧財產局提出專利申請前曾經以相同內容向其他國家專利局申請專利，則必須在(□主張優先權)的選項勾選，並且應該寫明申請國家、申請日及申請案號，再提出正本的證明文件，才能主張國外優先權。

提醒：國外證明文件若使用影本，是否偽造不易查證，因此規定必須用正本。

四、聲明事項：（不須填寫的部分可自行刪除）

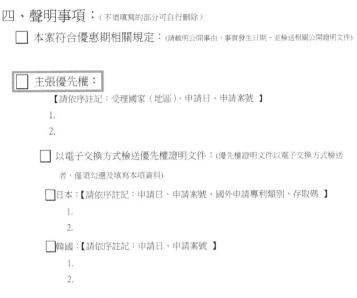

☐ 本案符合優惠期相關規定：（請載明公開事由、事實發生日期，並檢送相關公開證明文件）

☐ 主張優先權：
　　【請依序註記：受理國家（地區）、申請日、申請案號 】
　　1.
　　2.
　☐ 以電子交換方式檢送優先權證明文件：（優先權證明文件以電子交換方式檢送
　　　者，僅須勾選及填寫本項資料）
　☐ 日本：【請依序註記：申請日、申請案號、國外申請專利類別、存取碼 】
　　　1.
　　　2.
　☐ 韓國：【請依序註記：申請日、申請案號 】
　　　1.
　　　2.

◬ 圖 5-32　主張國外優先權

　　如圖 5-33 所示，如果提出的專利申請案與微生物有關，為了確保當專利核准時，這些由發明人特別培育、具有特殊功效的特殊微生物依然存活，可立即被產業使用，因此訂有寄存規定。

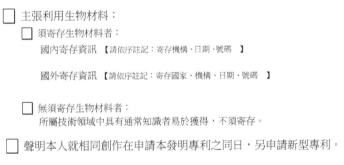

☐ 主張利用生物材料：
　☐ 須寄存生物材料者：
　　　國內寄存資訊 【請依序註記：寄存機構、日期、號碼 】

　　　國外寄存資訊 【請依序註記：寄存國家、機構、日期、號碼 】

　☐ 無須寄存生物材料者：
　　　所屬技術領域中具有通常知識者易於獲得，不須寄存。
☐ 聲明本人就相同創作在申請本發明專利之同日，另申請新型專利。

◬ 圖 5-33　生物材料寄存

　　申請人可提出證明文件，證明其所特別培育、具有特殊功效的特殊微生物，寄存在國內經過經濟部智慧財產局認可的寄存機構，妥善照料、維持存活狀態，以證明該專利申請案具有產業利用性。

　　申請人也可提出證明文件，證明其所特別培育、具有特殊功效的特殊微生物，寄存在國外某一經過經濟部智慧財產局認可的寄存機構，妥善照料、維持存活狀態，以

證明該專利申請案具有產業利用性。申請人也可提出證明文件，證明其所使用的微生物是易於取得的，所以沒有必要寄存。

目前開放可同時申請發明與新型，因此，若同時申請發明與新型專利也必須如圖5-34 與圖 5-35 聲明。

國外寄存資訊 【請依序註記：寄存國家、機構、日期、號碼 】

☐ 無須寄存生物材料者：
　　所屬技術領域中具有通常知識者易於獲得，不須寄存。

☐ 聲明本人就相同創作在申請本發明專利之同日，另申請新型專利。

🔺 圖 5-34　發明專利聲明同時申請新型專利

☐日本：【請依序註記：申請日、申請案號、國外申請專利類別、存取碼 】
　　1.
　　2.
☐韓國：【請依序註記：申請日、申請案號 】
　　1.
　　2.

☐ 聲明本人就相同創作在申請本新型專利之同日，另申請發明專利。

🔺 圖 5-35　新型專利聲明同時申請發明專利

🏆 得獎發明介紹

　　兼具逃生用旅行袋獲准專利 134298 號，如圖 5-36 所示，主要內容為：一種兼具逃生用旅行袋，其係由一條具適長適寬、耐拉且兩側均車有拉鏈之逃生索體逐步拉起捲繞固定成直筒形旅行袋。平時可當旅行袋用，萬一在旅社房間遇到火災，則可將拉鏈拉開，讓旅行袋變成逃生索，協助逃生。

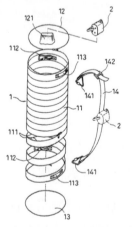

🔺 圖 5-36　兼具逃生用旅行袋

5-8 頁數、請求項及規費的撰寫原則

本節說明規費等的撰寫注意事項。

如圖 5-37 所示，如果申請的是**發明專利**，因為**應繳的規費金額與說明書的總頁數以及申請專利範圍請求項的項數有關**，所以必須填寫文字部分摘要、說明書及申請專利範圍的頁數、圖式的頁數、說明書的總頁數、申請專利範圍請求項的項數、圖式的圖數以及應繳的規費金額。

> 五、說明書頁數、請求項數及申請規費：
>
> 摘要：(　　)頁，說明書：(　　)頁，申請專利範圍：(　　)頁，圖
> 式：(　　)頁，合計共(　　)頁。
> 申請專利範圍之請求項共(　　)項，圖式共(　　)圖。
> 規費：共計新台幣　　　　　　元整。(規費請參見申請須知)

圖 5-37　應繳金額、說明書頁數以及申請專利範圍請求項的項數

如圖 5-38 所示，如果申請的是發明專利，因為應繳的規費金額與發明名稱、申請人姓名或名稱、發明人姓名或名稱以及說明書摘要是否全部附有英文翻譯有關，如果上述項目全部附有英文翻譯，則可減收新台幣 800 元。

> ☐本案未附英文說明書，但所檢附之申請書中發明名稱、申請人姓名或名稱、發明
> 人姓名及摘要同時附有英文翻譯，可減收申請規費。

圖 5-38　附有英文翻譯減收新台幣 800 元

如果申請的是發明專利，但是沒有申請實體審查(在申請書首頁沒有勾選☐本案一併申請實體審查)，則申請規費固定為新台幣 3500 元；如果有申請實體審查(在申請書首頁有勾選☐本案一併申請實體審查)，則應繳規費除了申請規費的新台幣 3500 元之外，還需繳交實體審查費。

實體審查費與說明書的總頁數以及申請專利範圍請求項的項數有關，專利說明書的總頁數在 50 頁以下，且申請專利範圍之請求項在 10 項以內者，每件新台幣 7000 元；請求項超過 10 項者，每項加收新台幣 800 元；專利說明書的總頁數超過 50 頁者，每 50 頁加收新台幣 500 元；其不足 50 頁者，以 50 頁計。

因為應繳規費相當複雜，以下舉出數個計算範例以供參考。

例一：某發明專利申請案沒有申請實體審查，說明書摘要沒有附英文翻譯，則應繳規費為新台幣 3500 元(發明專利申請費)。

例二：某發明專利申請案沒有申請實體審查，發明名稱、申請人姓名或名稱、發明人姓名或名稱以及說明書摘要都有附英文翻譯，則應繳規費為新台幣 3500 元(發明專利申請費)－800 元(附英文翻譯減收 800 元)＝2700 元。

例三：某發明專利申請案有申請實體審查，說明書摘要沒有附英文翻譯，專利說明書的總頁數為 30 頁，申請專利範圍之請求項為 6 項，則應繳規費為新台幣 3500 元(發明專利申請費)＋7000 元(實體審查費)＝10500 元。

例四：某發明專利申請案有申請實體審查，發明名稱、申請人姓名或名稱、發明人姓名或名稱以及說明書摘要都有附英文翻譯，專利說明書的總頁數為 30 頁，申請專利範圍之請求項為 6 項，則應繳規費為新台幣 3500 元(發明專利申請費)－800 元(附英文翻譯減 800 元)＋7000 元(實體審查費)＝9700 元。

例五：某發明專利申請案有申請實體審查，說明書摘要沒有附英文翻譯，專利說明書的總頁數為 60 頁，申請專利範圍之請求項為 6 項，則應繳規費為新台幣 3500 元(發明專利申請費)＋500 元(專利說明書的總頁數超過50頁加收新台幣500元)＋7000 元(實體審查費)＝11000 元。

例六：某發明專利申請案有申請實體審查，發明名稱、申請人姓名或名稱、發明人姓名或名稱以及說明書摘要都有附英文翻譯，專利說明書的總頁數為 120 頁，申請專利範圍之請求項為 6 項，則應繳規費為新台幣 3500 元(發明專利申請費)－800 元(附英文翻譯減收 800 元)＋1000 元(專利說明書的總頁數超過 50 頁，每50頁加收新台幣500元，120頁超過50頁2次)＋7000 元(實體審查費)＝10700 元。

例七：某發明專利申請案有申請實體審查，說明書摘要沒有附英文翻譯，專利說明書的總頁數為 60 頁，申請專利範圍之請求項為 11 項，則應繳規費為新台幣 3500 元(發明專利申請費)＋500 元(專利說明書的總頁數超過50頁加收新台幣500元)＋800 元(申請專利範圍之請求項超過 10 項，每項加收新台幣 800 元)＋7000 元(實體審查費)＝11800 元。

例八：某發明專利申請案有申請實體審查，發明名稱、申請人姓名或名稱、發明人姓名或名稱以及說明書摘要都有附英文翻譯，專利說明書的總頁數為 60 頁，申請專利範圍之請求項為 12 項，則應繳規費為新台幣 3500 元(發明專利申請費)－800 元(附英文翻譯減收 800 元)＋500 元(專利說明書的總頁數超過 50 頁加收新台幣 500 元)＋1600 元(申請專利範圍之請求項超過 10 項，每項加收新台幣 800 元，超過 2 項)＋7000 元(實體審查費)＝11800 元。

如圖 5-39 所示，如果申請的是新型專利，則應繳規費固定為新台幣 3000 元。 雖然**新型專利的應繳規費與專利說明書的總頁數以及申請專利範圍請求項的項數無關**，但是為了確定新型專利申請案的內容，相關的頁數與項數還是必須填寫。

五、申請規費:

摘要：(   )頁，說明書：(   )頁，申請專利範圍：(   )頁，圖式：(   )頁，合計共 (   )頁。

申請專利範圍之請求項共 (   )項，圖式共(   )圖。

規費：新台幣 3,000 元整。

圖 5-39 新型專利規費固定為新台幣 3000 元

如圖 5-40 所示，如果申請的是設計專利，則應繳規費固定為新台幣 3000 元。 雖然**設計專利的應繳規費與專利說明書的總頁數無關**，但是因為設計專利申請案的內容主要是由圖面來認定，所以相關的頁數還是必須填寫。

五、申請規費:

說明書：(   )頁，圖式：(   )頁，合計共 (   )頁；圖式共(   )圖。

規費：新台幣 3,000 元整。

圖 5-40 設計專利規費固定為新台幣 3000 元

以下節錄部份發明專利申請費如下(因規費可能調整,實際申請前建議再上網查詢確認):

1. 申請發明專利,每件新臺幣三千五百元。

2. 申請提早公開發明專利申請案,每件新臺幣一千元。

3. 申請實體審查,說明書、申請專利範圍、摘要及圖式合計在五十頁以下,且請求項合計在十項以內者,每件新臺幣七千元;請求項超過十項者,每項加收新臺幣八百元;說明書、申請專利範圍、摘要及圖式超過五十頁者,每五十頁加收新臺幣五百元;其不足五十頁者,以五十頁計。

4. 申請回復優先權主張,每件新臺幣二千元。

5. 申請誤譯之訂正,每件新臺幣二千元。

6. 申請改請為發明專利,每件新臺幣三千五百元。

7. 申請再審查,說明書、申請專利範圍、摘要及圖式合計在五十頁以下,且請求項合計在十項以內者,每件新臺幣七千元;請求項超過十項者,每項加收新臺幣八百元;說明書、申請專利範圍、摘要及圖式超過五十頁者,每五十頁加收新臺幣五百元;其不足五十頁者,以五十頁計。

8. 申請舉發,每件新臺幣五千元,並依其舉發聲明所載之請求項數按項加繳,每一請求項加收新臺幣八百元。但依本法第五十七條、第七十一條第一項第一款中第三十二條第一項及第三項、第七十一條第一項第二款及第三款規定之情事申請舉發者,每件新臺幣一萬元。

9. 申請分割,每件新臺幣三千五百元。

10. 申請延長專利權,每件新臺幣九千元。

11. 申請更正說明書、申請專利範圍或圖式,每件新臺幣二千元。

12. 申請強制授權專利權,每件新臺幣十萬元。

13. 申請廢止強制授權專利權,每件新臺幣十萬元。

14. 申請舉發案補充理由、證據,每件新臺幣二千元。

以下節錄部份新型專利申請費如下:

1. 申請新型專利,每件新臺幣三千元。

2. 申請回復優先權主張,每件新臺幣二千元。

3. 申請誤譯之訂正,每件新臺幣二千元。

4. 申請改請為新型專利，每件新臺幣三千元。

5. 申請舉發，每件新臺幣五千元，並依其舉發聲明所載之請求項數按項加繳，每一請求項加收新臺幣八百元。但依本法第一百十九條第一項第二款及第三款規定之情事申請舉發者，每件新臺幣九千元。

6. 申請分割，每件新臺幣三千元。

7. 申請新型專利技術報告，其請求項合計在十項以內者，每件新臺幣五千元；請求項超過十項者，每項加收新臺幣六百元。

8. 申請更正說明書、申請專利範圍或圖式，每件新臺幣一千元。但依本法第一百二十條準用第七十七條第一項規定更正者，每件新臺幣二千元。

9. 申請舉發案補充理由、證據，每件新臺幣二千元。

前項第 1 款、第 4 款及第 6 款之申請案，以電子方式提出者，其申請費，每件減收新臺幣六百元。

同時為第一項第三款及第八款之申請者，每件新臺幣二千元。

以下節錄部份設計專利申請費如下：

1. 申請設計專利或衍生設計專利，每件新臺幣三千元。

2. 申請回復優先權主張，每件新臺幣二千元。

3. 申請誤譯之訂正，每件新臺幣二千元。

4. 申請改請為設計專利或衍生設計專利，每件新臺幣三千元。

5. 申請再審查，每件新臺幣三千五百元。

6. 申請舉發，每件新臺幣八千元。

7. 申請分割，每件新臺幣三千元。

8. 申請更正說明書或圖式，每件新臺幣二千元。

9. 申請舉發案補充理由、證據，每件新臺幣二千元。

前項第 1 款、第 4 款及第 7 款之申請案，以電子方式提出者，其申請費，每件減收新臺幣六百元。

同時為第一項第三款及第八款之申請者，每件新臺幣二千元。

以下節錄部份其他申請費如下：

1. 申請發給證明書件，每件新臺幣一千元。

2. 申請面詢，每件每次新臺幣一千元。

3. 申請勘驗，每件每次新臺幣五千元。

4. 申請變更申請人之姓名或名稱、印章或簽名，每件新臺幣三百元。

5. 申請變更發明人、新型創作人或設計人，或變更其姓名，每件新臺幣三百元。

6. 申請變更代理人，每件新臺幣三百元。

7. 申請專利權授權、質權或信託登記之其他變更事項，每件新臺幣三百元。

8. 證書費每件新臺幣一千元。

9. 前項證書之補發或換發，每件新臺幣六百元。

前項第 4 款至第 7 款之申請，其同時為二項以上之變更申請者，每件新臺幣三百元。

以下節錄部份年費如下：

經核准之發明專利，每件每年專利年費如下：

1. 第一年至第三年，每年新臺幣二千五百元。

2. 第四年至第六年，每年新臺幣五千元。

3. 第七年至第九年，每年新臺幣八千元。

4. 第十年以上，每年新臺幣一萬六千元。

經核准之新型專利，每件每年專利年費如下：

1. 第一年至第三年，每年新臺幣二千五百元。

2. 第四年至第六年，每年新臺幣四千元。

3. 第七年以上，每年新臺幣八千元。

經核准之設計專利，每件每年專利年費如下：

1. 第一年至第三年，每年新臺幣八百元。

2. 第四年至第六年，每年新臺幣二千元。

3. 第七年以上，每年新臺幣三千元。

核准延長之發明專利權，於延長期間仍應依前項規定繳納年費；核准延展之專利權，每件每年應繳年費新臺幣五千元。

第 2 年以後的專利年費詳如表 5-3 所示(來源：經濟部智慧財產局網站)。

表 5-3　第 2 年以後每年專利年費應繳金額表　　【102/01/01 起】

專利類型	繳納年度	應繳金額											
		一般資格						符合減收資格					
		依限繳費	逾1日至1個月	逾1個月至2個月	逾2個月至3個月	逾3個月至4個月	逾4個月至6個月	依限繳費	逾1日至1個月	逾1個月至2個月	逾2個月至3個月	逾3個月至4個月	逾4個月至6個月
發明	2-3年每年	2500	3000	3500	4000	4500	5000	1700	2040	2380	2720	3060	3400
	4-6年每年	5000	6000	7000	8000	9000	10000	3800	4560	5320	6080	6840	7600
	7-9年每年	8000	9600	11200	12800	14400	16000	第7年起無減收規定，依左側一般金額繳納					
	10年以上每年	16000	19200	22400	25600	28800	32000						
新型	2-3年每年	2500	3000	3500	4000	4500	5000	1700	2040	2380	2720	3060	3400
	4-6年每年	4000	4800	5600	6400	7200	8000	2800	3360	3920	4480	5040	5600
	7年以上每年	8000	9600	11200	12800	14400	16000	第7年起無減收規定，依左側一般金額繳納					
設計(設計)	2-3年每年	800	960	1120	1280	1440	1600	0					
	4-6年每年	2000	2400	2800	3200	3600	4000	800	960	1120	1280	1440	1600
	7年以上每年	3000	3600	4200	4800	5400	6000	第7年起無減收規定，依左側一般金額繳納					

註：依據專利法第94條規定，第2年以後之專利年費，未於應繳納專利年費之期間內繳費者，得於期滿後6個月補繳之。但其專利年費之繳納除原應繳納之專利年費外，應依逾越應繳納專利年費之期間，按月加繳，每逾一個月加繳百分之二十，最高加繳至依規定之專利年費加倍之數額；其逾繳期間在一日以上一個月以內者，以一個月論。

5-9　外文本撰寫原則　　Q

如果有國外申請資料則應填寫圖 5-41 所示的外文本種類及頁數。

六、外文本種類及頁數：(不須填寫的部分可自行刪除)

外文本種類：☐ 日文　☐ 英文　☐ 德文　☐ 韓文　☐ 法文　☐ 俄文
　　　　　　☐ 葡萄牙文　☐ 西班牙文　☐ 阿拉伯文

外文本頁數：外文摘要、說明書及申請專利範圍共(　　)頁，圖式(　　)頁，合
計共(　　)頁。

◎ 圖 5-41　外文本種類及頁數

5-10　附送書件(說明書)的撰寫原則　　Q

本節說明附送書件中說明書的撰寫注意事項。

如圖 5-42 所示，如果申請的是**發明專利**，「專利申請書」的第一個必要附件是「專
利說明書」，分成摘要、說明書與申請專利範圍 3 段，各需 1 份。

七、附送書件：(不須填寫的部分可自行刪除)

☐ 1、摘要 1 份。
☐ 2、說明書 1 份。
☐ 3、申請專利範圍 1 份。
☐ 4、必要圖式 1 份。
☐ 5、委任書 1 份。
☐ 6、外文摘要 1 份。
☐ 7、外文說明書 1 份。
☐ 8、外文申請專利範圍 1 份。
☐ 9、外文圖式 1 份。
☐ 10、優先權證明文件正本 1 份。

◎ 圖 5-42　發明專利申請書附件發明專利說明書 1 份

如圖 5-43 所示，如果申請的是**新型專利**，「**專利申請書**」的第一個必要附件是「**專利說明書**」，分成摘要、說明書與申請專利範圍 3 段，各需 1 份。

七、附送書件:(不須填寫的部分可自行刪除)

☐1、摘要 1 份。

☐2、說明書 1 份。

☐3、申請專利範圍 1 份。

☐4、圖式 1 份。

☐5、委任書 1 份。

☐6、外文摘要 1 份。

☐7、外文說明書 1 份。

☐8、外文申請專利範圍 1 份。

☐9、外文圖式 1 份。

☐10、優先權證明文件正本 1 份。

☐11、優先權證明文件電子檔 (光碟片)　張(本申請書所檢送之 PDF 電子檔與正本相同)。

☐12、優惠期證明文件 1 份。

☐13、有影響國家安全之虞之申請案，其證明文件正本 1 份。

☐14、其他：

◬ 圖 5-43　新型專利申請書附件新型專利說明書 1 份

如圖 5-44，如果申請的是**設計專利**，「**專利申請書**」的第一個必要附件是「**專利說明書**」，必須附 1 份。

七、附送書件:(不須填寫的部分可自行刪除)

☐1、說明書 1 份。

☐2、圖式 1 份。

☐3、委任書 1 份。

☐4、外文說明書 1 份。

☐5、外文圖式 1 份。

☐6、優先權證明文件正本 1 份。

☐7、優先權證明文件電子檔(光碟片)　張(本申請書所檢送之 PDF 電子檔與正本相同)。

☐8、優惠期證明文件 1 份。

☐9、其他：

◬ 圖 5-44　設計專利申請書附件專利說明書 1 份

5-11 附送書件(圖式)的撰寫原則 IQ

本節說明附送書件中圖式的撰寫注意事項。

如圖 5-45 所示，如果申請的是發明專利，雖然沒有規定必須有圖，但通常發明專利都會有「圖式」，以便協助了解專利申請的內容，必須附 1 份。

如圖 5-46 所示，如果申請的是新型專利，雖然沒有規定必須有圖，但通常新型專利都會有「圖式」，以便協助了解專利申請的內容，必須附 1 份。

如圖 5-47 所示，如果申請的是設計專利，設計一定會有圖，必須附 1 份。

七、附送書件：(不須填寫的部分可自行刪除)

□ 1、摘要 1 份。
□ 2、說明書 1 份。
□ 3、申請專利範圍 1 份。
□ 4、必要圖式 1 份。
□ 5、委任書 1 份。
□ 6、外文摘要 1 份。
□ 7、外文說明書 1 份。
□ 8、外文申請專利範圍 1 份。
□ 9、外文圖式 1 份。
□ 10、優先權證明文件正本 1 份。

▲ 圖 5-45　發明專利申請書附件圖式 1 份

七、附送書件:(不須填寫的部分可自行刪除)

□ 1、摘要 1 份。
□ 2、說明書 1 份。
□ 3、申請專利範圍 1 份。
□ 4、圖式 1 份。
□ 5、委任書 1 份。
□ 6、外文摘要 1 份。
□ 7、外文說明書 1 份。
□ 8、外文申請專利範圍 1 份。
□ 9、外文圖式 1 份。
□ 10、優先權證明文件正本 1 份。
□ 11、優先權證明文件電子檔 (光碟片)　張(本申請書所檢送之 PDF 電子檔與正本相同)。
□ 12、優惠期證明文件 1 份。
□ 13、有影響國家安全之虞之申請案，其證明文件正本 1 份。
□ 14、其他：

▲ 圖 5-46　新型專利申請書附件圖式 1 份

七、附送書件:(不須填寫的部分可自行刪除)

☐ 1、說明書 1 份。

 ☐ 2、圖式 1 份。

☐ 3、委任書 1 份。

☐ 4、外文說明書 1 份。

☐ 5、外文圖式 1 份。

☐ 6、優先權證明文件正本 1 份。

☐ 7、優先權證明文件電子檔(光碟片)　張(本申請書所檢送之 PDF 電子檔與正本相同)。

☐ 8、優惠期證明文件 1 份。

☐ 9、其他:

▲ 圖 5-47　設計專利申請書附件圖式 1 份

5

🏆 **得獎發明介紹**

　　汽車上的灯光、冷氣、音響等用電都是汽油推動汽車,並帶動發電機所產生。「以太陽能光電板供應汽車用電」的專利,在汽車上(車頂)裝光電板供應汽車用電,經過以 1600cc 汽車測試 4000km 發現可省油約 12%,約行駛 6 萬公里後可回本,並可減少 CO_2 排放及降低車內日曬造成之高溫悶熱。

5-12　附送書件(委任書)的撰寫原則　🔍

　　本節說明附送書件中委任書的撰寫注意事項。

　　如圖 5-48 所示,不論申請的是發明專利、新型專利或是設計專利,**如果申請人有找專利代理人,就必須附委任書 1 份,證明發明人同意將專利委託專利事務所提出專利申請。**因為各家專利事務所都有自己的委任書,格式內容也都不相同,在此不舉範例,請自行洽詢所委任之專利事務所。當然,**如果申請人沒有找專利代理人,而是自己提出專利申請,那麼,就不必再附委任書了。**

七、附送書件：（不須填寫的部分可自行刪除）

☐1、摘要1份。
☐2、說明書1份。
☐3、申請專利範圍1份。
☐4、必要圖式1份。
☐5、委任書1份。
☐6、外文摘要1份。
☐7、外文說明書1份。
☐8、外文申請專利範圍1份。
☐9、外文圖式1份。
☐10、優先權證明文件正本1份。

▲ 圖 5-48　委任書

🏆 得獎發明介紹

　　新白光 LED 與多顏色發光二極體獲准專利 157331 號與 107863 號，主要內容為：一種在單一晶片上同時製作出具有紅、綠、藍三顏色發光二極體，突破了以往所無法達到的技術，在目前技術還是以紅色晶粒、藍色晶粒，綠色晶粒同時封裝在一 LED 元件上，本創作僅須一顆晶粒即同時具有 R、G、B 三顏色。在整個晶片上全製作成紫外光晶粒，並在其表面加上 R、G、B 各色之螢光粉層因此就具有 R、G、B 三顏色之 LED 晶粒。

5-13 附送書件(外文說明書)的撰寫原則 IQ

　　本節說明附送書件中外文說明書的撰寫注意事項。

　　如圖 5-49 所示，不論申請的是發明專利或是新型專利，如果申請人在向經濟部智慧財產局提出專利申請之前，曾經先向其他國家提出專利申請，若申請人認為有必要，可以附上外文說明書供審查委員參考。

七、附送書件：（不須填寫的部分可自行刪除）

☐1、摘要1份。
☐2、說明書1份。
☐3、申請專利範圍1份。
☐4、必要圖式1份。
☐5、委任書1份。
☐6、外文摘要1份。
☐7、外文說明書1份。
☐8、外文申請專利範圍1份。
☐9、外文圖式1份。
☐10、優先權證明文件正本1份。

▲ 圖 5-49　外文說明書

得獎發明介紹

　　冷藏櫃之除霧節能裝置獲准專利 M362976 號，主要內容為：在便利商店、超級市場、大賣場等場所，都放置許多冷藏櫃。依據經濟部能源局 2007 年的統計顯示：國內連鎖便利商店已經超過 9000 家，年耗電量約 17 億度，其中 25~30%為冷藏櫃所消耗。

　　而國外超級市場的冷藏櫃耗電量更高達超級市場總耗電量的 60%。

　　由於陳列商品的冷藏櫃其透視玻璃上經常會有結霧，造成消費者看不清商品，因此，目前的冷藏櫃都裝設有除霧裝置。而依據工業技術研究院的研究顯示：除霧裝置的耗電量約佔冷藏櫃耗電量的 15~40%。

　　也就是說，國內連鎖便利商店冷藏櫃除霧裝置的耗電量約佔連鎖便利商店總耗電量的 3.75~12%。而國外超級市場冷藏櫃除霧裝置的耗電量更高達超級市場總耗電量的 9~24%。

　　因此本專利提出一種冷藏櫃之除霧節能裝置，來降低冷藏櫃因除霧所消耗的能源，為節能減碳救地球貢獻一份心力。

　　目前冷藏櫃的除霧裝置耗電過多的原因在於：採用全天 24 小時開啟的電熱器，即使透視玻璃上沒有結霧，電熱器也是一直在發熱，所以非常浪費能源。

　　雖然中華民國專利 M258270 號提出一種節能技術，當偵測發現溼度到達設定值時才啟動除霧電熱器，可以比較節省能源，但因除霧電熱器本身的發熱與冷藏櫃內的低溫需求相互牴觸，造成冷藏櫃壓縮機額外的負擔，還是會增加耗電量。所以還是有明顯可以改善的空間。

　　本專利則提出釜底抽薪的突破性創新思考：不以電熱器除霧，當偵測發現冷藏櫃的透視玻璃上有結霧時，以類似汽車雨刷的結霧清除器刮除玻璃上的結霧，達成可在低溫環境下使用、發熱量少的除霧裝置，與會大量發熱的除霧電熱器比較，節能效果更好，對節能減碳救地球將可提供更多的貢獻。

5-14 附送書件(優先權)的撰寫原則 IQ

本節說明附送書件中優先權的撰寫注意事項。

如圖 5-50、圖 5-51 與圖 5-52 所示，不論申請的是發明專利、新型專利或是設計專利，如果有主張國外優先權，則一定要附上相關的證明文件。

七、附送書件：(不須填寫的部分可自行刪除)

☐ 1、摘要 1 份。

☐ 2、說明書 1 份。

☐ 3、申請專利範圍 1 份。

☐ 4、必要圖式 1 份。

☐ 5、委任書 1 份。

☐ 6、外文摘要 1 份。

☐ 7、外文說明書 1 份。

☐ 8、外文申請專利範圍 1 份。

☐ 9、外文圖式 1 份。

☐ 10、優先權證明文件正本 1 份。

☐ 11、優先權證明文件電子檔 (光碟片)　張(本申請書所檢送之 PDF 電子檔與正本相同)。

☐ 12、優惠期證明文件 1 份。

☐ 13、生物材料寄存證明文件：

　　☐ 國外寄存機構出具之寄存證明文件正本 1 份。

　　☐ 國內寄存機構出具之寄存證明文件正本 1 份。

　　☐ 所屬技術領域中具有通常知識者易於獲得之證明文件 1 份。

☐ 14、有影響國家安全之虞之申請案，其證明文件正本 1 份。

☐ 15、其他：

🔺 圖 5-50　發明專利國外優先權證明文件

七、附送書件：(不須填寫的部分可自行刪除)

☐1、摘要 1 份。

☐2、說明書 1 份。

☐3、申請專利範圍 1 份。

☐4、圖式 1 份。

☐5、委任書 1 份。

☐6、外文摘要 1 份。

☐7、外文說明書 1 份。

☐8、外文申請專利範圍 1 份。

☐9、外文圖式 1 份。

☐10、優先權證明文件正本 1 份。

☐11、優先權證明文件電子檔 (光碟片) 張(本申請書所檢送之 PDF 電子檔與正本相同)。

☐12、優惠期證明文件 1 份。

☐13、有影響國家安全之虞之申請案，其證明文件正本 1 份。

☐14、其他：

◢ 圖 5-51 新型專利國外優先權證明文件

七、附送書件：(不須填寫的部分可自行刪除)

☐1、說明書 1 份。

☐2、圖式 1 份。

☐3、委任書 1 份。

☐4、外文說明書 1 份。

☐5、外文圖式 1 份。

☐6、優先權證明文件正本 1 份。

☐7、優先權證明文件電子檔(光碟片) 張(本申請書所檢送之 PDF 電子檔與正本相同)。

☐8、優惠期證明文件 1 份。

☐9、其他：

◢ 圖 5-52 設計專利國外優先權證明文件

得獎發明介紹

　　改良式嬰兒彈搖床獲准專利 088265
號，如圖 5-53 所示，主要內容爲：以一繞
有線圈之鐵心感應一永久性磁鐵移動而產
生相斥磁力，使永久性磁鐵保持連續往復
式運動，以達成嬰兒床的自動彈搖。並在
彈搖床產生彈搖動作之撓性結構中，設有
可調整的第二彈簧線，在承載不同重量的
嬰兒時，得以調整撓性結構所提供之彈
力，使彈搖性較佳。

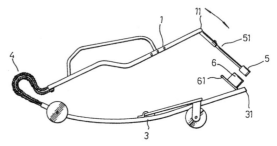

　　此發明雖然可使父母不必一直在旁邊
搖嬰兒而影響睡眠，但是要搖動一個嬰兒
必須有很強的電磁力，而該電磁鐵位於緊
靠嬰兒頭部的位置，對頭部發育尚未完全
易受電磁波影響的嬰兒而言，似乎有不利
的影響。

▲ 圖 5-53　改良式嬰兒彈搖床

5-15 附送書件(寄存)的撰寫原則 IQ

本節說明附送書件中寄存的撰寫注意事項。

如圖 5-54 所示，如果申請的是發明專利，若提出的專利申請案與微生物有關，申請人必須提出證明文件，證明其所特別培育、具有特殊功效的特殊微生物，寄存在被經濟部智慧財產局認可的寄存機構，妥善照料、維持存活狀態，以證明該專利申請案具有產業利用性。

七、附送書件：(不須填寫的部分可自行刪除)

☐ 1、摘要 1 份。

☐ 2、說明書 1 份。

☐ 3、申請專利範圍 1 份。

☐ 4、必要圖式 1 份。

☐ 5、委任書 1 份。

☐ 6、外文摘要 1 份。

☐ 7、外文說明書 1 份。

☐ 8、外文申請專利範圍 1 份。

☐ 9、外文圖式 1 份。

☐ 10、優先權證明文件正本 1 份。

☐ 11、優先權證明文件電子檔 (光碟片)　張(本申請書所檢送之 PDF 電子檔與正本相同)。

☐ 12、優惠期證明文件 1 份。

☐ 13、生物材料寄存證明文件：

　　☐ 國外寄存機構出具之寄存證明文件正本 1 份。

　　☐ 國內寄存機構出具之寄存證明文件正本 1 份。

　　☐ 所屬技術領域中具有通常知識者易於獲得之證明文件 1 份。

☐ 14、有影響國家安全之虞之申請案，其證明文件正本 1 份。

☐ 15、其他：

△ 圖 5-54　寄存的證明文件

5

5-16　附送書件(影響國家安全)的撰寫原則　IQ

本節說明附送書件中影響國家安全的撰寫注意事項。

　　如圖 5-55 所示，不論申請的是發明專利或是新型專利，如果會影響國家安全不宜公開，應附上相關證明文件，否則將一律會被公開申請的內容。如果申請的是設計專利，因為<u>設計專利純粹是造型美觀的設計，不會影響國家安全，所以在設計專利的附送書件沒有相關選項</u>。

　　七、附送書件：(不須填寫的部分可自行刪除)

　　　　□1、摘要 1 份。

　　　　□2、說明書 1 份。

　　　　□3、申請專利範圍 1 份。

　　　　□4、必要圖式 1 份。

　　　　□5、委任書 1 份。

　　　　□6、外文摘要 1 份。

　　　　□7、外文說明書 1 份。

　　　　□8、外文申請專利範圍 1 份。

　　　　□9、外文圖式 1 份。

　　　　□10、優先權證明文件正本 1 份。

　　　　□11、優先權證明文件電子檔（光碟片）　張(本申請書所檢送之 PDF 電子檔與正本
　　　　　　　相同)。

　　　　□12、優惠期證明文件 1 份。

　　　　□13、生物材料寄存證明文件：

　　　　　　□國外寄存機構出具之寄存證明文件正本 1 份。

　　　　　　□國內寄存機構出具之寄存證明文件正本 1 份。

　　　　　　□所屬技術領域中具有通常知識者易於獲得之證明文件 1 份。

　　　　□14、有影響國家安全之虞之申請案，其證明文件正本 1 份。

　　　　□15、其他：

　　　　　　🔺 圖 5-55　影響國家安全不宜公開證明文件

得獎發明介紹

　　可攜帶之顯微鏡型排卵測定器獲准專利 141768 號，主要內容為：將一底部設有燈源之筒體，於其開口部之側緣以一連接桿樞接一底端為顯微鏡片，而上部具微調放大鏡約五十倍之顯微鏡頭，使配合連接桿上之壓縮彈簧，得以拉旋方式開啟顯微鏡頭，並可於底部顯微鏡片上塗置唾液，另於旋轉至定位時，尚可以壓縮彈簧之彈力，促使顯微鏡頭與筒體兩相閉合，經開啟筒體之燈源，並由放大鏡下依唾液所呈現之葉脈狀圖像(排卵期)或疏點狀圖像(安全期)，而判定女性是否處於生理變化之排卵期或安全期，而可達隨身攜帶、經濟簡易、快速準確且無副作用之實用創作者。

5

 題外話時間

　　不想生而不孕較無苦惱，但若想生而生不出來，則非常苦惱，經統計，台灣每七對夫妻就有一對不孕，以下生子秘笈提供參考。

　　不孕原因一：房事過度，會導致精子稀薄不易受孕。

　　不孕原因二：房事不足，精子約可在女體內存活 3 日，房事間隔過久，易錯過排卵日而不孕。

　　生兒育女規劃：預定排卵日前 10 日起應禁慾，以儲備足夠的精子，預定排卵日前 3 日行房 1 次，預定排卵當日行房 1 次，預定排卵日後 3 日行房 1 次，之後暫停行房，觀察是否成功受孕。因大多數人排卵日雖有規律，但並非絕對準時，可能因壓力等因素而提早 1~3 日，也可能延後 1~3 日，故以上規劃可於預定排卵日前後共約 9 日內排卵都可受孕，可大幅提高受孕機率。

　　排卵日體溫會提高 1～2 度，也是掌握排卵日以利受孕或避孕安排的方法之一。

5-17　附送書件(其他)的撰寫原則　🔍

本節說明附送書件中其他的撰寫注意事項。

如圖 5-56 所示，不論申請的是發明專利、新型專利或是設計專利，如果申請人認為有其他資料可有助於審查員了解專利申請案的內容，使審查早日完成，都可勾選□其他，並註明所附的資料，例如 1 篇論文、1 本期刊、1 篇報導等。

七、附送書件：(不須填寫的部分可自行刪除)

□1、摘要 1 份。
□2、說明書 1 份。
□3、申請專利範圍 1 份。
□4、必要圖式 1 份。
□5、委任書 1 份。
□6、外文摘要 1 份。
□7、外文說明書 1 份。
□8、外文申請專利範圍 1 份。
□9、外文圖式 1 份。
□10、優先權證明文件正本 1 份。
□11、優先權證明文件電子檔 (光碟片)　張(本申請書所檢送之 PDF 電子檔與正本相同)。
□12、優惠期證明文件 1 份。
□13、生物材料寄存證明文件：
　　□國外寄存機構出具之寄存證明文件正本 1 份。
　　□國內寄存機構出具之寄存證明文件正本 1 份。
　　□所屬技術領域中具有通常知識者易於獲得之證明文件 1 份。
□14、有影響國家安全之虞之申請案，其證明文件正本 1 份。
□15、其他：

🔺 圖 5-56　其他有助於審查的資料

🏆 **得獎發明介紹**

摺合式汽車椅上便器

摺合式汽車椅上便器獲准專利 156024 號，主要內容為：專為行車中急須入廁者而設計，其主要特徵係在於其有一可摺合之馬桶坐墊凳架、一外盒，並配合以拋棄式排泄物接裝袋組合而成者，此外亦可附加幕簾使用以阻隔來自窗外及鄰座之視線，以保私隱者。

專利說明書的撰寫原則

發明人完成發明創新內容後,若想獲得保障,必須向欲申請國家的專利局提出專利申請,而「專利申請書」最重要的附件就是「專利說明書」。雖然許多國家的「專利說明書」格式都不盡相同,但是所需撰寫的內容則大同小異。因此在本章只介紹有關台灣經濟部智慧財產局「專利說明書」的撰寫原則,至於其他國家因為通常需透過專利事務所才能辦理,建議與所委任的專利代理人共同協商。

由於台灣的專利分為發明專利、新型專利與設計專利 3 種，所以在撰寫「專利說明書」時，應到經濟部智慧財產局的網站下載最新版的「發明專利申請書」、「新型專利申請書」或「設計專利申請書」，依照所欲申請的種類選擇其中一種填寫(「專利說明書」是「專利申請書」的附件，所以在經濟部智慧財產局的網站只有提供下載「專利申請書」的選項)。

6-1 專利名稱的撰寫 🔍

本節說明專利說明書中專利名稱的撰寫注意事項。

在申請專利時，必須指明欲申請專利的標的是什麼事項，所以必須有一個名稱。如果申請的是發明專利，則在「發明摘要」與「發明專利說明書」中本欄位的標題就是「發明名稱」，如圖 6-1 所示。如果申請的是新型專利，則在「新型摘要」與「新型專利說明書」中本欄位的標題就是「新型名稱」，如圖 6-2 所示。如果申請的是設計專利，則在「設計專利說明書」中本欄位的標題就是「設計名稱」，如圖 6-3 所示。

請注意：在「專利說明書」所寫的「專利名稱」必須與在「專利申請書」所寫的「專利名稱」相同。至於專利名稱的撰寫原則請參閱 5-3 節「專利名稱的撰寫原則」在此不再重複。

發明摘要

【發明名稱】（中文/英文）

【中文】

【英文】

【代表圖】

　　【本案指定代表圖】：圖（　　　）。

　　【本代表圖之符號簡單說明】：

　【本案若有化學式時，請揭示最能顯示發明特徵的化學式】：

🔺 圖 6-1　發明名稱

新型摘要

【新型名稱】（中文/英文）

【中文】

【英文】

【代表圖】

　　【本案指定代表圖】：圖（　　　）。

　　【本代表圖之符號簡單說明】：

🔺 圖 6-2　新型名稱

設計專利說明書

（本說明書格式、順序，請勿任意更動，※記號部分請勿填寫）

【設計名稱】（中文/英文）

【物品用途】

　　【0001】

【設計說明】

　　【0002】

🔺 圖 6-3　設計名稱

6-2 摘要的撰寫

本節說明專利說明書中摘要的撰寫原則。

依據專利法施行細則：發明或新型摘要，應敘明發明或新型所揭露內容之概要並以所欲解決之問題、解決問題之技術手段及主要用途為限；其字數，以不超過二百五十字為原則；有化學式者，應揭示最能顯示發明特徵之化學式。發明或新型摘要，不得記載商業性宣傳詞句。

所以**發明專利或新型專利的摘要，應以二百五十字之內的文字，敘述發明創作的主題、解題方式與應用場合**。分別如圖 6-4 與圖 6-5 所示，發明專利或新型專利的摘要有中文與英文兩部份。

發明摘要

【發明名稱】（中文/英文）

【中文】

【英文】

【代表圖】

【本案指定代表圖】：圖（　　）。

【本代表圖之符號簡單說明】：

【本案若有化學式時，請揭示最能顯示發明特徵的化學式】：

▲ 圖 6-4　發明摘要

如果申請的是發明專利，若要減收 800 元，則必須有英文摘要(詳見 5-8 節頁數、請求項及規費的撰寫原則)。如果申請的是新型專利，因為應繳規費固定為新台幣 3000 元，與是否有英文摘要無關，所以經常可發現許多申請人沒有填寫新型專利的英文摘要。

摘要最重要的功能，除了以最簡短的文字使人明瞭發明創作的主旨之外，另一項重要的目的是指出發明創作的用途，也就是強調發明創作的「實用性」。設計專利的重點在於圖，通常文字說明很少，所以沒有「摘要」。

新型摘要

【新型名稱】（中文/英文）

【中文】

【英文】

【代表圖】

【本案指定代表圖】：圖（　　）。

【本代表圖之符號簡單說明】：

▲ 圖 6-5　新型摘要

得獎發明介紹

馬桶座墊自動清潔裝置

馬桶座墊自動清潔裝置獲准專利 151415 號，如圖 6-6，主要內容為：以一馬達帶動一組上層齒輪組與下層齒輪組，其中，上層齒輪組在減速後可再帶動刷盤轉動，而

下層齒輪組前端的主齒輪在與座墊內圈的齒環嚙合後，可藉主齒輪的旋轉而使座墊360° 迴轉。

　另再以一馬達來帶動一側邊齒輪組，進而帶動一拖引機構，該拖引機構的雙懸臂被擺動後，可藉下端的連臂帶動一牽引塊，而牽引塊後具有二滑塊，二滑塊又分別被夾設在水盤的滑枕機構兩側；又牽引塊前具有二滾輪可切入座墊後端凸框內，當懸臂旋轉時即會帶動座墊往前(或後)水平移動。

　其次，有一消毒盒能以一軟管與刷盤之中空轉軸串聯，進而使消毒液能流入刷盤內。再者，有一烘乾器，其噴嘴可對著座墊表面吹出熱風，以達烘乾效果。藉本創作之實施可達到自動化消毒、洗刷、烘乾等作業，並以一次快速完成者。

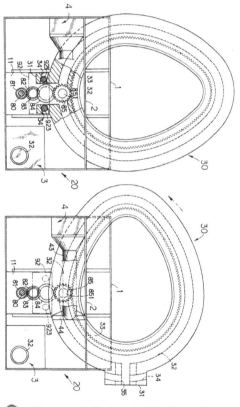

圖 6-6　馬桶座墊自動清潔裝置

6-3 指定代表圖的撰寫 ‖Q

本節說明專利說明書中指定代表圖的撰寫注意事項。

一件專利申請案可能有很多個圖，<u>如果申請的是發明專利或新型專利，則必須選擇一個最能代表本件專利申請案的圖，稱為指定代表圖。</u>

發明如圖 6-7，新型如圖 6-8 所示，必須明確寫出指定代表圖是本件專利申請案眾多圖中的哪一個(第幾個圖)。而且必須把指定代表圖中所使用的元件符號做清楚的說明。

發明摘要

【發明名稱】（中文/英文）

【中文】

【英文】

【代表圖】

> 【本案指定代表圖】：圖（　　　）。

> 【本代表圖之符號簡單說明】：

【本案若有化學式時，請揭示最能顯示發明特徵的化學式】：

🔺 圖 6-7　發明專利的指定代表圖

新型摘要

【新型名稱】（中文/英文）

【中文】

【英文】

【代表圖】

> 【本案指定代表圖】：圖（　　　）。

> 【本代表圖之符號簡單說明】：

🔺 圖 6-8　新型專利的指定代表圖

如圖 6-9 所示，<u>設計專利的指定代表圖與其他的圖放在一起，只是必須放在第一個圖，而且必須單獨一頁。</u>

圖式

（指定之代表圖，請單獨置於圖式第1頁）

🔺 圖 6-9　設計專利的指定代表圖

6-4 化學式的撰寫 🔍

本節說明專利說明書中化學式的撰寫原則。

如果申請的是跟化學有關的發明專利，如圖 6-10 所示，可以選擇一個最能代表本件專利申請案的化學式，因爲有時以化學式表達比用文字更簡潔明瞭。如果申請的是跟化學無關的發明專利，則本欄可填「無」或將本欄刪除。如果申請的是新型專利或設計專利，則不會有化學式的欄位須填寫。

發明摘要

【發明名稱】（中文/英文）

【中文】

【英文】

【代表圖】

　　【本案指定代表圖】：圖（　　　）。

　　【本代表圖之符號簡單說明】：

【本案若有化學式時，請揭示最能顯示發明特徵的化學式】：

🔺 圖 6-10　化學式

得獎發明介紹

電動三輪車構造

　　電動三輪車構造獲准專利 129440 號，主要內容爲：一種電動三輪車構造，主要係利用一前車架之樞接端與一後車架之樞接座，將兩者互相樞接，該後車架內設有一電動裝置以搭配一腳踏傳動裝置傳輸動力，其上方並設置一大型載物平臺，俾可選擇以人力踩踏或以電力帶動三輪車行進，且具較大之載物空間，並能克服轉彎時之離心力者。

6-5　發明說明—技術領域的撰寫　　IQ

本節說明專利說明書中技術領域的撰寫原則。

如圖 6-11 所示，如果申請的是**新型專利或發明專利，技術領域有兩個主要的功能：第一、協助經濟部智慧財產局決定專利的分類**。專利分類將影響本件專利申請案會由那一個專長領域的審查委員負責審查，對專利申請案的核准或核駁具有關鍵性的影響。

試想：當一個病人要進行心臟手術，理所當然應該由一位心臟科醫師進行手術；但是如果由一位牙科醫師進行手術，即使這位牙科醫師是牙科界的權威醫師，恐怕也將是凶多吉少！因為牙醫對牙齒很內行，但對心臟卻是外行，絕不能說，反正都是醫生就指派牙科醫師進行心臟手術，很可能會鬧出人命的！

同理：一件有關水力發電的專利申請案，理所當然應該由一位電力專長的審查委員負責審查。如果因為專利分類錯誤，交由一位根本沒有學過水力發電、屬於機械專長的審查委員負責審查，或交由專長屬於電腦程式的資訊專家負責審查，甚至交由紡織、土木或化工等其他專長的審查委員負責審查，結果將難以想像！

所以建議撰寫前先查詢國際專利分類(IPC)，由申請人自行依據國際專利分類找出與本件專利申請案最接近、最相關的技術領域，直接標明於技術領域這一段的文字內，以便協助經濟部智慧財產局做出正確的專利分類。

第二、所屬技術領域另一個主要的功能就是指出發明創作的使用領域，也就是強調發明創作的「實用性」。讓本件專利申請案的審查委員清楚本發明創作可以應用的領域，避免被審查委員以缺乏「實用性」為理由予以核駁。

如果申請的是設計專利，則沒有技術領域的欄位須填寫，只有如圖 6-12「物品用途」的欄位須填寫。同理，**設計專利的「物品用途」欄位也是在強調創作的「實用性」**。

由技術領域開始，新版說明書增加自動分段功能，有設定【0001】【0002】【0003】的標示，當寫完一段按下「Enter」鍵，就會自動出現下一段的標示。如此可方便萬一要修正或更改時，可清楚寫出修正或更改的是哪一頁的第幾段的第幾行。

發明專利說明書

(本說明書格式、順序，請勿任意更動)

【發明名稱】（中文/英文）

【技術領域】

　　【0001】

【先前技術】

　　【0002】

　　【0003】

【發明內容】

　　【0004】

【圖式簡單說明】

　　【0005】

【實施方式】

　　【0006】

【符號說明】

　　【0007】

🔺 圖 6-11　發明專利或新型專利的技術領域

設計專利說明書

(本說明書格式、順序，請勿任意更動，※記號部分請勿填寫)

【設計名稱】（中文/英文）

【物品用途】

　　【0001】

【設計說明】

　　【0002】

🔺 圖 6-12　設計專利的「物品用途」

🚩 題外話時間 (專利審查委員會)

　　近幾年，學校師生研發專利的風氣漸開，許多學校也陸續成立專利審查委員會，對學校師生研發的專利進行審查。但是各校的專利審查委員會幾乎都存在相同的問題：非專業審查。

在經濟部智慧財產局，一件專利申請案必須經過長時間的專利資料檢索與比對，才能確定該專利申請案的新穎性與進步性。然而許多學校的專利審查委員會，只經過幾小時的會議，沒有任何專利資料的檢索與比對，就立刻評斷一件專利申請案的可專利性與價值。

其次，學校專利審查委員會的委員也經常沒有被要求簽署保密協定，尤其校外委員更是學校無法監督掌控的。

而最嚴重的問題是：學校的專利審查委員會幾乎都是由許多不同領域的專家組成，再以投票方式做出決議。表面上看起來很符合民主精神，實際上卻是十足的不專業！

試想：當一個病人要進行心臟手術，如果由十位心臟科醫師開會討論並投票表決如何進行手術，應該是沒問題的；但是如果改由一位心臟科醫師、一位牙科醫師、一位眼科醫師、一位木雕大師、一位建築師、一位會計師、一位理髮師、一位五星級飯店大廚師、一位汽車維修技師與一位風水師，十位許多不同領域的專家開會討論並投票表決如何進行心臟手術，那不是拿人命開玩笑嗎？可歎的是：現在許多學校的專利審查委員會就是以類似的模式在運作！

6-6 發明說明─先前技術的撰寫 🔍

本節說明專利說明書中先前技術撰寫的應注意事項。

如圖 6-13 所示，如果申請的是<u>新型專利或發明專利，先前技術的撰寫重點為：第一、寫出相關技術或產品的現況，尤其應突顯目前技術的缺點，而且最好這些缺點恰好是本專利申請案所沒有的，也就是藉由所提出之先前技術彰顯本專利申請案的「進步性」。</u>

<u>第二、寫出與本專利申請案較接近的技術或產品，尤其應突顯目前技術與本專利申請案的差異，一方面可彰顯本專利申請案的「新穎性」，另一方面可避免審查委員以該件先前技術作為核駁的依據。</u>

發明專利說明書

（本說明書格式、順序，請勿任意更動）

【發明名稱】（中文/英文）

【技術領域】

【0001】

【先前技術】

【0002】

【0003】

【發明內容】

【0004】

【圖式簡單說明】

【0005】

【實施方式】

【0006】

【符號說明】

【0007】

🔺 圖 6-13　發明專利或新型專利的先前技術

因為申請人如果沒有事先把這些與本專利申請案較接近的先前技術找出來，並強調與本專利申請案的差異，則很可能審查委員花很多時間搜尋到這些與本專利申請案較接近的技術或產品時，很可能先入為主，以為看起來很接近、幾乎一樣，或因為不小心而疏忽了這些先前技術與本專利申請案的差異，則審查委員很可能會以該件先前技術作為核駁的依據，導致申請人必須浪費許多時間與精力再去解釋，並試圖說服審查委員接受本專利申請案與這些先前技術的差異。

因此還不如申請人自己先把這些與本專利申請案較接近的先前技術找出來，並強調與本專利申請案的差異，可省掉許多麻煩。

一件專利申請案寫到這裡，已經分別在「摘要」與「技術領域」的欄位突顯「實用性」，也在「先前技術」的欄位突顯「新穎性」與「進步性」，具備「專利三性」，可算是讓專利申請案的可專利性跨出成功的第一步了！

如果申請的是設計專利，則沒有先前技術的欄位須填寫，只有如圖 6-14「設計說明」的欄位須填寫。同理，設計專利的「設計說明」欄位也是在強調創作的「新穎性」與「進步性」。

設計專利說明書

(本說明書格式、順序，請勿任意更動，※記號部分請勿填寫)

【設計名稱】(中文/英文)

【物品用途】
　　【0001】
【設計說明】

　　【0002】

 圖 6-14　設計專利的「設計說明」

🏆 得獎發明介紹

改良之工作帽

　　改良之工作帽獲准專利 210213 號，主要內容為：包含有一帽體，具有一殼體及一軟質頭套，設置於該殼體底側，用以可套置於穿戴者之頭部；若干警示燈，係發光二極體，設置於該殼體上所穿設之若干固定孔內，且各該警示燈之頂端僅略突出殼體之表面；一控制裝置，係三段式滑段開關，設置於該殼體上並與警示燈電氣連接，用以可供選擇使各該警示燈呈熄滅、震動時閃爍或連續閃爍之效果者。可於夜間趕工時標示工人所在位置，避免工安意外的發生。

6-7　發明說明—發明內容的撰寫　🔍

　　本節說明專利說明書中發明內容的撰寫原則。

　　如圖 6-15 所示，如果申請的是**新型專利或發明專利，發明(新型)內容就是要**清楚說明發明創作的研發背景與動機(先前技術有什麼問題有待解決)、解決問題的原理(本專利解決問題用到的相關理論或技術，為了節省篇幅，通常習知技術會建議審查官參考某件專利編號或附件的文獻，而非將全部內容統統寫在專利說明書中)、架構(各個元件彼此之間的連接關係)、動作方式(物品的操作方式)、運作流程(方法的流程圖解說)及技術特點(與現有技術的差異)等還必須強調進步性。突顯專利的進步性可以藉由產量增加、品質提升、精密度或效率提高，或藉由加工及操作步驟簡化、耗能降低、耗

材或製程節省；使用上之便利性提升；較少污染、較符合環保趨勢等面向來加以呈現。務必達到**充分揭露專利技術內容，讓熟悉此領域者可以經由閱覽此說明，就能完成相同的技術，達到讓此技術可以流傳下去的功效**。

因為專利的意義就在於：政府以 20 年以內的專賣權利，交換專利申請者於專利失效後詳實公開其專利的技術，且讓此技術可以永遠流傳下去。

專利法規定：說明書應明確且充分揭露，使該發明所屬技術領域中具有通常知識者，能瞭解其內容，並可據以實現。

所以**未充分揭露專利技術的專利說明書，將構成核駁的理由。而在撰寫過程應該特別再強調本專利申請案的「實用性」、「新穎性」與「進步性」，以利專利的核准**。

發明專利說明書

（本說明書格式、順序，請勿任意更動）

【發明名稱】（中文/英文）

【技術領域】

　　【0001】

【先前技術】

　　【0002】

　　【0003】

【發明內容】

　　【0004】

【圖式簡單說明】

　　【0005】

【實施方式】

　　【0006】

【符號說明】

　　【0007】

◆ 圖 6-15　發明專利或新型專利的發明(新型)內容

題外話時間 (充分揭露)

理論上，新型專利或發明專利的發明(創作)內容必須要充分揭露專利技術內容，讓熟悉此領域者可以經由閱覽此說明，就能完成相同的技術。如果沒有充分揭露專利技術，則可能會被審查委員核駁。

可是實務上，因為發明人要抓到仿冒者是非常耗時且需大量查核人力才有可能辦到的，所以抓仿冒是難度很高的。再加上訴訟耗時傷財，即使告贏也不見得能獲得賠償。因此仿冒者經常有恃無恐，抱著先仿冒再說、反正也不一定會被抓到的心態。所以有良心願意花錢買專利者少之又少，黑心仿冒者眾。

試想：如果充分揭露專利技術內容，讓熟悉此領域者可以經由閱覽此說明，就能完成相同的技術，那熟悉此領域者很可能就直接仿冒了，還會來購買專利嗎？可是如果沒有充分揭露專利技術，又很可能會被審查委員核駁。真是兩難啊！所以除非本身有數十年功力，否則建議真的有高度商品化價值的專利申請案，還是花點錢，請資深、功力深厚的專利代理人幫忙寫專利申請案，據說有高人能做到**既讓審查委員覺得已經有充分揭露專利技術內容；又能隱藏關鍵秘竅，讓欲仿冒者無法得逞，非得來買專利不可的最高境界**。

6-8 發明說明—圖式簡單說明的撰寫 🔍

本節說明專利說明書中圖式簡單說明的撰寫方式。

依照專利法施行細則的規定：**有圖式者，應以簡明之文字依圖式之圖號順序說明圖式及其主要元件符號**。如圖 6-16 所示，說明該圖是示意圖、正視圖、鳥瞰圖、剖面圖、流程圖、俯視圖、電路圖或是使用狀態圖等。

發明專利說明書

（本說明書格式、順序，請勿任意更動）

【發明名稱】（中文/英文）

【技術領域】

　【0001】

【先前技術】

　【0002】

　【0003】

【發明內容】

　【0004】

【圖式簡單說明】

　【0005】

【實施方式】

　【0006】

【符號說明】

　【0007】

◢ 圖 6-16　圖式簡單說明

得獎發明介紹

異軸筆

異軸筆獲准專利 134270 號，如圖 6-17 所示。主要內容為：分別由一筆桿、一異軸部及一筆頭所構成；一筆桿呈具有兩端狀，其一端設有一異軸部，該異軸部並銜接一筆頭，使本創作利用異軸部讓筆桿與筆頭不在同一軸線上，可避免寫字被筆身擋住視線，導致歪頭變成斜視的問題。

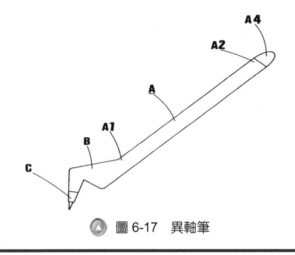

圖 6-17　異軸筆

6-9 | 發明說明─實施方式的撰寫 🔍

本節說明專利說明書中實施方式的撰寫注意事項。

如圖 6-18 所示，如果申請的是**新型專利或發明專利，為了證明所申請的專利內容確實具有「實用性」，必須至少舉出一個實施範例，說明如何使用本專利，有圖示者應參照圖式加以說明**。

依據台灣專利法：申請專利範圍必須為發明說明及圖式所支持。所以如果申請專利範圍有很多獨立項或附屬項，**通常也會配合申請專利範圍的獨立項或附屬項舉很多的實施範例，以符合申請專利範圍必須為發明說明及圖式所支持的規定**。

因為實施範例通常必須配合圖式，以看圖說故事的方式撰寫。可是依照專利法施行細則的規定：圖式應註明圖號及元件符號，除必要註記外，不得記載其他說明文字。

所以「馬達」在圖式中不能以文字註明，只能以類似「11」的元件符號表示；「結霧清除器」在圖式中不能以文字註明，只能以類似「12」的元件符號表示；「光發射器」在圖式中不能以文字註明，只能以類似「13」的元件符號表示；「光接收器」在圖式中不能以文字註明，只能以類似「14」的元件符號表示；因此在圖式上只有 11、12、13 與 14 的元件符號，沒有「馬達」、「結霧清除器」、「光發射器」與「光接收器」等文字。

當配合圖式說明實施範例的時候，如果在文字內容只寫「光發射器」，審查委員或其他查閱專利資料的人對照圖式時，會搞不清楚圖式上許多元件符號中到底哪一個才是對應「光發射器」的元件符號，造成閱讀上的困擾。

所以**通常在寫實施範例這一段文字內容的時候，不會只寫「光發射器」，而是會寫成「光發射器(13)」或「光發射器 13」或「13 光發射器」，以方便審查委員或其他查閱專利資料的人對照圖式**。

同理，在寫發明(新型)內容的時候，如果也需要對照圖式，通常在提到某元件或步驟時也會用類似的寫法。

設計專利本身就是一個造型範例，所以沒有「實施方式」的欄位須填寫。

6

至少舉出一個實施範例，或配合申請
專利範圍的獨立項或附屬項舉很多的
實施範例，通常會配合圖式

【實施方式】

實施例一 透視度偵測 ← 不同的實施範例

如第一圖所示之本專利冷藏櫃除霧裝置透視度偵測示意圖，

於冷藏櫃透視玻璃 10 內側裝設光發射器 13，並於冷藏櫃透

視玻璃 10 外側裝設光接收器 14，當冷藏櫃透視玻璃 10 上沒

有結霧，則光發射器 13 發射的光可順利被光接收器 14 所接

收，故光接收器 14 傳送給控制電路 16 信號，不必驅動馬達

11 去帶動結霧清除器 12；當冷藏櫃透視玻璃 10 上發生結霧

導致透視度降低，則光發射器 13 發射的光將無法順利被光接

收器 14 所接收，故光接收器 14 傳送給控制電路 16 信號，要

求驅動馬達 11 去帶動結霧清除器 12，迅速清除冷藏櫃透視

玻璃 10 上影響透視的結霧。

在圖式中
光發射器
是以13的
元件符號
表示

在圖式中
光接收器
是以14的
元件符號
表示

不同的實施範例

實施例二 溼度偵測

如第二圖所示之本專利冷藏櫃除霧裝置溼度偵測示意圖，於

冷藏櫃透視玻璃 10 內側裝設溼度偵測器 15，當冷藏櫃透視

玻璃 10 上沒有結霧，則溼度偵測器 15 傳送給控制電路 16

信號，不必驅動馬達 11 去帶動結霧清除器 12；當冷藏櫃透

視玻璃 10 上因濕度提高而發生結霧，則溼度偵測器 15 傳送

給控制電路 16 信號，要求驅動馬達 11 去帶動結霧清除器 12，

迅速清除冷藏櫃透視玻璃 10 上影響透視的結霧。

不同的實施範例

實施例三 定時除霧

於冷藏櫃裝計時器，定時傳送給控制電路 16 信號，要求驅動

馬達 11 去帶動結霧清除器 12，迅速清除冷藏櫃透視玻璃 10

🔺 圖 6-18　發明專利或新型專利的實施範例

6-10　發明說明—符號說明的撰寫　🔍

　　本節說明專利說明書中圖式元件符號說明的撰寫方式。

　　如圖 6-19 所示，依據專利法施行細則：**圖式應註明圖號及元件符號，除必要註記外，不得記載其他說明文字**。所以「馬達」在圖式中不能以文字註明，只能以類似「11」的元件符號表示。

新型專利說明書

（本說明書格式、順序，請勿任意更動）

【新型名稱】（中文/英文）
【技術領域】

　　【0001】
【先前技術】

　　【0002】
【新型內容】

　　【0003】
【圖式簡單說明】

　　【0004】
【實施方式】

　　【0005】
【符號說明】

　　【0006】

 圖 6-19　符號說明

🏆 **得獎發明介紹**

馬桶水箱的出水控制結構改良

　　馬桶水箱的出水控制結構改良獲准專利 153786 號，主要內容為：水箱設有二推桿可控制不同高低浮球的調整桿，以達到可供使用者有不同出水量的選擇。讓小號時可減少用水量，達到省水的功效。

6-11 生物材料寄存的填寫 ⌕

本節說明發明專利說明書中，有關生物材料寄存填寫的注意事項。

如圖 6-20 所示，如果申請的發明專利與生物材料有關，而且該生物材料係自行培養或很難取得，則必須寄存於指定認可的機構，因為必須確保該生物材料被妥善照顧處於存活狀態，才能確保該專利獲准後可立即被產業利用的實用性。

如果發明專利有生物材料寄存應載明寄存機構名稱、寄存日期及寄存號碼。申請前已於國外寄存者，亦應載明國外寄存國家、機構名稱、寄存日期及寄存號碼。

新型專利與設計專利不會與生物材料有關，所以沒有生物材料寄存的相關欄位需要填寫。

```
【生物材料寄存】

  國內寄存資訊【請依寄存機構、日期、號碼順序註記】


  國外寄存資訊【請依寄存國家、機構、日期、號碼順序註記】
```

【序列表】(請換頁單獨記載)

◬ 圖 6-20 發明專利生物材料寄存的填寫

6-12 序列表的填寫 ⌕

本節說明發明專利說明書中，有關序列表填寫的注意事項。

如圖 6-21 所示，如果申請的發明專利包含一個或多個核苷酸或胺基酸序列者，則必須依專利專責機關訂定之格式單獨記載序列表，並得檢送相符之電子資料。

新型專利與設計專利不會包含一個或多個核苷酸或胺基酸序列，所以沒有序列表相關的欄位需要填寫。

【生物材料寄存】

國內寄存資訊【請依寄存機構、日期、號碼順序註記】

國外寄存資訊【請依寄存國家、機構、日期、號碼順序註記】

【序列表】(請換頁單獨記載)

△ 圖 6-21　發明專利序列表的填寫

6-13 申請專利範圍的撰寫 🔍

本節說明專利說明書中申請專利範圍的撰寫注意事項。

申請專利範圍是整個專利申請內容最重要的部份，因為**申請專利範圍是用於界定本件專利在法律上所擁有之權利範圍的最主要依據。**

所以申請專利範圍原則上是一份法律文件，而不是一段學術論文或科學報告。

因此對許多理工背景的發明人而言，申請專利範圍這一段是整個專利申請內容中最難撰寫的部份。

因為申請專利範圍如此重要，所以專利法施行細則對申請專利範圍的規定也就比較詳盡，茲配合圖 6-22 與圖 6-23 一一說明如下：

6-13-1　至少要有一個獨立項

專利法施行細則規定：發明或新型之申請專利範圍，得以一項以上之獨立項表示；其項數應配合發明或創作之內容；必要時得有一項以上之附屬項。如圖 6-22 與圖 6-23 所示，**申請專利範圍至少要有一個獨立項**；也可以有很多個獨立項；也可以有一個或很多個附屬項。

6-13-2 每一個獨立項與附屬項前面都必須用阿拉伯數字依序編號

專利法施行細則規定：獨立項及附屬項應以其依附關係，依序以阿拉伯數字編號排列。如圖 6-22 與圖 6-23 所示，**每一個獨立項與附屬項前面都必須用阿拉伯數字(1、2、3、4 等)依序編號。**

6-13-3 每一個獨立項都是一個獨立且完整的法律文件

專利法施行細則規定：獨立項應敘明申請專利之標的及其實施之必要技術特徵。如圖 6-22 與圖 6-23 所示，每一個獨立項都必須寫明此獨立項的主題(專利名稱)、組成之元件或步驟、每一個元件或步驟的功能與連接方式、所欲達成的功效以及運用怎樣的技術手段來達成該功效。

也就是說，**每一個獨立項都是一個獨立且完整的法律文件，必須以法定格式清楚交代這一項專利在法律上所擁有之權利範圍的完整內容，而此內容將成為未來判斷是否有侵犯專利權的依據。**

所以撰寫獨立項時，最重要的原則就是：以最基本、不可缺少的元件(或步驟)組成「申請專利範圍」中的獨立項。

6-13-4 每一個附屬項也都是一個獨立且完整的法律文件

專利法施行細則規定：附屬項應敘明所依附之項號及申請標的，並敘明所依附請求項外之技術特徵；於解釋附屬項時，應包含所依附請求項之所有技術特徵。如圖 6-22 與圖 6-23 所示，每一個附屬項都必須寫明被它所附屬的是那一個或那幾個「被附屬項」，每一個附屬項也都必須寫明此附屬項的主題(專利名稱)。

每一個附屬項的內容都包含「被附屬項」的全部內容，但其中有某部份不太一樣。所以通常都只寫「如申請專利範圍第幾項之某專利名稱，其中某部份有何不同」，而不會把「被附屬項」的全部內容再重覆抄一遍。

每一個附屬項也都是一個獨立且完整的法律文件，將成為未來判斷是否有侵犯專利權的依據。所以撰寫附屬項時，最重要的原則就是：將獨立項的各種可能變化盡量包含進去。

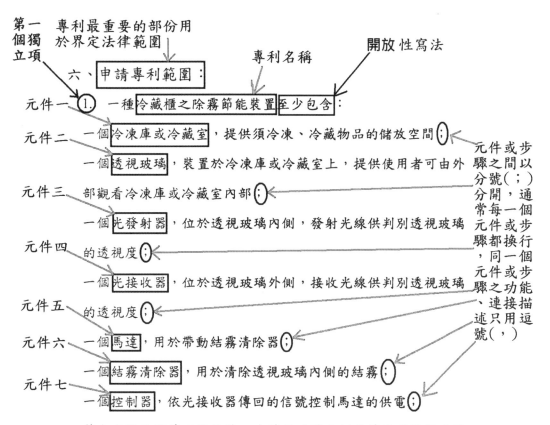

第一個獨立項 專利最重要的部份用於界定法律範圍

專利名稱

開放性寫法

六、申請專利範圍：

元件一 ① 一種冷藏櫃之除霧節能裝置至少包含：

元件二 一個冷凍庫或冷藏室，提供須冷凍、冷藏物品的儲放空間；

元件或步驟之間以分號（；）分開，通常每一個元件或步驟都換行，同一個元件或步驟之功能、連接描述只用逗號（，）

一個透視玻璃，裝置於冷凍庫或冷藏室上，提供使用者可由外

元件三 部觀看冷凍庫或冷藏室內部；

一個光發射器，位於透視玻璃內側，發射光線供判別透視玻璃

元件四 的透視度；

一個光接收器，位於透視玻璃外側，接收光線供判別透視玻璃

元件五 的透視度；

元件六 一個馬達，用於帶動結霧清除器；

一個結霧清除器，用於清除透視玻璃內側的結霧；

元件七 一個控制器，依光接收器傳回的信號控制馬達的供電；

第二個獨立項 藉由光接收器傳回的信號，在透視玻璃內側結霧造成透視玻璃

的透視度不佳時，由控制器供電給馬達，帶動結霧清除器清除

透視玻璃內側的結霧者。

一個申請項中只能有一個句號（。）

② 一種冷藏櫃之除霧節能裝置至少包含：

一個冷凍庫或冷藏室，提供須冷凍、冷藏物品的儲放空間；

一個透視玻璃，裝置於冷凍庫或冷藏室上，提供使用者可由外

部觀看冷凍庫或冷藏室內部；

一個溼度偵測器，位於透視玻璃內側，偵測濕度供判別透視玻

璃的透視度；

一個馬達，用於帶動結霧清除器；

圖 6-22 申請專利範圍之一

一個結霧清除器，用於清除透視玻璃內側的結霧；

一個控制器，依溼度偵測器傳回的信號控制馬達的供電；

藉由溼度偵測器傳回的信號，在透視玻璃內側結霧造成透視玻璃的透視度不佳時，由控制器供電給馬達，帶動結霧清除器清除透視玻璃內側的結霧者。

第三個獨立項

3. 一種冷藏櫃之除霧節能裝置至少包含：

一個冷凍庫或冷藏室，提供須冷凍、冷藏物品的儲放空間；

一個透視玻璃，裝置於冷凍庫或冷藏室上，提供使用者可由外部觀看冷凍庫或冷藏室內部；

一個計時器，用於計算時間；

一個馬達，用於帶動結霧清除器；

一個結霧清除器，用於清除透視玻璃內側的結霧；

一個控制器，依計時器傳回的信號定時控制馬達的供電；

藉由計時器傳回的信號，定時由控制器供電給馬達，帶動結霧清除器清除透視玻璃內側的結霧者。

單項附屬項只附屬在一個被附屬項之上

被附屬項

4. 如申請專利範圍第 2 項之冷藏櫃之除霧節能裝置，其中溼度偵測器係裝置於透視玻璃外側，用於偵測透視玻璃外側的結霧者。

只能用(或)不能用(及)也不能用(和)

5. 如申請專利範圍第 1 項或第 2 項或第 3 項或第 4 項之冷藏櫃之除霧節能裝置，其中結霧清除器係裝置於透視玻璃外側，用於清除透視玻璃外側的結霧者。

被附屬項

多項附屬項分別附屬在 4 個被附屬項之上

圖 6-23　申請專利範圍之二

6-13-5　多項附屬項應以選擇式為之

專利法施行細則規定：依附於二項以上之附屬項為多項附屬項，應以選擇式為之。如圖 6-22 與圖 6-23 所示，申請專利範圍第 4 項是一個單項附屬項，只附屬在申請專利範圍第 2 項之上；而申請專利範圍第 5 項則是一個多項附屬項，分別附屬在申請專利範圍第 1 項、第 2 項、第 3 項、第 4 項之上。

<u>請特別留意：被附屬項第 1 項、第 2 項、第 3 項、第 4 項之間只能使用「選擇式」的「或」字，不能使用「非選擇式」的「及」字，也不能使用「非選擇式」的「和」字。以英文而言，就是只能使用「or」，不能使用「and」。</u>

6-13-6　多項附屬項不可以附屬在多項附屬項之上

專利法施行細則規定：附屬項僅得依附在前之獨立項或附屬項。但多項附屬項間不得直接或間接依附。如圖 6-22 與圖 6-23 所示，申請專利範圍第 4 項只能附屬在第 4 項之前已經出現過的第 1 項、第 2 項、第 3 項之上，不能附屬在第 4 項之後才出現的第 5 項之上；申請專利範圍第 5 項只能附屬在第 5 項之前已經出現過的第 1 項、第 2 項、第 3 項、第 4 項之上。

<u>請特別留意：單項附屬項可以附屬在獨立項或單項附屬項之上；多項附屬項也可以附屬在獨立項或單項附屬項之上；但是多項附屬項不可以附屬在多項附屬項之上。</u>

6-13-7　每一個獨立項或附屬項都只能有一個句號

專利法施行細則規定：獨立項或附屬項之文字敘述，應以單句為之；其內容不得僅引述說明書之行數、圖式或圖式之元件符號。

如圖 6-22 與圖 6-23 所示，<u>每一個獨立項或附屬項都只能有一個句號「。」</u>，也就是說，每一個獨立項或附屬項都只能是一句話，只能是一個單句，只能有一個句號「。」。

在每一個獨立項或附屬項的文字中，<u>元件或步驟之間以分號「；」分開</u>，並換行由該行的最開頭寫起，以利於分辨不同的元件或步驟，而<u>其它文字之間都使用逗號「，」或頓號「、」。因為每一個獨立項或附屬項都是一個獨立且完整的法律文件，所以必</u>

須以法定格式清楚交代這一項專利在法律上所擁有之權利範圍的完整內容，不能以引述說明書之行數、圖式或圖式元件符號的方式，損害其獨立性與完整性。

6-13-8　發明專利與新型專利的申請專利範圍不可以有圖

專利法施行細則規定：申請專利範圍得記載化學式或數學式，不得附有插圖。**請特別留意：申請專利範圍可以包含化學式或數學式，但是化學式或數學式本身不可以直接是申請專利的標的。發明專利與新型專利的申請專利範圍不可以有圖，但是設計專利的申請專利範圍本身就是圖。**

> 注意：申請專利範圍應界定申請專利之發明；其得包括一項以上之請求項，各請求項應以明確、簡潔之方式記載，且必須為說明書所支持。所以最好一個請求項配合一個實施範例。

🏆 得獎發明介紹

直管式可隨時拆組之防臭構造改良

直管式可隨時拆組之防臭構造改良獲准專利 129565 號，主要內容為：提供一種套設於排水口上，呈直管式之防臭裝置，藉以俾能達到有效防臭、防泡沫逆流，並具有組裝與維修容易性之功效者。可防止臭味或蟑螂等蟲子，由水溝經排水管跑進屋內。此專利為水杯式，另有開合板式及 2 片開口分開或重疊式。

6-14　圖式的繪製　

本節說明專利說明書中圖式的繪製原則。

如果申請的是設計專利，因為設計專利的申請專利範圍本身就是圖，所以圖在設計專利中是非常重要的。如果申請的是發明專利或新型專利，依據專利的內容，通常會有示意圖、正視圖、鳥瞰圖、剖面圖、流程圖、俯視圖、電路圖或是使用狀態圖等「圖式」，用於協助審查委員或其他查閱專利資料的人明瞭專利的內容。所以不論申

請哪一種專利，「圖式」都是非常重要的。因此專利法施行細則對「圖式」的規定也就比較詳盡，茲配合圖 6-24 說明如下：

第一、**發明或新型之圖式，應參照工程製圖方法繪製，於各圖縮小至三分之二時，仍得清晰分辨圖式中各項元件**。因為經濟部智慧財產局在儲存專利資料時，經常需要影印或縮圖，所以要求各圖必須在被縮小至原來的三分之二之後，仍然必須可以清晰分辨圖式中各項元件。

第二、**圖式應註明圖號及元件符號，除必要註記外，不得記載其他說明文字。**

如圖 6-24 所示，「冷藏櫃透視玻璃」在圖式中不能以文字註明，只能以類似「10」的元件符號表示；「光發射器」在圖式中不能以文字註明，只能以類似「13」的元件符號表示。

原則上，「圖式」中的文字只有第幾圖或圖幾的標識。不過也有例外，例如為了表示流體的狀態，可在圖中標示「液態」或「汽態」的字；為了表示開關的狀態，可在圖中標示「開」或「關」的字；在座標圖上可標示橫坐標與縱座標的單位；在流程圖上可標示每一個流程的處理內容摘要；在工程圖、迴路圖、波形圖、狀態圖、向量圖及光路圖等圖中，也可以標示必要的註記。

第三、除非像金相圖與細胞組織染色圖等，實際繪圖有困難，而且照片比人工繪圖更清晰的特殊情況之外，**原則上「圖式」應以繪圖為主，照片為附件。**

第四、設計之圖式，應備具足夠之視圖，以充分揭露所主張設計之外觀；設計為立體者，應包含立體圖；設計為連續平面者，應包含單元圖。

第五、設計之視圖，得為立體圖、前視圖、後視圖、左側視圖、右側視圖、俯視圖、仰視圖、平面圖、單元圖或其他輔助圖。

第六、設計圖式應參照工程製圖方法，以墨線圖、電腦繪圖或以照片呈現，於各圖縮小至三分之二時，仍得清晰分辨圖式中各項細節。

第七、設計主張色彩者，前項圖式應呈現其色彩。

第八、設計圖式中主張設計之部分與不主張設計之部分，應以可明確區隔之表示方式呈現。

標示為參考圖者，不得作為設計專利權範圍。

6

七、圖式：

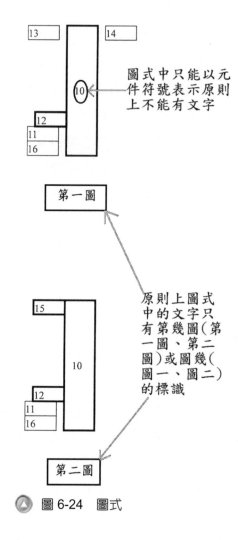

圖式中只能以元件符號表示原則上不能有文字

原則上圖式中的文字只有第幾圖(第一圖、第二圖)或圖幾(圖一、圖二)的標識

△ 圖 6-24　圖式

得獎發明介紹

　　太陽能光電系統最大功率追蹤的架構與方法專利申請 099130803 號，主要內容為：雖然在裝設太陽能光電系統時都會儘量選擇沒有被遮蔭的環境，但是光電板的使用壽命通常在 20 年以上，在如此長的時間中，很難避免鄰近可能會有新的建築、新的設備或長高的樹木，甚至飄過的雲層等因素造成遮蔭的狀況。

　　習知技術對於被遮蔭的狀況都束手無策，對太陽光電能系統的發電量、使用率、效率與裝設意願都造成極為不良的影響。

　　本專利技術在某些被遮蔭的狀況下，經由開關切換，改變太陽光電能系統的串並聯狀態，可以使輸出功率由接近零，回復為無遮蔭時的 90%，達成部分陽光被擋住仍能正常發電的太陽光電能系統，未來勢必將會取代目前陽光被遮蔽就完全失去功能的老舊技術，成為太陽光電能產業的主流。如圖 6-25(a)，若太陽光電板 1、2、3 的陽光被遮住變成開路，將無法供電給負載 R，但若切換成圖 6-25(b)，當太陽光電板 1、2、3 的陽光被遮住變成開路，太陽光電板 4、5、6 及 7、8、9 仍可供電給負載 R。

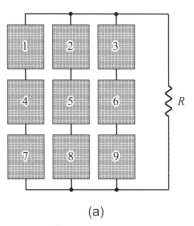
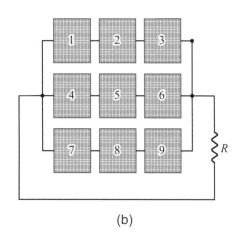

(a)　　　　　　　　　　　　　　　　　(b)

圖 6-25　太陽能光電系統最大功率追蹤的架構與方法的示意圖

申請專利範圍的其他撰寫注意事項

因為申請專利範圍是整個專利申請內容中最重要的部份，是用於界定本件專利在法律上所擁有之權利範圍的最主要依據，所以對於申請專利範圍的撰寫有許多必須注意的事項。雖然在第四章迴避設計與第六章 6-14 節申請專利範圍的撰寫中已經有介紹部份應該注意的事項，但是仍有許多遺漏，將於本章中補充說明。

7-1 逆均等論　　　　　　　　　　　ＩＱ

本節說明甚麼是逆均等。

疑　問：許多方法、技術或元件，可能動作原理、效果與結果相同，可是原專利申請人根本沒有想到可以使用，如果全部用均等論判定爲均等，不但對技術的改良創新不利，對後續的發明人也不盡公平。專利制度上有何解決之道？

解　惑：在 4-2 節的均等論範例中，專利物品 A 的「申請專利範圍」爲有一個彈簧，連接於兩個握柄之間；而疑似仿冒品 C 沒有使用彈簧，改爲使用一個金屬彈片，連接於兩個握柄之間。所以原則上會被視爲均等，則依然是有侵犯專利權。不過，這是只由「申請專利範圍」比對的原則下結論。

實務上，通常還會將專利說明的內容納入考慮。因爲依據台灣專利法：申請專利範圍必須爲發明說明及圖式所支持。所以有一種特殊情況稱爲「逆均等」，所謂<u>逆均等是指待鑑定對象所使用的技術手段完全沒有在專利權人的專利說明中揭露，亦即以不同之技術手段達成相同之功能或結果</u>。

也就是說：即使由「申請專利範圍」比對的結果爲「均等」，可是因爲該技術完全沒有在專利權人的專利說明中揭露，表示原專利申請人根本沒有想到可以使用這些方法、技術或元件。所以最後被判定爲「非均等」而沒有侵犯專利權，以便爲後續發明人的改良與創新留下一條活路。

提醒一：避免因逆均等論而失去部份專利範圍的最佳防禦方式，就是在專利說明，尤其是實施範例中，將各種可能的方法、技術或元件都列出來。

提醒二：上述將彈簧改爲金屬彈片是很普遍的手法，一般不會被認定爲逆均等，因爲通常會被認定爲逆均等是指原專利申請人根本沒有想到(不容易想到)的方法、技術或元件。在此只是擔心部分讀者基礎不足，舉太深的範例可能無法理解，所以被迫以較淺顯(但並不十分適當)的彈簧改爲金屬彈片當範例。

得獎發明介紹

具通氣裝置之安全帽

具通氣裝置之安全帽獲准專利138317 號，如圖 7-1 所示。主要內容為：在安全帽上組設至少一個通氣裝置，該通氣裝置可以轉動方向，一端為進氣口與外界相連通，而另一端為排氣口與安全帽內部相連通；藉此將進氣口朝行進方向，則可利用與空氣之相對運動使空氣進入安全帽中形成良好通氣效果；遇雨天或冬天時可將進氣口轉向，使雨水、冷空氣無法進入安全帽中形成良好防水效果；由此高通氣性與高防水性，安全帽的使用得更加舒適、實用，以符合消費者需求。

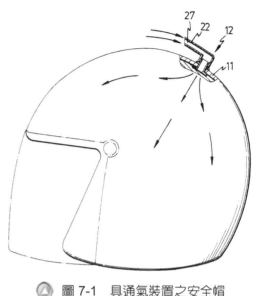

圖 7-1　具通氣裝置之安全帽

7

7-2 上位概念與下位概念

本節說明上位概念與下位概念的差異。

<u>上位概念是指某類事物的總稱，下位概念則是該類事物的細分項，上位概念與下位概念是相對的而非絕對的。</u>

例如：人(包含男人與女人)是上位概念，男人是下位概念；男人(包含 20 歲以上與 20 歲以下)是上位概念，20 歲以上的男人是下位概念；20 歲以上的男人(包含禿頭與沒有禿頭)是上位概念，20 歲以上禿頭的男人是下位概念。

請注意：「男人」相對於「人」是下位概念；但「男人」相對於「20 歲以上的男人」則是上位概念。「20 歲以上的男人」相對於「男人」是下位概念；但「20 歲以上的男人」相對於「20 歲以上禿頭的男人」則是上位概念。

通常描述與限制較多的就是下位概念。

以下範例將解釋：採用上位概念的寫法與採用下位概念的寫法對申請專利範圍會有什麼影響。

上位概念與下位概念範例：

假設專利物品 A 的「申請專利範圍」為

1、　一種自動張開的剪刀，係由：

兩個有孔的握柄，用於讓使用者將拇指與其他手指分別伸入握柄中；

兩個刀，一端連接握柄，另一端為刀刃；

一個支點，位於握柄與刀刃之間，用於將兩個刀連接，並使兩個刀可以支點為軸旋轉；

一個**彈簧**，連接於兩個握柄之間所組成；

當使用者施力剪東西時，彈簧被壓縮，而當使用者沒有施力時，被壓縮的彈簧伸張，使兩個握柄自動張開，連帶使兩個刀刃自動張開者。

假設專利物品 B 的「申請專利範圍」為

1、　一種自動張開的剪刀，係由：

兩個有孔的握柄，用於讓使用者將拇指與其他手指分別伸入握柄中；

兩個刀，一端連接握柄，另一端為刀刃；

一個支點，位於握柄與刀刃之間，用於將兩個刀連接，並使兩個刀可以支點為軸旋轉；

一個**彈性物質**，連接於兩個握柄之間所組成；

當使用者施力剪東西時，彈性物質被壓縮，而當使用者沒有施力時，被壓縮的彈性物質伸張，使兩個握柄自動張開，連帶使兩個刀刃自動張開者。

以上範例中彈性物質(包含彈簧、金屬彈片、泡棉、空氣墊及軟木塞等)為上位概念，彈簧為下位概念。因為上位概念是指某類事物的總稱，下位概念則是該類事物的

細分項。所以以上位概念撰寫的「申請專利範圍」具有較大的範圍，而以下位概念撰寫的「申請專利範圍」具有較小的範圍。

所以如果專利物品 A(彈簧)先提出專利申請，而專利物品 B(彈性物質)後提出專利申請，則專利物品 B 的申請案將喪失新穎性。因為專利物品 B 的「申請專利範圍」與先提出專利申請的專利物品 A 的「申請專利範圍」發生衝突(彈性物質包含彈簧)。

可是如果反過來，專利物品 B(彈性物質) 先提出專利申請，而專利物品 A(彈簧)後提出專利申請，則專利物品 A 的申請案不見得會喪失新穎性。因為先提出專利申請的專利物品 B，雖然在「申請專利範圍」中使用「彈性物質」的詞句，可是如果沒有明確指出該「彈性物質」就是「彈簧」，則可能由專利說明與實施範例被認定該「彈性物質」是「彈簧」以外的金屬彈片、泡棉、空氣墊或軟木塞等物質。所以後提出專利申請的專利物品 A 不見得會喪失新穎性。

> 提醒：下位概念的先前技術會使上位概念之後申請案喪失新穎性。上位概念的先前技術則不一定會使下位概念之後申請案喪失新穎性。

7

7-3 獨立項採用上位概念附屬項採用下位概念 🔍

本節說明上位概念與下位概念在獨立項與附屬項的運用方式。

在撰寫申請專利範圍時經常有許多不同的考量，有時是要讓專利範圍最大化，這時可以運用獨立項採用上位概念附屬項採用下位概念的策略。

例如獨立項採用上位概念「彈性物質」寫成：

1. 一種自動張開的剪刀，係由
   兩個有孔的握柄，用於讓使用者將拇指與其他手指分別伸入握柄中；
   兩個刀，一端連接握柄，另一端為刀刃；
   一個支點，位於握柄與刀刃之間，用於將兩個刀連接，並使兩個刀可以支點為軸旋轉；

一個**彈性物質**，連接於兩個握柄之間所組成；

當使用者施力剪東西時，彈性物質被壓縮，而當使用者沒有施力時，被壓縮的彈性物質伸張，使兩個握柄自動張開，連帶使兩個刀刃自動張開者。

然後附屬項採用下位概念，分別寫成：

2. 如申請專利範圍第 1 項之一種自動張開的剪刀，其中彈性物質為彈簧。

3. 如申請專利範圍第 1 項之一種自動張開的剪刀，其中彈性物質為金屬彈片。

4. 如申請專利範圍第 1 項之一種自動張開的剪刀，其中彈性物質為泡棉。

5. 如申請專利範圍第 1 項之一種自動張開的剪刀，其中彈性物質為空氣墊。

6. 如申請專利範圍第 1 項之一種自動張開的剪刀，其中彈性物質為軟木塞。

獨立項採用上位概念附屬項採用下位概念的寫法有兩大優點：第一、使專利範圍最大化，能把各種可能的變化囊括進來。第二、易於處理侵權爭議，如果不幸存在某個下位概念的先前技術，因而使上位概念之後申請案喪失新穎性，則針對該下位概念的相關請求項修正即可。

例如，萬一存在泡棉下位概念的先前技術，則上述獨立項(申請專利範圍第 1 項)中的「**彈性物質**」可修正為「**除泡棉之外的彈性物質**」，同時將泡棉下位概念對應的附屬項(申請專利範圍第 4 項)刪除，即可避免產生專利侵權的問題。

7-4 禁反言 🔍

本節說明禁反言的原則。

禁反言是指禁止專利權人在侵害訴訟階段，將專利申請、答辯、救濟及爭議等階段已經被限定、放棄或排除之事項，重新要求主張權利。

也就是說，<u>禁反言是禁止說相反的話，如果早期專利權人為了使專利順利通過，或為了避免被舉發撤銷專利權等因素，而做出一些自我設限的解釋與宣示，則後來不能為了擴大專利範圍，或為了使侵權訴訟能勝訴，就推翻自己先前做過，自我設限的解釋與宣示。</u>

禁反言範例：太陽的位置，每天早上偏向東方，每天下午偏向西方，每天中午不偏向東方也不偏向西方，這是連 3 歲小孩都知道的基本常識。

早期的太陽能系統是固定式的，也就是固定不動的，因此當上午與下午陽光斜射時，效率就比較差。由於太陽能系統在陽光垂直照射時效率最高，所以讓太陽光電板追著太陽每天不斷由東往西移動的「追日型太陽能系統」就成為熱門的研究主題。

最初的「追日型太陽能系統」是不斷追蹤太陽的位置，因此雖然「追日型太陽能系統」可以比固定式的太陽能系統產生較多電能，但是追日的動作也消耗許多能量。

作者首先於 2004 年第 25 屆電力工程研討會論文集第 2148 頁至第 2153 頁「太陽能追日系統之研究：第二篇：雙軸及單軸追日系統」的論文中，提出「一天 3 次追日模式」的技巧。

也就是每天早上讓太陽光電板偏向東方，每天下午讓太陽光電板偏向西方，每天中午讓太陽光電板不偏向東方也不偏向西方，一天只進行 3 次追日的動作，避免不斷追蹤太陽造成過多能量損耗的缺點，又能達成「追日型太陽能系統」比固定式的太陽能系統產生較多電能的優點。

「一天 3 次追日模式」雖然是一項突破性的技術，但是太陽的位置，每天早上偏向東方，每天下午偏向西方，每天中午不偏向東方也不偏向西方，這是連 3 歲小孩都知道的基本常識。

所以作者並沒有提出專利申請，而是把「一天 3 次追日模式」視為公共財，開放讓大眾都可使用，以促進太陽能的推廣與應用。

不料卻有某公司在 2006 年 6 月 2 日以「具三角度追蹤陽光之太陽能發電裝置」提出專利申請，並於 2008 年 12 月 21 日獲准發明專利第 I304657 號。

此一專利的核准，完全違反作者當初 2004 年沒有提出專利申請，而是把「一天 3次追日模式」視為公共財，開放讓大眾都可使用，以促進太陽能推廣與應用的苦心。

於是作者於 2009 年提出舉發，要求撤銷該專利。雖然舉發不成立，但於答辯過程中，成功讓該專利自行限縮於「一追蹤感測器，係設置於該太陽能電池上，其中該追蹤感測器係包含一第一感光元件、一第二感光元件與一擋光板設置於其間，且該擋光板之高度約為該第一感光元件與該第二感光元件中心至該擋光板之底部距離之 cot 25° 倍。」

也就是說：該專利的「申請專利範圍」只限於「擋光板之高度約為該第一感光元件與該第二感光元件中心至該擋光板之底部距離之 cot 25° 倍」的特殊尺寸，只要擋光板之高度不符合上述特殊尺寸就不是該專利的「申請專利範圍」。

如此一來，雖然舉發不成立，「具三角度追蹤陽光之太陽能發電裝置」的專利依然有效，但是只要擋光板的高度不符合上述特殊尺寸就不侵犯專利權。

由於「禁反言」，上述舉發的動作，已經成功使該公司不能再主張上述特殊尺寸以外的「一天 3 次追日模式」太陽能系統爲其專利範圍了，社會大眾還是可以盡情使用「一天 3 次追日模式」，以促進太陽能的推廣與應用。

7-5 開放性申請專利範圍

本節說明何謂開放性申請專利範圍。

在撰寫「申請專利範圍」的請求項(獨立項、單項附屬項或多項附屬項)時，在專利名稱與元件(或步驟)之間會有一個連接詞，例如圖 6-22 中的連接詞就是「至少包含」。**在「申請專利範圍」請求項的專利名稱與元件(或步驟)之間使用不同的連接詞，會對實質的專利有效範圍產生不同的影響。**

如果使用**開放性連接詞，表示元件、成分或步驟之組合中，不排除請求項未記載的元件、成分或步驟。**

例如圖 6-22 中的「至少包含」就是典型的開放性連接詞，表示「冷藏櫃之除霧節能裝置」至少包含：一個冷凍庫或冷藏室(元件一)、一個透視玻璃(元件二)、一個光發射器(元件三)、一個光接收器(元件四)、一個馬達(元件五)、一個結霧清除器(元件六)、一個控制器(元件七)。但是並不排除「冷藏櫃之除霧節能裝置」除了上述七個元件之外，可能還有其他元件。

疑　問：如果有人生產販賣疑似侵權的產品，該疑似侵權的產品共有一個冷凍庫或冷藏室(元件一)、一個透視玻璃(元件二)、一個光發射器(元件三)、一個光接收器(元件四)、一個馬達(元件五)、一個結霧清除器(元件六)、一個控制器(元件七)與**一個水滴收集器(元件八)**，共八個元件，其中前七個元件的連接方式與功能都與「冷藏櫃之除霧節能裝置」相同。可是卻多了一個「冷藏櫃之除霧節能裝置」沒有提到的元件(水滴收集器)，這樣是否侵犯上述「冷藏櫃之除霧節能裝置」的專利權？

解　惑：因為上述「冷藏櫃之除霧節能裝置」的「申請專利範圍」是使用開放性連接
詞，所以並不排除「冷藏櫃之除霧節能裝置」除了上述七個元件之外，可能
還有其他元件。因此疑似侵權產品的八個元件已經包含「冷藏櫃之除霧節能
裝置」的全部七個元件，而且連接方式與功能都相同，將構成文義侵權。

簡而言之，**疑似侵權的產品只要包含開放性申請專利範圍的全部元件(或步
驟)，而且連接方式與功能都相同，就構成文義侵權。**

7-6 封閉性申請專利範圍 🔍

本節說明何謂封閉性申請專利範圍。

如果使用**封閉性連接詞，表示元件、成分或步驟之組合中，不包含請求項未記載
的元件、成分或步驟(只包含請求項所記載的元件、成分或步驟)。**

如果把圖 6-22 中的「申請專利範圍」改寫成：

1. 一種冷藏櫃之除霧節能裝置**係由**：

一個冷凍庫或冷藏室，提供須冷凍、冷藏物品的儲放空間；

一個透視玻璃，裝置於冷凍庫或冷藏室上，提供使用者可由外部觀看冷凍庫或冷
藏室內部；

一個光發射器，位於透視玻璃內側，發射光線供判別透視玻璃的透視度；

一個光接收器，位於透視玻璃外側，接收光線供判別透視玻璃的透視度；

一個馬達，用於帶動結霧清除器；

一個結霧清除器，用於清除透視玻璃內側的結霧；

一個控制器，依光接收器傳回的信號控制馬達的供電；

所組成，藉由光接收器傳回的信號，在透視玻璃內側結霧造成透視玻璃的透視度
不佳時，由控制器供電給馬達，帶動結霧清除器清除透視玻璃內側的結霧者。

其中的「**係由、、、所組成**」就是典型的封閉性連接詞，表示「冷藏櫃之除霧節
能裝置」係由：一個冷凍庫或冷藏室(元件一)、一個透視玻璃(元件二)、一個光發射器
(元件三)、一個光接收器(元件四)、一個馬達(元件五)、一個結霧清除器(元件六)、一
個控制器(元件七)所組成。所以，「冷藏櫃之除霧節能裝置」除了上述七個元件之外，
沒有其他元件。

疑　問：如果有人生產販賣疑似侵權的產品，該疑似侵權的產品共有一個冷凍庫或冷藏室(元件一)、一個透視玻璃(元件二)、一個光發射器(元件三)、一個光接收器(元件四)、一個馬達(元件五)、一個結霧清除器(元件六)、一個控制器(元件七)與**一個水滴收集器(元件八)**，共八個元件，其中前七個元件的連接方式與功能都與「冷藏櫃之除霧節能裝置」相同。可是卻多了一個「冷藏櫃之除霧節能裝置」沒有提到的元件(水滴收集器)，這樣是否侵犯上述「冷藏櫃之除霧節能裝置」的專利權？

解　惑：因為上述「冷藏櫃之除霧節能裝置」的「申請專利範圍」是使用封閉性連接詞，所以「冷藏櫃之除霧節能裝置」除了上述七個元件之外，沒有其他元件。因此疑似侵權產品的八個元件雖然包含「冷藏櫃之除霧節能裝置」的全部七個元件，而且連接方式與功能都相同，但是因為多了一個「冷藏櫃之除霧節能裝置」沒有提到的元件(水滴收集器)，該元件有新增的功能(收集水滴)，將無法構成文義侵權。

簡而言之，<u>疑似侵權的產品只要包含封閉性申請專利範圍以外的核心元件(或步驟)，就不會構成文義侵權。</u>

提醒：要讓疑似侵權的產品不會構成文義侵權，其所包含封閉性申請專利範圍以外的元件(或步驟)，必須是核心元件(或步驟)。

也就是說，如果缺少這個核心元件(或步驟)將使功能大受影響，甚至無法運作。並非隨便增加一個無關緊要或完全不相干的元件(或步驟)，例如加一個螺絲釘就能矇混過關。

7-7　開放性連接詞「至少包含」對元件數量的影響　🔍

本節說明開放性連接詞對元件數量的影響。

如圖 6-22 使用開放性連接詞「至少包含」，表示「冷藏櫃之除霧節能裝置」至少包含：一個冷凍庫或冷藏室(元件一)、一個透視玻璃(元件二)、一個光發射器(元件三)、一個光接收器(元件四)、一個馬達(元件五)、一個結霧清除器(元件六)、一個控制器(元件七)。其中每種元件的數量為至少一個。

疑　　問：如果有人生產販賣疑似侵權的產品，該疑似侵權的產品共有一個冷凍庫或冷藏室(元件一)、一個透視玻璃(元件二)、**兩個**光發射器(元件三)、一個光接收器(元件四)、一個馬達(元件五)、一個結霧清除器(元件六)、一個控制器(元件七)，其中七個元件的連接方式與功能都與「冷藏櫃之除霧節能裝置」相同。可是卻多了一個光發射器，這樣是否侵犯上述「冷藏櫃之除霧節能裝置」的專利權？

解　　惑：因為上述「冷藏櫃之除霧節能裝置」的「申請專利範圍」是使用開放性連接詞，所以並不排除「冷藏櫃之除霧節能裝置」除了上述七個元件之外，可能還有其他元件。又因為使用開放性連接詞「至少包含」，表示其中每種元件的數量為至少一個，當然也可能某元件會有兩個。因此疑似侵權的產品將構成文義侵權。

7-8　封閉性連接詞「係由、、、所組成」對元件數量的影響 🔍

本節說明封閉性連接詞對元件數量的影響。

如果把圖 6-22 中的「申請專利範圍」改寫成：

1.　一種冷藏櫃之除霧節能裝置**係由**：

一個冷凍庫或冷藏室，提供須冷凍、冷藏物品的儲放空間；

一個透視玻璃，裝置於冷凍庫或冷藏室上，提供使用者可由外部觀看冷凍庫或冷藏室內部；

一個光發射器，位於透視玻璃內側，發射光線供判別透視玻璃的透視度；

一個光接收器，位於透視玻璃外側，接收光線供判別透視玻璃的透視度；

一個馬達，用於帶動結霧清除器；

一個結霧清除器，用於清除透視玻璃內側的結霧；

一個控制器，依光接收器傳回的信號控制馬達的供電；

所組成，藉由光接收器傳回的信號，在透視玻璃內側結霧造成透視玻璃的透視度不佳時，由控制器供電給馬達，帶動結霧清除器清除透視玻璃內側的結霧者。

由於使用封閉性連接詞「係由、、、所組成」，表示「冷藏櫃之除霧節能裝置」

7

係由：一個冷凍庫或冷藏室(元件一)、一個透視玻璃(元件二)、一個光發射器(元件三)、一個光接收器(元件四)、一個馬達(元件五)、一個結霧清除器(元件六)、一個控制器(元件七)所組成。所以「冷藏櫃之除霧節能裝置」除了上述七個元件之外，沒有其他元件。其中每種元件的數量都是一個。

疑　問：如果有人生產販賣疑似侵權的產品，該疑似侵權的產品共有一個冷凍庫或冷藏室(元件一)、一個透視玻璃(元件二)、**兩個**光發射器(元件三)、一個光接收器(元件四)、一個馬達(元件五)、一個結霧清除器(元件六)、一個控制器(元件七)，其中七個元件的連接方式與功能都與「冷藏櫃之除霧節能裝置」相同。可是卻多了一個光發射器，這樣是否侵犯上述「冷藏櫃之除霧節能裝置」的專利權？

解　惑：因為上述「冷藏櫃之除霧節能裝置」的「申請專利範圍」是使用封閉性連接詞，所以「冷藏櫃之除霧節能裝置」除了上述七個元件之外，沒有其他元件。又因為使用封閉性連接詞「係由、、、所組成」，表示其中每種元件的數量都是只有一個。所以若某核心元件有兩個，將導致疑似侵權的產品不構成文義侵權。

7-9　特徵式(吉普森氏)寫法　　IQ

本節說明吉普森氏的申請專利範圍寫法。

將元件或步驟依序寫出的申請專利範圍請求項，有時較不容易突顯與先前技術的差異，所以，有時會採用特徵式(吉普森氏)寫法。**特徵式(吉普森氏)寫法的固定格式為「與先前技術相同的元件或步驟」「其特徵在於」「與先前技術不同的元件或步驟」**。

例如要申請專利的是一種有 2 個中央處理器(CPU)的電腦，因為傳統的電腦只有 1 個中央處理器，就像 1 條蛇只有 1 個大腦，控制要前進或往左或往右；有 2 個中央處理器的電腦就像 1 條 2 頭蛇，2 個頭如果 1 個頭要往左，另 1 個頭要往右，將無法協調。所以可能用一個指派器，將不同的工作指派給不同的中央處理器負責處理。以特徵式(吉普森氏)寫法的申請專利範圍之範例如下：

1.　一種有 2 個中央處理器的電腦係由

　　一個螢幕，用於顯示；

　　一個輸入輸出介面，用於傳送輸入輸出指令與訊號；

　　一個鍵盤，用於輸入文字；

　　一個滑鼠，用於操作螢幕指令；

　　其特徵在於：

　　2 個中央處理器，用於處理各種指令；

　　一個指派器，用於將不同的工作指派給不同的中央處理器負責處理；

　　經由 2 個中央處理器分別同時處理不同的工作以提升電腦速度者。

　　上面的範例中，在「其特徵在於」之前的，都是「與先前技術相同的元件或步驟」；而在「其特徵在於」之後的，都是「與先前技術不同的元件或步驟」，這樣可以比較容易突顯與先前技術的差異。

7-10　新穎性比對

　　本節說明新穎性的審查原則。

<u>疑問一</u>：專利申請案必須符合「新穎性」才能獲准專利，但是如何判斷專利申請案是否符合「新穎性」呢？

<u>解惑一</u>：依據專利審查基準：審查新穎性時，應就每一請求項中所載之發明與單一先前技術進行比對，請求項中所載之發明與引證文件中所載之先前技術完全相同，或差異僅在於文字的記載形式或能直接且無歧異得知之技術特徵，即不具新穎性。

　　　　所以**判斷專利申請案是否符合「新穎性」，是將「申請專利範圍」中的每一個請求項個別與單一先前技術進行比對，若相同或只有文字上的差異就喪失新穎性。**

> 提醒：新穎性比對是將「申請專利範圍」中的每一個請求項個別與單一先前技術進行比對，所以，在撰寫「申請專利範圍」中的每一個請求項時，應極力避免與任何先前技術有整段文字相同或雷同的情況。

疑問二：申請案的申請日為 2010 年 10 月 20 日，引證文件的公開日也是 2010 年 10 月 20 日，是否會影響新穎性？

解惑二：依據專利審查基準：引證文件之公開日必須在申請案的申請日之前，<u>申請當日始公開之技術不構成先前技術的一部分</u>。因為引證文件的公開日與申請案的申請日是同一天，所以不會影響新穎性。

疑問三：申請案的申請日為 2010 年 10 月 20 日，引證文件(一篇新聞報導)的公開日為 2010 年 10 月 25 日，但是該新聞報導的內容是關於 2010 年 9 月 20 日發表的一篇論文，是否會影響新穎性？

解惑三：依據專利審查基準：<u>引證文件中明確敘及另一參考文件時，若該參考文件在引證文件公開日之前已能為公眾得知，則該參考文件應被視為引證文件的一部分，亦即引證文件與參考文件共同揭露之先前技術，仍屬單一文件中所揭露之先前技術。</u>

雖然引證文件(一篇新聞報導)的公開日為 2010 年 10 月 25 日，晚於申請案的申請日 2010 年 10 月 20 日，但是該引證文件(一篇新聞報導)的內容明確敘及另一參考文件，而該參考文件(一篇論文)的公開日為 2010 年 9 月 20 日，早於申請案的申請日 2010 年 10 月 20 日，所以該參考文件(一篇論文)應被視為引證文件(一篇新聞報導)的一部分，因此 2010 年 9 月 20 日發表的論文會影響申請日 2010 年 10 月 20 日申請案的新穎性。

🏆 得獎發明介紹

多功能清洗球

多功能清洗球獲准專利 M276848 號，如圖 7-2 所示。主要內容為：一種可產生震動之清洗球，其係利用清洗球內部之馬達產生一震動，以帶動上述清洗球之震動，產生超音波洗淨效果。本創作包含一殼體，上述殼體之外部具有至少一個不同軸向之翼片，並且上述殼體之內部配置一馬達具有一偏心部件及一電池室，用於容納乾電池以提供該馬達所需之電源。

多功能清洗球得獎後，市面上出現只有塑膠球，而內部沒有馬達的仿冒品，因為內部沒有馬達，單純利用塑膠球粗糙的表面摩擦衣物達到洗淨效果，但卻會將高級衣物磨壞，所以不要只因為外型很像或價錢較低就亂買，很可能會賠了衣服又折錢，得不償失。

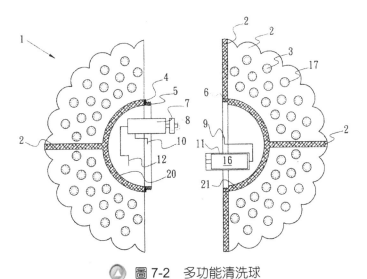

🔼 圖 7-2　多功能清洗球

7-11 進步性比對 IQ

本節說明進步性的審查原則。

疑問一：專利申請案必須符合「進步性」才能獲准專利，但是如何判斷專利申請案是否符合「進步性」呢？

解惑一：依據專利審查基準：該發明所屬技術領域中具有通常知識者依據一份或多份引證文件中揭露之先前技術，並參酌申請時的通常知識，而能將該先前技術以轉用、置換、改變或組合等方式完成申請專利之發明者，該發明之整體即屬顯而易知，即無進步性。

所以**判斷專利申請案是否符合「進步性」，是將「申請專利範圍」中的每一個請求項個別與一份或多份引證文件中揭露之先前技術進行比對。請注意，審查進步性時，得以多份引證文件中之全部或部分技術內容的組合與「申請專利範圍」中的每一個請求項進行比對。**

> 提醒：進步性比對是將「申請專利範圍」中的每一個請求項個別與一份或多份引證文件中揭露之先前技術進行比對，所以在撰寫「申請專利範圍」中的每一個請求項時，應留意避免剛好與某幾件先前技術的部分內容組合後相同的情況。

疑問二：如果審查官找不到任何與申請案有關的先前技術，是否就表示申請案具有進步性？

解惑二：依據專利審查基準：開創性發明，指對於所欲解決之問題為全新的技術，毫無相關先前技術之發明。開創性發明與申請時的技術水準相比，本質上即存在技術上之開創性，故具進步性。

疑問三：早期潛水艇必須有一個大水箱，將大水箱裝滿水，潛水艇就可沉入水中；將大水箱裝的水排空，潛水艇就可浮出水面。有人把飛機以翅膀改變角度控制飛機升空與降落的技術轉用於潛水艇，是否具有進步性？

解惑三：依據專利審查基準：轉用發明，指將某一技術領域之先前技術轉用至其他技術領域之發明。若轉用發明能產生無法預期的功效，或能克服該其他技術領

域中，前所未有但長期存在於該發明所屬技術領域中的問題，應認定該發明非能輕易完成，具進步性。將飛機翅膀轉用於潛水艇，能克服潛水艇長期存在的浮潛問題，因爲採用大水箱會使潛水艇體積過大，容易被發現，改用類似飛機翅膀的技術後，可使潛水艇體積大幅度縮小，達到隱匿行蹤的效果，具進步性。

不過，改用類似飛機翅膀的技術後潛水艇變成不能垂直升降，必須有一段爬升或下降的距離，成爲附帶的一個小缺點。

疑問四：某農夫菜園有蟲，以殺蟲劑噴灑後，發現雜草也死了，所以將此殺蟲劑申請除草劑專利，是否具有進步性？

解惑四：依據專利審查基準：用途發明，指將已知物質或物品用於新目的之發明。若用途發明能產生無法預期的功效，應認定該發明非能輕易完成，具進步性。殺蟲劑原用途爲殺蟲，並無法預期會有除草的功效，所以應認定具有進步性。

疑問五：某人將他人專利物品等比例縮小成十分之一，是否具有進步性？

解惑五：依據專利審查基準：改變技術特徵關係之發明，指改變先前技術中之元件形狀、尺寸、比例、位置及作用關係或步驟的順序等之發明。若改變技術特徵關係之發明能產生無法預期的功效或新的用途，應認定該發明非能輕易完成，具進步性。

將他人專利物品等比例縮小成十分之一，除非能產生無法預期的功效或新的用途，否則不具進步性。例如，把專利物品腳踏車等比例縮小成十分之一，並未產生無法預期的功效或新的用途，應不具進步性；但將專利物品小馬達等比例縮小成十分之一，不但製造技術難度提高，也能於血管阻塞、內視鏡等醫療行爲中使用，應具有進步性。

疑問六：把兩個既有物品組合在一起，變成一件新商品，是否具有進步性？

解惑六：依據專利審查基準：組合發明，指組合先前技術中複數個技術手段所構成之發明。若組合發明之技術特徵在功能上彼此相互作用而產生新的功效，或組合後之技術效果優於所有單一技術所產生之技術效果的總合，無論其技術特徵是否全部或部分爲已知，均應認定該發明非能輕易完成，具進步性。

例如：把放大鏡與筆結合，只是增加便利性，但放大與書寫的功能仍是各自

單獨作用，也無新功效，亦無功效增強，應不具進步性；但將放大鏡與熱殺菌燈結合，可讓熱殺菌燈經由放大鏡的聚焦功能提升、集中熱能，增強殺菌功效，應具有進步性。

疑問七： 在既有專利或技術的較大範圍中，選擇一個較小的範圍作為其技術特徵是否具有進步性？

解惑七： 依據專利審查基準：選擇發明，指從先前技術的較大範圍中，有目的的選擇先前技術未明確揭露之較小範圍或個體作為其技術特徵之發明，無法由先前技術推導出該被選擇之技術特徵，而產生較先前技術更為顯著或無法預期的功效時，應認定該發明非能輕易完成，具進步性。

例如：先前技術指出製造某產物，當溫度在 30℃～180℃ 範圍內，產量與溫度增加成正比。如果後申請之選擇發明指出當溫度在 99℃～101℃ 範圍內(先前技術並未明確記載該較小範圍)，產量突然明顯增加，因非先前技術產量與溫度增加成正比所能預期的，應認定該發明非能輕易完成，具有進步性。

但是，如果後申請之選擇發明只是把溫度範圍由 30℃～180℃ 縮小為 99℃～101℃，而產量依然與溫度增加成正比，並無明顯變化，則不具有進步性。

7-12 單一性

本節說明單一性的審查原則。

疑問一： 專利申請費用高昂，在什麼情況下可以把兩件以上的專利合併成一件提出申請，以節省開銷？

解惑一： 依據專利審查基準：專利法第三十二條第二項所稱二個以上發明「屬於一個廣義發明概念」，指二個以上之發明，於技術上相互關聯。

技術上相互關聯，指<u>請求項中所載之發明應包含一個或多個相同或相對應的技術特徵，且該技術特徵係使發明在新穎性與進步性等專利要件方面，對於先前技術有所貢獻之特定技術特徵。</u>

<u>二個以上之發明屬於一個廣義發明概念者，則稱符合發明單一性。兩項以上獨立項所載之發明屬於一個廣義發明概念之態樣，通常有以下六種：</u>

1. 兩發明同爲物或同爲方法發明，不適於以單一獨立項涵蓋兩個以上之物或方法發明者。

   例如：第一個獨立項爲一種**可分辨火線與地線的插座**，其火線插孔與地線插孔大小不同，以避免火線與地線接反形成危險。第二個獨立項爲一種**可分辨火線與地線的插頭**，其火線插片與地線插片大小不同，以便強迫電器的火線與插座上的火線相接，並強迫電器的地線與插座上的地線相接，避免火線與地線接反形成危險。

   上述插座與插頭爲兩個不同的物品，不適於以單一獨立項涵蓋，但卻具有相同(或相對應)的特徵：可分辨火線與地線的插孔與插片。

2. 發明爲物之發明，他發明爲專用於製造該物之方法的獨立項。例如：第一個獨立項爲一種具有突波吸收功能(防雷擊)的延長線；第二個獨立項爲一種具有突波吸收功能(防雷擊)延長線的製造方法。

3. 發明爲物之發明，他發明爲該物的用途獨立項。例如：第一個獨立項爲一種物質 A，係由物質 B(10%)、C(20%)、D(10%)、E(30%)、F(10%)與 G(20%)組成；第二個獨立項爲將物質 A 當作防火塗料的用途。

4. 發明爲物之發明，他發明爲專用於製造該物之方法及該物的用途獨立項。例如：第一個獨立項爲一種物質 A，係由物質 B(30%)、C(20%)、D(50%)組成；第二個獨立項爲製造物質 A 之方法，係將物質 B(30%)加熱到 800℃時，混入室溫之物質 C(20%)，再加熱到 1300℃時，混入 600℃之物質 D(50%)，然後放置 48 小時，再浸入 0℃之冰水中急速冷卻，成爲可當作耐熱與耐蝕塗料用途的物質 A。

5. 發明爲物之發明，他發明爲專用於製造該物之方法及爲實施該方法專用的機械、器具或裝置獨立項。例如：第一個獨立項爲一種長圓筒型捕鼠器，係在長圓筒內部中段部份塗佈強力膠，當老鼠因鑽洞天性或因食物誘惑而鑽入長圓筒內，就會被強力膠黏住而被捕獲者；第二個獨立項爲自動在長圓筒內部中段部份塗佈強力膠的機器。

6. 發明爲方法發明，他發明爲實施該方法專用的機械、器具或裝置獨立項。例如：第一個獨立項爲一種使小偷現形的方法，係在貴重物品(例如保險箱)周圍暗設噴霧器，若開啓保險箱前沒有先解除噴霧器的設定，則開啓保險箱時會連帶造成噴霧器噴出特定氣味(例如類似臭鼬氣味)的氣體，使

小偷全身沾染該氣味，好幾天都洗不掉，讓警察可以不費吹灰之力就知道誰是小偷；第二個獨立項為實現「開啟保險箱時會連帶造成噴霧器噴出類似臭鼬氣味氣體」的裝置。

疑問二：在不同的獨立項之間會有發明單一性的問題，通常以上述的 6 種態樣加以判斷；那麼依附於同一獨立項的各附屬項之間會有發明單一性的問題嗎？

解惑二： 依據專利審查基準：依附於同一獨立項之各附屬項包含該獨立項所有的技術特徵，故獨立項與其附屬項之間，或其附屬項與附屬項之間無發明單一性的問題。例如：獨立項為：

1. 一種地球儀，至少包含：

一個球體，用於代表地球，球體上端與上支撐桿的一端連接，球體下端與下支撐桿的一端連接；

一個上支撐桿，連接於球體與弧形支架之間，用於使球體固定於弧形支架上端；

一個下支撐桿，連接於球體與弧形支架之間，用於使球體固定於弧形支架下端；

一個弧形支架，經由上支撐桿與下支撐桿支撐整個球體，使球體可以上支撐桿與下支撐桿為軸而轉動；

一個底座，連接於弧形支架下方，用於使地球儀可以平穩放置；

達成讓使用者不必長時間手持，方便平穩放置，旋轉球體進行觀察者。

附屬項為：

2. 如申請專利範圍第 1 項的地球儀，其中弧形支架成一傾斜角度，以便利觀察者觀察下半球體。

3. 如申請專利範圍第 1 項的地球儀，其中弧形支架增加延伸桿與放大鏡，以便利觀察者放大所欲觀察的部份球體。

因為請求項 2 與請求項 3 都包含請求項 1 的所有技術特徵，所以請求項 1、請求項 2 與請求項 3 之間無發明單一性的問題。

7-13 分割 🔍

本節說明甚麼是分割。

疑　問：原本因為專利申請費用高昂或其他原因，把兩件以上的專利申請案合併成一件提出申請以節省開銷，事後若反悔，是否可以把該件專利申請案再拆開成兩件以上的專利申請案？

解　惑：依據台灣專利法：申請專利之發明，實質上為二個以上之發明時，經專利專責機關通知或據申請人申請，得為分割之申請。前項分割申請應於原申請案再審查審定前為之。

所以只要在原申請案再審查審定之前，都可以把該件專利申請案再拆開成兩件以上的專利申請案。

例如：原申請案有兩個獨立項，第一個獨立項為一種**可分辨火線與地線的插座**，其火線插孔與地線插孔大小不同，以避免火線與地線接反形成危險。第二個獨立項為一種**可分辨火線與地線的插頭**，其火線插片與地線插片大小不同，以便強迫電器的火線與插座上的火線相接，並強迫電器的地線與插座上的地線相接，避免火線與地線接反形成危險。

事後若反悔，可以提出分割之申請，將上述兩個獨立項拆開成為兩件專利申請案，第一個申請案為一種**可分辨火線與地線的插座**，第二個申請案為一種**可分辨火線與地線的插頭**。

7-14 修正申請專利範圍 🔍

本節說明如何修正專利說明書的內容。

疑　問：如果為了避免產生專利侵權的問題或其他因素而必須修正申請專利範圍或專利說明書的內容，是否必須把整份專利說明書重寫？

解　惑：依據台灣專利法施行細則：發明或新型依本法規定申請補充、修正說明書或圖式者，應備具申請書，並檢附下列文件：一、補充、修正部分劃線之說明

書修正頁。二、補充、修正後無劃線之說明書或圖式替換頁；如補充、修正後致原說明書或圖式頁數不連續者，應檢附補充、修正後之全份說明書或圖式。

所以原則上只要提出有修正的那幾頁，包含有劃線與沒有劃線的修正頁即可。但若修正後會導致原說明書或圖式出現頁數不連續的情況，則必須提出修正後的整份專利說明書，而不能只提出有修正的那幾頁。

> 提醒：所謂「劃線」是指在原本存在，但因修正而要刪除的文字劃「刪除線」(=)，而在原本不存在但因修正而要增加的文字劃「底線」(＿)。

例如原本的申請專利範圍如下：

1. 一種自動張開的剪刀，係由
    兩個有孔的握柄，用於讓使用者將拇指與其他手指分別伸入握柄中；
    兩個刀，一端連接握柄，另一端為刀刃；
    一個支點，位於握柄與刀刃之間，用於將兩個刀連接，並使兩個刀可以支點為軸旋轉；
    一個彈性物質，連接於兩個握柄之間所組成；
    當使用者施力剪東西時，彈性物質被壓縮，而當使用者沒有施力時，被壓縮的彈性物質伸張，使兩個握柄自動張開，連帶使兩個刀刃自動張開者。
2. 如申請專利範圍第 1 項之一種自動張開的剪刀，其中彈性物質為彈簧。
3. 如申請專利範圍第 1 項之一種自動張開的剪刀，其中彈性物質為金屬彈片。
4. 如申請專利範圍第 1 項之一種自動張開的剪刀，其中彈性物質為泡棉。
5. 如申請專利範圍第 1 項之一種自動張開的剪刀，其中彈性物質為空氣墊。
6. 如申請專利範圍第 1 項之一種自動張開的剪刀，其中彈性物質為軟木塞。

如今因為存在**泡棉**下位概念的先前技術，欲將上述獨立項(申請專利範圍第 1 項)中的「彈性物質」修正為**「除泡棉之外的彈性物質」**，同時將泡棉下位概念對應的附屬項(申請專利範圍第 4 項)刪除，以避免產生專利侵權的問題。

則修正後有劃線的修正頁如下：在申請專利範圍第 1 項中新增的文字除**泡棉之外的**下方劃「底線」(＿)；並在申請專利範圍第 4 項欲刪除的文字劃上「刪除線」(＝)。

1. 一種自動張開的剪刀，係由

   兩個有孔的握柄，用於讓使用者將拇指與其他手指分別伸入握柄中；

   兩個刀，一端連接握柄，另一端為刀刃；

   一個支點，位於握柄與刀刃之間，用於將兩個刀連接，並使兩個刀可以支點為軸旋轉；

   一個**除泡棉之外的**彈性物質，連接於兩個握柄之間所組成；

   當使用者施力剪東西時，彈性物質被壓縮，而當使用者沒有施力時，被壓縮的彈性物質伸張，使兩個握柄自動張開，連帶使兩個刀刃自動張開者。

2. 如申請專利範圍第 1 項之一種自動張開的剪刀，其中彈性物質為彈簧。

3. 如申請專利範圍第 1 項之一種自動張開的剪刀，其中彈性物質為金屬彈片。

4. ~~如申請專利範圍第 1 項之一種自動張開的剪刀，其中彈性物質為泡棉。~~

5. 如申請專利範圍第 1 項之一種自動張開的剪刀，其中彈性物質為空氣墊。

6. 如申請專利範圍第 1 項之一種自動張開的剪刀，其中彈性物質為軟木塞。

> 提醒：為了避免萬一需要修正，怕修正後會導致原說明書或圖式出現頁數不連續的情況，而必須提出修正後的整份專利說明書，可以在撰寫專利說明書時，在每一頁預先留下幾個空行，如此一來，小幅度的修正可在預先留下的空行內完成，將可確保修正只在某一頁的範圍內，不會因增加過多文字而跨到下一頁，出現必須提出修正後之整份專利說明書的不利狀況。

> 注意：發明專利權人申請更正專利說明書、申請專利範圍或圖式，不得實質擴大或變更公告時之申請專利範圍。

7

7-15 申請專利範圍撰寫練習 IQ

本節以範例幫助讀者練習撰寫申請專利範圍。

閱讀本節時,建議拿 1 張紙蓋住,每次閱讀 1 行,遇到問題停下來自己先想解答再繼續往下閱讀參考答案。

範例一、假設世界上原本沒有眼鏡這種東西,而你是眼鏡的發明人,請寫出新發明物品"眼鏡"的申請專利範圍。

步驟一、將欲申請專利之標的拆解,如果是方法則拆解為若干步驟,如果是物品則拆解為若干元件。

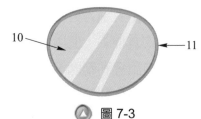

▲ 圖 7-3

本範例之"眼鏡"可拆解為鏡片與鏡架。

步驟二、將欲申請專利之標的畫成圖,並於圖上標示每一個元件對應的符號,再做一個元件與對應符號的對照表。

本範例之"眼鏡"如圖 7-3,元件與對應符號的對照表如表 7-1。

▽ 表 7-1

元　　件	鏡片	鏡架
對應符號	10	11

步驟三、寫出申請專利範圍,包含專利名稱,連接詞,每個元件的數量、功用以及與其他元件的連接關係,整體結合後如何達成所需之功效等。

本範例之"眼鏡"的申請專利範圍撰寫如下:

1.　一種眼鏡,至少包含:

　　一個鏡片,用於調整光線到達眼睛的焦距;

　　一個鏡架,用於支撐鏡片;

　　經由放置眼鏡於眼睛前方使人可看清物體者。

步驟四、檢視寫好的申請專利範圍有沒有遺漏或問題,有沒有需要反迴避設計的地方。若沒有則結束,若有則重複上述步驟。

問題一：人有兩個眼睛可能度數不一樣，所以需要兩個鏡片。

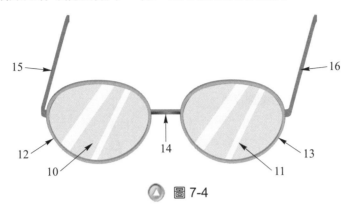

圖 7-4

修改一：將鏡片再拆解成左鏡片與右鏡片。

　　　　兩個鏡片就需要兩個鏡框，將鏡架再拆解成左鏡片框架與右鏡片框架。

　　　　兩個鏡框中間需要連接，所以需要一個鏡片框架連接條。

　　　　眼鏡不用手拿就需要掛在耳朵上，就需要左耳鏡架與右耳鏡架。

　　　　新的圖如圖 7-4，新的元件與對應符號對照表如表 7-2。

表 7-2

元　　件	左鏡片	右鏡片	左鏡片框架	右鏡片框架
對應符號	11	10	13	12
元　　件	鏡片框架連接條	左耳鏡架	右耳鏡架	
對應符號	14	16	15	

　　　　新的申請專利範圍撰寫如下：

1.　　一種眼鏡，至少包含：

　　　　一個左鏡片，用於調整光線到達左眼的焦距；

　　　　一個右鏡片，用於調整光線到達右眼的焦距；

　　　　一個左鏡片框架，用於安裝與支撐左鏡片；

　　　　一個右鏡片框架，用於安裝與支撐右鏡片；

　　　　一個鏡片框架連接條，用於連接左鏡片框架與右鏡片框架；

　　　　一個左耳鏡架，一端連接左鏡片框架，一端可放置於左耳上；

一個右耳鏡架，一端連接右鏡片框架，一端可放置於右耳上；

經由放置眼鏡於眼睛前方使人可看清物體者。

__問題二__：為了明確元件間的互連狀況，應避免一端、一端的寫法以避免應該 A 接 B，C 接 D 被誤解為 A 接 D，B 接 C，或被誤解成 A 接 B 與 C。例如上面的申請專利範圍可能會變成圖 7-5。

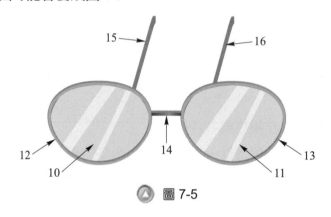

▲ 圖 7-5

__修改二__：將左鏡片框架再拆解出左鏡片框架內側與左鏡片框架外側。

將右鏡片框架再拆解出右鏡片框架內側與右鏡片框架外側。

將左耳鏡架再拆解出左耳鏡架前端與左耳鏡架後端。

將右耳鏡架再拆解出右耳鏡架前端與右耳鏡架後端。

新的圖如圖 7-6，新的元件與對應符號對照表如表 7-3。

▼ 表 7-3

元　　件	左鏡片	右鏡片	左鏡片框架	右鏡片框架
對應符號	11	10	13	12
元　　件	鏡片框架連接條	左耳鏡架	右耳鏡架	左鏡片框架內側
對應符號	14	16	15	23
元　　件	左鏡片框架外側	左耳鏡架前端	左耳鏡架後端	右耳鏡架前端
對應符號	24	21	22	19
元　　件	右耳鏡架後端	右鏡片框架內側	右鏡片框架外側	
對應符號	20	17	18	

新的申請專利範圍撰寫如下：

1. 一種眼鏡，至少包含：
   一個左鏡片，用於調整光線到達左眼的焦距；
   一個右鏡片，用於調整光線到達右眼的焦距；
   一個左鏡片框架，用於安裝與支撐左鏡片；
   一個右鏡片框架，用於安裝與支撐右鏡片；
   一個鏡片框架連接條，兩端分別連接左鏡片框架內側與右鏡片框架內側；
   一個左耳鏡架，前端連接左鏡片框架外側，後端可放置於左耳上；
   一個右耳鏡架，前端連接右鏡片框架外側，後端可放置於右耳上；
   經由放置眼鏡於眼睛前方使人可看清物體者。

當申請專利範圍初具雛形時，應檢視是否有"非必要元件"，如果有，應將"非必要元件"移到附屬項，以避免被迴避設計成功。

問題三：鏡片框架連接條為"非必要元件"，因為左鏡片框架可以直接與右鏡片框架連接而不需要鏡片框架連接條。

<u>修改三</u>：將"非必要元件"鏡片框架連接條移到附屬項。

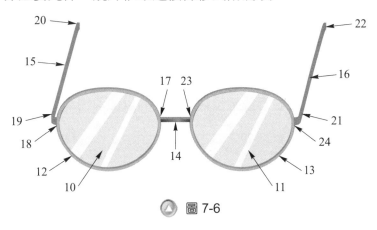

◬ 圖 7-6

新的申請專利範圍撰寫如下：

1. 一種眼鏡，至少包含：
   一個左鏡片，用於調整光線到達左眼的焦距；
   一個右鏡片，用於調整光線到達右眼的焦距；
   一個左鏡片框架，用於安裝與支撐左鏡片；

一個右鏡片框架，用於安裝與支撐右鏡片；

一個左耳鏡架，前端連接左鏡片框架外側，後端可放置於左耳上；

一個右耳鏡架，前端連接右鏡片框架外側，後端可放置於右耳上；

左鏡片框架內側與右鏡片框架內側連接；

經由放置眼鏡於眼睛前方使人可看清物體者。

2. 如申請專利範圍第 1 項之眼鏡，其中有一個鏡片框架連接條，兩端分別連接左鏡片框架內側與右鏡片框架內側者。

申請專利範圍第 1 項的圖如圖 7-7，申請專利範圍第 2 項的圖如圖 7-6。

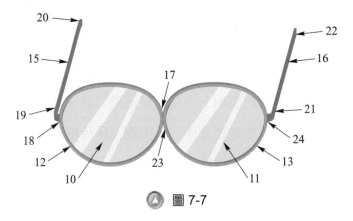

圖 7-7

接下來要繼續檢視是否還有問題或是還有可能的變化。

問題四：眼鏡很容易滑下來。

修改四：將左耳鏡架後端與右耳鏡架後端改成彎的以便勾住耳朵避免眼鏡滑落。

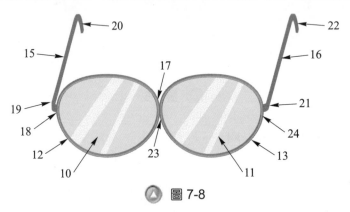

圖 7-8

新的圖如圖 7-8，新的申請專利範圍撰寫如下：

1.　一種眼鏡，至少包含：

　　一個左鏡片，用於調整光線到達左眼的焦距；

　　一個右鏡片，用於調整光線到達右眼的焦距；

　　一個左鏡片框架，用於安裝與支撐左鏡片；

　　一個右鏡片框架，用於安裝與支撐右鏡片；

　　一個左耳鏡架，前端連接左鏡片框架外側，後端可放置於左耳上；

　　一個右耳鏡架，前端連接右鏡片框架外側，後端可放置於右耳上；

　　左鏡片框架內側與右鏡片框架內側連接；

　　經由放置眼鏡於眼睛前方使人可看清物體者。

2.　如申請專利範圍第 1 項之眼鏡，其中有一個鏡片框架連接條，兩端分別連接左鏡片框架內側與右鏡片框架內側者。

3.　如申請專利範圍第 1 項或第 2 項之眼鏡，其中者左耳鏡架後端與右耳鏡架後端係呈現彎曲狀可勾住耳朵以避免眼鏡滑落者。

接下來要繼續檢視是否還有問題或是還有可能的變化。

問題五：眼鏡不用時很佔空間。

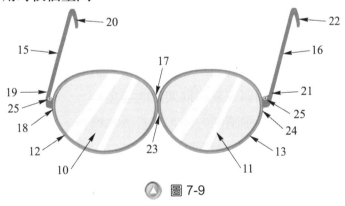

圖 7-9

修改五： 將左右耳鏡架前端與左右鏡框的連接改成活動可收折(需增加旋鈕)。

新的圖如圖 7-9，新的元件與對應符號對照表如表 7-4。

▽ 表 7-4

元　　件	左鏡片	右鏡片	左鏡片框架	右鏡片框架
對應符號	11	10	13	12
元　　件	鏡片框架連接條	左耳鏡架	右耳鏡架	左鏡片框架內側
對應符號	14	16	15	23
元　　件	左鏡片框架外側	左耳鏡架前端	左耳鏡架後端	右耳鏡架前端
對應符號	24	21	22	19
元　　件	右耳鏡架後端	右鏡片框架內側	右鏡片框架外側	旋鈕
對應符號	20	17	18	25

新的申請專利範圍撰寫如下：

1. 一種眼鏡，至少包含：
   一個左鏡片，用於調整光線到達左眼的焦距；
   一個右鏡片，用於調整光線到達右眼的焦距；
   一個左鏡片框架，用於安裝與支撐左鏡片；
   一個右鏡片框架，用於安裝與支撐右鏡片；
   一個左耳鏡架，前端連接左鏡片框架外側，後端可放置於左耳上；
   一個右耳鏡架，前端連接右鏡片框架外側，後端可放置於右耳上；
   左鏡片框架內側與右鏡片框架內側連接；
   經由放置眼鏡於眼睛前方使人可看清物體者。

2. 如申請專利範圍第 1 項之眼鏡，其中有一個鏡片框架連接條，兩端分別連接左鏡片框架內側與右鏡片框架內側者。

3. 如申請專利範圍第 1 項或第 2 項之眼鏡，其中左耳鏡架後端與右耳鏡架後端係呈現彎曲狀可勾住耳朵以避免眼鏡滑落者。

4. 如申請專利範圍第 1 項或第 2 項之眼鏡，其中左耳鏡架前端係經由一個旋鈕與左鏡片框架外側連接，右耳鏡架前端係經由一個旋鈕與右鏡片框架外側連接，讓眼鏡於不使用時可將左耳鏡架與右耳鏡架收折者。

5. 如申請專利範圍第 3 項之眼鏡,其中左耳鏡架前端係經由一個旋鈕與左鏡片框架外側連接,右耳鏡架前端係經由一個旋鈕與右鏡片框架外側連接,讓眼鏡於不使用時可將左耳鏡架與右耳鏡架收折者。

注意:申請專利範圍第 3 項是多項附屬項,不能直接被多項附屬項 4 附屬,所以必須另外寫一個申請專利範圍第 5 項。

接下來要繼續檢視是否還有問題或是還有可能的變化。

問題六:眼鏡容易從鼻子滑落。

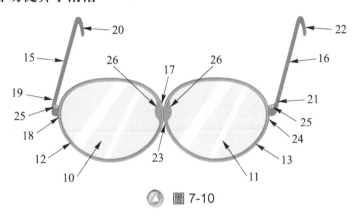

◢ 圖 7-10

修改六:增加鼻墊。

新的圖如圖 7-10,新的元件與對應符號對照表如表 7-5。

▽ 表 7-5

元 件	左鏡片	右鏡片	左鏡片框架	右鏡片框架
對應符號	11	10	13	12
元 件	鏡片框架連接條	左耳鏡架	右耳鏡架	左鏡片框架內側
對應符號	14	16	15	23
元 件	左鏡片框架外側	左耳鏡架前端	左耳鏡架後端	右耳鏡架前端
對應符號	24	21	22	19
元 件	右耳鏡架後端	右鏡片框架內側	右鏡片框架外側	旋鈕
對應符號	20	17	18	25

▼ 表 7-5　(續)

元　　件	鼻墊			
對應符號	26			

新的申請專利範圍撰寫如下：

1.　一種眼鏡，至少包含：

一個左鏡片，用於調整光線到達左眼的焦距；

一個右鏡片，用於調整光線到達右眼的焦距；

一個左鏡片框架，用於安裝與支撐左鏡片；

一個右鏡片框架，用於安裝與支撐右鏡片；

一個左耳鏡架，前端連接左鏡片框架外側，後端可放置於左耳上；

一個右耳鏡架，前端連接右鏡片框架外側，後端可放置於右耳上；

左鏡片框架內側與右鏡片框架內側連接；

經由放置眼鏡於眼睛前方使人可看清物體者。

2.　如申請專利範圍第 1 項之眼鏡，其中有一個鏡片框架連接條，兩端分別連接左鏡片框架內側與右鏡片框架內側者。

3.　如申請專利範圍第 1 項或第 2 項之眼鏡，其中左耳鏡架後端與右耳鏡架後端係呈現彎曲狀可勾住耳朵以避免眼鏡滑落者。

4.　如申請專利範圍第 1 項或第 2 項之眼鏡，其中左耳鏡架前端係經由一個旋鈕與左鏡片框架外側連接，右耳鏡架前端係經由一個旋鈕與右鏡片框架外側連接，讓眼鏡於不使用時可將左耳鏡架與右耳鏡架收折者。

5.　如申請專利範圍第 3 項之眼鏡，其中左耳鏡架前端係經由一個旋鈕與左鏡片框架外側連接，右耳鏡架前端係經由一個旋鈕與右鏡片框架外側連接，讓眼鏡於不使用時可將左耳鏡架與右耳鏡架收折者。

6.　如申請專利範圍第 1 項或第 2 項之眼鏡，其中左鏡片框架內側與右鏡片框架內側設有鼻墊，可防止眼鏡由鼻子滑落者。

7.　如申請專利範圍第 3 項之眼鏡，其中左鏡片框架內側與右鏡片框架內側設有鼻墊，可防止眼鏡由鼻子滑落者。

8.　如申請專利範圍第 4 項之眼鏡，其中左鏡片框架內側與右鏡片框架內側設有鼻墊，可防止眼鏡由鼻子滑落者。

9. 如申請專利範圍第 5 項之眼鏡，其中左鏡片框架內側與右鏡片框架內側
設有鼻墊，可防止眼鏡由鼻子滑落者。

接下來要繼續檢視是否還有問題或是還有可能的變化。

<u>問題七</u>：**眼鏡讓鼻子不舒服**。

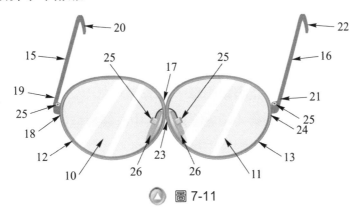

圖 7-11

<u>修改七</u>：鼻墊改為可活動(需增加旋鈕)。

新的圖如圖 7-11，新的申請專利範圍撰寫如下：

1. 一種眼鏡，至少包含：
一個左鏡片，用於調整光線到達左眼的焦距；
一個右鏡片，用於調整光線到達右眼的焦距；
一個左鏡片框架，用於安裝與支撐左鏡片；
一個右鏡片框架，用於安裝與支撐右鏡片；
一個左耳鏡架，前端連接左鏡片框架外側，後端可放置於左耳上；
一個右耳鏡架，前端連接右鏡片框架外側，後端可放置於右耳上；
左鏡片框架內側與右鏡片框架內側連接；
經由放置眼鏡於眼睛前方使人可看清物體者。

2. 如申請專利範圍第 1 項之眼鏡，其中有一個鏡片框架連接條，兩端分別
連接左鏡片框架內側與右鏡片框架內側者。

3. 如申請專利範圍第 1 項或第 2 項之眼鏡，其中左耳鏡架後端與右耳鏡架
後端係呈現彎曲狀可勾住耳朵以避免眼鏡滑落者。

4. 如申請專利範圍第 1 項或第 2 項之眼鏡，其中左耳鏡架前端係經由一個
旋鈕與左鏡片框架外側連接，右耳鏡架前端係經由一個旋鈕與右鏡片框

架外側連接，讓眼鏡於不使用時可將左耳鏡架與右耳鏡架收折者。

5. 如申請專利範圍第 3 項之眼鏡，其中左耳鏡架前端係經由一個旋鈕與左鏡片框架外側連接，右耳鏡架前端係經由一個旋鈕與右鏡片框架外側連接，讓眼鏡於不使用時可將左耳鏡架與右耳鏡架收折者。

6. 如申請專利範圍第 1 項或第 2 項之眼鏡，其中左鏡片框架內側與右鏡片框架內側設有鼻墊，可防止眼鏡由鼻子滑落者。

7. 如申請專利範圍第 3 項之眼鏡，其中左鏡片框架內側與右鏡片框架內側設有鼻墊，可防止眼鏡由鼻子滑落者。

8. 如申請專利範圍第 4 項之眼鏡，其中左鏡片框架內側與右鏡片框架內側設有鼻墊，可防止眼鏡由鼻子滑落者。

9. 如申請專利範圍第 5 項之眼鏡，其中左鏡片框架內側與右鏡片框架內側設有鼻墊，可防止眼鏡由鼻子滑落者。

10. 如申請專利範圍第 1 項或第 2 項之眼鏡，其中左鏡片框架內側與右鏡片框架內側係經由旋鈕與鼻墊連接，可增加鼻子的舒適度者。

11. 如申請專利範圍第 3 項之眼鏡，其中左鏡片框架內側與右鏡片框架內側係經由旋鈕與鼻墊連接，可增加鼻子的舒適度者。

12. 如申請專利範圍第 4 項之眼鏡，其中左鏡片框架內側與右鏡片框架內側係經由旋鈕與鼻墊連接，可增加鼻子的舒適度者。

13. 如申請專利範圍第 5 項之眼鏡，其中左鏡片框架內側與右鏡片框架內側係經由旋鈕與鼻墊連接，可增加鼻子的舒適度者。

14. 如申請專利範圍第 6 項之眼鏡，其中左鏡片框架內側與右鏡片框架內側係經由旋鈕與鼻墊連接，可增加鼻子的舒適度者。

15. 如申請專利範圍第 7 項之眼鏡，其中左鏡片框架內側與右鏡片框架內側係經由旋鈕與鼻墊連接，可增加鼻子的舒適度者。

16. 如申請專利範圍第 8 項之眼鏡，其中左鏡片框架內側與右鏡片框架內側係經由旋鈕與鼻墊連接，可增加鼻子的舒適度者。

17. 如申請專利範圍第 9 項之眼鏡，其中左鏡片框架內側與右鏡片框架內側係經由旋鈕與鼻墊連接，可增加鼻子的舒適度者。

您是否還有發現其他問題或是其他可能的變化？

專利檢索

本章將說明如何檢索專利資料。

在進行專利研發時,一定要進行專利檢索,因為人類的科技與文明是經由不斷累積前人的經驗與智慧而來的,相關研究顯示,懂得善用專利資料,將可節省研發所需時間與費用達 40%。

另一方面,大約 80%的新技術只在專利資料庫找得到,而在其他如期刊、雜誌或教科書等資料庫,則必須等一段時間,甚至幾年之後才能找得到。

所以任何個人或企業在研發產品之前,一定要進行專利調查,確認即將研發的產品沒有侵犯他人的專利權,否則投入大筆資金、人力與時間之後,才發現踩到地雷,被一狀告到法院,指控侵犯專利權,萬一賠償金很高,恐怕傾家蕩產都不夠賠。

所以研發新產品之前,一定要進行詳盡的專利調查,才能確保進行的是有效研發而不是在作虛功。

8-1 專利檢索的基本認識 IQ

本節將說明有關檢索專利資料的基本認識。

<u>疑問一</u>：**檢索專利是否須支付檢索費？**

<u>解惑一</u>：早期檢索台灣的專利資料是必須付費的，對發明人造成嚴重的負擔，也阻礙國家的進步與發展。經過發明人極力爭取，以及經濟部智慧財產局積極地努力，終於在民國 95 年開始，檢索台灣的專利資料與歐美等先進國家一樣，是完全免費的。

 題外話時間

　　許多俗語，例如：吃果子拜樹頭、飲水思源等，都提醒我們，當我們現在享受免費檢索專利資料的便利，免除支付專利檢索費的龐大負擔時，應感謝當時發明人的勇於建言，執政者的虛心接受，並編列充足預算，讓經濟部智慧財產局局長、副局長及主任秘書等辛勤的專利檢索相關主管與人員，得以順利推動此一德政，讓全民共享免費檢索專利資料的便利。

<u>疑問二</u>：**哪裡可以免費檢索專利資料？**

<u>解惑二</u>：進入經濟部智慧財產局官網，如圖 8-1，網址為 http://www.tipo.gov.tw/，點選「專利」，會進入圖 8-2 的頁面，點選「專利檢索」，會進入圖 8-3 的頁面，點選「中華民國專利資訊檢索系統」，就會進入圖 8-4 的頁面，將游標移到專利檢索會出現「布林檢索」、「進階檢索」、「表格檢索」與「號碼檢索」的選項，任選其中一項就可以開始免費檢索專利資料了。由於智慧財產局網頁不斷改版，目前進入"全球專利檢索系統"，如圖 8-5，也可見各種檢索選項，進入後的操作方式相同。

圖 8-1　經濟部智慧財產局官網(點選專利)

圖 8-2　點選專利檢索

圖 8-3　點選中華民國專利資訊檢索系統

圖 8-4　點選中華民國專利資訊檢索系統

圖 8-5　全球專利檢索系統

疑問三：檢索專利是否只要有找到相關資料即可？

解惑三： 專利檢索的目的是要避免侵犯他人的專利權，只要有 1 件專利與研發中欲申請的標的有衝突，就有可能導致侵權的發生，所以並非有找到相關資料即可，而是必須盡量將所有相關資料全部都找出來。

疑問四：如何判斷找到的資料是否與研發中欲申請的標的有相關？

解惑四： 通常必須依賴與研發中欲申請之標的相關領域的專家，將找到的資料逐筆判讀，因此必須設法使須判讀的資料量盡量減少。

 題外話時間

　　為了避免侵犯他人的專利權，必須盡量將所有相關資料全部都找出來；為了能夠進行人工判讀，又必須設法使須判讀的資料量盡量減少，兩難啊！所以專利檢索與分析是一種藝術，可以開設一個專門的課程。

　　事實上，許多大企業在進行數十億元甚至數百億元的投資前，通常會花幾十萬元甚至幾百萬元，委託專利檢索與分析高人進行評估，以免貿然投資導致血本無歸。

　　而如何成為專利檢索與分析高人，坐收高額的評估費，未來可能會成為比股市分析師(幫有錢人評估哪一個股票值得投資)更熱門的行業呢！

8-2 號碼檢索 ⌕

在圖 8-5 點選號碼檢索會進入圖 8-6 的頁面。

圖 8-6　號碼檢索

　　將游標移到中央位置「公開／公告號」右邊向下的箭頭，點選後會出現「公開／公告號」、「證書號」與「申請號」的選項，如果您知道您所要檢索專利的公開號、公告號、證書號與申請號其中之一，點選該選項並輸入該號碼就可找到該專利。

　　例如在圖 8-6 中，我們選擇「證書號」的選項，並輸入所要檢索專利的專利證書號「I277274」，點選右方的「查詢」，就可找到中華民國發明專利第 I277274 號，如圖 8-7 所示。

圖 8-7　專利 I277274 號檢索結果

　　可在左上方得知，只找到 1 筆資料，並由下方「公開／公告號」的欄位顯示，該筆資料就是我們所欲查詢的中華民國發明專利第 I277274 號。點右方「公告說明書」可看到內容，如圖 8-8 所示。

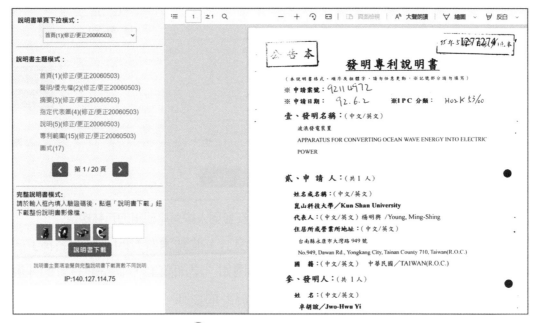

圖 8-8　I277274 號內容

8-3 ｜ 布林檢索

　　本節將說明如何以布林檢索方式檢索專利資料。

　　在「中華民國專利資訊檢索系統」的頁面，點選「布林檢索」，會進入圖 8-9 的頁面，由左上方可得知目前是在「布林檢索」的功能。

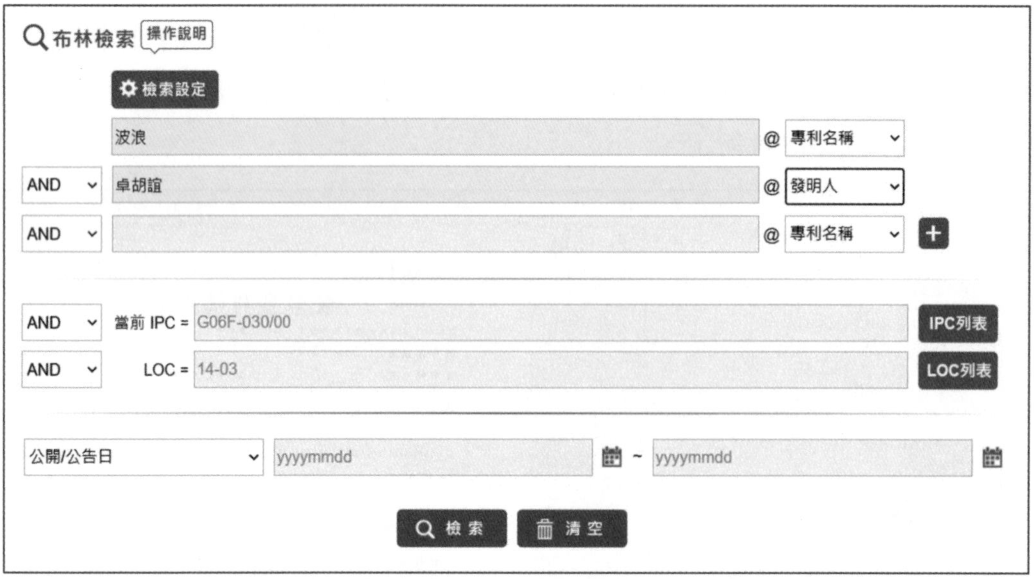

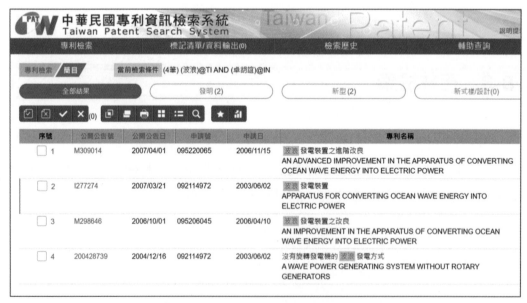

圖 8-9　在專利名稱中有波浪，而且在發明人中有卓胡誼的布林檢索

在中央位置輸入第一個關鍵字，例如「波浪」，並點選右方的「專利名稱」，再點選左方的「AND」，再輸入第二個關鍵字，例如「卓胡誼」，並點選右方的「發明人」，表示只有在「專利名稱」中有出現「波浪」而且在「發明人」中有「卓胡誼」的資料才會被檢出，檢索結果如圖 8-10 所示，只有 4 筆資料，可以由人工一一進行判讀。

序號	公開公告號	公開公告日	申請號	申請日	專利名稱
1	M309014	2007/04/01	095220065	2006/11/15	波浪發電裝置之進階改良 AN ADVANCED IMPROVEMENT IN THE APPARATUS OF CONVERTING OCEAN WAVE ENERGY INTO ELECTRIC POWER
2	I277274	2007/03/21	092114972	2003/06/02	波浪發電裝置 APPARATUS FOR CONVERTING OCEAN WAVE ENERGY INTO ELECTRIC POWER
3	M298646	2006/10/01	095206045	2006/04/10	波浪發電裝置之改良 AN IMPROVEMENT IN THE APPARATUS OF CONVERTING OCEAN WAVE ENERGY INTO ELECTRIC POWER
4	200428739	2004/12/16	092114972	2003/06/02	沒有旋轉發電機的波浪發電方式 A WAVE POWER GENERATING SYSTEM WITHOUT ROTARY GENERATORS

圖 8-10　圖 8-9 的檢索結果

除了「專利名稱」與「發明人」之外，關鍵字出現的欄位還可設定為「公開／公告號」、「申請號」、「申請人」、「審查委員」、「摘要」或「專利範圍」等。而關鍵字之間的關聯詞除了「AND」之外，也可選擇「OR」或「NOT」。

例如輸入第一個關鍵字，「波浪」，並點選右方的「專利名稱」，再點選左方的「OR」，再輸入第二個關鍵字，「卓胡誼」，並點選右方的「發明人」，如圖 8-11，表示不論在「專利名稱」中有出現「波浪」<u>或</u>者在「發明人」中有「卓胡誼」的資料，只要符合其中一項，就會被檢出。如圖 8-12 所示，OR 是聯集，查到 468 筆資料。

例如圖 8-13 輸入第一個關鍵字「波浪」，並點選右方的「專利名稱」，再點選左方的「NOT」，再輸入第二個關鍵字「卓胡誼」，並點選右方的「發明人」，表示只有在「專利名稱」中有出現「波浪」而且在「發明人」<u>沒有</u>「卓胡誼」的資料才會被檢出，如圖 8-14，查到 409 筆資料。

圖 8-11　在專利名稱有波浪或發明人中有卓胡誼的布林檢索

圖 8-12 圖 8-11 的檢索結果

🔍 布林檢索 操作說明

✿ 檢索設定

	波浪	@ 專利名稱 ∨
NOT ∨	卓胡誼	@ 發明人 ∨
AND ∨		@ 專利名稱 ∨ ＋

AND ∨ 當前 IPC = G06F-030/00 　　IPC列表

AND ∨ 　LOC = 14-03 　　LOC列表

公開/公告日 ∨ yyyymmdd 📅 ~ yyyymmdd 📅

🔍 檢索　　🗑 清空

圖 8-13 在專利名稱有波浪而且發明人中沒有卓胡誼的布林檢索

中華民國專利資訊檢索系統
Taiwan Patent Search System

序號	公開公告號	公開公告日	申請號	申請日	專利名稱
1	I659154	2019/05/11	104111545	2015/04/10	海岸保護暨 波浪 能源發電系統 COASTAL PROTECTION AND WAVE ENERGY GENERATION SYSTEM
2	M625642	2022/04/11	110214987	2021/12/16	防 波浪 浮球裝置
3	M624995	2022/04/01	110209528	2021/08/12	防漏光及 波浪 之窗簾結構
4	I759684	2022/04/01	109103504	2020/02/05	海洋 波浪 儲能發電系統
5	I753422	2022/01/21	109115009	2020/05/06	波浪 狀殼支承樁及其設置方法 CORRUGATED SHELL BEARING PILES AND INSTALLATION METHODS
6	M618223	2021/10/11	110206482	2021/06/04	波浪 管連接裝置 Wave tube connection device
7	M616362	2021/09/01	110203539	2021/03/31	具有外凸 波浪 皺褶與反光罩功能的LED燈散熱結構 LED lamp heat dissipation structure with convex wave folds and reflector functions

圖 8-14　圖 8-13 的檢索結果

　　茲將關鍵字之間關聯詞的用法歸納如下：A　AND　B，表示必須同時符合條件 A 與條件 B 的資料才會被檢出，通常用於縮小範圍，排除不相關的資料；A　OR　B，表示只要符合條件 A 或條件 B 其中之一的資料就會被檢出，通常用於擴大範圍，避免遺漏某些相關的資料；A　NOT　B，表示必須符合條件 A 但是不符合條件 B 的資料才會被檢出，通常用於縮小範圍，排除不相關的資料。

8-4　進階檢索

　　本節將說明如何以進階檢索方式檢索專利資料。

　　在「中華民國專利資訊檢索系統」的頁面，點選「進階檢索」，會進入圖 8-15 的頁面，由左上方可得知目前是在「進階檢索」的功能。

　　在中央位置以括號輸入第一個關鍵字，例如(波浪)，再輸入符號「@」，然後輸入「TI」，再輸入關聯詞「AND」，然後以括號輸入第二個關鍵字，例如(卓胡誼)，再輸入符號「@」，然後輸入「IN」，表示關鍵字波浪有出現在標題(title)，而且關鍵

字卓胡誼有出現在發明人(inventor)的資料才會被檢出，檢索結果如圖 8-16 所示，只有 4 筆資料，可以由人工一一進行判讀。

「進階檢索」也可以只用一個關鍵字，如圖 8-17 所示，輸入 "(賊)@TI"，表示關鍵字賊有出現在標題(title)的資料才會被檢出，檢索結果如圖 8-18 與圖 8-19 所示，只有 15 筆資料，可以由人工一一進行判讀。初步由專利名稱判讀，可知檢出的 15 筆資料中只有 3 筆與賊有關，其他大多是與烏賊有關的資料。因此只要針對該 3 筆與賊有關的資料，再繼續由專利申請範圍或其他專利內容判讀即可。

◬ 圖 8-15　在專利名稱中有波浪，而且在發明人中有卓胡誼的進階檢索

◬ 圖 8-16　圖 8-15 的檢索結果

圖 8-17　在專利名稱中有賊的進階檢索

圖 8-18　圖 8-17 的檢索結果之一

中華民國專利資訊檢索系統
Taiwan Patent Search System

序號	公開公告號	公開公告日	申請號	申請日	專利名稱
11	016953	1974/09/01	06220644	1973/03/30	幅射式烏賊魚彩色釣鉤
12	015751	1974/04/01	06222757	1972/04/26	釣烏賊機之斷線及脫線防止裝置
13	013838	1973/10/01	06220181	1972/05/30	烏賊釣鉤
14	201104055	2011/02/01	098124511	2009/07/21	防搶擒賊電變流體裝置 Anti-robbery and thief-arrest electrorheological fluid
15	200517061	2005/06/01	093123687	2004/08/06	烏賊切塊食品之製造方法 METHOD FOR PRODUCING SQUID FILLET FOOD

圖 8-19　圖 8-17 的檢索結果之二

8-5　表格檢索

本節將說明如何以表格檢索方式檢索專利資料。

在「中華民國專利資訊檢索系統」的頁面，點選「表格檢索」，會進入圖 8-20 的頁面，由左上方可得知目前是在「表格檢索」的功能。在發明人欄位輸入關鍵字，例如「卓胡誼」，表示關鍵字卓胡誼有出現在發明人(inventor)的資料都會被檢出，檢索結果如圖 8-21 所示，作者共有 59 件專利。

圖 8-20　發明人中有卓胡誼的表格檢索

圖 8-21　發明人中有卓胡誼的表格檢索結果

🏆 得獎發明介紹

兼具逃生梯功能的防盜窗

兼具逃生梯功能的防盜窗獲准專利 M338904 號,如圖 8-22 所示。主要內容為:使用防盜窗逃生時,對旋轉把手施力,使得齒輪於齒座上產生位移後,第二梯狀窗柵即可利用重力將全部的第二梯狀窗柵伸展成一逃生梯。另外第二梯狀窗柵上設有支架,使用逃生梯時,利用支架與牆壁連接,提升逃生梯逃生時的穩固性。

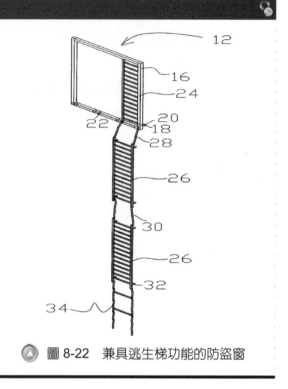

🔺 圖 8-22　兼具逃生梯功能的防盜窗

🏆 得獎發明介紹

可更換供油單元之線性滑軌

可更換供油單元之線性滑軌獲准專利 I260374 號,如圖 8-23 所示。主要內容為:設計一個可快速拆裝於線性滑軌上之供油單元,以提供線性滑軌潤滑油進行潤滑,特徵在於供油單元上具有可儲存潤滑油的儲油空間和連接部,利用一公一母的配合而快速卡入,使連接

10	滑軌	20	滑塊
30	端蓋	31	注油口
40	連接器	41	連接部
42	連接部	50	供油單元

🔺 圖 8-23　可更換供油單元之線性滑軌

器內之通油孔形成連通端蓋之注油口與供油單元之出油口間的油路,使潤滑油可以經由該油路供入端蓋中提供線性滑軌潤滑。則原本每 20 分鐘必須停機一次加油,可延長為 10 小時才須停機加 1 次,可讓生產線更順暢。

8-6　國際專利分類　　IQ

本節將說明如何以國際專利分類方式檢索專利資料。

利用上述號碼檢索、布林檢索、進階檢索與表格檢索，經常會發生找到的資料太多，無法以人工一一篩選的困境，使用國際專利分類可避免此一問題。

早期各國自行對專利進行分類，因為同一物品在不同國家可能被歸類到完全不同的分類，導致在資料查詢時非常不方便。因此希望有一個全球一致的專利分類，使第一版國際專利分類(IPC)在 1968 年 9 月生效。

國際專利分類分為五層，分別是部、主類、次類、主目與次目。

國際專利分類，當找到最下一層時，該分類的資料通常在兩百筆以下，有利於人工篩選。若因時代演進，導致該分類的專利案數量過多，則會進行修正分類，成為新版的國際專利分類。因此在查詢國際專利分類時，應注意查的是哪一版。

第一版國際專利分類在 1968 年 9 月生效，此後大約每 5～6 年就因資料暴增而改版。

在查詢國際專利分類時，若標示為 Int.Cl^5，上標的 "5" 就表示是依據國際專利分類第五版所做的分類。

在圖 8-24 的頁面，點選「國際專利分類」。會進入圖 8-25 的頁面，由左上方可得知目前是在「國際專利分類」的功能。

Patents 專利

認識專利	申請專利	管理專利	工具資源	快速連結
● 專利簡介	● 專利申請流程	● 專利年費	● 專利判決	線上申請
● 專利類型	● 專利檢索	● 申請變更事項	● 國際專利分類	專利FAQ
● 專利法規	● 申請表格	● 專利權異動	● 相關網站	舉發案件聽證專區
● 優先權	● 費用標準	● 專利權侵害與救濟	● 承辦人員分機	專利審查品質回饋

進入專利主題網

圖 8-24　點選「國際專利分類」

國際專利分類(IPC)第一層「部」分為八大類，以大寫英文字母 A~H 表示，分別是 A 部：人類生活需要；B 部：作業、運輸；C 部：化學、冶金、組合化學；D 部：紡織、造紙；E 部：固定建築物；F 部：機械工程、照明、供熱、武器、爆破；G 部：物理與 H 部：電學。

假設我們要查的是跟電動窗簾有關的資料，則應該選擇 A 部：人類生活需要。在圖 8-25 中 A 點選，可展開到下一層，如圖 8-26 所示。

IPC國際專利分類查詢

字型大小： 小 中 大

| 分類號查詢瀏覽 | 版本差異表 |

請選擇版本： 2021.01版

分類號： 請輸入分類號　and　關鍵字： 請輸入關鍵字

清除　送出

瀏覽方式： 完整 分層　　　　　　　　　　　共 8 筆資料

A	人類生活需要
B	作業、運輸
C	化學；冶金；組合化學
D	紡織；造紙
E	固定建築物
F	機械工程；照明；供熱；武器；爆破
G	物理
H	電學

圖 8-25　國際專利分類(IPC)第一層「部」分為八大類(選 A 部)

A	人類生活需要
A01	農業；林業；畜牧業；打獵；誘捕；捕魚
A21	焙烤；製作或處理麵糰的設備；焙烤用麵糰[1,8]
A22	屠宰；肉品處理；家禽或魚之加工
A23	其他類不包括之食品或食料；及其處理
A24	煙草；雪茄煙；紙煙；吸煙者用品
A41	服裝
A42	帽類製品
A43	鞋類
A44	男用服飾用品；珠寶
A45	手攜物品或旅行品
A46	刷類製品
A47	家具（車輛座位之裝配或使座位適用於車輛之需要見B60N）；家庭用之物品或設備；咖啡磨；香料磨；一般吸塵器（梯子見E06C）
A61	醫學或獸醫學；衛生學
A62	救生；消防（梯子見E06C）
A63	運動；遊戲；娛樂活動
A99	本部其他類目中不包括的技術主題[8]

🔺 圖 8-26 國際專利分類(IPC)第二層「主類」是以兩位數字呈現(47)

國際專利分類(IPC)第二層「主類」是以兩位數字呈現，我們要查的是跟電動窗簾有關的資料，所以應該選擇的主類為 47，與部的符號合併，就是 A47：家具。

同樣在 A47 點選，可展開到下一層，如圖 8-27 所示。

A	人類生活需要
A47	家具（車輛座位之裝配或使座位適用於車輛之需要見B60N）；家庭用之物品或設備；咖啡磨；香料磨；一般吸塵器（梯子見E06C）
A47B	桌子；寫字台；辦公家具；櫃櫥；抽屜；家具之一般零件（家具之連接部件見F16B）
A47C	椅子（專用於車輛之座椅見B60N2/00）；沙發；床（一般室內裝飾品見B68G）
A47D	兒童專用之家具（學校之長凳或課桌見A47B39/00，41/00）
A47F	商店、倉庫、酒店、飯店等場所用之特種家具、配件或附件；付款櫃台
A47G	家庭用具及餐桌用具（書檔見A47B65/00；刀具見B26B）
A47H	門或窗之裝飾品（與門或窗之功能有關者見E05；捲軸式窗簾見E06B）
A47J	廚房用具；咖啡磨；香料磨；飲料製備裝置（粉碎器，例如絞碎器見B02C；切割器，例如切削，切片器見B26B、D）[6]
A47K	未列入其他類之衛生設備（與供水或排水管道、污水槽相連的水池見E03C；廁所見E03D）；盥洗室輔助用品（化妝用具見A45D）
A47L	家庭之洗滌或清掃（刷子見A46B；大量瓶或其他同一種類空心物件之洗滌見B08B9/00；洗衣見D06F）；一般吸塵器（一般清掃見B08）

🔺 圖 8-27　國際專利分類(IPC)第三層「次類」是以一個大寫的英文字母呈現(H)

國際專利分類(IPC)第三層「次類」是以一個大寫的英文字母呈現，我們要查的是跟電動窗簾有關的資料，所以應該選擇的次類為 H，與前面的符號合併，就是 A47H：門或窗之裝飾品。同樣在 A47H 點選，可展開到下一層，如圖 8-28 所示。

國際專利分類(IPC)第四層「主目」是以 1~3 位數字呈現，我們要查的是跟電動窗簾有關的資料，所以應該選擇的主目為 7，與前面的符號合併，就是 A47H7：支撐及移動簾架的裝置。

國際專利分類(IPC)第五層「次目」是以斜線(/)後面的數字呈現，原則上是兩位數字。如果第四層「主目」的資料還不是很多，有時第五層「次目」就只有 "/00"，例如圖 8-28 中的 A47H7/00；如果第四層「主目」的資料很多，有時第五層「次目」會出現超過兩位的數字。

例如 A47H7/583，其中的 583 應該看成 58.3，所以 A47H7/583 應該介於 A47H7/58 與 A47H7/59 之間。

A47H 3/10	●●繩索導向器
A47H 3/12	●●條帶支架；條帶捲軸；條帶拉緊裝置
A47H 5/00	提拉帷幔，簾等用之裝置
A47H 5/02	●窗簾之拉開及閉合裝置
A47H 5/03	●●有導向器及推拉桿之裝置
A47H 5/032	●●有導向器及拉索者（繩索滑輪見11/06）
A47H 5/04	●●有縮放夾具者
A47H 5/06	●●於簾架上或正軸上有螺紋者
A47H 5/08	●提拉裝於門窗上帷幔之裝置
A47H 5/09	●●使簾離開門窗之裝置
A47H 5/14	●落下簾幕等用之裝置
A47H 7/00	支撐及移動簾架之裝置
A47H 7/02	●能降下之簾架
A47H 11/00	窗簾繩索之輔助用具
A47H 11/02	●操縱窗簾繩索之嚙合器
A47H 11/04	●尾端附屬物之夾具，如夾絲帶用者
A47H 11/06	●繩索滑輪
A47H 13/00	簾架或簾軌上簾之緊固用具

圖 8-28　國際專利分類(IPC)第四層「主目」是以 1~3 位數字呈現(7)

有時資料需要較細的分類，則會出現圓點(●)，有出現圓點(●)的分類為往上、最接近而且圓點數目少一個的那個分類的細分類。例如：

A47H7/00：支撐及移動簾架的裝置

A47H7/02　●能降下之簾架

其中 "●能降下之簾架"，就是在其上面，距離最接近，而且少一個圓點的 "支撐及移動簾架的裝置" 的細分類。

將 A47H7/00 輸入表格檢索的國際專利分類(IPC)欄位如圖 8-29，可得圖 8-30 與圖 8-31 的檢索結果，共有 24 筆與支撐及移動簾架之裝置有關的資料，其中有兩筆與電動窗簾有關。

◬ 圖 8-29　以 A47H7/00 進行表格檢索

◬ 圖 8-30　1 筆與電動窗簾有關

圖 8-31　另 1 筆與電動窗簾有關

　　點選圖 8-30 中專利編號為 M403291 的公告說明書，會進入圖 8-32 的頁面，在資料左上方會標示此資料為專利編號 M403291。

　　另外，在資料內(11)證書號數的欄位會標示此為台灣(TW)專利 M403291；**而在資料內(51)Int.Cl 的欄位會標示此為國際專利分類 A47H7/00，後面的 2006 顯示是依據 2006 年的國際專利分類(IPC)，也就是第八版所做的分類。**

　　在資料左邊會有功能選擇區，可選擇要看資料的首頁、摘要、指定代表圖、說明、專利範圍或圖示中的哪一個部份；也可以在下方輸入畫面出現的確認文字後下載整分完整的說明書。

　　點選圖 8-31 中專利編號為 M397782 的公告說明，會進入圖 8-33 的頁面，同樣地，在資料左上方會標示此資料為專利編號 M397782；另外，在資料內(11)證書號數的欄位會標示此為台灣(TW)專利 M397782；而在資料內(51)Int.Cl 的欄位會標示此為國際專利分類 A47H7/00，後面的 2006 顯示是依據 2006 年的國際專利分類(IPC)，也就是第八版所做的分類。

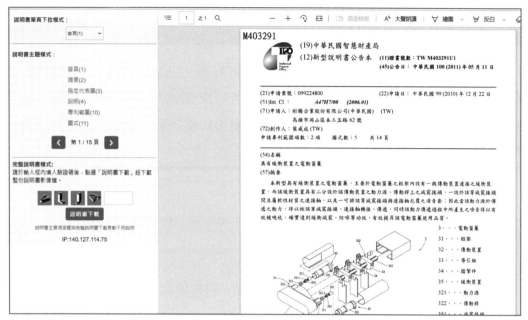

圖 8-32　專利 M403291 號的公告內容

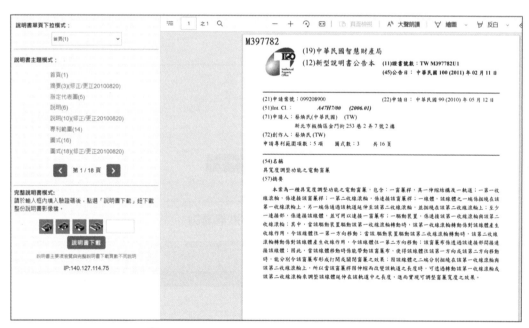

圖 8-33　專利 M397782 號的公告內容

人或動物情緒聲控安撫裝置獲准專利 M329831 號，主要內容為：一盒體內設有電路板、聲音感應器、喇叭、電源開關及電池，可預錄安撫語句或音樂，當聲音感應器感應到聲音時，該控制電路即播放出預錄的安撫語句或音樂，達到安撫寵物或嬰幼兒的情緒。

8-7 案件狀態的查詢

有時候我們需要知道某個專利案件的狀態，例如申請日是哪一天？是否已經核准？等資訊。

在中華民國專利資訊檢索系統的輔助查詢點選「案件狀態」。會進入案件狀態查詢的畫面如圖 8-34，輸入該專利的申請號，例如 084216233，按下檢索鍵，會得到圖 8-35 的畫面，可得知該專利的申請日是 1995 年 11 月 14 日，專利類別為新型專利，是在 1997 年 7 月 11 日經由再審才核准的。

圖 8-34　案件狀態查詢

圖 8-35　案件狀態查詢的頁面

8-8 權利異動的查詢 🔍

有時候我們需要知道某個專利的專利權是否仍然有效？是否有授權或讓與他人等資訊。

在中華民國專利資訊檢索系統的輔助查詢點選「權利異動」。會進入權利異動查詢的畫面如圖 8-36，輸入該專利的申請號，例如 084216233，按下檢索鍵，會得到圖 8-37 的畫面，可得知該專利是在 1997 年 7 月 11 日核准公告的，證書號是 126856。最重要的是可以看到該專利沒有任何授權的登記，而且該專利已經在 2005 年 7 月 11 日因為沒有繼續繳交專利年費，而提早喪失專利權，所以任何人都可以不必再向專利權人購買授權而免費使用了。

🔍 權利異動查詢

申請/公告/證書號	084216233
專利權人姓名	
代理人/專利師姓名	

🔍 檢索　　🗑 清空

圖 8-36　權利異動查詢的頁面

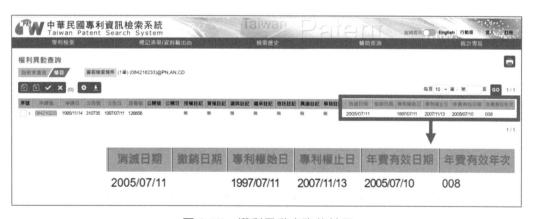

圖 8-37　權利異動查詢的結果

8-9 美國專利的查詢 |Q

因為台灣本身市場規模較小，所以通常比較賺錢的專利都會去申請美國的專利，以下簡介美國專利的查詢方式。

在圖 8-2 的頁面，點選相關網站→美國專利商標局如圖 8-38，會進入→**United States Patent and Trademark Office (USPTO)**，如圖 8-39 的頁面。

```
7. 歐洲專利局  資料服務組  101-11-20

8. Delphion 專利資料庫  資料服務組  101-11-20

9. 日本專利局  資料服務組  101-11-20

10. 歐洲及世界專利資料庫  資料服務組  101-11-20

11. 美國專利商標局  經濟部智慧財產局  101-11-20
                                        美國專利商標局

12. 世界智慧財產權組織(WIPO)  資料服務組  101-11-20

13. 中華民國全國工業總會  資料服務組  101-11-20

14. 亞太智慧財產權發展基金會  資料服務組  101-11-20

15. 科技產業資訊室—專利情報  資料服務組  101-11-20

16. 本國專利技術名詞中英對照詞庫  資料服務組  101-11-20

17. 中華民國專利資訊檢索系統  資料服務組  101-11-20

18. 食品工業發展研究所專利生物材料寄存  資料服務組  101-11-20
```

🔺 圖 8-38　美國專利商標局

圖 8-39　美國專利商標局的頁面

點選「PATENTS」下拉選單中的「Search for patents」，會進入如圖 8-40 所示的頁面。

8

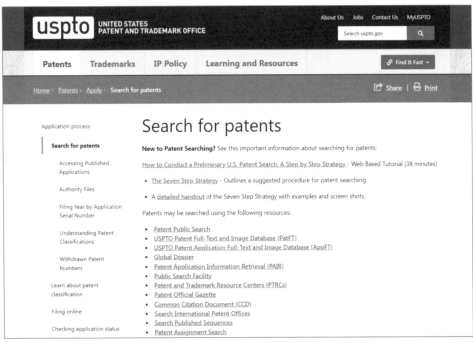

圖 8-40　美國專利搜尋頁面

移到下面，點選 USPTO「Patent Full-Text and Image Databases」。

點選「Quick Search」，會進入如圖 8-41 所示的頁面，在「Term1」輸入「Yi Jwo-Hwu」，並在右方「in Field 1」的下拉選單點選「Inventor Name」。表示要查詢發明人為 Yi Jwo-Hwu(卓胡誼)的獲准專利，按下「Search」，會進入如圖 8-42 所示的頁面。

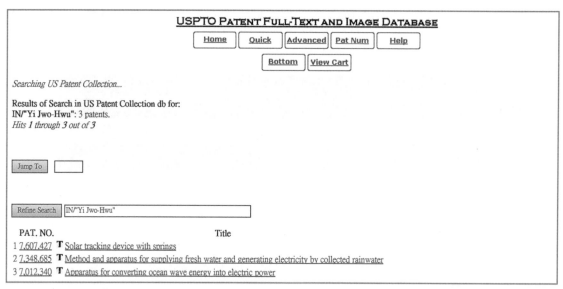

圖 8-41　輸入「Yi Jwo-Hwu」，並在右方點選「Inventor Name」

會發現發明人為 Yi Jwo-Hwu(卓胡誼)的獲准專利有 3 件。

USPTO PATENT FULL-TEXT AND IMAGE DATABASE

Home　Quick　Advanced　Pat Num　Help

Bottom　View Cart

Searching US Patent Collection...

Results of Search in US Patent Collection db for:
IN/"Yi Jwo-Hwu": 3 patents.
Hits 1 through 3 out of 3

Jump To [　　]

Refine Search　IN/"Yi Jwo-Hwu"

PAT. NO.	Title
1 7,607,427 T	Solar tracking device with springs
2 7,348,685 T	Method and apparatus for supplying fresh water and generating electricity by collected rainwater
3 7,012,340 T	Apparatus for converting ocean wave energy into electric power

圖 8-42　查詢發明人為 Yi Jwo-Hwu(卓胡誼)獲准專利的頁面

點選第 3 件，會進入如圖 8-43 至圖 8-45 所示的頁面。會顯示包含專利證書號"7012340"，專利名稱、摘要、發明人等資料。其中標示發明人來自台灣(Tainan,TW)，申請人是作者早期任教的學校"崑山科技大學"，申請號是"10/645381"，申請日是

2003 年 8 月 21 日，作者以 2003 年 6 月 2 日台灣 92114972 號的申請案主張國外優先權，下方並列出美國專利局審查官審查時，認為與本件相關的其他專利案(References Cited)，直接點選即可看見該件相關專利案的內容，非常方便。此外還有申請專利範圍(Claims)以及專利詳細內容(Description)等資料。此為文字檔，若點選圖 8-43 頁面的「Images」則可看本專利的圖檔。

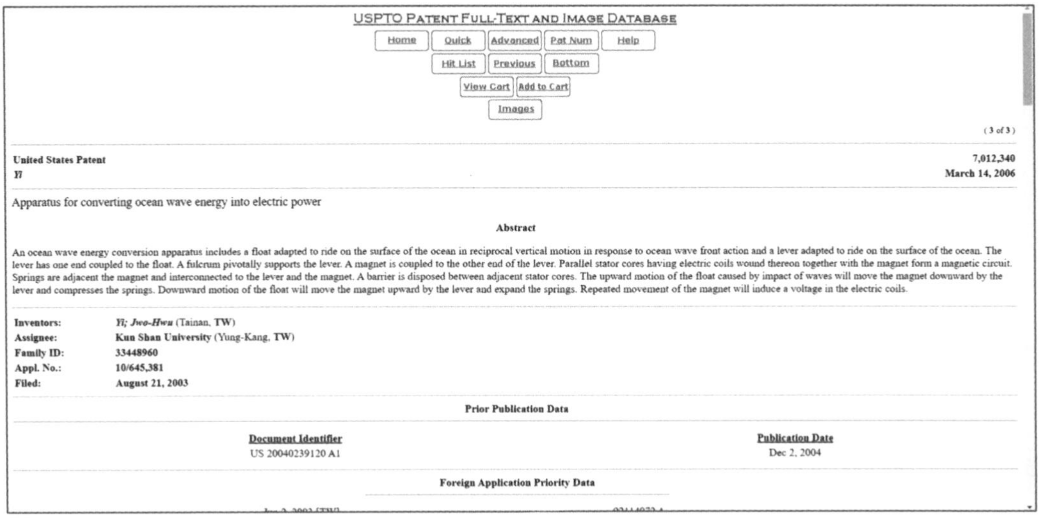

圖 8-43　點選第 3 件出現的頁面之一

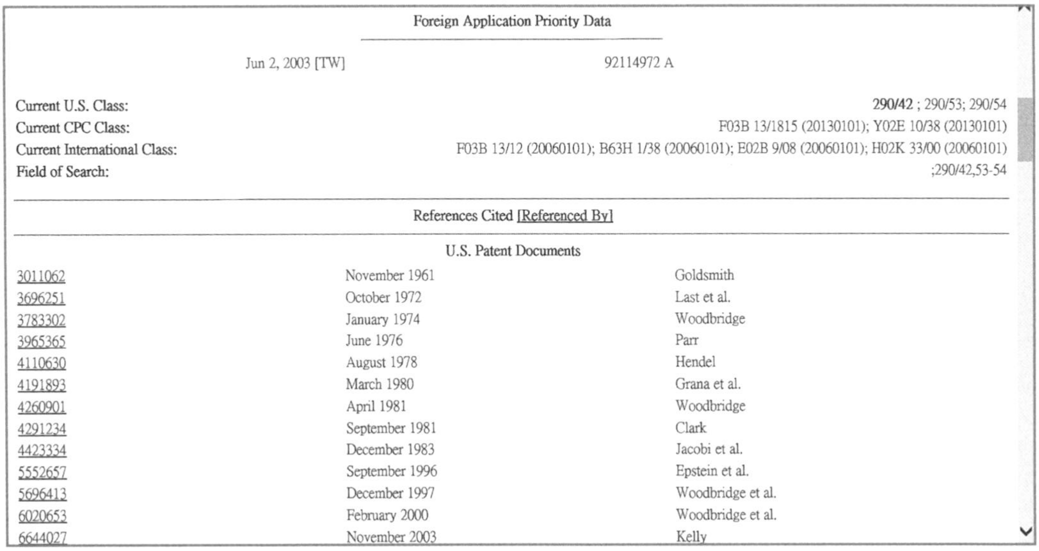

圖 8-44　點選第 3 件出現的頁面之二

Claims

What is claimed is:

1. An apparatus for converting ocean wave energy into electric power, comprising: a float adapted to ride on the surface of the ocean in reciprocal vertical motion in response to ocean wave front action; a lever adapted to ride on the surface of the ocean, the lever having a first end coupled to the float; a fulcrum for pivotally supporting the lever; a magnet coupled to a second end of the lever, with the fulcrum located intermediate the first and second ends of the lever, with the magnet movable about an arc defined by an axis of the fulcrum; resilient means adjacent the magnet and interconnected to the lever and the magnet; a plurality of stator cores together with the magnet forming a magnetic circuit; an electric coil wound on each of the plurality of stator cores, wherein the stator cores and the electric coils wound thereon are parallel and perpendicular to the arc; and a barrier is disposed between and abutting each adjacent stator cores, whereby upward motion of the float caused by impact of the waves will move the magnet downward by the leverage of the lever and compress the resilient means, downward motion of the float will move the magnet by the leverage of the lever and expand the resilient means, and repeated upward and downward motions of the magnet will induce a voltage in the electric coils.

2. The apparatus of claim 1, wherein the magnet and the plurality of stator cores are formed of a same ferromagnetic material, with the apparatus further comprising a second electric coil wound on each of the plurality of stator cores, and an external power source electrically coupled to the second electric coils.

3. An apparatus for converting ocean wave energy into electric power, comprising: support means mounted on a fixed section; an intermediate vibration member having a lower portion submerged in the ocean, the intermediate vibration member including a driving shaft rotatably coupled to the support means about an axis; a magnet on top of the vibration member, with the magnet movable about an arc defined by the axis of the driving shaft; left and right resilient means adjacent the magnet and coupled to the intermediate vibration member; a plurality of stator cores together with the magnet forming a magnetic circuit; an electric coil wound on each of the stator cores, wherein the stator cores and the electric coils wound thereon are parallel and perpendicular to the arc; and a barrier is disposed between and abutting each adjacent stator cores, whereby a vibration of the intermediate vibration member caused by impact of waves will compress the left resilient means and expand the right resilient means via the driving shaft so as to move the magnet, and repeating of the movement of the magnet will induce a voltage in the electric coils.

4. The apparatus of claim 3, wherein the magnet and the plurality of stator cores are formed of a same ferromagnetic material, with the apparatus further comprising a second electric coil wound on each of the plurality of stator cores, and an external power source electrically coupled to the second electric coils.

圖 8-45　點選第 3 件出現的頁面之三

8-10　歐洲專利的查詢 🔍

　　因為台灣本身市場規模較小，所以，通常比較賺錢的專利也會去申請歐洲的專利，以下簡介歐洲專利的查詢方式。

　　在圖 8-2 的頁面，點選相關網站再點選歐洲專利局如圖 8-46，會進入圖 8-47 的頁面。再點選 Espacenet-patent search 會進入圖 8-48 的頁面。

1. 智慧財產局圖書室網站 　資料服務組　108-04-24

2. 中小企業IP專區 　資料服務組　108-04-24

3. 全球專利檢索系統 　資料服務組　108-03-21

4. 專利商品化教育宣導網站 　資料服務組　102-03-09

5. 台商大陸智財權服務網 　國際事務及綜合企劃組　101-11-20

6. 日本專利資訊平台 (J-PlatPat) 　資料服務組　101-11-20

7. 歐洲專利局 　資料服務組　101-11-20

8. Delphion 專利資料庫 　資料服務組　101-11-20

9. 日本專利局 　資料服務組　101-11-20

圖 8-46　歐洲專利局

8

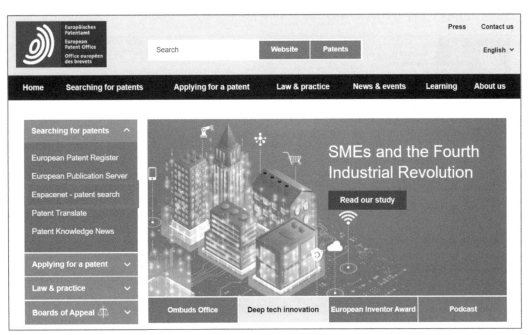

圖 8-47　點選 Espacenet-patent search

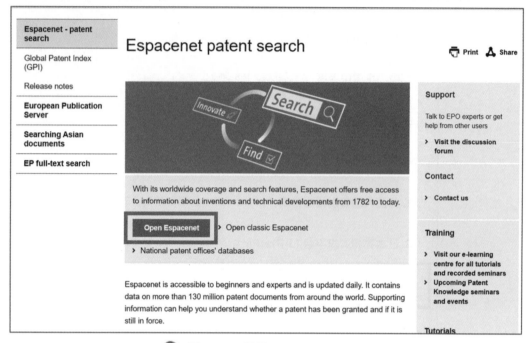

圖 8-48 點選 Open Espacenet

再點選 Open Espacenet 會進入圖 8-49 的頁面。

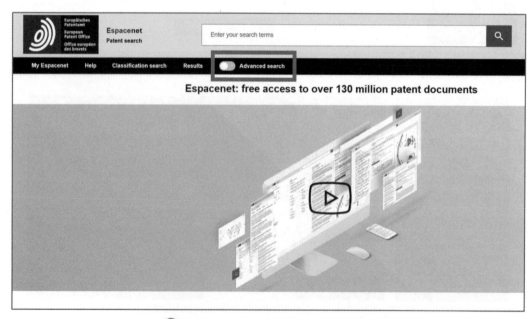

圖 8-49 點選 Advanced search

點選「Advanced search」，會進入如圖 8-50 所示的頁面。

圖 8-50　在 Publication number(公告號)的欄位輸入「7012340」

如圖 8-50 在 Publication number(公告號)的欄位輸入「7012340」按 search 可獲得如圖 8-51 所示的查詢結果。點選有 US7012340 那件，會顯示發明人 Yi Jwo-Hwu(卓胡誼)來自台灣(TW)，申請人是作者與作者早期任教的學校 "崑山科技大學" 等。

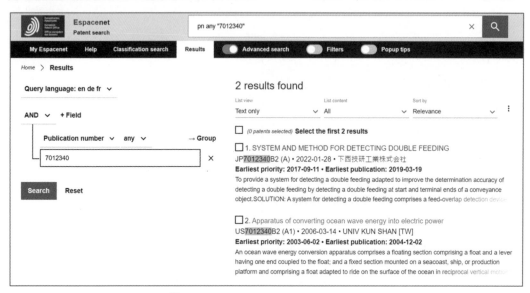

圖 8-51　7012340 的查詢結果

其中「published as」欄位顯示本專利除了獲准美國 US7012340 號專利之外，還有獲准台灣 TWI277274 專利與英國 GB2402557 號專利。

8-11　檢索結果的分析與應用(專利概況分析)

本節將說明甚麼是專利概況分析。

專利概況分析也有人稱之為專利地圖，由專利檢索結果的分析可得知某一個領域的專利數量、分佈於哪些國家、分佈於哪些公司、主要的研發人員、技術層次、授權金額、主流技術、待開發之相關技術、產品更新速率或市場佔有率等資訊，有助於讓有意進一步研發者訂定合適的研發策略。

得獎發明介紹

紫外線警示傘

　　紫外線警示傘獲准專利 M291229 號，如圖 8-52 所示。主要內容為：於傘具之傘骨突出傘面的頂端設有一紫外線感知單元，該紫外線感知單元連接一放大單元及一類比／數位轉換單元，用以將檢知之訊號經過放大與轉換後，傳輸至一微處理單元，經運算處理後，可將檢知之紫外線強度顯現於顯示單元，透過上述的結構設計，讓使用者可即時偵測紫外線輻射強度，而得一低成本且可即時偵測紫外線指數之警示傘，以即時提供準確的紫外線指數予使用者參考。

　　在一白遮三醜的美白觀念深植女性腦海的現今社會，防曬成為女性日常生活的必需品，紫外線警示傘抓準消費者心態，在發明展看到該攤位前大排長龍，且多是女友或太太拖著男友或先生前來，以半撒嬌半脅迫的方式逼男友或先生掏出錢來購買，驗證符合需求果然是最好的行銷。

圖 8-52　紫外線警示傘

8

8-12　檢索結果的分析與應用(專利趨勢分析)

　　本節將說明甚麼是專利趨勢分析。

將某一技術的歷年變化依照時間陳列進行分析，稱之為專利趨勢分析。

　　由專利趨勢分析可得知該技術領域的技術更新速率，藉以得知產品可能的生命週期，以便進行研發時程的安排，並估算可能的獲利；也可得知該技術領域的演進過程，進而推估出下一代產品可能的走向與需求，好讓研發人員及早投入開發所需之技術。

　　例如將太陽能光電系統的專利進行趨勢分析可得知：約 40 年前的太陽能光電系統都是固定式，無法隨太陽移動，效率較低；約 20 年前出現由馬達驅動可隨太陽移動的追日型太陽能光電系統；約 10 年前出現不是由馬達驅動可隨太陽移動的低耗能

追日型太陽能光電系統；約 5 年前出現許多不同的低耗能追日型太陽能光電系統，甚至出現號稱免耗能的追日型太陽能光電系統。

由此可知：太陽能光電系統的技術是由固定式往追日型發展，未來追日型太陽能光電系統將成主流，而追日型又以追日動作的低耗能為發展趨勢。

另一方面，由固定式進步到追日型花了約 20 年，表示技術進步緩慢，產品生命週期長；由成本與耗能較高的馬達驅動方式，進步到其他較低成本與低耗能的追日技術則只花了約 10 年，表示技術進步變快，產品生命週期縮短；接著各種較低成本與低耗能的追日技術百花齊放，表示即將進入百家爭鳴的戰國時代，而哪種追日技術最能符合市場需求，將決定市場佔有率與產品的存活週期。

🏆 得獎發明介紹

牙線器

牙線器獲准專利 M281601 號，如圖 8-53 所示。主要內容為：包括：殼體、牙線棒、捲線輪、彈性架、收線輪及一轉輪等構件，特別是在彈性架的一側附設一止動片，且轉輪內壁並設有一彈性棘輪，其主要係利用止動片與捲線輪一側的齒盤形成咬合，令牙線獲得適度撐張效果，必要時並可藉按壓彈性架使牙線形成鬆弛狀態，且彈性棘輪係配合轉輪的轉動而寸動釋放止動片，使轉輪轉動時可達到轉動廢線回收之目的。

傳統牙線棒用過即丟，浪費許多塑膠棒，牙線則因需以手指纏繞而浪費許多牙線，本產品達到環保省材料的目標。

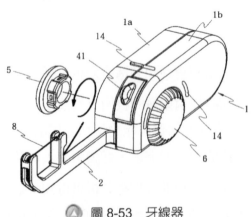

🔺 圖 8-53　牙線器

8-13 檢索結果的分析與應用(專利技術強度分析) IQ

本節將說明甚麼是專利技術強度分析。

一件專利產生的新技術對相關產業到底有多大的影響,有時很難判定,因此有一種間接的評估方式被提出,也就是**用某件專利被其他專利或文獻引用的次數,來評估該專利產生的新技術對相關產業的影響力,稱為專利技術強度分析。**

這種評估方式認為:如果愈多專利或文獻引用該專利,則表示該專利產生的新技術對相關產業的影響力愈大。這種評估方式也被普遍用於學術界,以某篇論文被其他論文引用的次數來評估該論文的價值與貢獻,甚至進而以某期刊去年所刊登論文,被其他論文引用的次數來評估該期刊的等級。

但是這種評估方式雖然有其參考價值,卻並不十分可信。例如經常有人為了使自己的論文被引用的次數增多,所以大量在自己的論文中引用自己先前的論文;也有人組成互相引用的結盟集團,交互幫對方的論文被引用數灌水。

甚至發生陳震遠事件,最後導致掛名共同作者的教育部長下台。

以下節錄新頭殼在 2014 年 7 月 17 日 "陳震遠論文 1 句話引用 21 篇同系教授著作" 的報導供參考。

翁嫆珛/台北報導

前屏東教育大學副教授陳震遠涉論文假審查風波,目前接受調查中,科技部今(17)日揭露,陳震遠的論文除了審查過程有疑慮外,連內容都大有問題。實際觀察他刊載在《天然災害》(Natural Hazards,NH)期刊,關於臉書的一篇論文,文章的關鍵字竟是內文完全沒出現過的「冬季雷雨(Winter thunderstorms)、中東(Middle-east)」;而文獻回顧的部分,光解釋「具情報性質的(informative)」的短短一句話,就引用屏教大資訊科學系已故教授施弼耀 21 篇文章,令人傻眼。

《聯合報》今天的報導指出,陳震遠在《天然災害》期刊中的一篇論文,內容竟有 111 篇都是引用自己和弟弟、高雄海洋科技大學教授陳震武的文章,導言還出現「一本書是由一堆紙夾在一起,每一張紙叫做一頁、一頁有兩面...」的內容,把這段內容輸入網路一查,竟然還和 WIKI 介紹書本的內文一模一樣。

在學術界中,高引用論文為學術評鑑的一項明顯指標,例如有大學在聘用教授時,若著作均為第一作者或通訊作者,且被引用達一定數量,即可列入計點;許多大學也會每年頒發學術研究績效獎勵,高引用論文的篇數也在檢視的項目內。因此這些論文引用究竟是否符合內文?是否有同儕間刻意互相引用的情事,恐怕也是外界最想得知的

8

以下節錄新頭殼在 2014 年 7 月 16 日"學界掛名論文多翁啓惠：錯把指標當目標"的報導供參考。

中研院長翁啓惠今(16)日表示，論文發表不應被視為學術評鑑唯一的指標，其他還有很多重要的因素要一併考慮。

翁嫆琄／台北報導

前教育部長蔣偉寧涉論文假審查案而下台，衛福部長邱文達、疾管署研究檢驗及疫苗研製中心主任吳和生則被爆料論文掛名量多，對此，中研院長翁啓惠今(16)日表示，台灣學術界太重視論文發表數量，是「錯把指標當目標」，應該一併考量的是論文的重要性、影響力、對社會的貢獻等。

翁啓惠認為，掛名不是壞事，但對文章要有貢獻，而且掛名就要負責。

對於這次學術界的掛名陋習被搬上檯面，翁啓惠說，台灣太重視論文發表數量，即使大學的性質不同，但都還是將論文視為最主要的評鑑標準，這種評鑑方式需要檢討，不同性質的學校，評鑑的比重、方向也該不同。

翁啓惠也強調，論文發表量只是一種評鑑指標，不能把「指標當成目標」，其他包含培養人才、對社會、經濟上的貢獻、是否參與該領域的國際會議等，都是學術貢獻可考量的重點。

雖然這些建議都針對學術改革，但翁啓惠說，他曾在高等教育改革建議書中提出評鑑的改革方案，但沒有被落實。

而寫過論文的人也會發現，有時某篇論文被引用，確實是因為該論文對該領域而言是經典之作，若不提這篇論文就無法完整交代該領域的技術演進；但是有時某篇論文被引用，不但不是因為該論文對該領域非常重要，相反地卻是因為該論文有夠爛，引用該論文才能襯託出自己的研究成果相較於先前的技術有明顯地進步。

所以用某篇論文或專利被其他論文或專利引用的次數來評估該論文或專利的價值，有時並無法反應該論文或專利真實的貢獻。但是因為一個新技術對相關產業的影響到底有多大，真的很難判定，因此以被引用的次數來評估，仍是相對具有參考價值的評估方式。

為了使專利技術強度分析更能真實反應該專利的貢獻度，通常對於被他人引用設定較高的權重，而對自我引用則設定較低的權重。

另一方面，通常一個新技術剛開發出來，知道與用過的人少，比較不會被引用，必須過了幾年，知道與用過的人多了，才會開始被大量引用。可是如果一個剛開發出來的新技術立刻被大量引用，顯然這是一個造成市場轟動的突破性創新，其對該產業

的影響必然較大。所以可藉由對一個新技術剛開發出來前幾年的被引用設定較高權重來反應其真實的貢獻度。

同理，通常一個新技術開發出來一段時間後，會被市場接受與應用，造成被引用量增加。可是隨著時間流逝，更新的技術陸續被開發出來，將導致該技術逐漸被取代。因此在一個新技術開發出來很多年以後，通常會因為被新的技術取代而很少再被引用。

可是如果一個技術在許多年之後依然被大量引用，顯然這是一個無法突破的技術障礙，其對該產業的影響必然較為重大。所以可藉由對一個技術開發出來多年後的被引用設定較高權重，來反應其真實的貢獻度。

這種**對一個新技術剛開發出來前幾年的被引用設定較高權重，以及對一個技術開發出來許多年後的被引用設定較高權重的方式，稱為優質專利指數**。

所以一個剛開發出來立刻被大量引用的突破性創新技術，以及一個在許多年之後依然被大量引用，形成技術障礙的關鍵性技術，將會有較高的被引用積分。

將**被引用積分排名前25%的專利稱為優質專利**，則某公司的**優質專利指數可用(優質專利數)除以(專利總數)再乘以4求得**。

優質專利指數計算範例：

假設某領域共有 2000 個專利，分別屬於 25 家公司，某公司在該領域共有 50 個專利，其中有 10 個專利是被引用積分排名在該領域所有專利前 25%的優質專利，則該公司在該領域的優質專利指數為(該公司在該領域的優質專利數)10 除以(該公司在該領域的專利總數)50 再乘以 4，也就是 0.8。

通常一個剛開發出來的技術不會立刻被引用，所以在統計被引用數的時候，往往必須統計過去幾年研發出來的專利技術，但若納入太多年前的資料，又會減低統計結果的即時性。

因此**統計某專利權人最近 5 年內擁有的專利，在最近 1 年內平均被引用的數量，相對於該領域最近 5 年內全部的專利，在最近 1 年內平均被引用的數量，兩者的比值，稱為即時影響指數**。

即時影響指數計算範例：

假設某公司在某領域最近 5 年內擁有 200 個專利，在最近 1 年內被引用 40 次，平均每個專利被引用 0.2 次；該領域最近 5 年內共有 5000 個專利，在最近 1 年內被引用 500 次，平均每個專利被引用 0.1 次；則該公司在該領域的即時影響指數為(該公司在該領域平均每個專利被引用 0.2 次)除以(該領域平均每個專利被引用 0.1 次)，也就是 2。

將該公司最近 5 年內在某領域擁有的專利數乘以該公司在該領域的即時影響指數就稱為該公司在該領域的專利技術強度。

專利技術強度計算範例：

假設某公司在某領域最近 5 年內擁有 200 個專利，該公司的即時影響指數如以上範例，也就是 2。則該公司在該領域的專利技術強度為(該公司在該領域最近 5 年內擁有的專利數 200)乘以(該公司在該領域的即時影響指數 2)，也就是 400。

得獎發明介紹

車門開啓快速警示裝置

車門開啓快速警示裝置獲准專利 M320506 號，主要內容為：一警示器設在車門之一端面上與觸摸計時電路之警示信號輸出端電性連結；據以車上乘員手握開門手把，藉由觸摸計時電路的控制，立即迅速的由警示信號輸出端輸出控制信號觸發警示器，利用警示器發作的計時警訊，儘早對外部發出開門警告，防止來向車輛追撞車門的意外。最近作者帶領學生研發以紅外線或聲波感測左後方有人車時無法開啓車門，可有效防止突然開車門造成的交通事故，減少傷亡。

8-14 檢索結果的分析與應用(技術關聯分析圖)

本節將說明甚麼是專利技術關聯分析圖。

將專利技術引用與被引用的關係畫成圖，稱為技術關聯分析圖。由技術關聯分析圖可得知該技術的演進過程，藉以推測出未來的技術發展方向、產品生命週期、競爭公司併購過程及主要發明人力挖角跳槽情形等資訊，以協助研發決策的制定。

假設手機的技術關聯分析圖如圖 8-54 所示，我們可得知：最初手機是無蓋的，可能因為經常發生按鍵被誤按的情形，因此研發出有蓋的手機來遮住按鍵，避免誤按的情形發生。

　　此時手機的蓋子純粹是爲了在不使用手機時遮住按鍵，而於要使用手機時，以滑動方式將蓋子推開。後來發現蓋子佔了空間，卻只用於遮住按鍵，有些浪費，因此研發出以蓋子內面當作顯示螢幕的掀蓋式手機，也使手機的面積可縮小約一半，或使螢幕的面積可增大。

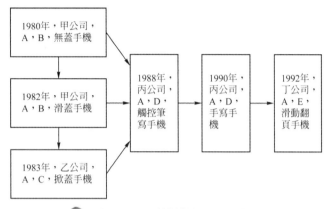

△ 圖 8-54　手機技術關聯分析圖

　　後來按鍵太小不好按一直成爲消費者抱怨的項目，因此研發出用觸控筆以書寫方式輸入取代按鍵的手機。可是觸控筆遺失或忘了帶又成爲消費者抱怨的項目，於是直接以手指取代觸控筆的手機就問世了。

　　然後因爲資訊愈來愈多，手機頁面又小，經常需要換頁成爲一種困擾，因此研發出用手指滑動翻頁的手機。

　　以上是技術演進的過程，您是否可藉此推估下一世代的手機會是有蓋或無蓋？有按鍵或無按鍵？大螢幕或小螢幕？手指輸入或聲音輸入？

　　此外，由圖 8-54 所示的手機技術關聯分析圖，我們可得知：發明人 A 是最主要的研發者，一路伴隨著手機的演進；掀蓋手機的某個關鍵技術可能是由發明人 C 提出的；以書寫方式輸入的技術與發明人 D 密切相關；發明人 E 則可能是滑動翻頁的創意提供者。若您的公司要研發新手機，需要哪方面的技術？您願意以多少代價挖角哪一位發明人？

　　其次，甲公司雖然是最先開發手機的公司，但因主要研發人員被挖角，無法繼續研發出符合消費者需求的產品，因此最後被淘汰消失。乙公司也與甲公司有類似的命運，因此以高薪挖角到發明人 A 可能不見得就能從此高枕無憂。至於丙公司與丁公司究竟鹿死誰手，可能還須要一段時間的觀察，並視未來兩家公司所推出的下一代手機與市場的反應而定。

題外話時間 (人生 3 部曲)

人類平均壽命約為 70 歲，因此在 23 歲與 46 歲的兩個時間點分割，可大約將一個人的一生分成 3 個階段：

第一個階段為 0~23 歲的準備期，此一時期主要在學校中不斷學習，體力、智力與活力都急速成長，但因經驗不足，常有「嘴上無毛辦事不牢」的狀況。

第二個階段為 24~46 歲的發光期，此一時期主要在職場中實現理想與抱負，體力、智力與活力都達到顛峰狀態，再加上累積的經驗，可使其不斷發光發亮，成為家庭與社會的支柱。

第三個階段為 47 歲以後的休養期，因為「零件用久了難免老化、故障」，故此一時期體力、智力與活力都逐漸衰退。

因此除了極少數含著金湯匙出生的人可以依靠祖先龐大的遺產，「先甘後甘」，以及極少數不幸「先苦後苦」的人之外，絕大部分的人都是「先甘後苦」與「先苦後甘」的類型。

所謂「先甘後苦」就是在 0~23 歲的準備期非常快樂，完全將課業拋到九霄雲外，想怎麼玩就怎麼玩，以致於許多該學的都沒學好，甚至沒學到。因為在 0~23 歲的準備期沒有完成應有的準備，所以，在 24~46 歲的發光期就無法充分發揮其才能，也因此，不但無法為 47 歲以後的休養期儲備足夠的退休養老金，甚至連在 24~46 歲的發光期都出現入不敷出的窘境，故為「先甘後苦」的人生。

至於「先苦後甘」就是在 0~23 歲的準備期非常努力學習，不但該學的都有學好，甚至超前學到許多別人沒學到的。因為在 0~23 歲的準備期充分完成應有的準備，所以，在 24~46 歲的發光期就能充分發揮其才能，也因此，不但在 24~46 歲的發光期可以不斷發光發亮，成為家庭與社會的支柱，也可以為 47 歲以後的休養期儲備足夠的退休養老金，體會「苦盡甘來」的人生。

剛出生的小老鷹，只在鳥巢中吃、睡，如果不勤奮練習揮動翅膀，當想振翅高飛時，必定因翅膀無力而摔得粉身碎骨！但若於鳥巢中不斷勤奮練習揮動翅膀，練就強健的肌肉，將可展翅飛上青天，實現翱翔萬里的遠大理想與抱負！

大學畢業正好是 23 歲，自認為還很小、很年輕？錯！已經過完 3 分之一人生的你，是否為即將到來的振翅高飛與飛行路線完成應有的準備與規劃？

8-15 檢索結果的分析與應用(技術功效魚骨圖) 🔍

本節將說明甚麼是專利技術功效魚骨圖。

以類似魚骨的形狀將相關技術功效畫成圖,稱為技術功效魚骨圖。

以脊椎骨表達欲達成的技術功效,以由脊椎骨延伸之魚刺表達所使用的技術手段與功效,藉由分析各技術手段與功效的專利分布,來研判可投入的研發方向與策略。

例如圖 8-55 顯示波浪發電的技術魚骨圖,由圖中可知:波浪發電的技術可分為非電磁感應式岸邊型、非電磁感應式離岸型與電磁感應式 3 大類。

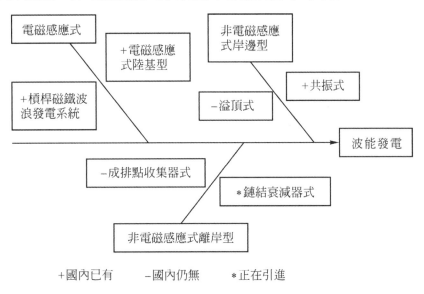

▲ 圖 8-55　波浪發電技術功效魚骨圖

其中,非電磁感應式岸邊型的主要技術為共振式與溢頂式;非電磁感應式離岸型的主要技術為成排點收集器式與鏈結衰減器式;電磁感應式的主要技術為陸基型與槓桿磁鐵波浪發電系統。

各種波浪發電系統的相關資料可參考歐洲海洋能源中心的網站
http://www.emec.org.uk/marine-energy/wave-devices/
鏈結衰減器式波浪發電系統可以關鍵字"Pelamis"或"海蛇發電"上網查詢。
槓桿磁鐵波浪發電系統請參閱本書圖 1-1。

8

溢頂式與成排點收集器式為國內目前沒有的技術；鏈結衰減器式為國內目前正在引進的技術；其他則為國內目前已經有的技術。

如果是在基礎研究階段，想要研提學術研究計畫，應該以國內目前沒有的技術為目標，比較容易被認為此研究有助於提升國內在該領域的水準，以便獲得研究經費。

如果是在應用研究階段，想要研提試驗計畫，應該以國內目前正在引進的技術為目標，比較能與現有技術區隔，得出較為突出的試驗結果。

如果是在投資設廠評估階段，則應該以國內目前已經有的技術為目標，比較容易以較低廉的代價取得成熟技術，方便立即運用。

🏆 得獎發明介紹

油煙分離機

油煙分離機獲准專利 M320650 號，如圖 8-57 所示。主要內容為：包括一具有蓄水區之處理筒、一灑水裝置以及一油水分離裝置，該灑水裝置包括一灑水器設於該處理筒內側頂部，及一抽水組件連接該蓄水區及灑水器，用以抽取該蓄水區的水經由灑水器於該處理筒內側頂部灑水，藉此令含油煙的空氣導入該處理筒內，藉由灑水令氣態油煙冷卻，及隨灑水流向蓄水區，並漂浮於水面上，再由該油水分離裝置加以收集，並作第二次油水分離作用，而將油有效地集中，並使濾除油煙後的乾淨空氣排放於外。

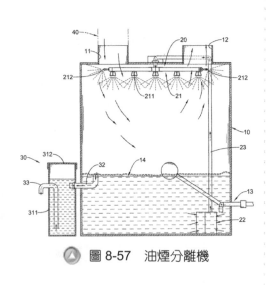

🔺 圖 8-57　油煙分離機

8-16　檢索結果的分析與應用(技術功效矩陣) 🔍

本節將說明甚麼是專利技術功效矩陣。

<u>將技術功效魚骨圖改為以矩陣的形式來表達某項目的專利數量，稱為技術功效矩陣。</u>

　　例如，表 8-1 顯示波浪發電的技術功效矩陣，由表中可知：共振式可藉由共振腔增加波浪振幅，提高效率，但是相對地，共振腔只能針對特定小範圍的波長設計共振效果，將使可運用的波長範圍嚴重受限。

▼ 表 8-1　波浪發電的技術功效矩陣

技術＼功效		增加波浪振幅	增加適用的波長範圍	增加適用的波浪振幅範圍	可因應漲退潮	颱風強浪中受損小	不必大型機組才能運作
非電磁感應式岸邊型	共振式	3				2	
	溢頂式		2	2		1	
非電磁感應式離岸型	成排點收集器式		3	3	1	1	1
	鏈結衰減器式				2		
電磁感應式	陸基型					2	
	槓桿磁鐵波浪發電系統	4	4		1	3	3

　　鏈結衰減器式以兩節元件分別位於波浪的波峰與波谷所形成的相對運動來運作，與共振式類似，只能運用於較小範圍的波浪振幅與波長。

　　岸邊型無法因應漲、退潮造成的水位變化，而離岸型則可因應漲、退潮造成的水位變化。

　　比較特殊的是：槓桿磁鐵波浪發電系統以調整牽引纜繩的方式因應漲、退潮造成的水位變化。

　　離岸型易於颱風強浪中受損，而岸邊型於颱風強浪中則受損較少。

　　比較特殊的是：成排點收集器式以抬高點收集器遠離水面的方式，降低於強浪中受損的機率。

　　槓桿磁鐵波浪發電系統與成排點收集器式都可以用較小的機組運作，可降低初期投入的成本與風險。

　　依據以上的技術功效矩陣可挑選出適合需求的技術：若是考慮設廠，可由專利數量得知該技術的熱門程度或技術成熟度，作為優先選用的參考；通常愈成熟的技術愈難開發出足以將其取代的新技術，所以若是要尋找可切入的研發領域，則應由專利數量較少的領域著手。

8

得獎發明介紹

冷凍裝置的照明設備

冷凍裝置的照明設備獲准專利 M361010 號，如圖 8-57 所示。主要內容為：針對目前市面上冷凍裝置的照明設備都有使用壽命短的缺點加以改良，提出一種適用於冷凍裝置的照明設備，可在低溫環境下具有較長的使用壽命，可節省大量資源與金錢。

本專利提出釜底抽薪的突破性創新：將光源移到低溫的冷凍室外，再以光纖等導光裝置將光線引到低溫的冷凍室內做照明，達成可在低溫環境下具有較長使用壽命的冷凍裝置照明設備。

其中，使用側光光纖做為導光裝置是一較佳的選擇，因光纖為目前最細小的導光裝置，可使貫穿冷凍庫內外的貫穿孔最小，而且因為側光光纖內有反射面可讓光由光纖側面透明部分投射出來，再加上側光光纖在冷凍庫冰存數月，仍可彎曲不碎裂，即使彎曲 90 度，仍可傳導並讓光由光纖側面透明部分投射出來，故可將側光光纖沿冷凍庫內部上下及四週壁面佈設，達到施工簡便、廣泛且均勻照明的需求。

而使用投射器也是增加照射面積的有效方法。此外，可分別使用殺菌燈與照明燈，其中殺菌燈一直供電進行殺菌；照明燈則只在開啟冷凍庫門時，才會經由光源開關供電，達到省電目的。也可使用不同顏色的照明燈，來達成特殊的照明效果。

△ 圖 8-57　冷凍裝置的照明設備

9

歐美專利簡介

世界各國原本對於專利的申請表格、程序與法規等有
很大的差異,但隨著各種國際組織的興起與國際公約
的簽訂,使得世界各國對於專利的申請表格、程序與
法規等,愈來愈接近,讓申請人減少很多困擾,增加
很多便利。不過各國對於專利的相關規定仍然存在一
些差異,本章將簡介歐美專利與臺灣的重大差異。

9-1　美國專利制度的源起與演進　　IQ

本節說明美國專利制度的重要演進歷程。

疑問一：美國的專利制度起源於何時？

解惑一：美國原本是英國的殖民地，在被英國殖民時期，美國各州基本上相當於一個個各自獨立的小國家，因此美國各州都有自己的法律，形成州授專利的制度，專利申請人必須分別向各州主管機關提出申請，以獲得該州(非全美國)的專利。

疑問二：美國的專利為何受到全國高度重視？

解惑二：移民到美國開墾的英國人因無法忍受英國及殖民地政府的各種壓迫，終於在 1775 年發生獨立戰爭，在 1776 年 7 月 4 日發表獨立宣言，而後在 1783 年終於獲得許多國家承認其獨立。而在 1787 年草擬憲法時，討論的內容就包含保護專利權及著作權的條款。因此在美國立國之初，保護專利與著作權就被高度重視，並列入憲法條文之中，這在世界各國是相當少見的。

疑問三：美國專利是否採用實體審查制？

解惑三：最初美國專利採用實體審查制度，後來在 1793 年改成以註冊制度取代實體審查制度，註冊制度因為沒有審查新申請的專利是否與既有專利有衝突便發給專利權，造成許多專利爭訟事件，經過 43 年的紛爭，最後在 1836 年改回實體審查制，之後一直維持實體審查制。

 題外話時間

　　實體審查制係維持專利權穩定與避免專利爭訟的較佳制度，台灣目前新型專利採用形式審查制度，幾乎等於註冊制度，因為沒有審查新申請的新型專利是否與既有專利有衝突便發給專利權，因而有人戲稱，只要把別人已經獲准公告的專利拿來抄一抄，再以新型專利提出申請，就可以變成自己的專利。在抓仿冒困難度高、訴訟費時傷財的不利條件下，造成專利被竊佔的可能性增高，似乎有檢討之必要。

<u>疑問四</u>：美國專利是否採用先發明人主義？

<u>解惑四</u>：美國專利原本採用先發明人主義，但自 2013 年修改為先申請人主義。

🏆 得獎發明介紹

防搶保身皮包

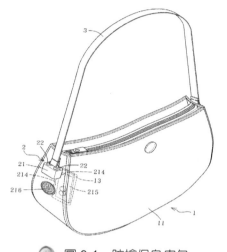

防搶保身皮包獲准專利 M263812 號，如圖 9-1 所示。主要內容為：當肩帶端部之活動磁吸體脫離固定座之固定磁吸體時，該電路控制裝置即自動啟動蜂鳴器發出警報聲響，俾兼具防搶及保身功能者。

這件專利在台北國際發明展非常轟動，因為台灣頻傳機車搶案，許多婦女甚至因為抓住皮包不放而遭歹徒以機車拖行受傷，所以記者小姐對於防搶皮包如獲至寶、爭相報導。

△ 圖 9-1　防搶保身皮包

可是，聽說這件專利在日內瓦國際發明展乏人問津，因為在日內瓦一年的搶案不超過 3 件。既然沒有搶案，誰會需要防搶皮包?

所以，有時候一件發明品是否熱賣，完全因當地治安與民情風俗而有天壤之別。

9-2 美國申請專利的宣誓書 IQ

本節介紹在美國申請專利的宣誓書。

疑問一：外國人與美國人在美國申請專利有不同規定嗎？

解惑一：美國專利法對於發明人國籍無歧視待遇。任何發明人，無論其國籍為何，均得與美國公民立於相同的地位申請專利。但對於居住於外國的申請人有一些特殊權益規定。

疑問二：申請美國專利必須繳交宣誓書？

解或二：在美國，專利申請案必須由發明人提出，而且發明人必須簽署宣誓書或聲明書(僅有某些例外)，此不同於許多國家，它們不需要發明人簽名和發明宣誓書。如果發明人死亡，申請案得由其執行人或管理人或其他身分相當的人提出，而如果發明人心神喪失，得由其法定代理人(監護人)提出。每位發明人須簽署宣誓書或聲明書，其中應包括受法律和 USPTO 規則所要求之聲明文字，宣誓書或聲明書中，除必須宣誓或聲明申請人相信自己為申請專利之發明之原始人或原始共同發明人外，並聲明此申請案係由發明人自行申請或經發明人授權申請。請參照 35 U.S.C115 與 37 CFR1.63。

疑問三：宣誓書必須經過公證？

解惑三：宣誓書須由發明人在公證人面前宣誓作成。聲明書得取代宣誓書提出，聲明書不需要經過公證。宣誓書或聲明書為設計、植物、發明及再領證之申請案所必要。

9-3 美國專利的分類 🔍

本節說明美國專利的分類。

疑問一：在台灣申請新型專利的創意，到美國應申請那個項目？

解惑一：美國專利分為發明專利、設計專利與植物專利，<u>由於美國沒有新型專利，因此在台灣申請新型專利的創意，到美國都應申請發明專利。</u>

疑問二：美國的發明專利分為那幾項？

解惑二：美國的發明專利分為方法、機械、製造品、物之組合與新穎而實用之改良 5 大項。

疑問三：美國發明專利的專利權期限是幾年？

解惑三：美國發明專利的專利權期限與台灣相同，自申請日起算 20 年屆滿。

疑問四：哪些創意可申請美國的植物專利？

解惑四：美國專利法規定，凡任何人發明或發現、以無性生殖方式繁殖的任何特殊而新穎之植物品種，包含栽培的變種、突變種、雜交種及新發現的實生苗，但不包括以塊莖繁殖的植物，或於非栽培環境下發現的植物，得授予專利。無性生殖的植物是指以種子以外方式，例如以扦插發根、壓條、出芽生殖、嫁接、靠接等方式繁殖的植物。塊莖繁殖的植物是不能取得植物專利的，其中「塊莖」一詞係採用最狹隘的園藝上涵義，意指地下分枝的一個短而粗大部分。屬於「塊莖繁殖」的植物有馬鈴薯和菊芋。

在台灣，梨子通常種在高山地區，造成採收與運送成本高，如果把高山梨移植到平地則無法順利存活與結果，而可種植於平地的梨樹則長出的梨子不好吃。有人發明將平地梨樹的上半部砍掉，把剩下的枝幹剖開，將高山梨的花苞枝條接枝於剖開處，就能於平地種出高山梨。另外也有高接李，以類似的接枝方式使長出的李子較甜而不澀。

疑問五：美國植物專利的專利權期限是幾年？

解惑五：發明人獲得植物專利後，專利權期限自申請日起算二十年屆滿，專有排除他人以無性生殖方式繁殖、販賣、或使用該植物之權利。

疑問六：原子武器在美國是否可獲准專利？

解惑六：原子武器，為美國明定不可獲准專利的項目。

因為一般戰爭時在戰場上殺死軍人是可被接受的，可是如果不在前線，而且殺死的是手無寸鐵的平民百姓，則會受到譴責。

美國在第二次世界大戰期間於日本投擲兩顆原子彈，雖然造成日本投降，但是因為投擲兩顆原子彈的地點不在前線，而且殺死的都是手無寸鐵的平民百姓，連老人與初生嬰兒也無法倖免，所以受到譴責，最後造成原子武器在美國是不能獲准專利的，但和平用途如醫療放射線則能獲准專利。

🏆 得獎發明介紹

便器輔助裝置

便器輔助裝置獲准專利 M303229 號，如圖 9-2 所示。主要內容為：包含座體，此座體一側為坐面，此坐面與水平面夾一角度，而使坐面為傾斜狀，且此傾斜面與水平面之夾角為 5 至 15 度，以供使用者以半蹲狀坐於坐面上，藉以讓使用者的腹部肌肉、肛門與骨盆腔底部肌肉為最放鬆狀態，所以施力容易，使解便更為順暢，且長時間如廁亦不會有不適感。

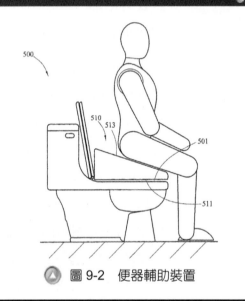

▲ 圖 9-2 便器輔助裝置

9-4 美國發明專利的新穎性規定

本節說明美國專利有關新穎性的規定。

疑問一：美國發明專利的新穎性規定與台灣有何不同？

解惑一：美國在新穎性的規定與台灣有些不同，主要差異如下：

(1) 申請專利之發明於有效申請日之前，已獲准專利、已見於刊物上，或已供公眾使用、被販售，或者其他提供公眾可取得。

(2) 申請專利之發明已見於美國所核發的專利、或在美國已公開或被視為公開的專利申請案，此一專利或申請案，在所請發明有效申請日之前已適法提出申請，並以他人為發明人。

> **提醒**：在台灣獲准專利後才去美國申請，由上述(1)為喪失新穎性，為早期台灣發明人常犯之錯誤，造成自己在台灣獲准的專利卡死申請之美國專利。

疑問二：植物專利的新穎性規定為何？

解惑二：該植物於申請日之前，於美國境內販售或公開未超過一年。該植物於申請日之前，為公眾所知悉未超過一年，亦即，於美國境內以紙本出版品形式描述販賣意圖，或者公開或販賣該植物未超過一年，未喪失新穎性。

疑問三：用外國申請案在美國主張國外優先權的規定？

解惑三：如果發明在美國由發明人或其法定代理人提出申請前，已在外國獲准專利，且該外國發明申請案於美國申請案提出 12 個月或更早以前已提出時，該發明不能取得美國專利。若為設計專利，則前述期間為 6 個月(見 35 U.S.C.172)。所以發明為 12 個月，設計為 6 個月內可主張國外優先權。

9

9-5 美國專利可提前審查的規定 IQ

本節說明美國專利有關可提前審查的規定。

__疑　問__：為什麼有些美國專利申請案可以提前被審查？

__解　惑__：原本專利的審查順序應該依照提出申請的先後順序排隊，但是因為專利審查經常須要 1~3 年，甚至更久，如果申請人年齡在 65 歲以上或罹患疾病，恐怕依照提出申請的先後順序排隊等待審查，當專利核准時，申請人或許已經無法活著享用其辛苦研發的成果，因此基於人道，可提出提前審查的要求。此外，若審查時間過久會使授權時間嚴重延後，將會明顯使製造成本大幅提高，或是受現實之侵害與威脅，也可以專案方式申請提前審查。

題外話時間

　　台灣專利原本沒有可提前審查的規定，後來在發明人與經濟部智慧財產局長官的努力下，參考三邊局的「Triway 先導計畫」推出臺美專利審查高速公路(PPH)試行計畫。

　　三邊局即美國專利商標局(USPTO)、歐洲專利局(EPO)和日本特許廳(JPO)，依據統計，全球較有商業價值的專利，約有 90%以上會向上述 3 大專利局提出專利申請，因為此 3 大區域是較尊重智慧財產權也具有較高消費能力的龐大市場。

　　三邊局在 2005 年由美國專利商標局提出之分享檢索報告並利用 3 局檢索專業的「Triway 先導計畫」提案，其基本概念係為推動工作分擔，使申請人和 3 局可在短時間內取得並考量 3 局的檢索結果，藉以增進核准專利的品質，此提案有如專利審查的高速公路(Patent Prosecution Highway，簡稱 PPH)。

　　仿效三邊局的「Triway 先導計畫」，台灣的經濟部智慧財產局推動臺美專利審查高速公路(PPH)試行計畫 ：當一專利申請案之部分或全部請求項在第一申請局(Office of First Filing，簡稱 OFF)經過實質審查獲准專利後，該案申請人可以藉由提供給第二申請局(Office of Second Filing，簡稱 OSF)相關資料，使第二申請局得以利用第一申請局的檢索與審查結果，進而加速該案件之審查。

有關我國智慧財產局(簡稱 TIPO)和美國專利商標局(簡稱 USPTO)之 PPH 試行計畫於 100 年 9 月 1 日開始實施，在試辦 1 年後，臺美雙方決定繼續推動。

另外定有發明專利加速審查作業，符合：第一、外國對應申請案經外國專利局實體審查而核准者，不需繳納規費，可申請加速審查。第二、外國對應申請案經美日歐專利局核發審查意見通知書及檢索報告但尚未審定者，不需繳納規費，可申請加速審查。第三、為商業上之實施所必要者，繳納規費每件新台幣 4000 元，可申請加速審查。這些經過發明人與經濟部智慧財產局長官努力爭取的新措施，對於申請人將是一大福音。

延　伸：台灣發明專利申請案公開後，如有非專利申請人為商業上之實施者，專利專責機關得依申請優先審查之。

得獎發明介紹

一種迷惑螞蟻之嗅覺及視覺之防蟻裝置

一種迷惑螞蟻之嗅覺及視覺之防蟻裝置獲准專利 189674 號，如圖 9-3 所示。主要於盤體底面向下延伸環設數道同心且由內而外逐層佈列之上環牆，藉以迷惑螞蟻之嗅覺及視覺，並耗費螞蟻之體力，而達到防蟻之目的者。

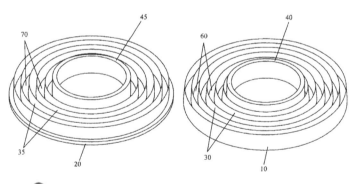

圖 9-3　一種迷惑螞蟻之嗅覺及視覺之防蟻裝置

9-6 美國發明專利的暫時性申請 IQ

本節說明何謂美國專利的暫時性申請。

疑　問：美國發明專利的暫時性申請是什麼？

解　惑：專利申請書中最重要也最難撰寫的部份就是「申請專利範圍」，因此為了方便申請人搶得申請日，美國發明專利可容許申請人先提出不包含申請專利範圍的暫時性申請。

此一不包含申請專利範圍的暫時性申請將在 12 個月後自動失效，所以申請人必須在 12 個月內，另外提出包含申請專利範圍的正式申請，來取代先前不包含申請專利範圍的暫時性申請。

因為不包含申請專利範圍的暫時性申請就是協助申請人搶申請日的措施，所以不包含申請專利範圍的暫時性申請，不得再主張優先權(優先權同樣是協助申請人搶申請日的措施，兩種協助申請人搶申請日的措施只能選擇其中一種)。

此一不包含申請專利範圍的暫時性申請不論美國國內或國外的申請人皆可適用，對台灣申請人相當有利。

 題外話時間

在台灣懂得寫申請專利範圍的發明人比例上並不高，美國專利暫時性申請的制度，有待台灣發明人共同努力爭取。

得獎發明介紹

無線搖控掀蓋之衛生垃圾桶

　　無線搖控掀蓋之衛生垃圾桶獲准專利 M264263 號，如圖 9-4 所示。主要內容為：一無線搖控器，可向外發出一訊號者；以及一驅動機構，含有一訊號接收單元，於接收該無線搖控器所發出之訊號時，即驅動地向上撥轉該蓋體之蓋板，使蓋板之一端向上掀起，以敞開本體之容置室的置入口，並於該蓋板掀起一角度後，開始計時，於計時終了後，聯動該蓋板重新蓋合於該本體之容置室的置入口上方者。

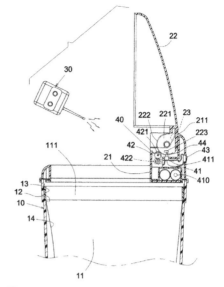

◬ 圖 9-4　無線搖控掀蓋之衛生垃圾桶

9-7 美國專利對共有專利行使的規定 IQ

本節說明美國對共有專利行使的規定。

疑　問：美國專利對共有專利行使的規定與台灣有何區別？

解　惑：依據台灣專利法：發明專利權為共有時，除共有人自己實施外，**非得共有人全體之同意，不得讓與或授權他人實施**。但契約另有約定者，從其約定。發明專利權共有人未得共有人全體同意，不得以其應有部分讓與、信託他人或設定質權。

但是在美國當專利授予一人以上之共同發明人、或當讓與部分專利權時，專利權得由兩人或兩人以上共同享有。專利之任一共有人，無論其享有多少之部分專利權，只要不侵害他人之專利權，均可自行實施製造、使用、為販賣之要約、販賣及進口該發明之權，而毋須經其他共有人同意，該共有人亦得出售其權益、或其權益之任何部分，或授權給他人，除共有人之間訂有契約以規範彼此關係外，毋須經其他共有人同意。

會產生如此差異頗大的規定，主要原因應該是台灣市場小，若分別授權實施可能無法回本；而美國地域廣大，五十幾州，隨便一個州的市場規模都遠大於台灣，專利共有人大可分別在不同的州各自實施，依然有足夠的市場可以確保投資能夠回收。

不過，有些專利可能獲利驚人，分別授權實施可能仍有相當可觀的利潤，也許可仿效美國，開放讓專利權人自行評估與決定。

🏆 得獎發明介紹

冰箱保鮮結構改良

冰箱保鮮結構改良獲准專利 215535 號，主要內容為：在冰箱內安裝有氣體分離膜裝置，將冰箱內部氧氣與氮氣分離後讓氧氣排出於冰箱外，使冰箱內的氮氣成份增加，達成冰箱充填鈍性氣體，可大幅的提高食物保存品質(防止氧化作用)。氮氣是鈍性氣體，其無色、無味及無毒，本創作氣體分離膜裝置之氮氣取得，來自空氣中自然含氮量的增加，讓冰箱內氧氣濃度減低，促成食品氧化減緩，藉此達到保鮮之目的。

9-8　美國專利對虛偽標示的規定　🔍

本節說明美國對專利虛偽標示的規定。

疑　問：聽說在美國抓虛偽標示專利可以賺外快？

解　惑：依據台灣專利法施行細則：專利證書號數標示之附加，在專利權消滅或撤銷確定後，不得為之。

在美國，無專利而標示專利字號、專利申請中或專利審查中皆為違法。

 題外話時間

美國規定連專利申請中、專利審查中也不得標示，因為專利申請中、專利審查中表示很可能審查的結果，最後是被核駁而沒有獲准專利權，既然尚未取得專利權，就不應主張專利權或讓消費者誤以為有專利權，對消費者的保護較完備，值得台灣在修法時予以納入。

🏆 **得獎發明介紹**

水中集魚燈之新構造

水中集魚燈之新構造獲准專利202448號，如圖9-5所示。是一種藉由高科技自動閃爍之發光二極體(LED-Flash)與燈蓋之一體成型之製造方式，達到防水與延長集魚燈之使用壽命之目的，並產生類似浮游生物所發出之光源而充分達到集魚之效果者。

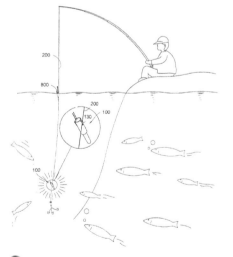

🔺 圖9-5　水中集魚燈之新構造

9-9　美國專利對共同發明人的認定　Ｑ

本節說明美國對專利共同發明人的規定。

疑　問：如何才算是共同發明人？

解　惑：必須對發明本身提供發明構想才算共同發明人，只是依照發明人指示進行實驗的研究助理不算共同發明人。所以碩士班與博士班的研究生或大學部與高中職的專題生，如果只是依照指導教授或指導老師的指示去進行實驗與實作，並不能算是共同發明人。

推　論：如果碩士班與博士班的研究生或大學部與高中職的專題生，在依照指導教授或指導老師的指示去進行實驗與實作時，能對部份實驗或實作的內容提出改良或創新的構思，使實驗或實作的結果能超出指導教授或指導老師原先的預期，則應該被承認是共同發明人。

延　伸：廠商受老師或業主委託代為實驗或組裝製造原型機，因為只是依照發明人之指示而進行實驗或組裝製造，所以不算共同發明人。

 得獎發明介紹

具滑行功能之可攜式隨身袋\箱

　　具滑行功能之可攜式隨身袋／箱獲准專利 189235 號，如圖 9-6 所示。主要內容為：滑行板收合於該置物體時，即為一隨身提袋／箱，使用者可直接手持該拉桿來拖行，而當該滑行板展開於該置物體下側時，使用者即得手持該拉桿以操控行進方向、保持平衡，並踩踏於該滑行板上，利用一腳踏抵地面施力向前滑行，亦即提供了一種兼具攜帶性以及短途代步性的隨身袋／箱。

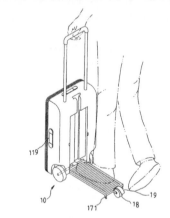

🔺 圖 9-6　具滑行功能之可攜式隨身袋／箱

9-10 美國專利對利益迴避的規定

本節說明美國專利對利益迴避的規定。

<u>疑　問</u>：美國如何防範專利局職員發生審查不公正或侵吞專利申請案的弊端？

<u>解　惑</u>：美國專利對利益迴避的規定為「專利局職員於任職期間內以及離職後一年內，除繼承或受遺贈外，不得申請專利及接受與專利有直接或間接關係之任何權益，離職一年後申請專利者不得享有早於離職後一年之優先權日。」

專利局職員於任職期間內如果可以申請專利及接受與專利有直接或間接關係之任何權益，將可能導至審查不公正，故應禁止。但因專利權可以像股票、金錢等遺產於往生後遺留給子孫或親人，而繼承親人的遺產是專利局職員應有的權益，故不在禁止之列。

 題外話時間

相較於美國的規定為任職期間內**以及離職後一年內**，台灣的規定則只有任職期間內，似乎有修改的需要。

得獎發明介紹

幼兒馬桶座之可折式腳踏板結構獲准專利 219512 號，如圖 9-7 所示。主要內容為：該幼兒馬桶座前方樞結設有一可以展開與收折的腳踏板，該腳踏板係由數片板面所樞結而成，藉以展開成階梯狀，提供兒童可以利用腳踏板自行坐上幼兒馬桶座，其中數片板面可以共同收合於幼兒馬桶座的底部，藉以將幼兒馬桶座的孔洞完全遮蓋住，使幼兒馬桶座亦可充當馬桶蓋之用。

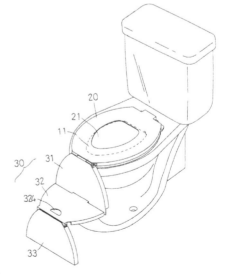

🔺 圖 9-7　幼兒馬桶座之可折式腳踏板結構

9-11　美國如何保持技術領先他國？　🔍

本節介紹美國如何保持技術領先他國。

<u>疑問一</u>：在美國發明的技術要申請外國專利必須經過政府核准？

<u>解惑一</u>：依據美國法律，在美國創作的發明向外國申請專利以前，必須向專利局局長取得許可。

<u>疑問二</u>：在美國發明的技術在美國申請專利之前要先申請外國專利，也必須經過政府核准？

<u>解惑二</u>：如果申請案在美國提出前要先向外國提出，或者在美國提出未滿六個月就要向外國提出時，除非先前的申請收據上註明已獲准，否則都須經許可始可行之。所提出的美國專利申請案本身即可當作是許可請求，寄給每一位申請人的申請收據上，會註明該請求之核准或駁回。向美國提出申請的 6 個月以後便不再需要許可，除非該發明已被命令須予保密。如果該發明已被命令須予以保密，必須於保密命令的有效期間內向專利局局長取得外國申請同意書。所以美國藉由上述規定確保美國技術至少領先他國 6 個月，值得台灣仿效。

9-12　專利合作條約(PCT)　🔍

本節說明何謂專利合作條約。

<u>疑問一</u>：什麼是專利合作條約？

<u>解惑一</u>：「專利合作條約(Patent Cooperation Treaty；PCT)」，是在 1970 年 6 月華盛頓特區舉行的外交會議上議訂的。該條約於 1978 年 1 月 24 日生效，截至 2013 年止，包括美國在內，共有超過 148 個國家遵行。該條約規範統一的申請程序和標準申請格式，使申請人得就相同的發明在各個會員國提出專利申請案。所以，原本想申請多國專利的人，必須分別向欲申請的國家一一提出申請。例如，想申請美國、德國、日本、法國及西班牙等 5 國的專利，必須分

別以英文向美國提出專利申請案；以德文向德國提出專利申請案；以日文向日本提出專利申請案；以法文向法國提出專利申請案；以西班牙文向西班牙提出專利申請案；申請人共須以 5 種不同文字向 5 個不同國家提出 5 件申請案，繳 5 筆申請費。不僅勞神傷財，優先權日也複雜不一。

而美國、德國、日本、法國及西班牙等 5 國的專利審察官，都必須去查詢專利資料，並篩選出疑似相近的專利，再逐一比對此一申請案是否與這些疑似相近的既有專利有衝突。相同的資料搜尋被不同國的專利審察官重覆執行 5 次，造成專利審察人力與時間的嚴重浪費。如果申請的國家愈多，對申請人與專利審察官產生之人力、財力與時間的浪費就愈嚴重。

爲了解決此一問題，於 1966 年由美國提議，最後終於在 1978 年元月 24 日生效的「專利合作條約」，讓想申請多國專利的人可以只用一種文字，只提出 1 件申請案，以指定多國的方式，獲得多國的專利。

例如：想申請美國、德國、日本、法國及西班牙等 5 國的專利，只須以英文提出國際申請案，指定美國、德國、日本、法國、西班牙等 5 國繳 1 筆申請費，則進入國際檢索階段。

會由海牙國際調查機構作成國際調查報告，提供給申請人，讓申請人自行判定申請案與國際調查報告內的資料相似度有多高，據以判定申請案的獲准機率，做爲是否繼續繳交審查費的依據。

如果申請人認爲申請案與國際調查報告內的資料相似度很低，申請案的獲准機率很高，值得投入高額金錢以便取得多國的專利，則可繼續繳交審查費。此時將進入國家審查階段。

會由位於日內瓦的國際秘書處，將國際調查報告轉給指定申請國，美國、德國、日本、法國及西班牙等 5 國，此後就成爲該國的國內申請案，由 5 國的專利審察官分別依據國際調查報告內的資料進行比對與審察，因此各國的審察結果不一定會相同。

疑問二：如何讓各國的審察結果能夠儘量一致？

解惑二：如果申請人希望各國的審察結果能夠儘量一致，則可於進入國家審查階段之前，另外付費要求進行國際初審。可擔任專利合作條約(PCT)國際初審的有歐洲專利局與澳洲、奧地利、加拿大、中華人民共和國、芬蘭、日本、韓國、

俄羅斯、西班牙、瑞典及美國等國的專利局。

當申請人選擇上述某一國的專利局進行國際初審，並獲得國際初審結果後，此時才會進入國家審查階段，由位於日內瓦的國際秘書處將國際調查報告與國際初審結果一起轉給指定申請國，美國、德國、日本、法國及西班牙等 5 國。

雖然美國、德國、日本、法國及西班牙等 5 國的專利審察官也可能會分別依據國際調查報告內的資料再進行比對與審察，但是既然已經有國際初審的結果，節省時間與精力乃人之常情，因此 5 國的專利審察官直接採用國際初審結果的可能性非常高，所以出現各國審察結果不相同的機率就相對降低了。

 題外話時間

由於無法完全排除「愛國裁判」的可能性，因此選擇對自己可能比較友善國家的專利局擔任專利合作條約的國際初審單位，將有可能成為影響國際申請案是否能獲准的重要關鍵。

疑問三：如何透過專利合作條約獲得超過 12 個月的國際優先權期限？

解惑三：由提出國際申請到進入國家審查階段之間的時間可能長達 20 個月，等於讓申請人變相獲得較長的國際優先權期限，因為原本國際優先權期限只有 12 個月，由此方式可變相獲得長達 20 個月的國際優先權期限。

而有提出國際初審的案件，由提出國際申請到進入國家審查階段之間的時間可再延長到 30 個月，等於讓申請人變相獲得較長的國際優先權期限，因為原本國際優先權期限只有 12 個月，由此方式可變相獲得長達 30 個月的國際優先權期限。

 題外話時間

由於專利合作條約規定，必需是締約國國民或在締約國有住居所的申請人才可適用此一多國申請模式，以便指定一個或多個締約國，而專利合作條約已有一百多個會員國，幾乎納入全球大多數的國家，卻不包括中華民國。因此非常可惜，台灣人不能使用此一多國申請模式。

不過上有政策下有對策,聰明的台灣人絕不會因此被限制住。據說業界有種變通方式可讓台灣人享受此一多國申請模式,也就是找一位締約國國民或在締約國有住居所的人當人頭加入成為申請人之一,然後才提出國際申請案。因為專利獲准後申請人就成為專利所有權人,所以通常會先給付該締約國國民或在締約國有住居所的人一筆感謝金,並要求預先簽署專利權讓渡授權書,以避免該締約國國民或在締約國有住居所的人於專利獲准後反過來搶食專利成果。

9-13　歐洲專利局的源起與演進　🔍

本節說明歐洲專利局的起源。

疑問一:為什麼會有歐洲專利局的產生?

解惑一:由於第二次世界大戰歐洲被打得很慘,引發許多歐洲人產生一種想法:歐洲的面積與美國相當,但卻分成幾十個小國家,若能將整個歐洲統合成一個國家,是否能使歐洲變成像美國一樣強大?

政制的統合難度較高,於是由經濟的統合開始,所以就出現「歐洲經濟共同體」這樣的組織。

然而經濟的活動必然牽涉到專利,於是專利統合的需求與共識也逐漸形成,自 1949 起草到 1977 年生效,歷經 28 年的努力,終於催生出「歐洲專利公約」的法律條文與「歐洲專利局」的組織。

目前歐洲更進一步達成貨幣的統一,推出「歐元」,而在歐洲的許多國家之間,也已經出現「無國界化」的現像,搭乘捷運電車就能直接在許多國家之間穿梭來回,免除在邊境檢查護照、行李等所謂的入出境程序,逐漸朝向將整個歐洲統合成一個國家的方向邁進。

疑問二:歐洲專利公約與各締約國的國內專利法是甚麼關係?

解惑二:歐洲專利公約並不只是一個多國簽署的合作條約,歐洲專利公約是經過簽約國各國國會通過立法,並共同遵守的實體法,共有 178 條歐洲專利法的條文。所以,<u>歐洲專利公約是與各締約國之國內專利法並行的法律</u>。

疑問三：歐洲專利局是甚麼樣的組織架構？

解惑三： 歐洲專利局的總局設在慕尼黑，負責授予歐洲專利，而行政委員會設於慕尼黑，負責監督歐洲專利局的運作。此外因為歐洲幅員廣大，所以在海牙設有分局，在柏林與維也納也設有支局。歐洲專利局主要包含設於海牙的調查司(負責檢索先前技術與專利資料)與設於慕尼黑的審查司(負責審查專利申請案是否應該核准)。

疑問四：是否所有歐洲國家都是歐洲專利公約的簽約國？

解惑四： 歐洲專利公約與歐洲專利局的推動是很艱辛的，歷經 28 年的努力才獲得初步的成果，最開始只有比利時、瑞士、盧森堡、法國、西德、荷蘭與英國 7 個國家簽署，後來陸續加入瑞典、義大利、奧地利、列支登斯坦、希臘、西班牙、丹麥、摩納哥、葡萄牙、愛爾蘭、芬蘭、塞普魯斯、土耳其與冰島等國。

後來前蘇聯瓦解，許多原本受前蘇聯掌控的東歐國家也陸續加入。不過在正式加入前，通常要評估該國的經濟狀態，並等待該國國會通過等程序，所以有些國家先成為延伸國，例如立陶宛、拉脫維亞、阿爾巴尼亞、羅馬尼亞、前馬其頓南斯拉夫共和國與斯洛維尼亞等。

所以並非所有歐洲國家都是歐洲專利公約的簽約國，目前包含的國家如表9-1所示。

歐洲專利局國家

阿爾巴尼亞、奧地利、比利時、保加利亞、瑞士、賽普勒斯、捷克共和國、德國、丹麥、愛沙尼亞、西班牙、芬蘭、法國、英國、希臘、克羅西亞、匈牙利、愛爾蘭、冰島、義大利、列支敦斯登、立陶宛、盧森堡、拉托維亞、摩納哥、馬其頓共和國、馬爾他、荷蘭、挪威、波蘭、葡萄牙、羅馬尼亞、塞爾維亞、瑞典、斯洛維尼亞、斯洛伐克、聖馬利諾、土耳其共 38 個會員國。

波士尼亞－黑塞哥維納、蒙特內哥羅 2 國延伸國。

摩絡哥 1 個認可國。

▽ 表 9-1　歐洲專利局國家

歐洲專利局國家		歐洲專利局國家	
比利時	1977 年 10 月 7 日	土耳其	2000 年 11 月 1 日
瑞士	1977 年 10 月 7 日	斯洛維尼亞	2002 年 12 月 1 日
德國	1977 年 10 月 7 日	保加利亞	2002 年 7 月 1 日
盧森堡	1977 年 10 月 7 日	捷克共和國	2002 年 7 月 1 日
荷蘭	1977 年 10 月 7 日	愛沙尼亞	2002 年 7 月 1 日
法國	1977 年 10 月 7 日	斯洛伐克	2002 年 7 月 1 日
英國	1977 年 10 月 7 日	匈牙利	2003 年 1 月 1 日
義大利	1978 年 12 月 1 日	羅馬尼亞	2003 年 3 月 1 日
瑞典	1978 年 5 月 1 日	冰島	2004 年 11 月 1 日
奧地利	1979 年 5 月 1 日	立陶宛	2004 年 12 月 1 日
列支敦斯登	1980 年 4 月 1 日	波蘭	2004 年 3 月 1 日
西班牙	1986 年 10 月 1 日	拉托維亞	2005 年 7 月 1 日
希臘	1986 年 10 月 1 日	馬爾他	2007 年 3 月 1 日
丹麥	1990 年 1 月 1 日	克羅地亞	2008 年 1 月 1 日
摩納哥	1991 年 12 月 1 日	挪威	2008 年 1 月 1 日
葡萄牙	1992 年 1 月 1 日	馬其頓共和國	2009 年 1 月 1 日
愛爾蘭	1992 年 8 月 1 日	聖馬利諾	2009 年 7 月 1 日
芬蘭	1996 年 3 月 1 日	塞爾維亞	2010 年 10 月 1 日
賽普勒斯	1998 年 4 月 1 日	阿爾巴尼亞	2010 年 5 月 1 日

9

得獎發明介紹

條碼掃瞄器之線型投射光源結構改良

條碼掃瞄器之線型投射光源結構改良獲准專利 206536 號，如圖 9-8 所示。主要內容為：設有一點光源經散光作用後形成狹長的細光帶打在待測物品的條碼上，且該反射回來之光線經聚焦鏡頭及線形接收器(例如：CCD 或 CMOS 等)接收，再解碼讀出資料，其特徵在於：該光源係使用鐳射二極體，且在該鐳射二極體之前方分別設有一準直儀及一直立式柱形透鏡組者。

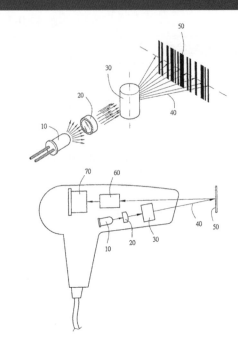

△ 圖 9-8 條碼掃瞄器之線型投射光源結構改良

9-14 歐洲專利的申請與審查 |Q

本節說明歐洲專利的申請與審查。

疑問一：是否只有歐洲專利公約締約國的國民才可以提出歐洲專利的申請？

解惑一：歐洲專利的申請並沒有限制必須是歐洲專利公約締約國的國民才可以提出，非締約國國民也都可提出申請。

事實上，任何人都可提出歐洲專利的申請，沒有設定任何國籍與地域上的限制。所以台灣人也可以提出歐洲專利的申請。

疑問二：申請歐洲專利應該使用哪種語文？

解惑二：歐洲專利採用多國註冊制度，原本想要申請英國、法國、德國、義大利與西班牙 5 國，必須分別以英文、法文、德文、義大利文與西班牙文，分別向 5

個國家的專利局提出申請，繳 5 次費用，審查 5 次，各國的審查也可能出現不同的結果。

如果經由歐洲專利局提出，則只需翻譯成 1 國語言，繳 1 次費用，審查 1 次即可。因為是由歐洲專利局統一審查，所以不會出現各國審查結果不同的情況。

由於歐洲國家眾多，很難只訂一種語文，所以<u>可以使用英文、法文或德文 3 者之中的其中一種語文提出</u>。

而且也可先以其他歐洲語文提出再於限期內補送英文、法文或德文翻譯本即可。例如，義大利人可以先用義大利文提出再於限期內補送英文、法文或德文翻譯本即可。

疑問三：歐洲專利局的總局設在慕尼黑，是否必須親自跑到慕尼黑，或必須將申請書郵寄到慕尼黑才能提出申請？

解惑三：為了方便歐洲各地的發明人申請歐洲專利，可先向締約國專利局提出申請，再由締約國專利局轉送歐洲專利局即可。

例如：西班牙人可先向西班牙專利局提出申請，再由西班牙專利局轉送歐洲專利局即可。

與上一個問題結合，則西班牙人可先以西班牙文向西班牙專利局提出申請，再由西班牙專利局轉送歐洲專利局，申請人再於限期內補送英文、法文或德文翻譯本即可。

疑問四：申請歐洲專利可以同時申請多少國家？

解惑四：申請歐洲專利可以同時申請締約國與延伸國的任意組合，但至少必須有一個國家。

疑問五：申請歐洲專利是否須找事務所，或是可以自己提出？

解惑五：在締約國有住所或營業所的人可以自己提出，但若在締約國沒有住所或營業所，就必須委託專利代理人辦理。

疑問六：如何才能擔任歐洲專利的專利代理人？

解惑六：為了維持專利代理人的水準，想成為歐洲專利的專利代理人必須經過考試才能擔任。

9

疑問七：申請歐洲專利必須繳交那些費用？

解惑七：首先提出申請的 1 個月內必需繳交**申請費與調查費**，而且必須在提出申請的 12 個月內繳交**指定費**，指定費會因指定要申請的國家數不同而有所不同。然後，調查司會檢索相關先前技術與專利資料，將與申請案有關的檢索資料做成調查報告，並將調查報告寄給申請人，供申請人決定是否要繳交**審查費**進行審查。如果決定繼續繳交審查費，並且幸運核准，則必須再繳交**領證費與專利年費**。

 題外話時間

　　歐洲專利這種繳交申請費與調查費之後，會先收到檢索調查報告，供申請人決定是否要繼續繳交審查費進行審查的方式，對審查機構可節省審查人力與時間，對申請人也可節省時間與金錢，頗值得國內學習。

疑問八：指定申請的國家是否可以變更？

解惑八：在專利核准前可以撤回部份的指定國，但是不可以將全部的指定國都撤回，必須至少保留一個指定國。因為如果沒有任何指定國，相當於沒有申請任何國家，這件申請案就會被視為放棄。

疑問九：歐洲專利的申請人如果不只 1 人，是否必須共同提出申請？

解惑九：歐洲專利的申請人如果不只 1 人，可以共同提出申請，也可以分別提出申請而指定不同的締約國。例如申請人甲指定英國與法國，申請人乙指定德國，申請人丙指定義大利。

> 提醒：在台灣，專利的申請人如果不只 1 人，必須共同提出申請，不可以分別提出申請。

疑問十：如果經由歐洲專利局申請英國、法國、德國、義大利與西班牙 5 國的專利，核准後會拿到 1 張歐洲專利證書，還是會拿到英國、法國、德國、義大利與西班牙 5 國的 5 張專利證書？

解惑十：歐洲專利局只負責審查與授與專利，一旦專利授與之後，就成為各締約國的國內專利，依照各締約國之國內專利法辦理。所以如果經由歐洲專利局申請

英國、法國、德國、義大利與西班牙 5 國的專利，核准後會拿到英國、法國、德國、義大利與西班牙 5 國的 5 張專利證書。

疑問十一：如果經由歐洲專利局獲准英國、法國、德國、義大利與西班牙 5 國的專利，萬一英國的專利被告撤銷，法國、德國、義大利與西班牙 4 國的專利是否也一起被撤銷？

解惑十一：歐洲專利局只負責審查與授與專利，一旦專利授與之後，就成為各締約國的國內專利，依照各締約國之國內專利法辦理。所以英國專利被告撤銷與法國、德國、義大利與西班牙 4 國的專利無關。

競爭對手若想撤銷法國的專利，必須到法國提出撤銷的訴訟，而法國的判決不一定會與英國相同。同理，競爭對手若想撤銷德國的專利，就必須到德國提出撤銷的訴訟，而德國的判決也不一定會與英國相同。

疑問十二：歐洲專利局代表所有締約國的專利局進行審查，應該非常慎重，是由幾位審查官負責審查？

解惑十二：至少由三位技術審察官共同負責審查，有時候會額外增加一位法學領域的審察官。審查結果是由 3~4 位審查官以投票的方式決定，萬一正反票數相同，則由主席決定。所以，歐洲專利的審查是非常慎重的。

🏆 得獎發明介紹

由兩側供水之洗臉裝置

由兩側供水之洗臉裝置獲准專利 255278 號，如圖 9-9 所示。主要內容為：包括一兩側有水柱噴出孔之洗臉槽、二出水管、二出水感測器、一控制箱、一止流閥門、一出水計時器及一壓力閥。

當感測器於遮蔽狀態下，將訊號回饋至控制箱並打開止流閥門，同時計時器開始計時，

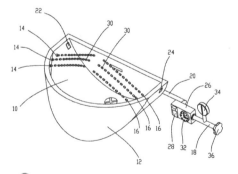

🔺 **圖 9-9　由兩側供水之洗臉裝置**

此時水流由出水管流至水柱噴出孔並出水供使用者使用，出水時間由計時器所控制，計時時間到，止流閥門關閉，出水停止，使用者可依個人使用習慣來設定計時器以獲得不同的出水時間，而水柱噴出的停止位置可由壓力閥調整至人臉的承接處，藉此組成一合乎動作經濟原則之由兩側供水之洗臉裝置。

9-15 歐洲專利的新穎性與其他規定 IQ

本節說明歐洲專利對新穎性的規定。

<u>疑問一</u>：**歐洲專利對新穎性如何定義？**

<u>解惑一</u>：歐洲專利將授與任何新而包含發明步驟，且可得為產業利用之任何發明，而發明未構成技術狀態即屬新穎。

<u>疑問二</u>：**何謂構成技術狀態？**

<u>解惑二</u>：在專利申請日之前以任何方法使大眾得以仿效就是構成技術狀態，就喪失新穎性。

<u>延　伸</u>：因為在專利**申請日之前**以任何方法使大眾得以仿效才是構成技術狀態，所以，與申請日同一天的公佈行為是不會構成技術狀態的。

<u>疑問三</u>：**何謂大眾？**

<u>解惑三</u>：只要是在公開情況下，不論人數多寡，都算是大眾。例如將欲申請專利的內容貼在公佈欄，則不論是否有人看到，因為公佈欄是任意人都可前去觀看的，所以就達成使大眾得以仿效的狀況，就是構成技術狀態。

相反地，如果是在秘密狀態下，即使人數很多也不算大眾。例如研發小組成員可能多達幾十人，但是研發小組成員對外都會保密，只有成員之間才會互相討論。所以即使多達幾十人，也不會達成使大眾得以仿效的狀況，也就不會構成技術狀態。

同理，研究助理、雇員或協助進行實驗的人員，即使人數眾多，但是因為會被要求保密，所以也不算大眾。

> 提醒：以上歐洲專利對新穎性的定義與大多數國家相同，只是使用的語詞和描述稍有差異而已。

<u>疑問四</u>：**參加展覽是否會喪失新穎性？**

<u>解惑四</u>：在萬國博覽會展示後，於 6 個月內提出歐洲專利的申請，可以不算喪失新穎性。但若在其他場合展示，就會喪失新穎性。

疑問五：有哪些項目不能獲准歐洲專利？

解惑五：如果申請專利的標的屬於治療與診斷的方法、違反公共秩序善良風俗、植物或動物之變種或生產植物或動物的必要生物方法，或是屬於單純的發現、科學原理、數學方法、美學創作、遊戲、營業計畫、原則及電腦程式等，則屬於被排除申請的項目，不能獲准歐洲專利。

疑問六：歐洲專利對實用性有甚麼特別的規定？

解惑六：一般認為必須立刻能被產業界使用的才算有實用性，所以中間產品通常被認定沒有實用性。例如，將鋁原料製作成粗胚之後，必須再把粗胚加工才能成為商品。

所以最後的商品被認定有實用性，可成為申請專利的標的；而中間產品，也就是粗胚，則被認定沒有實用性，而不能成為申請專利的標的。

但是歐洲專利則認為，即使是中間產品也具有實用性，所以中間產品可以成為申請歐洲專利的標的。同理不完全發明也可以成為申請歐洲專利的標的。例如只有研發出產製粗胚的方法，卻欠缺將粗胚加工成可販售商品的方法。

疑問七：歐洲專利的專利權期限為幾年？

解惑七：歐洲專利的專利權期限為自申請日起算 20 年。

疑問八：歐洲專利對專利範圍的判定是否採用自由主義？

解惑八：歐洲專利對專利範圍的判定並不是採用自由主義，而是採用折衷主義。

疑問九：歐洲專利與專利合作條約在可指定的國家、指定語文、可提出申請者的限制、審查結果與可否自行選擇初審的國家或單位等方面有何差異？

解惑九：歐洲專利與專利合作條約在上述各方面的差異如表 9-2 所示。歐洲專利只能指定在歐洲地區之會員國與延伸國，但專利合作條約則可指定散布於世界各地之會員國。歐洲專利可以使用英文、法文或德文其中之一提出申請文件，但專利合作條約則只能以英文提出申請文件。歐洲專利對可提出申請者沒有限制，但專利合作條約則必須為會員國之國民，或於會員國有住居所的人才能提出申請。歐洲專利因為是由歐洲專利局統一審查，所以審查結果完全一致，但專利合作條約是由各國自行審查，所以審查結果可能不同。歐洲專利

9

只能由歐洲專利局統一審查，不能由申請者自行選擇初審的國家或單位，但
專利合作條約則可以由申請者自行選擇初審的國家或單位。

表 9-2　歐洲專利與專利合作條約的差異

項目	歐洲專利	專利合作條約
可指定的國家	只限在歐洲地區之會員國與延伸國	世界各地之會員國
指定語文	英文、法文或德文其中之一	英文
可提出申請者的限制	無限制	必須為會員國之國民，或於會員國有住居所的人
審查結果	由歐洲專利局統一審查，審查結果完全一致	由各國自行審查，審查結果可能不同
可否自行選擇初審的國家或單位	只能由歐洲專利局統一審查	可自行選擇初審的國家或單位

10

研發案例

在研發的過程，有時必須適時放棄，以避免於錯誤中愈陷愈深，有時也要比較國內外的先前技術，甚至要防範找碴式的迴避手法，或者可能技術可行，但卻成本太高而不宜施行。

本章列舉一些研發的案例供讀者參考。

10-1 防盜拷塗料 🔍

本節說明一個因為基本理論錯誤導致失敗的研發案例。

需求：許多書籍及雜誌都有被盜印的煩惱，如何防止盜印就成為一個非常值得研究的題目，可能擁有無限商機。

構想：利用一種防盜拷塗料，使人眼可以看見紙上的內容，但卻使影印機無法影印出文字與圖像，藉以達到防止盜印的效果與目的。

技術手段：利用吸光材料(蓄光顏料、夜光顏料或螢光顏料等)，在日光或燈光下照射幾分鐘後，會將吸收的光能轉化儲存，當光照移除，可在暗處將儲存的能量轉化而發光的特性。將上述吸光材料塗在紙上，使人眼可以看見紙上的內容，但卻使影印機無法影印出文字與圖像，藉以達到防止盜印的效果與目的。

失敗原因：影印機是靠光源照射欲影印之物件，透過鏡片折射曝光在滾筒上，進而產生欲影印的影像。

人眼也是靠光源照射物件，反射後進入眼睛，形成物件的影像。因為人眼看見物件的機制與影印機一樣，所以如果該防盜拷塗料會使影印機無法影印出文字與圖像，也會使人眼無法看見該文字與圖像。許多發明人深陷於類似的錯誤基本理論而無法自拔，浪費許多寶貴的時間與金錢，實屬可惜！

延伸：難道就沒有辦法防止盜印嗎？以下介紹 OVD (Optically Variable Security Device)光學變化薄膜的技術，可有效防止電腦、掃瞄器及電子數位相機等，只能以單一角度抓取影像之設備的盜拷行為。

OVD 光學變化薄膜的技術，是以多層具有特殊結構的薄膜材料堆疊而成，利用光在不同角度時產生的反射及繞射現象，使每層影像會隨觀看的角度改變而消失，或呈現出不同的影像圖案。

OVD 光學變化薄膜的技術，通常是以左、右或上、下擺動或者以 180 度旋轉的方式，產生影像、文字、線條等動態移動或色彩變化。

因為電腦、掃瞄器及電子數位相機等設備，只能以單一角度抓取影像。而人類則可以用手轉動，以多種角度觀看。所以 OVD 光學變化薄膜的技術常被用於鈔票的防偽，尤其可防止假鈔集團以彩色影印機，把真鈔影印複製成假鈔。

因為真鈔有 OVD 光學變化薄膜，當人類以左、右或上、下擺動或者以 180 度旋轉的方式觀看真鈔時，就會產生影像、文字、線條等動態移動或色彩變化。

而只能以單一角度抓取影像的彩色影印機，在把真鈔影印複製時，則無法將 OVD 光學變化薄膜一起複製。

所以當人類以左、右或上、下擺動或者以 180 度旋轉的方式觀看假鈔時，就不會產生影像、文字、線條等動態移動或色彩變化，因而可分辨此為假鈔。

OVD 光學變化薄膜的技術，也可以微小字、光學水印、高解析向量圖紋、隱藏防偽、連續性漸變移動效果、局部凹蝕花邊、超微小字及機器閱讀等方式來達到防偽效果，可使用於股票、鈔票、身份證、護照、支票、ID 卡、手錶、信用卡與金飾等方面之防偽。

不過因為 OVD 光學變化薄膜的製造成本高昂，用於貴重的鈔票等尚可接受，但若用於一般文件與書籍的防盜印，則成本過高。所以一般文件與書籍的防盜印，並非技術不可行，關鍵在於成本不夠低。

另一種是變化圖卡的技術，把兩張圖切割成長條狀，再將這兩張長條圖以間隔方式拼成一張完整的圖，然後壓上有相同寬度長條紋的塑膠片(微菱鏡)，則隨著變化圖卡角度的不同，就可呈現出兩種不同的圖案。

因為影印機只能以單一角度抓取影像，所以就無法盜印成功。

不過對於一般文件與書籍的防盜印，變化圖卡的技術，製造過程太繁複，成本也是太高。

10

10-2　撞球桿固定裝置　　　　🔍

本節以動動腦方式啓發讀者的迴避設計靈感。

需求：打撞球時除了撞球檯，還需要球與撞球桿，缺一不可。撞球檯上有網子可以容納被打進洞的球，但是卻經常找不到撞球桿。

假設有人提出如下的申請專利範圍一，將撞球桿附在撞球桌上，可如何加以迴避設計？

防守一：

申請專利範圍一：

一種撞球桿固定裝置，係於撞球檯的檯面上挖設剖面爲半圓形的長條狀凹槽，可將撞球桿放置於剖面爲半圓形的長條狀凹槽內。

攻擊一：

申請專利範圍一將剖面爲半圓形的長條狀凹槽挖設在撞球檯的**檯面上**，若要加以迴避設計，可將剖面爲半圓形的長條狀凹槽改爲挖設在撞球檯檯面的**側面或下面**。

防守二：

將申請專利範圍一修改爲申請專利範圍二：

一種撞球桿固定裝置，係於撞球檯檯面的上面、側面或下面挖設剖面爲半圓形的長條狀凹槽，可將撞球桿放置於剖面爲半圓形的長條狀凹槽內。

攻擊二：

申請專利範圍二以剖面爲**半圓形**的長條狀凹槽挖設在撞球檯檯面的上面、側面或下面，若要加以迴避設計，可將剖面改爲**圓形**，成爲一個很深的圓形孔洞。

防守三：

將申請專利範圍二修改爲申請專利範圍三：

一種撞球桿固定裝置，係於撞球檯的檯面上面、側面或下面挖設剖面爲半圓形或圓形的長條狀凹槽或孔洞，可將撞球桿放置於該凹槽或孔洞內。

攻擊三：

申請專利範圍三將剖面設定爲**半圓形或圓形**，若要加以迴避設計，可將剖面改爲**三角形或正方形或長方形或五角形等其他形狀**。

防守四：

將申請專利範圍三修改爲申請專利範圍四(不設定剖面形狀)：

一種撞球桿固定裝置，係於撞球檯的檯面上面、側面或下面挖設長條狀凹槽或孔洞，可將撞球桿放置於該凹槽或孔洞內。

攻擊四：

申請專利範圍四係於撞球檯的檯面上面、側面或下面挖設長條狀凹槽或孔洞，若要加以迴避設計，可**避開撞球檯的檯面與挖孔槽的做法，改爲在撞球檯的桌腳安裝撞球桿置放架**。

防守五：

將申請專利範圍四修改爲申請專利範圍五(分成兩個請求項)：

1. 一種撞球桿固定裝置，係於撞球檯的檯面上面、側面或下面挖設長條狀凹槽或孔洞，可將撞球桿放置於該凹槽或孔洞內。
2. 一種撞球桿固定裝置，係於撞球檯的桌腳安裝撞球桿置放架。

攻擊五：

申請專利範圍五的第 2 個請求項將撞球桿置放架指定在撞球檯的**桌腳**，若要加以迴避設計，可將撞球桿置放架改在撞球檯的**檯面上面、側面或下面**。

防守六：

將申請專利範圍五修改爲申請專利範圍六：

1. 一種撞球桿固定裝置，係於撞球檯的檯面上面、側面或下面挖設長條狀凹槽或孔洞，可將撞球桿放置於該凹槽或孔洞內。
2. 一種撞球桿固定裝置，係於撞球檯的桌腳或撞球檯的檯面上面、側面或下面安裝撞球桿置放架。

10

攻擊六：

申請專利範圍六的第 2 個請求項是以撞球桿置放架來安置撞球桿，若要加以迴避設計，可**將置放架改為束帶、魔鬼氈、夾子或磁鐵等綑綁或吸附的方式**。

防守七：

將申請專利範圍六修改為申請專利範圍七(增加附屬項包含可能之變化)：

1. 一種撞球桿固定裝置，係於撞球檯的檯面上面、側面或下面挖設長條狀凹槽或孔洞，可將撞球桿放置於該凹槽或孔洞內。
2. 一種撞球桿固定裝置，係於撞球檯的桌腳或撞球檯的檯面上面、側面或下面安裝撞球桿吸附裝置。
3. 如申請專利範圍第 2 項之撞球桿固定裝置，其中撞球桿吸附裝置為束帶。
4. 如申請專利範圍第 2 項之撞球桿固定裝置，其中撞球桿吸附裝置為魔鬼氈。
5. 如申請專利範圍第 2 項之撞球桿固定裝置，其中撞球桿吸附裝置為磁鐵。
6. 如申請專利範圍第 2 項之撞球桿固定裝置，其中撞球桿吸附裝置為夾子。

攻擊七：

申請專利範圍七的第 2 個請求項將撞球桿吸附裝置設定安裝在**撞球檯上**，若要加以迴避設計，可將撞球桿吸附裝置改為安裝在**撞球桿上**，或者將撞球桿吸附裝置改為安裝在**撞球檯下方的地面或旁邊的牆壁上**。

防守八：

將申請專利範圍七修改為申請專利範圍八：

1. 一種撞球桿固定裝置，係於撞球檯的檯面上面、側面、下面或撞球檯下方的地面或旁邊的牆壁上，挖設長條狀凹槽或孔洞，可將撞球桿放置於該凹槽或孔洞內。
2. 一種撞球桿固定裝置，係於撞球檯的桌腳或撞球檯的檯面上面、側面、下面或撞球檯下方的地面或旁邊的牆壁上，或在撞球桿上安裝撞球桿吸附裝置。
3. 如申請專利範圍第 2 項之撞球桿固定裝置，其中撞球桿吸附裝置為束帶。
4. 如申請專利範圍第 2 項之撞球桿固定裝置，其中撞球桿吸附裝置為魔鬼氈。
5. 如申請專利範圍第 2 項之撞球桿固定裝置，其中撞球桿吸附裝置為磁鐵。
6. 如申請專利範圍第 2 項之撞球桿固定裝置，其中撞球桿吸附裝置為夾子。
   您是否還有其他的攻擊或防守策略？(以上過程好像是在找碴，可是，當別人決定迴避你的專利時，他就是存心要找碴！)

10-3 | 蓮蓬頭

本節以每個人洗澡都會用到的蓮蓬頭做為研發案例,看看聰明的發明人如何進行迴避設計。

需求:每個人洗澡都會用到蓮蓬頭,但是家裡爺爺、奶奶、爸爸、媽媽、哥哥、姐姐、弟弟或妹妹,每個人的身高都不相同,適用的蓮蓬頭高度與角度也不相同。

查詢專利資料可得知於中華民國 74 年 10 月 12 日申請,後來獲准專利第 037135 號,可調整蓮蓬頭高低之裝置,如圖 10-1 所示。蓮蓬頭座以螺帽固定於軌道適當高度位置,達到調整蓮蓬頭高低之目的。

專利第 037135 號必須要有軌道,所以在中華民國 77 年 8 月 18 日申請,後來獲准專利

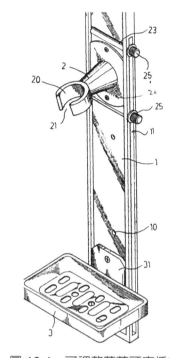

圖 10-1 可調整蓮蓬頭高低之裝置

第 127580 號,可調式萬向蓮蓬頭支架,迴避設計改成如圖 10-2 所示,不使用軌道,而是以兩個可活動的關節來調整蓮蓬頭的高低與角度。

10

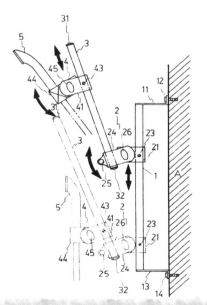

圖 10-2 可調式萬向蓮蓬頭支架

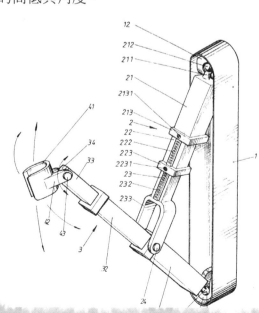

圖 10-3 可調式蓮蓬頭支承架

隨後在中華民國79年8月7日申請，後來獲准專利第065407號，可調式蓮蓬頭支承架，迴避設計改成如圖10-3所示，改成以可伸長縮短的棒棍調節。

先前的可調蓮蓬頭都需要軌道或棍棒，在中華民國84年10月24日申請，後來獲准專利第280334號，蓮蓬頭座改良結構，迴避設計成如圖10-4所示，不需要軌道或棍棒，在調整圓球表面設有小圓槽，可與圓球凹槽內的凸粒互相卡扣，達到調整蓮蓬頭角度之目的。

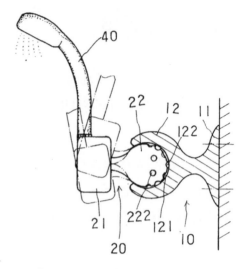

▲ 圖 10-4 蓮蓬頭座改良結構

隨後在中華民國84年11月14日申請，後來獲准專利第126856號，可旋轉定位之蓮蓬頭掛架，迴避設計改成如圖10-5所示，改成以卡制溝槽與卡制肋，達到調整蓮蓬頭角度之目的。

附帶一提，除了專利內容，還可以查詢案件狀態與案件權利異動的情況。

例如，由表10-1專利案件狀態查詢的結果可知，本案初審並未獲准，是在複審(再審)才獲得核准。

此外，由表10-2專利案件權利異動查詢的結果可知，本專利已經在2005年7月11日失效，所以任何人都可使用此技術。

▼ 表 10-1 專利第 126856 號專利案件狀態查詢的結果

專利編號：310735
專利名稱：可旋轉定位之蓮蓬頭掛架

專利申請案號	狀態異動日期	案件申請日期	實體審查申請日	相關申請案號	公開號	公告號	證書號	專利類別	狀態異動資料
084216233	19970711	19951114				310735	126856	新型	再審核准

表 10-2　專利第 126856 號專利案件權利異動查詢的結果

專利編號：310735
專利名稱：可旋轉定位之蓮蓬頭掛架

專利申請案號	084216233
申請日	19951114
公開號	
公開日	
公告號	310735
公告日	19970711
證書號	126856
專利名稱	可旋轉定位之蓮蓬頭掛架
代理人	陳天賜
專利權人	李嘉濤
專發明人	李嘉濤
授權註記	無
非專屬授權註記	
專屬授權註記	
再授權註記	
獨家授權註記	
質權註記	無
讓與註記	無
繼承註記	無
信託註記	無
異議註記	無
舉發註記	無
消滅日期	20050711
撤銷日期	
專利權始日	19970711
專利權止日	20071113
年費有效日期	20050710
年費有效年次	008

10

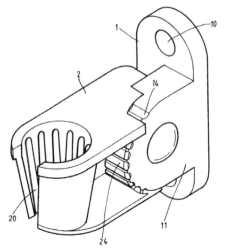

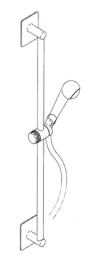

圖 10-5　可旋轉定位之蓮蓬頭掛架　　圖 10-6　可調式蓮蓬頭置放架

　　隨後在中華民國 90 年 3 月 19 日申請，後來獲准專利第 182956 號，可調式蓮蓬頭置放架，迴避設計改成如圖 10-6 所示，改成以旋緊固定於棍棒適當高度位置的方式，來達到調整蓮蓬頭高度之目的。

　　作者也在中華民國 94 年 9 月 14 日申請，後來獲准專利 M285399 號，蓮蓬頭固定裝置，迴避設計改成如圖 10-7 所示，改成以蓮蓬頭座的凸出部(83)，插入固定於適當高度凹槽(84)的方式，來達到調整蓮蓬頭高度之目的。

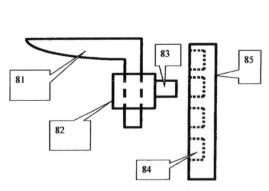

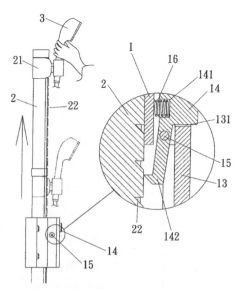

圖 10-7　蓮蓬頭固定裝置　　圖 10-8　可調高度安全蓮蓬頭結構

專利第 182956 號以旋緊固定於棍棒適當高度位置的方式，來達到調整蓮蓬頭高度之目的。隨後，於中華民國 95 年 9 月 15 日申請，後來獲准專利 M306597 號，可調高度安全蓮蓬頭結構，改良成如圖 10-8 所示，在升降桿的桿體等距設有卡槽，使按壓鈕底部之卡鉤可卡掣於升降桿之卡槽中定位，以增加安全性。

隨後於中華民國 97 年 1 月 18 日申請，後來獲准專利 M334693 號，具毛刷及可調節角度之蓮蓬頭，迴避設計成如圖 10-9 所示，增加毛刷以方便刷洗，並改以一個可撓段來達成改變蓮蓬頭角度之目的。

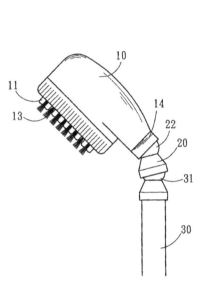

圖 10-9　具毛刷及可調節角度之蓮蓬頭

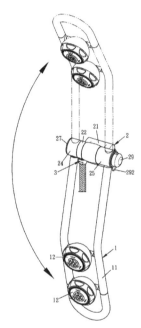

圖 10-10　可調整角度之蓮蓬頭座結構

隨後，於中華民國 97 年 9 月 9 日申請，後來獲准專利 M349251 號，可調整角度之蓮蓬頭座結構，迴避設計成如圖 10-10 所示，改以兩個可旋轉支架來達成改變蓮蓬頭角度與高度之目的。

隨後於中華民國 100 年 10 月 3 日申請，後來獲准專利 M424112 號，可調整角度的蓮蓬頭插座，迴避設計成如圖 10-11 所示，改以在牆面固定座結合朝前延伸的棘齒塊，在棘齒塊前面形成圓弧，且垂直延伸的棘齒，來達成改變蓮蓬頭角度之目的。

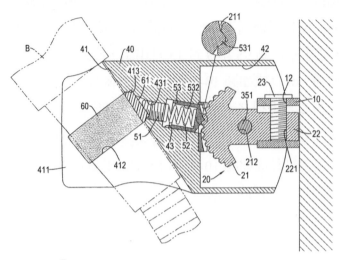

圖 10-11　可調整角度的蓮蓬頭插座

看完上述由中華民國 74 年到中華民國 100 年，二十幾年來蓮蓬頭的各種設計，您是否還有其他的迴避設計想法？

10-4 胃視鏡

本節說明胃視鏡的研發案例。

當懷疑有胃潰瘍等腸胃疾病時，通常會以胃視鏡進行檢查。傳統的胃視鏡檢查是在沒有麻醉的狀態下，讓病人由嘴巴將胃視鏡吞下去。因為胃視鏡很大，後面又連接很長、很粗的管線，常讓病人因自然嘔吐的反射反應而非常痛苦。雖然管線由硬式改良成軟式可彎，但依然讓病人難以忍受。

後來在 2000 年以色列研發出膠囊型胃視鏡，讓病人可以像吞藥丸一樣，將膠囊型胃視鏡吞下去，隨腸胃蠕動前進，用內附的電池與天線，將拍攝的影像無線傳輸給醫生觀看。

圖 10-12 為胃視鏡的技術功效魚骨圖，靠腸道蠕動前進的膠囊胃視鏡，因為在胃部停留時間較短，攝影鏡頭也大多被食物遮住，所以不太適用於胃部的檢查，比較適用於腸道的檢查。再加上主要依賴內部電池供電，造成膠囊尺寸因需容納電池而較

大，分別約為 11 公厘乘 26 公厘(以色列)，11 公厘乘 26 公厘(日本)，13 公厘乘 27.9 公厘(中華人民共和國)，11 公厘乘 30 公厘(台灣中科院)。

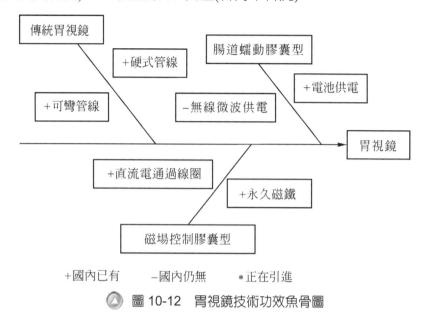

+國內已有 　　－國內仍無 　　*正在引進

▲ 圖 10-12 　胃視鏡技術功效魚骨圖

　　雖然日本另一家公司改以無線微波供電方式將尺寸縮小到 9 公厘乘 23 公厘，但是，靠腸道蠕動前進的膠囊胃視鏡，不太適用於胃部的檢查。而且由肛門排出後，不宜再讓其他人使用，使成本高昂。

　　台灣大學的劉志文教授則領先群倫，研發出可適用於胃部及腸道檢查，尺寸最小的膠囊型胃視鏡，只有 10 公厘乘 22 公厘。

　　劉教授改以外部磁場控制，使膠囊胃視鏡不論在胃部或腸道，都能依照醫生的需要，做出前進、後退及翻轉等動作，方便醫生拍攝與觀察想看的部位，而不會因腸道自然蠕動，導致該看的部位沒看到的遺憾。

　　劉教授研發的兩代膠囊胃視鏡，分別以直流電通過線圈與永久磁鐵的方式，提供膠囊內部磁場，技術與日本、韓國或義大利等競爭者相較，毫不遜色。

　　而且使用後可以用膠囊上的光纖由口部拉出洗淨，讓下一位病患再使用(與傳統胃視鏡相同方式)，故成本較低廉。

　　經以模擬的胃以及豬的胃實際測試，可在胃部經控制，拍攝到預先藏在模擬胃內的微小數字與圖案，並可在豬的胃與模擬腸道順利旋進及旋出，技術領先全球，堪稱台灣之光。

詳細內容請參看台灣大學劉志文教授，中華民國 93 年 12 月 31 日申請，獲准專利 I286926 號，磁浮膠囊內視鏡裝置及其磁浮控制方法，以及中華民國 96 年 07 月 06 日申請，獲准專利 I342199 號，內視鏡裝置及其磁場控制方法，兩件專利。

10-5　拼組式之桌子　IQ

本節介紹拼組式桌子的研發案例。

拼組式之桌子結構(追加一)中華民國 87 年 7 月 3 日提出專利申請案，如圖 10-13 所示，並獲准專利 146326 號，主要內容為：

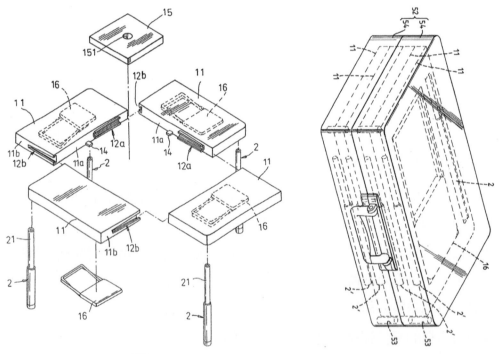

▲　圖 10-13　拼組式之桌子結構(追加一)

　　包括一桌面，由多數板塊相互拼組而成，係於任兩相鄰板塊之相接端緣分別設有一相互對應之聯結扣部，以穩定聯結拼合該兩相鄰板塊，以拼組形成該桌面；以及多數伸縮腳架聯結於該桌面之底端，以向上支撐該桌面。

本次追加內容為：提供一只手提箱，以納裝上述零件，又可把手提箱張開，並插接支撐腳架即可組成另外一張較小的桌子。

本專利提出組合式桌子以及用一個手提箱收納桌子組件的便利設計。

結果中華民國 87 年 8 月 7 日就有人提出以下的申請案進行迴避設計，並獲准專利 147325 號，專利名稱為休閒桌結構之改良，如圖 10-14 所示。

專利 146326 號是以 4 塊板組成桌面，桌面與手提箱為不同之元件，但手提箱可成為另一個較小的桌面；本案改成以 2 塊板組成桌面，而且桌面就是手提箱，但仍有許多零散的組件。

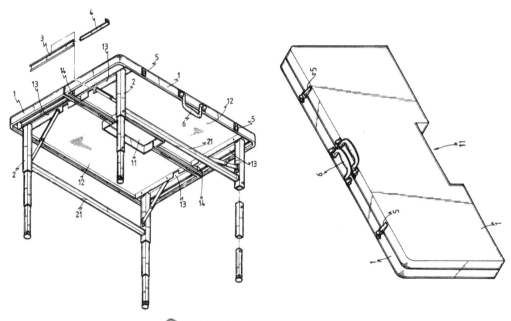

▲ 圖 10-14　休閒桌結構之改良

此外中華民國 98 年 6 月 1 日也有人提出以下的申請案進行迴避設計，並獲准專利 M379374 號，專利名稱為可攜式摺疊桌，如圖 10-15 所示。

專利 146326 號與專利 147325 號都有許多零散的組件，本案改成全部組件全部都連在一起，又可完全收折於桌面內變成一個手提箱。

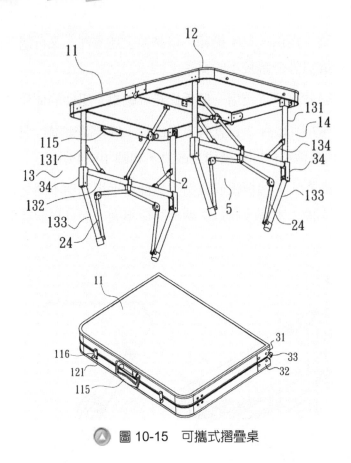

圖 10-15　可攜式摺疊桌

　　專利 146326 號、專利 147325 號與專利 M379374 號都沒有椅子，如圖 10-16 至圖 10-19 所示的迴避設計商品則不只有桌子，還包含 4 張椅子與遮陽傘插孔，而且全部組件全部都連在一起，又可完全收折於桌面內，成為一個非常成功的迴避設計商品。

圖 10-16　全部收摺成一個手提箱

圖 10-17　打開形成桌面並拉出椅子

圖 10-18　拉出椅子的腳後完全打開桌子與
四張椅子完全結合成一體

圖 10-19　桌子中間還可插上遮陽傘

10-6 蹺蹺板能量轉換裝置 🔍

　　節能減碳蔚為風潮，運動養生也日益受到重視，所以如果能將運動健身消耗的動能轉換成可利用的電能，實為一舉兩得的美事一樁。本節將介紹人力發電裝置的研發案例。

專利搜尋：

　　首先在確定研發主題之後，應進行專利搜尋，以專利名稱包含「發電」而且摘要包含「人力」搜尋，再以人工判讀篩選後，可查到以下跟人力發電有關的專利：

1. 於中華民國 95 年 2 月 24 日申請，後來獲准專利 I297650 號，用於人力驅動之交通工具之發電機，係以踩腳踏車的方式帶動發電機發電。

2. 於中華民國 97 年 7 月 2 日申請，申請案號 097124841，形變發電裝置，係以踩腳踏車的方式，拍打壓電材料使其彎曲變形，進而產生電能發電。

3. 於中華民國 99 年 6 月 30 日申請，申請案號 099121481，發電裝置係以踩腳踏車的方式，讓輪子轉動，帶動配置於輪框的磁性元件，使其通過配置於車架而鄰近輪框的感應線圈，產生感應電流。

4. 於中華民國 99 年 10 月 25 日申請，申請案號 099136285，非接觸式傳動發電裝置之動能供應設備，係以踩腳踏車的方式發電。但考慮人力可能疲累，導致輸入的動能中斷，特別增設一個動力源，於人力輸入的動能中斷時，接替驅動發電機，增進發電效率。

5. 於中華民國 80 年 5 月 23 日申請，後來獲准專利 196411 號，利用人力發電充電之電力腳踏車，係以踩腳踏車的方式帶動發電機發電。特別附有儲電系統，可於疲累時改由所儲存的電力驅動腳踏車。

6. 於中華民國 94 年 6 月 3 日申請，後來獲准專利 M276945 號，人力發電手電筒之改良，係以手轉動轉柄的方式帶動發電機發電。

7. 於中華民國 96 年 1 月 26 日申請，後來獲准專利 M318070 號，手動式發電裝置，係以手轉動轉柄的方式帶動發電機發電。特別在手停止轉動後，配重輪在慣性下仍會繼續轉動一小段時間，持續發電。

8. 於中華民國 97 年 5 月 12 日申請，後來獲准專利 M341617 號，一種可發電即用即充之交通工具，係以踩腳踏車的方式帶動發電機發電，特別附有太陽能光電板。

9. 於中華民國 96 年 12 月 21 日申請，後來獲准專利 M345137 號，手腳並用家庭人力發電機，係以腳踩加手搖的方式帶動發電機發電。

10. 於中華民國 97 年 10 月 9 日申請，後來獲准專利 M350360 號，具發電功能之運動裝置，係以踩腳踏車的方式帶動發電機發電。特別附有儲電系統，可於達到設定速度後，改由所儲存的電力驅動。

11. 於中華民國 98 年 11 月 2 日申請，後來獲准專利 M380279 號，發電裝置係以踩腳踏車的方式帶動發電機發電，特別以齒輪組增進效能。

12. 於中華民國 100 年 8 月 26 日申請，後來獲准專利 M421256 號，人力器械腿踏發電裝置，係以踩腳踏車的方式帶動發電機發電，特別以大腿下的腿踏板增進效能。

13. 於中華民國 100 年 4 月 29 日申請，後來獲准專利 M428132 號，人力發電驅動非同步線傳電動腳踏載具，係以踩腳踏車的方式帶動發電機發電，特別以電控裝置作非同步驅動，及控制馬達轉速、轉向、轉矩、電壓與電流。

專利分析：

　　由以上專利檢索的資料可以得知：所有跟人力發電有關的專利先前技術，幾乎都是以手動或腳踩的方式驅動發電。所以迴避設計的原則就是改用其他的方式驅動發電。

技術突破：

　　由圖 10-20 可知：人施力所做之功等於施力的大小與力臂長度的乘積，所以人施力所做之功與力的大小還有力臂的長度成正比。

圖 10-20　人施力所做之功與力的大小還有力臂長度的關係

　　上述跟人力發電有關的專利先前技術，第一種是以手轉動轉柄的方式帶動發電機發電，因為以手施力所以力量小，而且轉柄長度短，造成發電量小。

　　第二種是以踩腳踏車的方式帶動發電機發電，雖然以腳施力，力量可能比以手施力大，但還是受到相當的限制，而且腳踏車由踏板到轉軸的長度很短，造成發電量小。

　　第三種是手腳並用，但還是有力量小與力臂太短的問題。

　　經過苦思與討論，作者的研發團隊構想出蹺蹺板發電裝置。首先用全身的重量施力，將是一個人所能施加的最大力量，遠大於用手或腳所能施加的力，可以發揮人力發電的最大潛能。

　　其次蹺蹺板由座位到轉軸的長度很長，遠大於以手轉動轉柄的長度，也遠大於腳踏車由踏板到轉軸的長度，能再次將人力發電的發電量推上巔峰。

　　最後一般發電機依靠電磁變化動作，電磁變化太慢會導致發電機效率低，所以作者的研發團隊以齒輪組加速，提高發電機的效率。

市場預估：

　　運動養生蔚為風潮，健身器材的市場每年高達數億元，若能以可發電的運動器材打入市場，將有龐大的潛在商機。

10

擴大應用範圍：

作者早期花費許多年的心血，投入波浪發電的研究，期望能為台灣的能源供應貢獻一份心力。雖然技術獲得突破，但在推廣應用上卻飽受挫折。

因為波浪發電須使用沿海區域，漁民可能因影響捕魚而抗爭，政府相關單位不願釋出使用權，還有漲潮與退潮形成水位變化以及颱風或海嘯的因應等問題，造成嚴重且難以克服的非科技障礙。

事實上，蹺蹺板發電裝置只要在原本規畫為座位的位置下方，裝置延伸桿與浮球，就能把驅動方式，由人的重量改成海浪的浮力。

至於海岸使用權、漲退潮以及颱風或海嘯等問題，只要將安裝地點改為安裝在船上就可解決。

船隻，尤其是豪華遊艇在出海之後，冷氣、音響、通訊、照明、烹調與淋浴等用電需求龐大，但所能攜帶的燃料卻極為有限，相對於船隻的基本電力需求與燃料成本，小型波浪發電裝置能滿足漂泊海上自主供電的渴望。

同時為了提升可用性與效能，更增加以下改良：

1. 設計可調整長度的懸臂，以因應各地區海浪的不同波長。
2. 設計可調整長度的延伸桿，以因應船隻在不同載運量時與海面的不同高度，讓浮筒可以貼近水面。
3. 設計旋轉收放式懸臂，以因應船隻高速行駛需求，可於高速行駛時將懸臂收納於船內，而於慢速行駛或停船時才將旋臂延伸到船外發電。

由以上研發案例可歸納出通常研發的步驟為：

1. 設定主題。
2. 針對設定的主題進行專利搜尋。
3. 將經過人工判讀篩選與設定主題相關的專利，分析其優、缺點。
4. 運用所學設想迴避設計的策略並尋求技術上的突破與創新。
5. 進行市場預估，評估是否值得投入人力、時間與金錢進行開發與產銷。
6. 設法擴大可應用的範圍，增加產品的行銷量與市場占有率，以增加收益。

10-7　使小偷現形的方法　　　IQ

本節說明防盜裝置的研發案例。

一般在研發時，通常是像上一節的範例，在確定要研發的主題之後，針對設定的主題進行專利與先前技術搜尋，分析找到的資料之後，再決定要投入的方向與使用的技術，不過有時候卻是相反的研發流程。

有時候發明人會突然靈機一動，想到某一種方法可解決某個問題，在確定要使用的技術之後，才反過頭來搜尋此技術是否與既有的專利有衝突。本節介紹使小偷現形的方法之研發案例，就是屬於這類的範例。

財物失竊後，經常可抓到一些嫌疑犯，但是到底眾多嫌疑犯中，哪一個才是真正的小偷，卻是最傷腦筋的事。

作者在陪小孩看電視時，看到抓小偷的內容，應小孩的要求轉台到動物頻道，卻看到臭鼬噴出臭屁，讓獅子好幾天都洗刷不掉。因此靈機一動，想到可於放置財物的保險箱設置噴射器，當小偷沒有解除暗藏的設定，就去開啓保險箱時，即噴出類似臭鼬臭屁的氣體或液體，使小偷無所遁形。

確定要解決的問題與使用的方法之後，必須反過頭來，確認此技術是否與既有的專利有衝突，以避免做白工，浪費時間與金錢，投入已經有專利的重複研究，陷入侵犯專利權甚至被告的窘境。

在針對設定的主題進行專利搜尋，並經過人工判讀篩選之後，發現有以下與設定主題相關的專利：

1. 中華民國專利 098477 號，會喊捉賊之多用途警報喇叭，採用語音合成技術，使警報器除了可以播放警報聲之外，還可發出捉賊、警車或哨子等音效，發揮嚇阻效果，也可與消防系統配合，以語音播報引導逃生。

   分析：此專利是用聲音產生嚇阻竊賊的功效，與預計研發申請專利，以噴出類似臭鼬臭屁的氣體或液體，使小偷無所遁形的技術沒有衝突。

2. 中華民國專利申請 080204113 號，一種使竊賊驚嚇之可攜帶式警報器，主要於警報器上延伸一可連接於車內點煙器之連接線，或於警報器本身加裝電源，於警報

10

器內有聲納接收器、高頻訊號接收器、解碼器、記憶電路與蜂鳴器，適合設於車內，因體積小，無外加線路及操作簡單，也方便適用於家庭或其他場合。

分析：此專利是用蜂鳴器的聲音產生嚇阻竊賊的功效，與預計研發申請專利，以噴出類似臭鼬臭屁的氣體或液體，使小偷無所遁形的技術沒有衝突。

3. 中華民國專利申請 098124511 號，一種防搶擒賊電變流體裝置，在一箱體內填裝電變流體之變化性液體，箱體四周設有一擋栓，可阻擋液體之流動。

當銀行遭遇搶劫時，可藉由緊急開關按鈕觸發使擋栓轉動，則站在板體上的歹徒因其重量使板體迅速向下滑落，使電變流體穿越板體孔洞，附著於歹徒身上，並以極短時間加以通電，藉由通電使電變流體轉為膠體、甚至是固體，以達到防搶擒賊之效果。

因為歹徒雙腳正泡在可導電的溶液中，所以如果歹徒持有刀槍等可傷人之武器時，還可啟動電擊開關將其電昏。

分析：此專利是以電變流體困住盜賊，與預計研發申請專利，以噴出類似臭鼬臭屁的氣體或液體，使小偷無所遁形的技術，沒有衝突。

在完成上述國內專利分析後，發現並無先前技術或專利與預計研發申請專利，以噴出類似臭鼬臭屁的氣體或液體，使小偷無所遁形的技術有衝突。

不過還不能高興得太早，因為除了國內的先前技術與專利會影響新穎性和進步性之外，國外的先前技術與專利也會影響新穎性和進步性。

在搜尋美國專利之後，很不幸發現美國專利 7779766 號，是在錢包上用煙霧、染料或催淚瓦斯標示小偷，與預計研發申請專利，以噴出類似臭鼬臭屁的氣體或液體，使小偷無所遁形的技術明顯有衝突。

此時，面臨兩種選擇，設法迴避設計或放棄。

為了詳細分析比對美國專利 7779766 號與預計研發申請專利內容的差異，特別將美國專利 7779766 號的部分內容顯示於下，其中粗體字的部分，是與預計研發申請專利內容明顯有衝突的部分。

詳細檢視美國專利 7779766 號的摘要與申請專利範圍發現，雖然保險箱與錢包有些微差異，但預計研發申請專利的噴出類似臭鼬臭屁之氣體或液體，與該專利噴出煙霧、染料或催淚瓦斯太過接近，很難迴避設計成功，所以建議放棄。

事實上，在必要的時候選擇放棄，避免浪費時間與金錢，避免陷入侵犯專利權的窘境，是研發決策者的必修課程之一。

United States Patent   7,779,766

Mullen   August 24, 2010

Thief marker

Abstract

This invention consists of a casing designed to appear like a purse or wallet. The casing also has a flap with a stud, an accompanying clasp, and a pressurized dye packet. It may also include false coins, currency and credit cards, and miscellaneous compartments, pockets and slits. To use this invention, a person simply places the casing into his or her pocket or carries the casing like a purse. **If a thief steals the casing, the dye packet automatically discharges when the flap is opened separating the stud from the clasp. The indelible red dye marks the thief's body and/or clothing for later identification.**

Inventors: Mullen; Joseph (Beith, Ayrshire, GB)

Appl. No.: 11/474,036

Filed: June 23, 2006

Claims

What is claimed is:

1. A theft deterrent system comprising: (a) a wallet-shaped casing made of a vinyl material; (b)a flap with a stud located thereon and attachable to the casing; (c) a clasp on the casing; (d)at least one hole permeating through the clasp; and (e) a pressurized dye packet located beneath the clasp; wherein said stud interacts with said clasp when the casing is closed and prevents the pressurized dye packet from discharging.

2. The theft deterrent system of claim 1 wherein the casing is approximately rectangular.

3. The theft deterrent system of claim 1 wherein the casing is approximately oval.

4. The theft deterrent system of claim 1 wherein one side of the casing has a pocket and a plurality of compartments and the casing has a slit extending approximately the length of the top of the casing.

5. The theft deterrent system of claim 4 wherein the pocket contains at least one false coin, the plurality of compartments contain at least one false credit card, and the slit contains at least one type of false currency.

6. **The theft deterrent system of claim 1 wherein the pressurized dye packet beneath the clasp contains a mixture of red smoke and red dye.**

7. **The theft deterrent system of claim 1 wherein the pressurized dye packet contains tear gas.**

10-8 蛋糕切取器 Q

本節說明切蛋糕裝置的研發案例。

傳統切蛋糕是使用一支蛋糕刀，在圓形的蛋糕切兩刀，切出一個扇形，然後用蛋糕刀插入扇形蛋糕下方，把蛋糕拿起來，再倒在盤子上。這樣的方式會使蛋糕變成側倒而非正立，失去美觀，也容易於半途不小心把蛋糕弄掉。

1987 年 3 月 10 日申請，獲准公告 97835 號，可調分量之蛋糕切塊夾取刀，如圖 10-21 所示，包含一個扇形刀部、握柄部與分量調整片。可用分量調整片調整欲切取的蛋糕大小，以扇形刀部切下，再壓緊握柄部拿取蛋糕。

不過，由表 10-3 可知，公告 97835 號之可調分量之蛋糕切塊夾取刀雖然有獲准專利，但是因為逾期未領專利證書而變成自始不存在，所以任何人都可使用此技術而不會有侵犯專利權的問題。

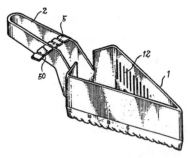

▲ 圖 10-21 公告 97835 號之可調分量之蛋糕切塊夾取刀

表 10-3　專利公告 097835 號專利案件狀態查詢的結果

專利案件狀態
專利編號：097835
專利名稱：可調分量之蛋糕切塊夾取刀

專利申請案號	狀態異動日期	案件申請日期	實體審查申請日	相關申請案號	公開號	公告號	證書號	專利類別	狀態異動資料
076202038	19880401	19870310				97835		新型	初審核准
076202038	19880401	19870310				97835		新型	逾期未領證

　　1996 年 5 月 29 日申請，獲准 290913 號，蛋糕切取刀具，如圖 10-22 所示，則在蛋糕刀後半部側邊延伸一塊承板，以蛋糕刀前半部傾斜切取蛋糕後，將蛋糕刀平放，以後半部側邊延伸的承板協助拿取蛋糕。

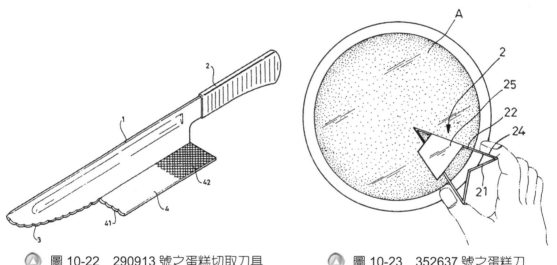

圖 10-22　290913 號之蛋糕切取刀具　　　　圖 10-23　352637 號之蛋糕刀

　　1998 年 8 月 1 日申請，獲准公告 352637 號，蛋糕刀，如圖 10-23 所示，將一紙板設置成等腰三角形之型態,並使其底邊可沿其摺線而內摺,且將兩側底緣設成鋸齒狀，另於兩側邊臨接於底邊之預定處設有凹孔者。藉此，其具有便於將蛋糕切塊並平穩地移置盤中之功效增進者。

2004 年 8 月 30 日申請，獲准 M264084 號，簡易型切蛋糕器，如圖 10-24 所示，主要包含有一分割單元及一手壓單元，該分割單元具有複數個呈等分放射狀分佈的切刀桿，以及一設在中央部位處的嵌接部，該手壓單元具有一本體、一設在本體上端可供握持的把手、以及一設在本體下端可與嵌接部作插嵌固定的插接端，該等切刀桿可放置在一蛋糕上，握持手壓單元按壓可令切刀桿對蛋糕進行切割，藉此可達到快速簡便以及整齊美觀的切分效果。

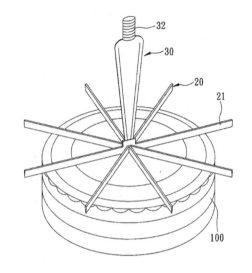

▲ 圖 10-24　M264084 號之簡易型切

蛋糕器

2005 年 7 月 8 日申請，獲准 M284315 號，蛋糕切割器，如圖 10-25 所示，主要係由切割部及握持部所組成，該切割部係以刀面形成一特定之型態，且該刀面末端係向內彎折以連接上述握持部，使該切割部形成一封閉空間，該刀面上設有之複數氣孔，以手握持握持部以切割蛋糕，利用手指朝握持部如麵包夾般施力將所切割後之塊狀蛋糕夾持平移取出置於餐盤上食用，利用設於刀面上之複數氣孔及凹口，使蛋糕與刀面間產生空隙，避免蛋糕粘黏於刀面上。

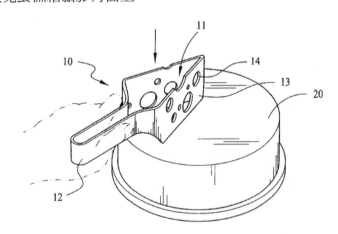

▲ 圖 10-25　M284315 號之蛋糕切割器

2007 年 6 月 27 日申請，獲准 M328841 號，蛋糕刀結構，如圖 10-26 所示，一種蛋糕刀結構，使用者藉由從動部配合調節部，可選擇二刀具之間呈現一角度，用以切割蛋糕或糕點並挾持取出。二刀具之一在開放端往對向地彎設有調節部，此調節部末端延伸有握把；另一刀具在開放端亦對向彎設有從動部，此從動部反向彎設有握把。

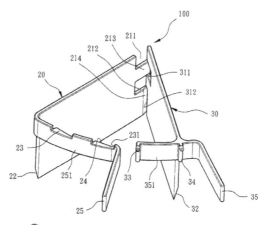

◢ 圖 10-26　M328841 號之蛋糕刀結構

2008 年 6 月 6 日申請，獲准專利 M342822 號，蛋糕切取器，如圖 10-27 所示，以 161 扣勾於 141 可調整所欲切下蛋糕的大小，切好後撥動 21 可讓 2 的支承板進入支撐於切下後的蛋糕下方，以便將蛋糕取出。

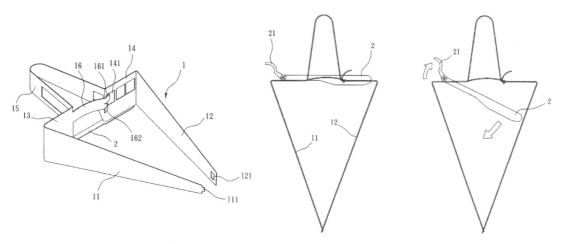

◢ 圖 10-27　　M342822 號之蛋糕切取器

看完以上有關蛋糕刀的台灣專利，是否驚訝於為了切個蛋糕，竟然能有這麼多發明？不過好戲還沒結束，讓我們繼續看看美國有關蛋糕刀的專利：

10

　　1897 年獲准的美國專利 593386 號，如圖 10-28 所示，用夾子與三角形切刀夾取蛋糕，C 的缺口可用於調整所欲切下蛋糕的大小。

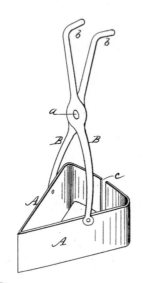

▲ 圖 10-28　美國專利 593386 號

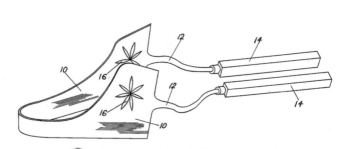

▲ 圖 10-29　美國專利 2264486 號

　　1941 年獲准的美國專利 2264486 號，如圖 10-29 所示，用兩個握柄與 U 形刀部切下並夾取蛋糕。

　　1951 年獲准的美國專利 2555690 號，如圖 10-30 所示，兩片切刀以釘結合，而調節片可用於調整所欲切下蛋糕的大小。

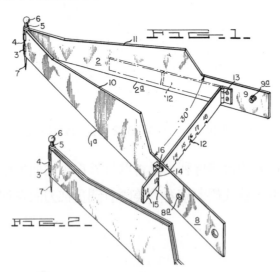

▲ 圖 10-30　美國專利 2555690 號

1951 年獲准的美國專利 2571465 號，如圖 10-31 所示，以握把 5 與 4 握持，下壓以切刀 3 切下蛋糕後，1 的底盤可被推入，將蛋糕拿起。

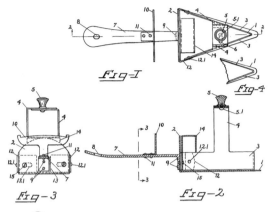

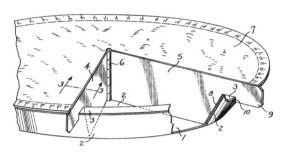

圖 10-31　美國專利 2571465 號　　　　圖 10-32　美國專利 2598789 號

1952 年獲准的美國專利 2598789 號，如圖 10-32 所示，兩片附握柄的切刀以類似門鈕的方式結合用於切蛋糕。

1952 年獲准的美國專利 2600646 號，如圖 10-33 所示，以兩個握柄的開合度調整所欲切下蛋糕的大小，切刀下方的半圓切齒可提高切蛋糕的順暢度。

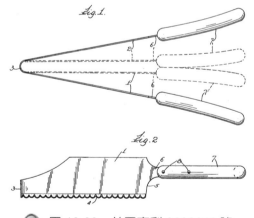

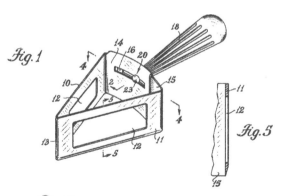

圖 10-33　美國專利 2600646 號　　　　圖 10-34　美國專利 2841868 號

1958 年獲准的美國專利 2841868 號，如圖 10-34 所示，以握持部 18 握持，以切刀 10 與 11 切下蛋糕，16 可用於調整所欲切下蛋糕的大小。

　　1975 年獲准的美國專利 3888001
號，如圖 10-35 所示，爲了擺平小孩總是
以爲別人的蛋糕比較大塊的爭吵，用附有
刻度的量角器量好再切，夠公正了吧！

　　1983 年獲准的美國專利 4411066
號，如圖 10-36 所示，40 的轉盤可用於調
整所欲切下蛋糕的大小，46 的推拉柄可
用於把底盤推入或拉出。

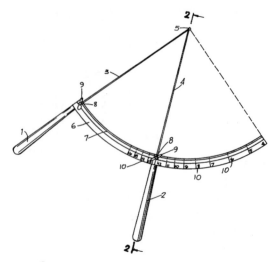

圖 10-35　美國專利 3888001 號

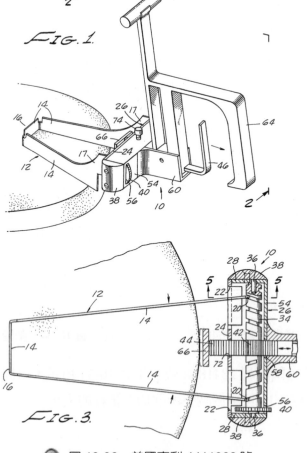

圖 10-36　美國專利 4411066 號

1986 年獲准的美國專利 4592139 號,如圖 10-37 所示,只要用兩根手指就可以操作切蛋糕。

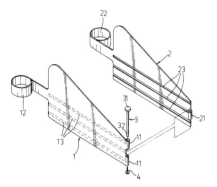 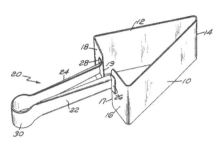

圖 10-37　美國專利 4592139 號　　　　圖 10-38　美國專利 4847998 號

1989 年獲准的美國專利 4847998 號,如圖 10-38 所示,可藉由操作由 30、22、24、26 與 28 組成的彈性夾 20 切取蛋糕。

沒想到為了吃塊蛋糕還可以發明出這麼多的專利,甚至還要動用量角器,也可看出美國要求公平及精確的民族性,與充滿閒情逸致的超多「美國時間」,和台灣國情確實有些不同。

10-9　可撕膠帶之專利攻防　🔍

本節介紹台灣非常有名,而且爭訟長達四十幾年的專利案,期望讓後續之研發者與企業能由此案得到經驗,本節部分內容係引用自楊斌彥先生所著之"力爭公義免刀膠帶專利案"一書。

"力爭公義免刀膠帶專利案"這本書乃是台灣著名的四維公司董事長楊斌彥先生,將其與司法單位、行政單位以及競爭廠商長期對抗,契而不捨,奮力爭取權益的親身經歷紀錄而成的一本書。

以下簡要說明該專利爭議案的主要事件與作者對該爭議點的看法與建議:

10-9-1　事件發生前的時空背景

膠帶有兩種，一種用手撕不斷，必須用剪刀或刀子才能剪斷或割斷，使用上比較不方便。另一種只要用手撕就可以撕斷，使用起來就比較方便。

當時的時空背景是四維企業與台灣的許多家公司，都有生產用手撕就可以撕斷的免刀膠帶。

10-9-2　事件 1

在民國 60 年 1 月 22 日有一位張周美女士，提出了一個有關膠帶的發明專利申請案。

【作者的看法與建議】

民國 60 年作者還沒上小學，當時台灣的專利法規與現在有很大的差異，由於幾十年來專利法規歷經多次修改，在無法明確得知當時專利法規的情形下，以下都是以目前的專利法規來評斷與分析。

以目前的專利法規來看，發明專利必須是方法或新物品，而當時張周美女士提出的發明專利申請案，其專利範圍為方法。

10-9-3　事件 2

在民國 60 年 6 月 15 日張周美女士，將其原本提出之有關膠帶的發明專利申請案，改為新型專利申請案。

【作者的看法與建議】

以目前的專利法規來看，新型專利必須是對物品之改良。因為具有新功能的物品也能視為新物品，所以有些研發成果可以申請發明專利(視為新物品)，也能申請新型專利(視為是對物品之改良)。

因此，改變專利種類是容許的，稱為改請。

但是，改請的前提是：先提出的發明專利與後來更改的新型專利，都是以物品為專利範圍。

或者，原本錯將以方法為專利範圍的案子申請新型專利，所以用改請的方式改回成發明專利申請案。

或者，原本錯將以物品結構為專利範圍的案子申請發明專利，所以用改請的方式改回成新型專利申請案。

可是依據"力爭公義免刀膠帶專利案"一書的內容，張周美女士在民國 60 年 6 月 15 日的改請動作是把專利範圍由方法變成物品結構，這將使整個專利範圍完全改變，以目前的專利法規來看應該是不予許的。

不過當時的專利法規或許有可能是予許的。當然，允許此種改變的法規很明顯是不適宜的。

10-9-4　事件 3

在民國 60 年 6 月 21 日張周美女士，將其提出之有關膠帶的新型專利申請案的申請人，改成地球綜合工業股份有限公司(以下簡稱地球公司)。

【作者的看法與建議】

專利獲准以後可以將專利賣給別人，稱為轉讓，所以可以變更專利所有權人。在專利審查階段專利所有權人稱為申請人，雖然專利尚未獲准，但也可以把未來可能獲准的專利權(在審查階段稱為專利申請權)轉讓給別人，所以可以變更專利申請案的申請人，並無違法。

10-9-5　事件 4

四維企業與台灣許多家生產用手撕就可以撕斷的免刀膠帶的公司，聽到有人申請免刀膠帶專利的傳聞，怕會對已經生產的免刀膠帶造成不利之影響，所以由四維企業在民國 60 年 6 月 26 日去函向經濟部中央標準局(後來改制成現在的智慧財產局)詢問是否有人提出新式免刀布紋塑膠黏膠帶的申請案，中央標準局的回函表示無此申請案。

【作者的看法與建議】

如果是已經核准的案件，廠商可以自己去查專利公報。

當時可能還沒有專利查詢的電腦系統，在查詢上可能比較不方便。

至於還在審查中的案件，當時還沒有早期公開制，所以通常只有審查官看得到，其他一般人並無法查詢。

雖然四維企業有去函向經濟部中央標準局詢問，是否有人提出新式免刀布紋塑膠黏膠帶的申請案，但是公務員可能只是以"新式免刀布紋塑膠黏膠帶"去查是否有符合此專利名稱的申請案，而張周美女士與地球公司的申請案顯然並不是以"新式免刀布紋塑膠黏膠帶"為專利名稱，所以中央標準局的回函表示無此申請案並無過失，可能只是詢問者與查詢者之間有認知上的差距。

10-9-6　事件 5

地球公司在民國 60 年 7 月 2 日修改專利內容。

【作者的看法與建議】

因為地球公司修改專利內容的日期(民國 60 年 7 月 2 日)恰好在四維企業去函經濟部中央標準局詢問的日期(民國 60 年 6 月 26 日)之後幾天，所以四維企業懷疑中央標準局內有公務員對地球公司通風報信。

以目前的專利法規來看，只要不涉及擴大專利範圍，在專利審查階段修改專利內容是允許的。

至於是否有公務員對地球公司通風報信，由於沒有具體證據，無法下評論。

10-9-7　事件 6

中央標準局在民國 60 年 11 月 10 日核准地球公司有關免刀膠帶的新型專利，並在民國 60 年 12 月 1 日公告，但公告內容並無圖式。

【作者的看法與建議】

雖然專利法並沒有強制規定新型專利必須有圖，但是以實務上而言，因為新型專利是對物品之改良，而且本案的專利範圍是物品結構，如果沒有圖將無法釐清複雜的物品結構究竟是怎樣的結構。

所以，公告內容沒有圖式顯然違反常理。

10-9-8　事件 7

四維企業與台灣許多家生產用手撕就可以撕斷的免刀膠帶的公司，發現中央標準局在民國 60 年 12 月 1 日公告核准地球公司有關免刀膠帶的新型專利之後，在民國 60 年 12 月 28 日提出異議。

【作者的看法與建議】

異議重點有 3 個：

第一、四維企業認為被中央標準局欺騙，因為先前四維企業去函向中央標準局詢問時，中央標準局的回函表示無此申請案，現在卻突然有此案而且核准了。

這點在前面已經討論過，可能只是詢問者與查詢者之間有認知上的差距。

第二、四維企業與台灣許多家公司早就已經生產用手撕就可以撕斷的免刀膠帶在販售，所以此專利根本就不該核准。

這是整個異議最重要也最強而有力的部分，因為如果證實該專利無新穎性與進步性，有可能造成該專利被撤銷。

第三、公告的內容並無圖式，無法明確界定其專利範圍，對已經生產用手撕就可以撕斷的免刀膠帶的四維企業與其他公司造成嚴重影響。

如前所述，公告內容沒有圖式顯然違反常理。

10-9-9　事件 8

地球公司在民國 61 年 12 月 14 日依照異議內容修改專利內容。

【作者的看法與建議】

以目前的專利法規來看，只要不涉及擴大專利範圍，依照異議內容修改專利內容是被允許的。

不過，依據 "力爭公義免刀膠帶專利案" 一書的內容，地球公司在民國 61 年 12 月 14 日依照異議內容所作的修改，似乎涉嫌變更與擴大專利範圍。雖然當時的法規可能允許這樣的修改，但是此案正好凸顯出允許這樣修改的法規是不恰當的。

10-9-10　事件 9

中央標準局在民國 62 年 1 月 23 日裁定四維企業等公司提出的異議不成立。

【作者的看法與建議】

四維企業懷疑是中央標準局內有公務員對地球公司通風報信，讓地球公司依照異議內容修改專利內容，再判異議不成立，違反行政中立。

如果地球公司在民國 61 年 12 月 14 日依照異議內容所作的修改沒有擴大專利範圍則是被允許的，與是否有公務員對地球公司通風報信無關，因為要撤銷專利前本來就會給對方答辯的機會。

可是如果地球公司在民國 61 年 12 月 14 日依照異議內容所作的修改有涉及擴大專利範圍，則中央標準局裁定四維企業等公司提出的異議不成立，將有違反行政中立甚至違法的可能。

此外，無新穎性與進步性的申請案為何獲得通過核准專利，而且竟然異議不成立無法將其撤銷，難免令人懷疑其中另有內幕。

10-9-11 事件 10

四維企業對中央標準局異議不成立的裁定不服，所以在民國 62 年 2 月 13 日向經濟部提出要求最後核定。

【作者的看法與建議】

經濟部是中央標準局的上一級單位，對下一級單位的行政措施不服，可向其上一級單位尋求救濟，要求推翻下一級單位的錯誤裁定，這是民眾應有的權利。

10-9-12 事件 11

經濟部在民國 63 年 8 月 21 日決議維持中央標準局異議不成立的裁決。

【作者的看法與建議】

如前所述，因為中央標準局異議不成立的裁定有諸多疑點，結果經濟部卻決議維持中央標準局異議不成立的裁決，難免引發官官相護的聯想。

10-9-13 事件 12

地球公司在民國 63 年 9 月 20 日依照最後核定提出修正。

【作者的看法與建議】

既然經濟部決議維持中央標準局異議不成立的裁決，就表示該專利案無問題，既然該專利案無問題，當然就不需要修正。可是匪夷所思的是，地球公司竟然在民國 63 年 9 月 20 日依照最後核定提出修正，等於對經濟部決議維持中央標準局異議不成立的裁決打臉，引發做賊心虛的聯想。

10-9-14　事件 13

四維企業對經濟部決議維持中央標準局異議不成立的裁決不服，所以在民國 63 年 9 月 21 日向經濟部提出訴願。

【作者的看法與建議】

民眾對某行政單位的裁決不服可提訴願，這是民眾應有的權利。

10-9-15　事件 14

地球公司在民國 63 年 10 月 14 日依照訴願內容提出修正。

【作者的看法與建議】

訴願根本都還沒被裁定，被訴願者就急著依照訴願內容提出修正，又再次被懷疑是做賊心虛的反應。

10-9-16　事件 15

經濟部在民國 64 年 3 月 13 日撤銷先前的最後核定。

【作者的看法與建議】

一個無新穎性與進步性的申請案竟然獲得通過核准專利，而且後續每次被質疑時都被迫一而再，再而三地依照被質疑的內容修改，最後終於連經濟部訴願委員會也看不下去，決定撤銷先前錯誤的最後核定，而此不當核准的專利也面臨即將被撤銷的命運。

10-9-17　事件 16

行政院在民國 64 年 9 月 22 日駁回地球公司的再訴願。

【作者的看法與建議】

行政院是經濟部的上一級單位，地球公司對經濟部訴願委員會撤銷先前最後核定的裁決不服可向行政院提出再訴願，這是民眾應有的權利。

不過，既然行政院駁回地球公司的再訴願，顯見此專利恐怕難逃被撤銷的命運。

10

10-9-18　事件 17

行政法院在民國 65 年 5 月 4 日駁回地球公司的行政訴訟。

【作者的看法與建議】

地球公司對行政院駁回再訴願的裁決不服,可向行政法院提出行政訴訟,這是民眾應有的權利。

不過,既然行政法院判決駁回地球公司的行政訴訟,則此專利就確定被撤銷了。

本案原本應該在此畫下句點,不過,後續卻出現令人驚奇的轉折發展。

10-9-19　事件 18

地球公司在民國 65 年 7 月 16 日以發現新事證(在日本申請的專利核准)為理由聲請再審。

【作者的看法與建議】

以發現新事證為理由聲請再審是民眾應有的權利。

不過,在其他國家申請的專利核准與國內的專利案有甚麼關係?

首先,國內的專利案與國外的專利案內容是否完全相同?如果不同,恐怕難以成為有力的新事證。

其次,兩個國家的專利法規是否相同? 如果不同,恐怕難以要求國內必須依照國外的審查結果照單全收。

10-9-20　事件 19

行政法院在民國 67 年 8 月 24 日廢棄先前駁回地球公司行政訴訟的原判決。

【作者的看法與建議】

讓一個被撤銷的專利重新復活,應該要有非常強而有力的新事證才能服人,但是如前所述,此件的新事證似乎存在相當多的疑點。

10-9-21　事件 20

四維公司在民國 67 年 9 月 19 日向日本提出主張該專利無新穎性與進步性,核准該專利應為無效審判的要求。

【作者的看法與建議】

所謂打蛇打七寸，徹底消滅讓該專利重新復活所依賴的新事證，是專利攻防中給對方致命一擊的高招。

10-9-22　事件 21

四維公司不服該專利重新復活的裁定，在民國 67 年 11 月 11 日向經濟部提出訴願，但在民國 67 年 12 月 22 日被駁回，然後又在民國 68 年 1 月 20 日向行政院提出再訴願，但又在民國 68 年 6 月 18 日被駁回。

【作者的看法與建議】

官方的態度因為一個存在相當多疑點的新事證，而出現 180 度的大轉變，其中的玄機令人費解。

10-9-23　事件 22

四維公司不服行政院維持該專利重新復活的裁定，在民國 68 年 8 月 18 日向行政法院提出行政訴訟，雖然在民國 70 年 4 月 16 日地球公司在日本的專利被撤銷，但行政法院卻在民國 70 年 11 月 26 日駁回四維公司的行政訴訟。

【作者的看法與建議】

這是本案最令人費解的部分，因為該專利被撤銷後能夠重新復活，完全是因為提出地球公司在日本的專利核准之新事證。

既然地球公司在日本的專利，因為四維公司向日本提出主張該專利無新穎性與進步性，核准該專利應為無效審判的要求被日本接受，進而導致日本撤銷該專利，表示該新事證已經不存在，而且日本也認定該專利應該被撤銷。

既然日本已經撤銷該專利導致該新事證已經不存在，則台灣就應該回復該專利被撤銷的先前裁定。

可是行政法院居然駁回四維公司的行政訴訟，維持該專利重新復活的裁定，完全無視地球公司在日本的專利已經被撤銷，該新事證已經不存在的事實。

這樣不符合常理的判決，當然無法讓四維公司認同與接受。

10

尤其地球公司在該專利重新復活後，就以侵犯專利權為理由向四維公司與台灣許多家早就已經生產用手撕就可以撕斷之免刀膠帶的公司求償，使四維等公司蒙受巨大損失，更加讓四維等公司無法認同與接受。

在楊斌彥先生所著之"力爭公義免刀膠帶專利案"一書中還提出一件令人匪夷所思的事：當時台北地方法院審理此專利侵權案時，因為法官是學法律的，對免刀膠帶的結構與技術並不了解，所以發函請中央標準局代為鑑定。

中央標準局找了5位審查委員分別於不同日期出具意見書，其中只有1位審查委員認為有侵犯專利權，其他4位審查委員都認為沒有侵犯專利權。

可是當時中央標準局負責承辦的官員，竟然於回覆台北地方法院的公文內聲稱多數審查委員都認為有侵犯專利權，因而導致四維等公司被判敗訴，因侵犯專利權而付出高額的賠償金。

雖然後來此一中央標準局負責承辦的官員被監察院彈劾，認定犯了偽造文書罪而被移送公務員懲戒委員會，但是因為公務員疑似因收賄，而偽造文書導致的錯誤判決並沒有被導正，四維等公司付出的高額賠償金也無法追回。

另一方面，在計算賠償金額的部分，楊斌彥先生所著之"力爭公義免刀膠帶專利案"一書中也指出，四維公司提出該專利有效期間的銷售發票，證明四維公司在該專利有效期間因此專利的獲利只有四百多萬元，但法院卻依照該專利有效期間四維公司總營業額的一半，再加計18%的懲罰性利潤與利息後判定必須賠償3億多元。

因為這3億多元的高額賠償金是基於公務員疑似因收賄，而偽造文書導致的錯誤判決，再加上法官在計算賠償金額的不合理算法，都讓人心生疑竇，懷疑是否有承辦公務員與法官因收賄而做出偏頗的判決與行政措施。不過，在沒有具體證據的情況下，懷疑也只能是懷疑。

因為連監察院的彈劾也無法導正錯誤的判決，四維等公司付出的高額賠償金也無法追回，更令楊斌彥先生無法接受。

此外，地球公司不只申請台灣與日本的專利，也申請了美國的專利，地球公司的美國專利歷經7年的漫長審查才獲准，可是當四維等公司向美國專利局提出該專利應該無效的訴訟後，地球公司卻違反常理地自動放棄花了7年時間才好不容易獲准的美國專利，再次引發做賊心虛的懷疑。

　　所以，地球公司申請的台灣與日本的專利都被撤銷，美國專利也自動放棄，似乎間接證明此專利根本不應該存在，但台灣的官方卻違反常理地維持讓該專利復活的立場，令人難以理解。

10-9-24　事件 23

　　四維公司自民國 71 年 2 月 12 日至民國 73 年 12 月 29 日 3 次聲請再審均被駁回。

【作者的看法與建議】

　　這 3 次聲請再審均被駁回有 3 個可議之處，令人對官方的立場難以認同：

第一、如前所述，該專利被撤銷後能夠重新復活，完全是因為提出地球公司在日本的專利核准之新事證，但後續台灣官方為什麼卻對地球公司在日本的專利已經被撤銷，該新事證已經不存在的事實完全視若無睹？

第二、依照 3 級 3 審的精神與原則，3 次審查應該由完全不同的人負責，也就是 3 次審查應該是完全獨立的。否則，如果 3 次審查由完全相同的人負責，將導致 3 級 3 審淪為 3 級 1 審。

　　　　可是，在這 3 次聲請再審均被駁回的過程中，居然出現前後審級的委員有重複，甚至出現前一審級的委員後來又擔任後一審級之審判長，主導後一審級之審判結果的荒謬情況，完全違背 3 級 3 審的精神與原則。

　　　　台灣官方為什麼寧可違背 3 級 3 審的精神與原則也不敢讓本案有透過公平公正審查而翻案的可能機會？

第三、法院以該專利在台灣的 10 年專利權已經到期為理由，拒絕重新審查。

　　可是，如果該專利侵權案是誤判，怎能因該專利在台灣的 10 年專利權已經到期就要求被害者必須將錯就錯，不能再要求平反其清白，也不能要求追回已經付出的 3 億多元高額賠償金？

10-9-25　事件 24

　　四維公司在民國 74 年 5 月向司法院聲請釋憲。

【作者的看法與建議】

　　在面對行政單位與司法單位明顯立場不中立的無奈情況之下，恐怕向司法院聲請釋憲也是最後的救濟方式了。

10

10-9-26　事件 25

司法院在民國 76 年 3 月 20 日針對該釋憲案作出解釋，認定即使在台灣的專利權已經到期，但是如果被告侵權者有可回復之利益者仍可提出撤銷專利權。

【作者的看法與建議】

這可能是楊斌彥先生為了這個案例辛苦奮鬥四十幾年惟一獲得的戰果，因為這個釋憲案後來促成專利法修法，明定若被告侵權者有可回復之利益者，即使專利權已經消滅，仍可提出撤銷專利權。

也因為楊斌彥先生的辛苦奮鬥，讓後續的類似受害者不再被迫因專利權已經到期而必須無奈地將錯就錯，將可以依法提出撤銷專利權，設法回復利益。

10-9-27　事件 26

四維公司自民國 74 年至民國 79 年多次提出再審均被駁回。

【作者的看法與建議】

雖然司法院有針對該釋憲案作出解釋，但是尚未完成修法，所以四維公司多次提出的再審均被駁回，令人深感遺憾。

10-9-28　事件 27

民國 83 年 1 月 21 日總統公布修改專利法。

【作者的看法與建議】

司法院早在民國 76 年 3 月 20 日就針對該釋憲案作出解釋，可是行政與立法部門卻延遲到民國 83 年 1 月 21 日，大約 7 年之後才完成修法，怎不讓受害者發出悲嘆！

10-9-29　事件 28

民國 85 至民國 100 年四維公司多次提出再審均被駁回。

【作者的看法與建議】

四維公司自民國 74 年至民國 79 年的多次再審均被駁回，是因為尚未完成專利法的修法，但是為什麼民國 83 年 1 月 21 日完成專利法修法了，四維公司自民國 85 年至民國 100 年的多次再審還是被駁回？

楊斌彥先生在其所著之"力爭公義免刀膠帶專利案"一書中有指出,因為民事訴訟法第 500 條修定,規定基於程序安定之考量,對於確定判決 5 年後的民事訴訟不能提起再審,導致上述再審均被駁回。

這又是一個強迫人民非得把錯誤硬吞下去的規定,難道基於程序安定的考量就可以不管事實與是非了嗎?

10-9-30　事件 29

楊斌彥先生在民國 100 年 12 月往生。

【作者的看法與建議】

基於華人社會普遍存在之"民不與官鬥"的認知,其他生產用手撕就可以撕斷的免刀膠帶之公司都早就放棄了,但是四維公司董事長楊斌彥先生卻自民國 60 年起,就持續不斷為此一離奇的專利案奮鬥不懈,四十幾年堅持要追求公平與正義,甚至在臨終前還要努力出書,不希望真相因個人的生命終結而被掩蓋。

正如本節一開頭所說明的,民國 60 年作者還沒上小學,當時台灣的專利法規與現在有很大的差異,由於幾十年來專利法規歷經多次修改,在無法明確得知當時專利法規的情形下,本節都是以目前的專利法規來評斷與分析,再加上有些懷疑並無確切的證據,所以有些部分真的很難百分之百還原事實與評斷對錯。

但是,不論本案究竟誰是誰非,楊斌彥先生這種追求公義、至死方休的堅毅精神,還是極為令人敬佩。而本案促成專利法修法,讓後人能有更合理的研發環境與法規,也是功德無量。

10

商標權概論

一般在市面上看到的專利代理人，大多數都打著「專利商標事務所」的招牌。由此可知，代為辦理專利業務的專利代理人，大都兼辦商標業務，甚至有些專利商標事務所，其商標業務的收入還高過專利業務的收入。因此，本章將介紹商標權的基本概念。

11-1 商標的種類、功用與定義 IQ

本節將說明商標是什麼，有什麼功用。

疑問一：商標有哪些種類？

解惑一：依據台灣商標法：欲取得商標權、證明標章權、團體標章權或團體商標權者，應依本法申請註冊。也就是說：**商標包含商標權、證明標章權、團體標章權與團體商標權 4 種。**

疑問二：商標有甚麼功用？

解惑二：依據台灣商標法：商標之使用，指為行銷之目的，將商標用於商品或其包裝容器，或持有、陳列、販賣、輸出或輸入前款之商品，或將商標用於與提供服務有關之物品，或將商標用於與商品或服務有關之商業文書或廣告。前項各款情形，以數位影音、電子媒體、網路或其他媒介物方式為之者，亦同。簡而言之：**商標就是用於商品或其包裝上的一種標識，用於讓消費者可以辨識該商品或服務的來源。**例如塑化劑事件爆發後，許多人擔心吃到含有塑化劑的食品會危害健康，恰巧新聞報導義美食品公司有自行設立實驗室，對購入的食品原料進行檢驗，在確定購入的食品原料安全無虞後，才用於製造食品。所以，當時許多人以包裝上是否有「義美」的商標，來分辨該食品是否來自於令人較為安心的義美食品公司。

疑問三：何謂商標？

解惑三：依據台灣商標法：**商標，指任何具有識別性之標識，得以文字、圖形、記號、顏色、立體形狀、動態、全像圖、聲音等，或其聯合式所組成。**
例如大同股份有限公司是以中文的文字「大同」做為商標。
惠普開發公司是以英文的文字「HP」做為商標。
中華金屬製品廠股份有限公司是以數字「88」做為商標。
科馬司國際有限公司則如圖 11-1，以中文的文字「日日發」與數字「888」以及黑白兩色的顏色還有方形的圖形聯合組成其商標。

綠油精是台灣第一件聲音商標。

台灣菸酒股份有限公司的吉祥羊酒瓶是台灣第一件立體商標。

◎ 圖 11-1　以中文、數字、顏色與圖形聯合組成的商標

疑問四：何謂證明標章？

解惑四：依據台灣商標法：**證明標章，指證明標章權人用以證明他人商品或服務之特定品質、精密度、原料、製造方法、產地或其他事項，並藉以與未經證明之商品或服務相區別之標識。**

例如經濟部工業局以如圖 11-2 的「台灣製產品微笑 MIT 標章」，證明有此標章之商品其生產製造是符合『台灣製 MIT 微笑產品驗證制度推動要點』規定之台灣製產品。

由於許多商品是由其他技術相對較落後的地區生產之後再進口到台灣，導致消費者購買後發現品質低劣，所以許多消費者希望能購買台灣製造的優質產品。

◎ 圖 11-2　台灣製產品微笑 MIT 標章

可是一般消費者無法得知某商品是在何處製造的，因此由經濟部工業局依照『台灣製 MIT 微笑產品驗證制度推動要點』，對台灣製造且通過檢驗的商品，核准使用「台灣製產品微笑 MIT 標章」，提供消費者方便的選擇依據，也讓台灣的優質廠商可以排除劣等貨的傾銷所造成之傷害。

以下節錄旺報 2012 年 3 月 14 日 "國際品牌中文商標之戰" 的報導供參考：

旺報〔李崖立／深圳永勝法律事務所〕

國際知名奢侈品牌 Hermes 在中國大陸遭遇「愛馬仕」中文商標之爭，隨著法院一審判決的做出，如 Hermes 上訴失敗，日後，倘若 Hermes 意欲進軍服裝行業，不僅不能使用中文商標「愛馬仕」，更會遭遇到與廣東達豐製衣有限公司所註冊的「愛馬仕」商標品牌並存的尷尬境地。

其實，除 Hermes 外，還有許多同樣因無視中文品牌價值，而付出慘重代價的國際知名品牌，如義大利 Valentino(中文譯名華倫天奴)、法國 pierre cardin(中文譯名皮爾卡丹)等等。這些品牌的遭遇，無疑為眾多想進入大陸市場或拓展大陸市場的跨國品牌的前車之鑒，樹立「品牌先行」的發展戰略在當下就顯得格外重要。

疑問五：何謂團體標章？

解惑五：依據台灣商標法：**團體標章，指具有法人資格之公會、協會或其他團體，為表彰其會員之會籍，並藉以與非該團體會員相區別之標識。**

例如台灣房地產交易安全協會的團體標章如圖 11-3。因為曾經發生許多房地產交易的詐騙與糾紛，讓許多人在買賣房地產時，不知如何找尋值得信賴的仲介業者。台灣房地產交易安全協會對會員有相當的要求與約束，所以，以如圖 11-3 的團體標章表彰其會員之會籍，藉以區別非該協會會員的其他較不值得信賴的仲介業者，提供買賣房地產的屋主與買方，一個選擇的依據。

🔺 圖 11-3　台灣房地產交易安全協會的團體標章

疑問六：何謂團體商標？

解惑六：依據台灣商標法：**團體商標，指具有法人資格之公會、協會或其他團體，為指示其會員所提供之商品或服務，並藉以與非該團體會員所提供之商品或服務相區別之標識。**

例如台灣安全高品質農業推廣協會，以如圖 11-4 的團體商標來表彰其會員所生產之優質農產品。

因為許多農產品有農藥殘留或添加有害人體健康的促進生長藥劑等問題，導致民眾對吃的安全日益重視，卻也無所適從。

🔺 11-4　台灣安全高品質農業推廣協會的團體商標

雖然台灣推廣有機農業多年，但是根據調查，仍有許多民眾對有機認證的公信力存疑。所以如何取得消費者的信任，提供安全與高品質的農產品，是台灣農業未來是否能夠永續經營的關鍵。

因此，嘉義縣議會與中興大學農業推廣中心籌組台灣高品質農產協會，透過農作物安全高品質實務訓練班的課程教導農民務實的農業技術，並建立嚴格安全高品質的農產品認證規範，再搭配農產品展示與架設安全高品質農產品網站等方式，希望與有毒農產品區隔，讓消費者吃的安心，也讓農民賺錢賺的有良心，開創台灣農業的新契機。

中國時報 2014 年 10 月 22 日有關陸基因改造稻米傷身體報導供參考：

〔記者陳世宗〕

台中：繼食油風暴後，中國基因改造稻米正四處流竄，食用後會影響腸道造成身體過敏等；市議員吳顯森、段緯宇、陳清龍等人，21 日為民請命，要求權責單位嚴加把關查緝，並組成專案查緝，嚴加取締業者，杜絕進入台灣市場。

 題外話時間

買水果時可注意水果上的標籤，4 開頭為傳統栽種(有使用農藥)，9 開頭為有機栽種可較安心食用，8 開頭為基因改良，建議少吃。

 題外話時間

由於台灣產品具有優良的品質與口碑，深獲各界喜愛，除了供應台灣內部之外，也陸續開發國外市場。尤其語言、風俗及文化相近的中華人民共和國，因為經濟漸漸繁榮，購買力陸續提升，也成為台灣產品的新市場。

不過，卻陸續出現中華人民共和國的不肖廠商，搶先將台灣知名產品的商標向中華人民共和國註冊，並以其在中華人民共和國產製的產品，打著該商標，冒稱為台灣商品販售，對台灣廠商構成嚴重傷害。

以下節錄自由時報 2012 年 8 月 19 日 "中國搶註我商標吉園圃也不放過" 的新聞報導供參考：

〔記者鍾麗華、黃宣弼／綜合報導〕中國搶註我國商標，連吉園圃都不放過！農委會屢次宣稱要以 CAS 及吉園圃代表台灣農產品形象的商標登陸，雖然 CAS 去年取得註冊，但吉園圃卻被中國搶註達九年之久，農委會委託律師申請撤銷，卻在今年四月被駁回。學者專家認為，與其以吉園圃宣傳，不如做產銷履歷標章。

農委會申請撤銷還被駁回

「吉園圃」係 Good Agricultural Practice(優良農業操作)的英文縮寫 GAP 音譯，農委會藉此輔導農民安全用藥。二〇〇七年農委會為推動產銷履歷，原計畫隔年停止吉園圃，但政黨輪替後，即讓吉園圃復活。

過去四年來，農委會不斷宣傳 CAS 與吉園圃標章登陸，以區隔中國農產品，但農委會坦承，吉園圃二〇〇九年六月送件向中國註冊，隔年即發現被搶註，委託律師希望被搶註的吉園圃能被撤銷，今年四月中國商標局駁回決定，農委會已提複審申請。

據了解，吉園圃是被一家位在中國廈門的吉園圃(GMP)農業開發集團所註冊，該集團在當地種植火龍果。農委會科技處長葉瑩指出，輸中的台灣農產品掛吉園圃，確實有被檢舉的風險。而標章在中國遭冒用，也無法要求對岸處理。

中國「商標蟑螂」猖獗，經濟部智慧財產局在五年前曾委託國際專利商標事務所搜尋，發現連台南棺材板、台南擔仔麵、金山鴨肉、宜蘭牛舌餅、萬巒豬腳、玉井芒果或大溪豆乾等都被搶註。農委會五、六年前曾成功撤銷梨山、日月潭、阿里山、霧社之春等茶葉產地商標，及西螺醬油、燕巢芭樂，但四年來未再成功撤銷產地商標。

智產局商標權組長李淑美表示，為避免不肖商人搶註冊商標，廠商有要求重新評定權利，以「大溪豆干」為例，「大溪」是地名、「豆干」是通用名稱，兩者都不具顯著性，一般不能拿來當作商品的商標，如果台灣業者進中國遭控告侵權，廠商可主張撤銷原商標權，如之前的「阿里山茶」就被申請註銷成功。業者可提供相關證據給智慧局，智慧局將要求中國工商總局審查異議，已有不少台商成功奪回商標權。

台灣農權總會理事長吳秋穀認為，吉園圃標章是政府輔導，過於落伍，早該廢止，轉而推動產銷履歷。農委會不必再向中國提出複審，如此只是浪費國家資源。

11-2 商標的申請與審查 🔍

本節將說明申請商標的相關規定。

疑問一：**如何申請商標？**

解惑一：依據台灣商標法：**申請商標註冊，應備具申請書，載明申請人、商標圖樣及指定使用之商品或服務，向商標專責機關申請之。**

疑問二：**哪個政府單位是商標專責機關？**

解惑二：商標屬於智慧財產權，所以商標的專責機關是經濟部智慧財產局。

疑問三：**不同人先後提出相同的商標申請是否都可獲准？**

解惑三：依據台灣商標法：申請商標註冊，以提出申請書之日為申請日。

因為商標是用於讓消費者可以辨識商品或服務的來源，所以，**不同人先後提出相同的商標申請將只會核准先提出申請者**(申請日較早者)。

不過，**申請商標註冊必須指定使用之商品或服務**，所以，若指定使用之商品或服務不同，將有可能獲准。

疑問四：**要如何指定申請商標註冊使用之商品或服務？**

解惑四：依據台灣商標法：申請商標註冊，應以一申請案一商標之方式為之，並得指定使用於二個以上類別之商品或服務。前項商品或服務之分類，於本法施行細則定之。

依據台灣商標法施行細則：目前暫時分為 45 類，如表 11-1 所示。

11

▼ 表 11-1　商品及服務分類表　　　【資料來源：智慧財產局網站】

商標法施行細則第十九條附表
商品及服務分類表
商　品

類　別	名　稱
第一類	工業、科學、照相、農業、園藝、林業用化學品；未加工人造樹脂、未加工塑膠；肥料；滅火製劑；回火及焊接製劑；保存食品用化學物；鞣劑；工業用黏著劑。
第二類	漆、清漆、亮光漆；防銹劑及木材防腐劑；著色劑；媒染劑；未加工天然樹脂；塗裝、裝潢、印刷業者與藝術家用金屬箔及金屬粉。
第三類	洗衣用漂白劑及其他洗衣用劑；清潔劑、擦亮劑、洗擦劑及研磨劑；肥皂；香料、精油、化粧品、髮水；牙膏。
第四類	工業用油及油脂；潤滑劑；灰塵吸收劑、灰塵濕潤劑及灰塵黏著劑；燃料（包括汽油）及照明用燃料；照明用蠟燭、燈芯。
第五類	醫藥用及獸醫用製劑；醫療用衛生製劑；醫療用或獸醫用膳食品、嬰兒食品；人用及動物用膳食補充品；膏藥、敷藥用材料；填牙材料、牙蠟；消毒劑；殺蟲劑；殺眞菌劑、除草劑。
第六類	普通金屬及其合金；金屬建築材料；可移動金屬建築物；鐵軌用金屬材料；非電氣用纜索及金屬線；鐵器、小五金；金屬管；保險箱；不屬別類之普通金屬製品；礦砂。
第七類	機器及工具機；馬達及引擎（陸上交通工具用除外）；機器用聯結器及傳動零件（陸上交通工具用除外）；非手動農具；孵卵器；自動販賣機。
第八類	手工用具及器具（手動式）；刀叉匙餐具；佩刀；剃刀。
第九類	科學、航海、測量、攝影、電影、光學、計重、計量、信號、檢查（監督）、救生與教學裝置及儀器；電力傳導、開關、轉換、蓄積、調節或控制用裝置及儀器；聲音或影像記錄、傳送或複製用器具；磁性資料載體、記錄磁碟；光碟，數位影音光碟和其他數位錄音媒體；投幣啓動設備之機械裝置；現金出納機、計算機、資料處理設備、電腦；電腦軟體；滅火裝置。
第十類	外科、內科、牙科與獸醫用之器具及儀器、義肢、義眼、假牙；矯形用品；傷口縫合材料。
第十一類	照明、加熱、產生蒸氣、烹飪、冷凍、乾燥、通風、給水及衛浴設備。
第十二類	交通工具；陸運、空運或水運用器械。
第十三類	火器；火藥及發射體；爆炸物；煙火。
第十四類	貴重金屬與其合金及不屬別類之貴重金屬製品或鍍有貴重金屬之物品；首飾、寶石；鐘錶及計時儀器。
第十五類	樂器。
第十六類	不屬別類之紙、紙板及其製品；印刷品；裝訂材料；照片；文具；文具或家庭用黏著劑；美術用品；畫筆；打字機及辦公用品（家具除外）；教導及教學用品（儀器除外）；包裝用塑膠品（不屬別類者）；印刷鉛字；打印塊。
第十七類	不屬別類之橡膠、馬來樹膠、樹膠、石棉、雲母及該等材料之製品；生產時使用之擠壓成型塑膠；包裝、填塞及絕緣材料；非金屬軟管。
第十八類	皮革及人造皮革、不屬別類之皮革及人造皮製品；動物皮、獸皮；行李箱及旅行袋；傘及遮陽傘；手杖；鞭、馬具。

商　品	
類　別	名　稱
第十九類	建築材料（非金屬）；建築用非金屬硬管；柏油、瀝青；可移動之非金屬建築物；非金屬紀念碑。
第二十類	家具、鏡子、畫框；不屬別類之木、軟木、蘆葦、籐、柳條、角、骨、象牙、鯨骨、貝殼、琥珀、珍珠母、海泡石製品及該等材料之代用品或塑膠製品。
第二十一類	家庭或廚房用具及容器；梳子及海綿；刷子（畫筆除外）、製刷材料；清潔用具；鋼絲絨；未加工或半加工玻璃（建築用玻璃除外）；不屬別類之玻璃器皿、瓷器及陶器。
第二十二類	繩索、細繩、網、帳蓬、遮蓬、塗焦油或蠟之防水篷布、帆、粗布袋及袋（不屬別類者）；襯墊及填塞材料（橡膠或塑膠除外）；紡織用纖維材料。
第二十三	紡織用紗及線。
第二十四類	不屬別類之紡織品及紡織製品；床罩；桌巾。
第二十五類	衣著、靴鞋、帽子。
第二十六類	花邊及刺繡品、飾帶及辮帶；鈕扣、鉤扣、別針及針；人造花。
第二十七類	地毯、小地毯、地墊及草蓆、亞麻油地氈及其他鋪地板用品；非紡織品壁掛。
第二十八類	遊戲器具及玩具；不屬別類之體操及運動器具；聖誕樹裝飾品。
第二十九類	肉、魚肉、家禽肉及野味；濃縮肉汁；經保存處理、冷凍、乾製及烹調之水果及蔬菜；果凍、果醬、蜜餞；蛋；乳及乳製品；食用油及油脂。
服　務	
類　別	名　稱
第三十類	咖啡、茶、可可及代用咖啡；米；樹薯粉及西谷米；麵粉及穀類調製品；麵包、糕餅及糖果；冰品；糖、蜂蜜、糖漿；酵母、發酵粉；鹽；芥末；醋、醬（調味品）；調味用香料；冰。
第三十一類	不屬別類之穀物及農業、園藝及林業產品；活動物；新鮮水果及蔬菜；種子；天然植物及花卉；動物飼料、釀酒麥芽。
第三十二類	啤酒；礦泉水及汽水及其他不含酒精之飲料；水果飲料及果汁；製飲料用糖漿及其他製劑。
第三十三類	含酒精飲料（啤酒除外）。
第三十四類	菸草；菸具；火柴。
第三十五類	廣告；企業管理；企業經營；辦公事務。
第三十六類	保險；財務；金融業務；不動產業務。
第三十七類	建築物建造；修繕；安裝服務。
第三十八類	電信通訊。
第三十九類	運輸；貨品包裝及倉儲；旅行安排。

服　　務	
類　　別	名　　稱
第四十類	材料處理。
第四十一類	教育；提供訓練；娛樂；運動及文化活動。
第四十二類	科學及技術性服務與研究及其相關之設計；工業分析及研究服務；電腦硬體、軟體之設計及開發。
第四十三類	提供食物及飲料之服務；臨時住宿。
第四十四類	醫療服務；獸醫服務；為人類或動物之衛生及美容服務；農業、園藝及林業服務。
第四十五類	法律服務；為保護財產或個人所提供之安全服務；為配合個人需求由他人所提供之私人或社會服務。

疑問五：指定使用於較多類別之商品或服務是否要繳比較多錢？

解惑五：依據台灣商標規費收費標準：分為註冊申請費與註冊費。

註冊申請費如下：

1. 商標或團體商標，依指定使用之商品或服務類別合併計收之，其各類之金額計算方式如下：

   (1) 指定使用在第一類至第三十四類者，同類商品中指定使用之商品在二十個以下者，每類新臺幣三千元；商品超過二十個，每增加一個，加收新臺幣二百元。

   (2) 指定使用在第三十五類至第四十五類者，每類新臺幣三千元。但指定使用在第三十五類之特定商品零售服務，超過五個者，每增加一個，加收新臺幣五百元。

2. 團體標章或證明標章，每件新臺幣五千元。

註冊費如下：

1. 商標或團體商標，每類新臺幣二千五百元。

2. 團體標章或證明標章，每件新臺幣二千五百元。

疑問六：申請商標一定要找事務所或是可以自己辦理？

解惑六： 依據台灣商標法：申請商標註冊及其相關事務，得委任商標代理人辦理之。但在中華民國境內無住所或營業所者，應委任商標代理人辦理之。換句話說：如果在中華民國境內無住所或營業所，就一定要找事務所代辦；如果在中華民國境內有住所或營業所就可以自己辦理，也可以找事務所代辦。

以下節錄自由時報 2014 年 7 月 10 日有關商標蟑螂的報導供參考：

〔編譯楊芙宜／綜合報導〕全球知名電動車廠特斯拉(Tesla)遭中國商人占寶生控告商標侵權，要求關閉所有在中國的展示或服務中心、充電設備、停止銷售及行銷活動，並賠償二三九○萬人民幣(約台幣一‧一五億)；中國商標蟑螂惡意搶註國際知名商標牟利，又添新案例。

特斯拉發言人史普羅爾說，占寶生才是企圖竊取特斯拉財產的人；特斯拉去年對占某「竊取商標」已提起多項法律行動，雖尚未收到訴狀，今年初已獲知中國監管機構裁定勝訴。

香港品誠梅森(Pinsent Masons)事務所科技律師海斯維爾表示，中國「商標蟑螂」鎖定西方知名品牌，會設法在中國搶先註冊，「等這些品牌擴張到東方時，再行使商標權」。

彭博報導，特斯拉在美國創立三年後，占寶生二○○六年九月就在中國申請汽車相關用途的「Tesla」英文商標，二○○九年獲中國商標局核准。

在特斯拉提告後，中國商標局去年七月撤銷占寶生商標權，但占稱已提出上訴；占某還持有網域名稱 Tesla.cn，會引導網路使用者到他的 Twitter 帳戶。

占寶生註冊的商標還包括德國汽車 Loremo、汽車鎳氫電池供應商 Cobasys、搜尋引擎 Cuil；占某稱並不知道有名叫 Loremo 的德國車廠，後兩者則是幫朋友註冊。

占寶生聲稱，特斯拉二○一二年出價五萬美元洽購商標，去年五月該公司中國總經理鄭順景將價格提高到兩百萬人民幣，但都遭到他拒絕。

11

疑問七：家族企業或連鎖企業有很多分店，是否可以許多人共用一個商標？

解惑七： 依據台灣商標法：二人以上欲共有一商標，應由全體具名提出申請，並得選定其中一人為代表人，為全體共有人為各項申請程序及收受相關文件。未為前項選定代表人者，商標專責機關應以申請書所載第一順序申請人為應受送達人，並應將送達事項通知其他共有商標之申請人。

疑問八：申請商標是否一定要親自到智慧財產局辦理，或是可以用郵寄方式辦理？

解惑八：依據台灣商標法：商標之申請及其他程序，應以書件或物件到達商標專責機關之日為準；如係郵寄者，以郵寄地郵戳所載日期為準。郵戳所載日期不清晰者，除由當事人舉證外，以到達商標專責機關之日為準。

疑問九：如果沒有收到智慧財產局的公文，智慧財產局會如何處理？

解惑九：依據台灣商標法：處分書或其他文件無從送達者，應於商標公報公告之，並於刊登公報後滿三十日，視為已送達。

疑問十：申請商標是否可以主張國外優先權？

解惑十：依據台灣商標法：在與中華民國有相互承認優先權之國家或世界貿易組織會員，依法申請註冊之商標，其申請人於第一次申請日後六個月內，向中華民國就該申請同一之部分或全部商品或服務，以相同商標申請註冊者，得主張優先權。

疑問十一：是否可以在提出商標申請之後一段時間才主張國外優先權？

解惑十一：依據台灣商標法：主張優先權者，應於申請註冊同時聲明。所以不能在提出商標申請之後一段時間才主張國外優先權。

疑問十二：是否可以在提出商標申請之前先公開展示該商標？

解惑十二：依據台灣商標法：**於中華民國政府主辦或認可之國際展覽會上**，展出使用申請註冊商標之商品或服務，自該商品或服務**展出日後六個月內，提出申請者，其申請日以展出日為準。**

> 提醒：在提出商標申請之前，先公開展示該商標有可能會被他人搶先註冊，但若在政府主辦或認可之國際展覽會上展出，則可於六個月內提出申請，並將申請日提早到展出日，避免被他人搶先註冊。

以下節錄自由時報 2014 年 2 月 20 日 "金莎商標戰費列羅打贏纖女" 的報導供參考：

知名甜品製造商義大利費列羅(FERRERO)公司，不滿蘇姓男子以「金莎纖女」商標註冊獲准，提出行政訴訟。智慧財產法院合議庭認定，2 商標確實近似，蘇男的金莎指定使用於「茶葉；咖啡飲料；可可飲料；巧克力飲料」等類別上，其中「可可、巧克力飲料」已撤銷，但仍有「咖啡飲料」部分近似，判智財局應撤銷此部分處分，作成「異議成立，註冊應予撤銷」審定。

據查，蘇姓男子日前以「金莎纖女」商標申請註冊獲准，引起費列羅不滿，提起異議，智慧財產局審查不成立，再提訴願，經濟部決定將原處分關於蘇男的金莎商標可使用於「可可飲料；巧克力飲料」部分撤銷。

費列羅仍不滿，提出行政訴訟主張，費列羅於 77 年間，將金莎巧克力引進台灣，投入大量心力，堪稱著名商標，而 2 者商標近似，且指定使用類別也近似，要求撤銷對方商標；訴訟參加人蘇男並未於言詞辯論出庭，也沒提出書狀主張。

疑問十三：二人以上於同日以相同或近似之商標，於同一或類似之商品或服務各別申請註冊，商標權將歸屬何人？

解惑十三：依據台灣商標法：二人以上於同日以相同或近似之商標，於同一或類似之商品或服務各別申請註冊，有致相關消費者混淆誤認之虞，而不能辨別時間先後者，由各申請人協議定之；不能達成協議時，以抽籤方式定之。

提醒：商標法與專利法規定不同，專利法規定不能達成協議時是都不予專利權；而商標法規定不能達成協議時是以抽籤方式決定商標權之歸屬。

11-3 商標權的異動與變更 🔍

11

商標的授權將於本節介紹。

疑問一：商標圖樣及其指定使用之商品或服務申請後是否可以變更？

解惑一：依據台灣商標法：商標圖樣及其指定使用之商品或服務，申請後即不得變更。但指定使用商品或服務之減縮，或非就商標圖樣為實質變更者，不在此限。

提醒：除了可以縮小權力範圍之外不准許其他的變更。

<u>疑問二</u>：原本指定使用於二個以上類別之商品或服務的商標申請是否可以分開成二個
以上的註冊申請案？

<u>解惑二</u>：依據台灣商標法：申請人得就所指定使用之商品或服務，向商標專責機關請
求分割為二個以上之註冊申請案，以原註冊申請日為申請日。

<u>疑問三</u>：甲乙丙 3 人共有某一商標申請權，甲是否可在未經乙與丙同意的情況下將其
應有部分移轉給丁？

<u>解惑三</u>：依據台灣商標法：共有商標申請權或共有人應有部分之移轉，應經全體共有
人之同意。所以甲不可以在未經乙與丙同意的情況下，將其應有部分移轉給
丁。

以下節錄自由時報 2011 年 3 月 11 日 "婦潔告婦潔寶　外觀不同不起訴" 的報導供參考：

〔記者何瑞玲／新北報導〕國內知名女性清潔用品婦潔公司不滿同性質商品「天然婦潔寶」使
用「婦潔」兩個字，認定侵害註冊商標「婦潔」，向板橋地檢署控告業者拜達公司侵權。檢方認為
被告商品外觀及包裝均有自家品牌及商標，僅是用「婦潔」兩字在商品名稱，沒有混淆或侵權，且
比婦潔公司出的同質性商品早問世，更無仿冒可能，偵結不起訴。

<u>疑問四</u>：甲乙丙 3 人共有某一商標申請權，甲是否可在未經乙與丙同意的情況下將其
應有部分拋棄？

<u>解惑四</u>：依據台灣商標法：共有商標申請權之拋棄，應得全體共有人之同意。但各共
有人就其應有部分之拋棄，不在此限。
前項共有人拋棄其應有部分者，其應有部分由其他共有人依其應有部分之比
例分配之。
前項規定，於共有人死亡而無繼承人或消滅後無承受人者，準用之。所以甲
可以在未經乙與丙同意的情況下，將其應有部分拋棄，甲拋棄的部分將由乙
與丙依其應有部分之比例分配之。

疑問五：商標授權與再授權是否一定要登記才有效？

解惑五：依據台灣商標法：商標權人得就其註冊商標指定使用商品，或服務之全部或一部指定地區為專屬或非專屬授權。前項授權，非經商標專責機關登記者，不得對抗第三人。再授權，非經商標專責機關登記者，不得對抗第三人。

以下節錄自由時報 2012 年 11 月 6 日 "商標官司統一生醫敗訴" 的報導供參考：

知名企業統一企業公司認為統一生醫科技公司的商標與其近似，訴請統一生醫不得再使用「統一」的商標或近似的商標。最高法院認定兩公司商標的確容易造成混淆，昨判統一生醫敗訴定讞，必須變更登記公司名稱。

統一企業主張，該公司在 56 年 8 月間設立登記，並自 65 年 11 月起陸續取得「統一」、「統一生技」、「統一生命科技中心」等商標。「統一生醫科技」與「統一生命科技」僅有一字之差，易使消費者混淆，誤以為和統一企業有關，因此訴請統一生醫科技辦理公司名稱變更登記。

但統一生醫科技主張，他們是販賣口罩，與統一企業的業務種類是「食品」並不相同，雙方商標圖樣也不同，不至於讓消費者混淆誤認。不過最高法院審理後，仍做出以上判決。

疑問六：甲於 2012 年 10 月 20 日將其商標權非專屬授權給乙，期限為 5 年，甲又於 2013 年 10 月 20 日將其商標權專屬授權給丙，期限為 4 年，則 2013 年 10 月 20 日至 2017 年 10 月 19 日這段期間，乙是否可使用該商標？

解惑六：依據台灣商標法：非專屬授權登記後，商標權人再為專屬授權登記者，在先之非專屬授權登記不受影響。所以，2013 年 10 月 20 日至 2017 年 10 月 19 日這段期間，乙仍然可使用該商標。

疑問七：甲於 2012 年 10 月 20 日將其商標權專屬授權給乙，期限為 5 年，範圍為台中市，則 2012 年 10 月 20 日至 2017 年 10 月 19 日這段期間，甲是否可於台中市使用該商標？

解惑七：依據台灣商標法：專屬被授權人在被授權範圍內，排除商標權人及第三人使用註冊商標。所以 2012 年 10 月 20 日至 2017 年 10 月 19 日這段期間，甲不得在台中市使用該商標，但可在台中市以外的其他地區使用該商標。

11

疑問八：甲於 2012 年 10 月 20 日將其商標權專屬授權給乙，期限為 5 年，範圍為台中市，2012 年 10 月 20 日至 2017 年 10 月 19 日這段期間乙是否可在台中市將該商標再授權給丙？

解惑八：依據台灣商標法：專屬被授權人得於被授權範圍內，再授權他人使用。但契約另有約定者，從其約定。所以 2012 年 10 月 20 日至 2017 年 10 月 19 日這段期間，乙可以在台中市將該商標再授權給丙。

疑問九：甲於 2012 年 10 月 20 日將其商標權非專屬授權給乙，期限為 5 年，範圍為台中市，2012 年 10 月 20 日至 2017 年 10 月 19 日這段期間乙是否可在台中市將該商標再授權給丙？

解惑九：依據台灣商標法：非專屬被授權人非經商標權人或專屬被授權人同意，不得再授權他人使用。所以 2012 年 10 月 20 日至 2017 年 10 月 19 日這段期間，乙不可以在未經甲同意的情況下，在台中市將該商標再授權給丙。

疑問十：甲乙丙 3 人共有某一商標權，甲因為履行對丁的債務而被告，法院判決甲應以所擁有之商標權還債，甲是否可在未經乙與丙同意的情況下將其應有部分移轉給丁？

解惑十：依據台灣商標法：共有商標權之授權、再授權、移轉、拋棄、設定質權或應有部分之移轉或設定質權，應經全體共有人之同意。但因繼承、強制執行、法院判決或依其他法律規定移轉者，不在此限。所以甲可以在未經乙與丙同意的情況下，將其應有部分移轉給丁。

11-4 不准商標的規定 IQ

本節說明那些情況不准商標。

疑問一：只有標示產地是否可獲准為商標？

解惑一：依據台灣商標法：商標有下列不具識別性情形之一，不得註冊：僅由描述所指定商品或服務之品質、用途、原料、產地或相關特性之說明所構成者。所以，只有標示產地而不具識別性者不能獲准為商標。

推　理：只有描述品質而不具識別性者不能獲准為商標。

只有標示用途而不具識別性者不能獲准為商標。

只有標示原料而不具識別性者不能獲准為商標。

只有標示產品特性而不具識別性者不能獲准為商標。

以下節錄自由時報 2013 年 1 月 22 日 "吳季剛 MISS WU 爭註商標智財法院判敗訴" 的報導供參考：

〔記者王定傳、王瀅娟／綜合報導〕旅外台裔設計師吳季剛前年三月以純文字「MISS WU」向台灣智財局申請註冊商標卻未獲准，吳不服提出行政訴訟，並以去年國慶典禮時，台灣第一夫人周美青穿著「MISS WU」品牌的黑白花樣圖案拼接洋裝為例，證明具知名度；但智慧財產法院認為，「MISS WU」只有「吳小姐」之意，不具識別性，判吳敗訴，可上訴。

吳：美歐註冊通過　為何台灣不行

判決書指出，前年三月間，吳季剛以「MISS WU」申請註冊商標，指定使用在「皮製、手提包」商品類別上；智財局認為，該文字翻成中文是「吳小姐」之意，若拿來當商標，恐有混淆誤認之虞，不准註冊，吳不服提訴願被駁回，再提行政訴訟。

吳提訴指出，「MISS」有女性柔美氣質之意，「WU」並非指「吳」，而是暗喻「貓頭鷹叫聲」，消費者可透過想像及推理，聯想到他主打的女性貓頭鷹商品，屬「暗示性商標」應予以准許，更何況以英語為主要語言的美國與歐盟等，都讓該商標通過，為何反而是非英語國家的台灣不行？

合議庭：未特殊設計　非創新詞彙

合議庭認為，「MISS WU」看來就是「吳小姐」之意，是一般國人對未婚或年輕吳姓女性的稱呼，並非創新的詞彙，且整體商標未經任何特殊設計，不具備先天識別性，再加上吳無法證明國內消費者熟知「MISS WU」商標，因而判敗訴；至於美國、歐盟註冊通過一事，合議庭則認為國情不同、個案審查差異，不能相提並論。

11

疑問二：商標圖樣中如果包含不具識別性的部分是否可獲准為商標？

解惑二：依據台灣商標法：商標圖樣中包含不具識別性部分，且有致商標權範圍產生疑義之虞，申請人應聲明該部分不在專用之列；未為不專用之聲明者，不得註冊。

所以，如果商標圖樣中所包含的不具識別性部分，不會導致商標權範圍產生疑義就沒有關係。

如果商標圖樣中所包含的不具識別性部分，會導致商標權範圍產生疑義，則申請人應該聲明該部分不在專用之列才能獲准為商標。

疑問三： 甲因為想表現其熱愛國家的赤誠之心，所以將國旗圖案放在其商標之中是否可獲准為商標？

解惑三： 依據台灣商標法：商標相同或近似於中華民國國旗、國徽、國璽、軍旗、軍徽、印信、勳章或外國國旗，或世界貿易組織會員依巴黎公約第六條之三第三款所為通知之外國國徽、國璽或國家徽章者，不得註冊。

疑問四： 甲想讓別人以為總統為其產品掛保證所以將總統的相片放在其商標之中是否可獲准為商標？

解惑四： 依據台灣商標法：商標相同於國父或國家元首之肖像或姓名者，不得註冊。

疑問五： 甲想讓別人以為其產品有得到政府頒獎所以將獎狀的圖片放在其商標之中是否可獲准為商標？

解惑五： 依據台灣商標法：商標相同或近似於中華民國政府機關或其主辦展覽會之標章，或其所發給之褒獎牌狀者，不得註冊。

疑問六： 甲想讓別人以為其產品有得到某著名機構認可所以將該機構的圖片放在其商標之中是否可獲准為商標？

解惑六： 依據台灣商標法：商標相同或近似於國際跨政府組織或國內外著名且具公益性機構之徽章、旗幟、其他徽記、縮寫或名稱，有致公眾誤認誤信之虞者，不得註冊。

疑問七： 甲想讓別人以為其產品有通過某驗證所以將該驗證的圖片放在其商標之中是否可獲准為商標？

解惑七： 依據台灣商標法：商標相同或近似於國內外用以表明品質管制或驗證之國家標誌或印記，且指定使用於同一或類似之商品或服務者，不得註冊。

疑問八： 甲為了讓其產品引起注意，吸引消費者目光，所以將裸女的圖片放在其商標之中是否可獲准為商標？

<u>解惑八</u>：依據台灣商標法：妨害公共秩序或善良風俗者，不得註冊。

<u>疑問九</u>：甲為了讓消費者以為其產品是某著名產地所生產(事實上是其他產地所生產)，所以將該著名產地名稱放在其商標之中，是否可獲准為商標？

<u>解惑九</u>：依據台灣商標法：使公眾誤認誤信其商品或服務之性質、品質或產地之虞者，不得註冊。

<u>推　理</u>：如果產品真的是該著名產地所生產而將該著名產地名稱放在其商標之中則仍有可能獲准。

以下節錄自由時報 2012 年 2 月 22 日的報導供參考：

〔記者林毅璋／台北報導〕網路上有業者販賣自行生產而未取得授權的商品，經濟部智慧財產局昨表示，林書豪本人已於本月十四日在我國提出申請，分別以「LINSANITY」、「JEREMY LIN」商標，指定使用於行李袋、杯子、衣服、玩具、運動飲料等商品，審查時間約需六、七個月。

智慧局官員表示，一旦審查通過後，若業者仍私自販賣「LINSANITY」、「JEREMY LIN」的相關商品，將會有侵權的觸法問題。

依據外媒報導，林書豪已委託律師向美國專利局正式提出註冊商標的申請。在中國，江蘇省則有體育用品公司於去年八月取得「林書豪」三個中文字的商標，擁十年專用權。

我國商標法並沒排除「人名」取得商標註冊的可能性，「人名」若能指示及區別商品或服務的來源，即具商標功能。

官員說明，「LINSANITY」雖不是林書豪的英文名字「JEREMY LIN」，卻是以他的姓「Lin」，搭配「瘋狂、熱潮」的英文單字「insanity」所組合出來的新詞彙，對民眾而言，都明白這就是指林書豪，「已成為林書豪的代名詞」。

目前林書豪雖尚未在國內註冊「林書豪」三個中文字，但商標法規定，只要是著名人物的姓名、藝名等，除非本人同意，否則均無法取得註冊。因此若非林書豪本人卻欲以「LINSANITY」、「JEREMY LIN」等商標申請註冊，除可能會因保護著名人物姓名權，而有不得註冊的情形；也恐因會讓消費者對商品或服務來源產生混淆誤認之虞，而不得註冊。

<u>疑問十</u>：甲想申請一個牙膏新商標，但是與乙已經獲准的香皂商標很像，是否會獲准？

<u>解惑十</u>：依據台灣商標法：相同或近似於他人同一或類似商品或服務之註冊商標或申請在先之商標，有致相關消費者混淆誤認之虞者，不得註冊。因為在表 11-1

商品及服務分類表中牙膏與香皂都是屬於第三類，兩個商標又很像，有導致相關消費者混淆誤認的可能，所以就不會獲准。

疑問十一：甲想申請一個與乙已經獲准之商標很像的新商標，而且有獲得乙的同意，是否會獲准？

解惑十一： 依據台灣商標法：相同或近似於他人同一或類似商品或服務之註冊商標或申請在先之商標，有致相關消費者混淆誤認之虞者，不得註冊。但經該註冊商標或申請在先之商標所有人同意申請，且非顯屬不當者，不在此限。所以，既然乙已經同意，應該會獲准。

疑問十二：甲想申請一個新商標，雖然與乙已經獲准的商標很像，但是完全不屬於同一類商品或服務，是否會獲准？

解惑十二： 如果乙已經獲准的商標不是著名商標，依據台灣商標法：相同或近似於他人同一或類似商品或服務之註冊商標或申請在先之商標，有致相關消費者混淆誤認之虞者，不得註冊。因為甲想申請的新商標與乙已經獲准的商標屬於不同類商品或服務，不會導致消費者混淆誤認，所以會獲准。

如果乙已經獲准的商標是著名商標，依據台灣商標法：相同或近似於他人著名商標或標章，有致相關公眾混淆誤認之虞，或有減損著名商標或標章之識別性或信譽之虞者，不得註冊。

所以，雖然甲想申請的新商標與乙已經獲准的商標屬於不同類商品或服務，但是因為乙已經獲准的商標是著名商標，若認定甲想申請的新商標會導致乙已經獲准的著名商標或標章之識別性或信譽減損，就不會獲准。

例如將高級酒的著名商標威士忌用於清潔劑，雖然屬於不同類商品或服務，但是清潔劑會讓威士忌酒的高貴度減損，所以不能將高級酒的著名商標威士忌用於不同類的清潔劑。

疑問十三：在表 11-1 商品及服務分類表中分在不同類，是否就不屬於類似商品或服務？

解惑十三： 依據台灣商標法：類似商品或服務之認定，不受前項商品或服務分類之限制。

所以，在表 11-1 商品及服務分類表中分在不同類，並不能保證就一定不會被認定為屬於類似商品或服務。

例如在表 11-1 商品及服務分類表中第五類的嬰兒食品,與第二十九類的乳及乳製品,以及第三十類的糕餅及糖果,雖然在表 11-1 商品及服務分類表中分在不同類,但是,很可能會被認定為屬於類似商品或服務。

解惑十四:甲想讓別人以為其產品有經過某位名人代言或保證,所以將該名人的筆名放在其商標之中是否可獲准為商標?

解惑十四:依據台灣商標法:有他人之肖像或著名之姓名、藝名、筆名或字號者,不得註冊。但經其同意申請註冊者,不在此限。所以除非該位名人有同意代言或保證,否則不得註冊。

推　　理:有著名之法人、商號或其他團體之名稱,有致相關公眾混淆誤認之虞者,除非該著名之法人、商號或其他團體有同意代言或保證,否則不得註冊。

以下節錄自由時報 2013 年 10 月 24 日 "未經陳樹菊同意鞋商網站放合照" 的報導供參考:

〔記者黃明堂、黃建華/綜合報導〕愛心菜販陳樹菊幫人賣鞋子?高雄中亞生技公司拿鞋子到菜攤與陳樹菊合照,就把照片放在公司網站,陳樹菊說:「我沒穿過那雙鞋,也沒幫產品代言。」盼對方勿以她做宣傳。中亞公司昨在記者詢問後,才將陳樹菊照片從網頁撤掉。

律師吳漢成表示,未經陳樹菊本人同意,擅將合照放在網站,有讓大眾誤以為陳為鞋代言之意圖,侵犯民法上肖像人格權。不過陳表示,只要對方撤除與她相關的照片,她不打算追究。

疑問十五:甲畫了一個圖案,乙覺得很喜歡,乙是否可以將甲畫的圖案拿去申請商標?

解惑十五:依據台灣商標法:商標侵害他人之著作權、專利權或其他權利,經判決確定者,不得註冊。但經其同意申請註冊者,不在此限。所以除非乙有獲得甲的同意,否則不得註冊。

11

11-5 商標權的效力 IQ

本節說明商標的有效範圍。

__疑問一__：是否提出商標申請案就立刻擁有商標權？

__解惑一__：依據台灣商標法：商標自註冊公告當日起，由權利人取得商標權。所以提出商標申請案後必須等待審查，等到核准公告才取得商標權。

__疑問二__：甲在 2013 年 4 月 22 日收到商標核准的審定書，本應於 2013 年 6 月 22 日前繳納註冊費，卻忘記繳，是否可於 2013 年 9 月 22 日補繳？

__解惑二__：依據台灣商標法：經核准審定之商標，申請人應於審定書送達後二個月內，繳納註冊費後，始予註冊公告，並發給商標註冊證；屆期未繳費者，不予註冊公告。

申請人非因故意，未於前項所定期限繳費者，得於繳費期限屆滿後六個月內，繳納二倍之註冊費後，由商標專責機關公告之。

但影響第三人於此期間內申請註冊或取得商標權者，不得為之。

所以，如果沒有其他人提出相同的商標申請案，則甲可於 2013 年 9 月 22 日繳納二倍之註冊費後，由商標專責機關公告之。

__延　伸__：如果有人在 2013 年 6 月 23 日到 2013 年 9 月 21 日之間提出相同的商標申請案，則甲於 2013 年 9 月 22 日的補繳，將因影響第三人於此期間內申請註冊或取得商標權而不被受理。

__疑問三__：獲准商標後是否可以一直擁有該商標？

__解惑三__：依據台灣商標法：<u>商標自註冊公告當日起，由權利人取得商標權，商標權期間為十年。商標權期間得申請延展，每次延展為十年</u>。所以只要一直辦理延展就可以一直擁有該商標。

<u>疑問四</u>：甲在 2013 年 7 月 22 日到期的商標本應於 2013 年 1 月 22 日前申請延展，卻忘記，是否可於 2013 年 8 月 22 日補申請延展？

<u>解惑四</u>：依據台灣商標法：商標權之延展，應於商標權期間屆滿前六個月內提出申請，並繳納延展註冊費；其於商標權期間屆滿後六個月內提出申請者，應繳納二倍延展註冊費。

所以，甲可於 2013 年 8 月 22 日補申請延展，但須繳納二倍的延展註冊費。

以下節錄自由時報 2012 年 2 月 22 日 "40 年冰品老字號宜蘭黑店商標被撤銷" 的報導供參考：

〔記者游明金、林毅璋、方志賢／綜合報導〕宜蘭老冰店「黑店」的綿綿冰，是網友票選宜蘭十大美食之一，經濟部智慧財產局卻撤銷「黑店」商標註冊，理由是高雄市三力食品公司「黑店」冷飲料註冊在先。負責人林志鴻感慨，宜蘭「黑店」開了四十餘年，是宜蘭人共同回憶，難道就要這樣消失？

智慧局最近發函撤銷宜蘭黑店的商標註冊，因為高雄三力食品向智慧局申請商標評定，主張他們的「黑店」於民國九十年三月完成商標註冊，宜蘭「黑店」與他們商標近似，供應商品類似，易造成消費者混淆。智慧局發函要求宜蘭黑店答辯，林志鴻以為是詐騙集團沒理會，智慧局最後以兩者讀音、給人的觀念與印象都極類似，撤銷宜蘭黑店商標。林志鴻向經濟部訴願，審議委員以同樣理由駁回。

林志鴻轉向宜蘭縣議員賴瑞鼎陳情，指阿嬤林羅玉霞與父親林輝照不懂註冊登記與專利權維護，九十年一月才取得縣府營利事業登記，智慧局也於九十五年八月同意商標註冊，現在又說要撤銷登記，真的不合理。

林志鴻說，如果宜蘭黑店就這樣消失，很多人會捨不得，希望大家聲援搶救宜蘭「黑店」。來自台北的三名觀光客也說：「宜蘭黑店很出名，如果以後換店名，感覺會少了點親切感與人情味。」

縣議員賴瑞鼎質疑，高雄黑店九十年三月註冊，智慧局九十五年同意宜蘭黑店註冊，顯然當時的官員認為沒有牴觸商標法的問題，怎麼隔了五年多卻要撤銷宜蘭黑店的商標註冊證？

智慧局說明，審查商標時會先進行類似產品別的查詢，確認是否已被註冊，但商標可登記於不同種類的商品與服務業，光是類別就達四十五類，還是可能遺漏，這也是「商標法」訂有法條，得以進行事後評定的原因。

智慧局建議提具體佐證

智慧局建議，宜蘭黑店可依「商標法」第三十六條，主張「善意且合理使用」，縱使無法取得商標權，但若能具體佐證早在四十年前就已使用「黑店」商標，則可在原本的營業範圍內不受到拘束。

疑問五：甲獲准一個用於馬達的商標，乙未經甲同意，是否可將該商標用於自己販售的馬達上？

解惑五：依據台灣商標法：於同一商品或服務使用相同於註冊商標之商標者，應經商標權人之同意。

所以，乙必須經甲同意才可將該商標用於自己販售的馬達上。

疑問六：甲獲准一個用於馬達的商標，乙未經甲同意，是否可將該商標用於自己販售的引擎上？

解惑六：依據台灣商標法：於同一或類似之商品或服務，使用近似於註冊商標之商標，有致相關消費者混淆誤認之虞者，應經商標權人同意。

馬達與引擎都是機械動力源，屬於同一或類似之商品，所以乙必須經甲同意才可將該商標用於自己販售的引擎上。

延　伸：依據台灣商標權逐條釋義：所謂「類似服務」，係指服務在性質、內容、對象、服務提供者或其他因素上具有共同或關聯之處，依一般社會通念及市場交易情形，易使相關消費者誤認其為源自相同，或雖不相同但有關聯之來源者而言。

疑問七：甲獲准一個用於馬達的商標，乙未經甲同意，是否可將該商標用於自己販售的皮鞋上？

解惑七：依據台灣商標法：應經商標權人同意的有下列 3 種：

第 1 種：於同一商品或服務使用相同於註冊商標之商標者。(乙雖使用相同商標，但馬達與皮鞋並非同一商品或服務，所以不在限制之列)

第 2 種：於類似之商品或服務，使用相同於註冊商標之商標，有致相關消費者混淆誤認之虞者。(乙雖使用相同商標，但馬達與皮鞋並非類似商品或服務，明顯不會導致消費者混淆誤認，所以不在限制之列)

第 3 種：於同一或類似之商品或服務，使用近似於註冊商標之商標，有致相關消費者混淆誤認之虞者。(因為馬達與皮鞋並非同一或類似商品或服務，所以乙不論使用相同或近似商標都，不會導致消費者混淆誤

認，所以不在限制之列)

所以，單純由商標的角度看，乙不必經甲同意。

延　伸：雖然單純由商標的角度看，乙不必經甲同意，但是若由著作權的角度看，乙使用與甲所申請商標相同或近似的設計與圖案，很有可能是侵犯著作權的行為。

以下節錄自由時報 2011 年 2 月 18 日 "太像 VO5 VOV 不准註冊" 的報導供參考：

〔記者楊國文／台北報導〕知名的韓國 VOV 彩妝，在台灣栽了跟頭！韓商薇歐薇以「VOV」商標向智慧財產局註冊商標，遭到駁回不准註冊，歷經兩年多行政訴訟，最高行政法院認定，VOV 和來台多年的美國知名美髮品牌 VO5 商標、商品均近似，容易使消費者混淆，昨天判決韓商薇歐薇敗訴定讞。

九十七年十一月，薇歐薇以「VOV」為商標申請註冊，不過，智慧財產局認為，VOV 和 VO5 兩商標外觀相似，且從觀念上，「V」和古羅馬數字「5」相同，及兩公司生產產品均為化妝品相關商品，不准 VOV 商標註冊。薇歐薇不服打行政訴訟，最高行政法院認定處分於法有據，判韓商敗訴定讞。

疑問八：甲擁有 A 物品的商標權，乙於 2010 年 2 月 1 日開始侵犯該商標權，甲在 2012 年 3 月 1 日發現被侵權，甲是否可向乙請求賠償損害？

解惑八：依據台灣商標法：商標權人對於因故意或過失侵害其商標權者，得請求損害賠償。前項之損害賠償請求權，自請求權人知有損害及賠償義務人時起，二年間不行使而消滅；自有侵權行為時起，逾十年者亦同。

因為自 2010 年 2 月 1 日開始侵權到被發現還沒有超過十年，所以甲可以在 2012 年 3 月 1 日發現被侵權之日起二年內，也就是 2014 年 3 月 1 日前向乙請求賠償損害，如果超過 2014 年 3 月 1 日則將喪失賠償損害的請求權。

疑問九：甲擁有 A 物品的商標權，乙於 2000 年 2 月 1 日開始侵犯該商標權，甲在 2012 年 3 月 1 日發現被侵權，甲是否可向乙請求賠償損害？

解惑九：因為自 2000 年 2 月 1 日開始侵權到 2012 年 3 月 1 日發現被侵權已經超過十年，所以甲將喪失賠償損害的請求權。

11

疑問十：義美是台灣著名的食品商標，甲開設的眼鏡店若未經義美公司同意，命名為義美眼鏡行，是否有侵犯商標權？

解惑十：依據台灣商標法：明知為他人著名之註冊商標，而以該著名商標中之文字作為自己公司、商號、團體、網域或其他表彰營業主體之名稱，有致相關消費者混淆誤認之虞或減損該商標之識別性或信譽之虞者，為侵犯商標權。

因為義美是台灣著名的商標，甲開設的眼鏡店未經義美公司同意，命名為義美眼鏡行，會讓消費者誤以為是義美的連鎖企業。

疑問十一：大同是台灣著名的商標，甲的姓名是方大同，甲開設的眼鏡店若未經大同公司同意，命名為方大同眼鏡行，是否有侵犯商標權？

解惑十一：依據台灣商標法：下列情形，不受他人商標權之效力所拘束：以符合商業交易習慣之誠實信用方法，表示自己之姓名、名稱，或其商品或服務之名稱、形狀、品質、性質、特性、用途、產地或其他有關商品或服務本身之說明，非作為商標使用者。

雖然大同是台灣著名的商標，但甲的姓名是方大同，甲開設的眼鏡行用自己的姓名當招牌，若非作為商標使用不算侵犯商標權。

以下節錄自由時報 2010 年 5 月 26 日的報導供參考：

〔記者何瑞玲／台北報導〕板橋金味泉實業公司出品的「新能口」粉絲，涉嫌混淆 40 年知名老牌「龍口」粉絲商標，95 年被最高行政法院判決確認商標敗訴，卻一犯再犯，在宜蘭縣販賣被查獲，業者吳江河辯稱「新能口」粉絲生產線是工廠裏的越南籍女工負責，應該是越女看不懂中文，誤用舊包裝。不過，吳江河也沒有提出新包裝的事證，板橋檢方認為係辯解之詞，昨天偵結依違反商標法起訴。

疑問十二：甲獲准的商標被侵犯可求償多少錢？

解惑十二：依據台灣商標法：可用獲利差額求償，也可用侵權者的獲利求償，也可用授權金額求償，但最常用的是以查獲侵害商標權商品之零售單價一千五百倍以下之金額求償。

疑問十三：**甲獲准的商標被侵犯，查獲商品八千件，是否只能以查獲侵害商標權商品之零售單價一千五百倍以下之金額求償？**

解惑十三：依據台灣商標法：商標被侵犯可用查獲侵害商標權商品之零售單價一千五百倍以下之金額求償。但所查獲商品超過一千五百件時，以其總價定賠償金額。

因為甲獲准的商標被侵犯，查獲商品八千件，超過一千五百件，所以可用八千件的總價定賠償金額。

疑問十四：**乙侵犯甲獲准的商標被查獲，是否只要賠錢就沒事了？**

解惑十四：依據台灣商標法：未得商標權人或團體商標權人或證明標章權人同意，為行銷目的而侵犯商標權者處三年以下有期徒刑、拘役或科或併科新臺幣二十萬元以下罰金，侵害商標權、證明標章權或團體商標權之物品或文書，不問屬於犯人與否，沒收之。

所以，侵害商標權、證明標章權或團體商標權不是賠錢就沒事了，還有可能會被抓去關，東西也會被沒收。

延　　伸：侵犯團體標章權沒有刑責，頂多賠錢，不會被抓去關。

以下節錄自由時報 2013 年 11 月 21 日 "LOVOL 近似 VOLVO 中國車商標敗訴" 的報導供參考：

(記者王定傳)中國北汽福田汽車股份有限公司以「LOVOL」申請註冊商標，與瑞典知名品牌「VOLVO」近似，提出行政訴訟。智慧財產法院綜合 VOLVO 識別性較強，福田汽車申請註冊並非善意，且兩商標近似，行銷方式與行銷場所類似等因素，判福田敗訴，可上訴。

福田汽車主張，LOVOL 商標已在澳大利亞、美國、加拿大等地註冊獲准，也在中國廣泛使用，更是中國第 99 大最具價值品牌，絕非山寨版，不致使消費者混淆誤認。

富豪公司主張，「VOLVO」為拉丁語，原意為「我在滾動」，對方明顯仿襲將商標「VOLVO」的「L、O、V」排列略加調換，外觀給予人高度雷同印象，更有攀附之嫌。

疑問十五：**對進口或出口侵害商標權之物品是否可請海關查扣？**

解惑十五：商標權人對輸入或輸出之物品有侵害其商標權之虞者，得申請海關先予查扣。前項申請，應以書面為之，並釋明侵害之事實，及提供相當於海關核估該進口物品完稅價格或出口物品離岸價格之保證金或相當之擔保。海關

受理查扣之申請，應即通知申請人；如認符合前項規定而實施查扣時，應以書面通知申請人及被查扣人。

疑問十六：被查扣者是否可要求廢止查扣？

解惑十六： 被查扣人得提供第二項保證金二倍之保證金或相當之擔保，請求海關廢止查扣，並依有關進出口物品通關規定辦理。查扣物經申請人取得法院確定判決，屬侵害商標權者，被查扣人應負擔查扣物之貨櫃延滯費、倉租、裝卸費等有關費用。

 得獎發明介紹

停車位預約系統

目前雖然在道路邊、公園、廣場及停車場等處設置有許多停車位，但是並無停車位預約系統，而是採用先到先停模式，導致許多人到達目的地後，無法在附近找到停車位，浪費許多時間與金錢，也增加許多空氣汙染。

依據交通部於民國 100 年的問卷調查結果，台北市約 32% 的民眾每次回家都得花 14 分鐘才能找到停車位，14% 的民眾找車位的時間甚至超過半小時。

以一台 MAZDA 3 BKM3 排氣量 1600CC 的汽車為例，市區油耗約為 1 公升 9.7 公里，換算下來，尋找車位的 14 分鐘就消耗掉約 1.44 公升的汽油，而消耗 1 公升汽油就等於產生 2.76 公斤的二氧化碳，所以如果花 14 分鐘才能找到停車位，就已排放出將近 4 公斤的二氧化碳，也浪費約 50 元的汽油錢。

本專利提出一種停車位預約系統，使用與高速公路相同的 e-tag 辨識系統，可讓駕車人事先預約想到達目的地附近的停車位。如此一來，在到達目的地後可立刻停入事先預約好的停車位，不會產生因找停車位而滋生之浪費許多時間與金錢，與增加許多空氣汙染等困擾。

使用者可經由電話、手機與網路等方式向監控中心提出預約要求，監控中心依據使用者提供之目的地，搜尋鄰近目的地，且尚未被預約的停車位，經使用者同意後確認預約，再以衛星導航或道路名稱等方式，指引使用者迅速到達該停車位，並於預約者到達前防止非預約車輛進入佔用。

而在確認預約後，使用者若覺得離目的地不夠近，也可額外付費，繼續搜尋更近的停車位。此外，當非預約車輛進入佔用已經被預約的停車位，將進行警告，請其儘速駛離，避免受罰或被拖吊。

另一方面，若無法事先預約到目的地附近的停車位，也可提供協調共乘與改搭大眾運輸交通工具的資訊，或建議更改出發與到達時間及更改目的地，將可協助舒緩交通壅塞的狀況。

12

營業秘密概論

任何企業在營運時，為了保有與對手競爭時的優勢，
通常會有一些營運上的機密，這些機密必須防範競爭
對手的盜取，也必須防範員工的外洩，而大多數人的
工作都離不開老闆、員工或競爭對手的關係，因此，
本章將介紹營業秘密的基本概念。

由以下自由時報在 2013 年 1 月 12 日"三讀通過侵營業秘密刑責最高十年"的新聞報導，更能彰顯學生與員工之所以必須了解營業秘密的迫切性與重要性。

〔記者曾韋禎／台北報導〕立法院院會昨三讀通過「營業秘密法」部分條文修正案，洩密至國外的刑責，最重將從現行五年有期徒刑大幅拉高至十年，藉以遏止不肖人士將國內辛苦研發的科技成果偷竊給國外競爭對手。

根據新修條文，將妨害營業秘密罪分為國內、外，新增在國（境）內罰則除可處六個月以上、五年以下之刑責外，還能併科罰金五十萬到一千萬元；若犯罪所得利益超過一千萬元，罰金更能酌量加重至所得利益的三倍。

若將營業秘密外洩到國（境）外，罰則更將從現行的六個月以上、五年以下，倍增為一年以上、十年以下；還能併科罰金三百萬到五千萬元，若犯罪所得利益超過五千萬元，罰金更能酌量加重所得利益的二到十倍，且國外犯罪者從告訴乃論改為非告訴乃論罪。

上述修正案並新增「窩裡反條款」，參與洩密的員工若願意自首或吐實，受害廠商可片面對其撤告。若公務員或曾任公務員者違法，將加重刑期二分之一；若公司負責人未能盡力防止營業秘密遭竊，也須負連帶責任，科以罰金。

12-1 營業秘密的功用與定義 IQ

本節說明什麼是營業秘密。

疑問一：台灣為什麼要制定營業秘密法？

解惑一： 依據台灣營業秘密法：為保障營業秘密，維護產業倫理與競爭秩序，調和社會公共利益，特制定本法。

台灣研發能力日益增強，與國內外企業的競爭愈趨激烈，為了確保企業辛苦開發的營運秘密不被盜取，抑止不公平的競爭，所以特別於民國八十五年制定營業秘密法。

疑問二：企業營運上有關的資訊那些算是營業秘密？

解惑二： 依據台灣營業秘密法：營業秘密係指方法、技術、製程、配方、程式、設計或其他可用於生產、銷售或經營之資訊。

簡而言之：任何可讓企業在與對手競爭時保有優勢的所有相關資訊，都可能是營業秘密。

推　論：受雇人(員工)除因接觸雇用人(老闆)之營業秘密之外，基本上受雇人於工作中所學習的均為職業技能。例如資深的車床工人因長期操作較為熟練，因而比新進的車床工人更懂得如何將物件依照要求切削出所要的形狀，此為其職業技能而非營業秘密。

疑問三：一般人都知道的資訊是否算是營業秘密？

解惑三：依據台灣營業秘密法：非一般涉及該類資訊之人所知者才能算是營業秘密，如果一般人都知道就無秘密可言。

推論一：內政部規定建築新工法必須經過審查與公開，無法保密，所以建築新工法不是營業秘密。

推論二：學生名單及載送路線很容易取得，所以不是營業秘密。

疑問四：沒有任何實際或潛在經濟價值的資訊是否算是營業秘密？

解惑四：依據台灣營業秘密法：因其秘密性而具有實際或潛在之經濟價值者，才能算是營業秘密。

疑問五：失敗的實驗報告是否也算是營業秘密？

解惑五：失敗的實驗報告可以讓擁有者避免走冤枉路，避免浪費研發資源，具有實際或潛在的經濟價值，所以也算是營業秘密。

疑問六：很容易由擁有者手中取得的資訊是否算是營業秘密？

解惑六：依據台灣營業秘密法：所有人已採取合理之保密措施者，才能算是營業秘密。

推論一：A 公司有標示 B 文件是機密文件，就算是合理的保密措施，B 文件就是 A 公司的營業祕密。

推論二：A 公司有規定 B 文件必須特定的程序才能影印，就算是合理的保密措施，B 文件就是 A 公司的營業祕密。

12

推論三：A 公司放置 B 文件的出入口有門禁，就算是合理的保密措施，B 文件就是 A 公司的營業祕密。

12-2 營業秘密的歸屬 🔍

老闆與員工誰應擁有營業秘密將於本節中說明。

疑問一：甲受雇於東元公司負責研發冷氣機，某天，甲研發一個可以讓冷氣機比較安靜的方案，相對於市面上其他品牌的冷氣機都有很大的噪音，讓冷氣機比較安靜的方案將可讓東元公司具有競爭優勢，此一讓冷氣機比較安靜的方案應歸屬甲或是東元公司？

解惑一：依據台灣營業秘密法：受雇人於職務上研究或開發之營業秘密，歸雇用人所有。但契約另有約定者，從其約定。

所以除非東元公司有與甲訂定契約願與甲分享此營業秘密，否則因為研發冷氣機是甲受雇於東元公司職務上的工作，故此一讓冷氣機比較安靜的營業秘密應歸雇用人(東元公司)所有。

疑問二：甲受雇於東元公司負責研發冷氣機，某天，甲研發一個可以讓日光燈比較省電的方案，此一讓日光燈比較省電的方案應歸屬甲或是東元公司？

解惑二：依據台灣營業秘密法：受雇人於非職務上研究或開發之營業秘密，歸受雇人所有。但其營業秘密係利用雇用人之資源或經驗者，雇用人得於支付合理報酬後，於該事業使用其營業秘密。

因為甲受雇於東元公司職務上的工作是研發冷氣機不是研發日光燈，故此一讓日光燈比較省電的營業秘密應歸受雇人(員工甲)所有。

可是如果員工甲是利用上班時間，或利用東元公司的設備研發出此一讓日光燈比較省電的方案，則雇用人(東元公司)得於支付合理報酬後，於該事業(東元公司內部)使用其營業秘密。

疑問三： 乙出資請甲研發日光燈，某天，甲研發一個可以讓日光燈比較省電的方案，此一讓日光燈比較省電的方案應歸屬甲或是乙？

解惑三： 依據台灣營業秘密法：出資聘請他人從事研究或開發之營業秘密，其營業秘密之歸屬依契約之約定；契約未約定者，歸受聘人所有。但出資人得於業務上使用其營業秘密。

所以如果乙有與甲訂定契約明定如何分享此營業秘密則依契約之約定。

如果乙沒有與甲訂定契約明定如何分享此營業秘密則歸受聘人(甲)所有。但出資人(乙)得於業務上使用其營業秘密。

疑問四： 甲、乙、丙、丁與戊 5 人共同開發出 1 個營業秘密，如何分配？

解惑四： 依據台灣營業秘密法：數人共同研究或開發之營業秘密，其應有部分依契約之約定；無約定者，推定為均等。

所以如果甲、乙、丙、丁與戊 5 人有訂定契約明定如何分享此營業秘密則依契約之約定。

如果甲、乙、丙、丁與戊 5 人沒有訂定契約明定如何分享此營業秘密則 5 人均分，各得 20%。

以下節錄自由時報 2014 年 8 月 13 日 "600 萬簽約金利誘聯發科再爆內鬼" 的報導供參考：

〔自由時報記者吳昇儒、王駿杰、蔡彰盛、林慶川、卓怡君／綜合報導〕國內 IC 設計大廠聯發科再揪「內鬼」！聯發科離職資深工程師鄭國忠等十名員工，疑貪圖每年一五○萬元以上的簽約金，涉嫌將聯發科研發的手機晶片關鍵技術，「帶槍投靠」交給具中資背景的港商鑫澤數碼；檢調昨發動搜索，並依違反營業秘密法等罪嫌約談鄭嫌等人到案。

聯發科發言人顧大為表示，日前發現多位工程師疑似竊取非工作授權的圖表與資料，因此把相關事證提報調查局北機站。

檢調調查發現，中國資方利用每人每年至少一五○萬元以上的簽約金，連續簽約四年、再加薪的方式，挖角聯發科的晶片開發工程師，企圖利用最低的資金，獲取聯發科耗費億元開發的產品，鄭男等人的行為形同商業間諜。

調查人員查出，馬來西亞籍的鄭嫌和另外兩名涉案的工程師是一組研發團隊，為了不留下任何電子拷貝痕跡，不使用隨身碟、硬碟儲存，反而以列印方式，將圖文陸續印出帶出公司，降低公司疑心。

據了解，鑫澤數碼今年二月才登記成立，恰好與涉案工程師離職時間相符，推斷可能是為了接收這批「帶槍投靠」工程師才在台灣設立，也不排除與聯發科前主管袁帝文有關。

聯發科去年控告手機晶片前主管袁帝文，這是聯發科第一次與前高階主管對簿公堂。袁被控離職後帶走不少機密文件，並挖角內部員工，準備跳槽到勁敵、中國最大 IC 設計商展訊；聯發科對袁提起民、刑事告訴，並聲請假處分。

國內接連發生友達及宏達電等知名大廠的關鍵性技術遭員工竊走洩漏給國外的競爭對手，立法院去年一月十一日三讀通過營業秘密法修正條文，同年二月一日實施，將跨國商業間諜的最重五年罪責，一舉提高一倍，鄭一旦被認定有罪，最高可判十年。

疑問五：甲擁有 1 個營業秘密，是否可以與乙分享？

解惑五：依據台灣營業秘密法：營業秘密得全部或部分讓與他人或與他人共有。

疑問六：甲、乙、丙 3 人共同擁有 1 個營業秘密，甲是否可以與丁分享？

解惑六：依據台灣營業秘密法：營業秘密為共有時，對營業秘密之使用或處分，如契約未有約定者，應得共有人之全體同意。但各共有人無正當理由，不得拒絕同意。
所以，除非甲、乙、丙 3 人有訂定契約同意甲可單獨使用或處分，否則，甲應徵得乙與丙的同意後才能與丁分享(原本各佔三分之一可能會變成各佔四分之一)。

疑問七：甲、乙、丙、丁與戊 5 人共同擁有 1 個營業秘密，每人 20%，甲是否可以將自己所擁有的那 20%讓給丁？

解惑七：依據台灣營業秘密法：各共有人非經其他共有人之同意，不得以其應有部分讓與他人。但契約另有約定者，從其約定。
所以，除非甲、乙、丙、丁與戊 5 人有訂定契約同意甲可單獨處分，否則，甲應徵得乙、丙、丁與戊的同意後才能將自己所擁有的那 20%讓給丁。

疑問八：甲擁有 1 個營業秘密，是否可以授權讓乙使用？

解惑八：依據台灣營業秘密法：營業秘密所有人得授權他人使用其營業秘密。其授權使用之地域、時間、內容、使用方法或其他事項，依當事人之約定。

<u>疑問九</u>：甲擁有 1 個營業秘密授權讓乙使用，乙是否可以再授權讓丙使用？

<u>解惑九</u>：依據台灣營業秘密法：被授權人非經營業秘密所有人同意，不得將其被授權使用之營業秘密再授權第三人使用。

<u>疑問十</u>：甲、乙、丙 3 人共同擁有 1 個營業秘密，甲是否可以授權讓丁使用？

<u>解惑十</u>：依據台灣營業秘密法：營業秘密共有人非經共有人全體同意，不得授權他人使用該營業秘密。但各共有人無正當理由，不得拒絕。

<u>疑問十一</u>：甲在公家機關工作因承辦業務得知 A 公司將於高雄市三民區建工路設立新據點，甲是否可將此消息洩漏給 A 公司的競爭對手 B 公司，以便讓 B 公司能搶先在高雄市三民區建工路設立新據點？

<u>解惑十一</u>：依據台灣營業秘密法：公務員因承辦公務而知悉或持有他人之營業秘密者，不得使用或無故洩漏之。

<u>疑問十二</u>：甲因在乙與丙的訴訟案中擔任鑑定人而得知乙的營業秘密，甲是否可使用此營業秘密或將此營業秘密洩漏給丁？

<u>解惑十二</u>：依據台灣營業秘密法：當事人、代理人、辯護人、鑑定人、仲裁人、證人及其他相關之人，因司法機關偵查或審理而知悉或持有他人營業秘密者，不得使用或無故洩漏之。

12-3 營業秘密的侵害與賠償 🔍

本節將說明營業秘密被侵害時的賠償方式。

<u>疑問一</u>：甲公司擁有 1 個營業秘密，乙公司派 1 個商業間諜偷到此營業秘密，是否有犯罪？

<u>解惑一</u>：依據台灣營業秘密法：以不正當方法取得營業秘密者為侵害營業秘密。前項所稱之不正當方法，係指竊盜、詐欺、脅迫、賄賂、擅自重製、違反保密義

務、引誘他人違反其保密義務或其他類似方法。所以乙公司派商業間諜偷營業秘密是犯罪的行為。

推　論： 以還原工程取得營業秘密不算以不正當方法取得營業秘密。

例如甲並非以竊盜、詐欺、脅迫、賄賂、擅自重製、違反保密義務、引誘他人違反其保密義務或其他類似方法取得乙公司的營業秘密，甲只是購買乙公司以該營業秘密製造的產品，經由自行分析該產品，破解了乙公司的製造手法，因而得知其營業秘密，這稱為還原工程，沒有犯罪。

疑問二： 甲公司擁有 1 個營業秘密，乙公司由丙處獲得此營業秘密後加以使用，乙公司是否有犯罪？

解惑二： 依據台灣營業秘密法：知悉或因重大過失而不知其為營業秘密而取得、使用或洩漏者為侵害營業秘密。所以乙公司由丙處獲得此營業秘密後加以使用是犯罪的行為。

疑問三： 甲公司擁有 1 個營業秘密(防塵室工程設計圖)，乙公司因得標該防塵室工程而取得該工程設計圖，乙公司未經甲公司同意，擅自以此防塵室工程設計圖為丙公司蓋防塵室，乙公司是否有犯罪？

解惑三： 依據台灣營業秘密法：因法律行為取得營業秘密，而以不正當方法使用或洩漏者為侵害營業秘密。乙公司未經甲公司同意是以不正當方法使用，為侵害營業秘密。

以下節錄中國時報 "聯發科內鬼助對手挖角" 的報導供參考：

【陳志賢、邱琮皓／台北報導】

聯發科再爆發「內鬼」案！聯發科公司前人力資源管理專案副理林碧玉，被控利用職務，長期蒐集大批聯發科高階主管、員工人事資料後，在外開設「艾特」管理顧問公司，疑幫兩岸多家高科技公司高薪挖角，涉嫌違反營業祕密法，台北地檢署昨搜索約談林女到案，刻漏夜偵辦。

聯發科表示，這起案件不影響目前的營運及研發工作，因進入司法偵查，不便發表評論。聯發科強調，營業祕密不只是產品、研發的商業機密，包括營運、人事資料等，公司都會保護和捍衛。

據調查，林碧玉任職聯發科公司人資部門主管前，她待過長榮、友達、華碩等知名公司，也曾在某家國際知名的獵人頭公司工作過。

　　檢調查出，林碧玉在 2012 年離開聯發科後，重操舊業，在同年 5 月開設「艾特」管理顧問有限公司，這家資本額 100 萬元的顧問公司，實際上就是獵人頭公司。

　　由於林碧玉幫客戶挖角的人才，極大部分都來自前東家聯發科，消息在業界傳開後，令聯發科起疑，調閱公司內部相關電磁紀錄及林女任職時的電子郵件，發現林女涉嫌竊取公司人事祕密資料，日前向調查局檢舉。

　　檢調懷疑，林女涉嫌自 2009 年底至 2012 年初，自聯發科公司電腦下載大批聯發科的人事機密資料，作為她離職後在外成立獵人頭公司的人才資料庫。

　　台北地檢署昨指揮調查局北機站，兵分 2 路搜索林女住處，以及位於北市忠孝東路 4 段的艾特公司，查扣一批聯發科人事資料，並約談林女說明，追查有多少聯發科人才因此被競爭公司挖角跳槽，導致聯發科蒙受多少損失。

疑問四：甲任職於公司生產部門因而得知公司的生產營業秘密，甲與公司有簽保密協定，甲將此生產營業秘密洩漏給公司的競爭對手 B 公司，甲是否有犯罪？

解惑四：依據台灣營業秘密法：依法令有守營業秘密之義務，而使用或無故洩漏者為侵害營業秘密。

推　論：醫護人員對病人的病歷，會計人員對查帳對象的財務，公務員對執行公務的對象依法令都有守營業秘密之義務。

疑問五：甲任職於 A 公司，A 公司主管將沒有標示是機密文件的 B 文件交給甲，甲將 B 文件隨意交給他人，是否洩漏營業秘密？

解惑五：A 公司主管可能每天都將很多文件交給甲，如果沒有標示是機密文件，甲不可能將所有拿到的文件都保密，所以沒有標示是機密文件不算是合理的保密措施，錯不在甲。

疑問六：甲任職於 A 公司，A 公司主管丙宣稱將有標示是機密文件的 B 文件交給甲，並且被甲將 B 文件隨意交給他人，但甲說他根本沒拿到 B 文件，甲是否洩漏營業秘密？

解惑六：機密文件應經員工簽收才算是合理的保密措施，如果 A 公司主管丙無法證明甲確實有拿到 B 文件，錯不在甲。

12

疑問七：甲任職於 B 公司，被告違反保密規定，但甲宣稱不知道 B 公司有那些保密規定，甲是否洩漏營業秘密？

解惑七：公司的保密規定應該讓員工知悉，否則員工無法遵守，如果 B 公司無法證明甲確實知悉公司的保密規定，錯不在甲。

疑問八：甲任職於 B 公司，被告違反保密規定，但甲推說不知道 B 公司有那些保密規定，於是 B 公司提出公司舉辦營業秘密教育訓練講習的簽到單證明甲有簽到，證明甲確實知悉公司的保密規定，但甲宣稱是找同事乙代簽的，自己根本沒出席該訓練講習，甲是否洩漏營業秘密？

解惑八：公司舉辦營業秘密教育訓練講習的簽到單，可用於證明員工知悉相關規定，所以甲有洩漏營業秘密。

雖然甲宣稱是找同事乙代簽的，自己根本沒出席該訓練講習，但並不能因此欺騙行為脫罪，反而拖累同事乙，因為同事乙代簽的行為是觸犯偽造文書罪！

疑問九：甲公司擁有 1 個營業秘密，於民國 100 年 1 月 8 日發現乙侵害其營業秘密，甲公司可否於民國 103 年 1 月 8 日向乙求償？

解惑九：依據台灣營業秘密法：營業秘密損害賠償請求權，自請求權人知有行為及賠償義務人時起，二年間不行使而消滅。民國 100 年 1 月 8 日到民國 103 年 1 月 8 日已經超過 2 年，故無法求償。

疑問十：甲公司擁有 1 個營業秘密，被乙自民國 92 年 1 月 8 日開始侵害而不知，甲公司於民國 100 年 1 月 8 日才發現乙侵害其營業秘密，甲公司可否於民國 103 年 1 月 8 日向乙求償？

解惑十：依據台灣營業秘密法：營業秘密損害賠償請求權，自行為時起，逾十年不行使而消滅。民國 92 年 1 月 8 日到民國 103 年 1 月 8 日已經超過 10 年，故無法求償。

疑問十一：甲公司擁有 1 個營業秘密，預估每年因此營業秘密可獲利 100 萬元，但被乙侵害後，每年因此營業秘密之獲利降為 40 萬元，甲公司可如何向乙求償？

解惑十一：依據台灣營業秘密法：被害人不能證明其損害時，得以其使用時依通常情形可得預期之利益，減除被侵害後使用同一營業秘密所得利益之差額，為其所受損害。

所以甲公司可向乙求償 100 萬元與 40 萬元的差額，也就是 60 萬元。

疑問十二：甲公司擁有 1 個營業秘密，抓到乙侵害時由乙之帳冊得知乙每年因侵害此營業秘密之獲利為 400 萬元，甲公司可如何向乙求償？

解惑十二：依據台灣營業秘密法：被害人得請求侵害人因侵害行為所得之利益。但侵害人不能證明其成本或必要費用時，以其侵害行為所得之全部收入，為其所得利益。

所以甲公司可向乙求償 400 萬元，但若乙能證明其成本為 60 萬元，則甲公司只能求償 340 萬元。

疑問十三：甲公司擁有 1 個營業秘密，抓到乙侵害時由乙之帳冊得知乙每年因侵害此營業秘密之獲利為 400 萬元，而且有證據證明乙是故意的，甲公司可如何向乙求償？

解惑十三：依據台灣營業秘密法：侵害行為如屬故意，法院得因被害人之請求，依侵害情節，酌定損害額以上之賠償。但不得超過已證明損害額之三倍。

所以甲公司最高可向乙求償 400 萬元的 3 倍，也就是 1200 萬元。

疑問十四：侵害營業秘密是否只要賠錢就沒事了？

解惑十四：依據台灣營業秘密法：意圖為自己或第三人不法之利益，或損害營業秘密所有人之利益，可處五年以下有期徒刑或拘役，得併科新臺幣一百萬元以上一千萬元以下罰金。

所以在台灣侵害營業秘密有可能會被抓去關。

12

疑問十五：在台灣侵害台灣企業的營業秘密，與在其他地方侵害台灣企業的營業秘密其罰則是否有差別？

解惑十五：依據台灣營業秘密法：意圖在外國、大陸地區、香港或澳門使用者，處一年以上十年以下有期徒刑，得併科新臺幣三百萬元以上五千萬元以下之罰金。前項之未遂犯罰之。

所以在其他地方侵害台灣企業的營業秘密其罰則較重，而且包含未遂犯。

疑問十六：在台灣，公務員侵害台灣企業的營業秘密與一般人侵害台灣企業的營業秘密其罰則是否有差別？

解惑十六：依據台灣營業秘密法：公務員或曾任公務員之人，因職務知悉或持有他人之營業秘密，而故意犯前二條之罪者，加重其刑至二分之一。

以下節錄聯合新聞網 2012 年 11 月 13 日 "為愛著魔，女友在敵營他出賣公司" 的報導供參考：

〔記者劉峻谷／台北報導〕

梁姓男子進公司三個月，頻以電子郵件傳送公司機密給在競爭對手公司服務的羅姓女友，台灣高等法院認定他罔顧職業倫理，十次洩漏公司營業秘密，依洩漏業務祕密罪判處十個(次)五個月徒刑，合併執行刑二年六月，得易科罰金九十萬元。

三十多歲的梁姓男子，二○○九年七月到台北市的影音媒體公司工作。同年十月，他開始將開發客戶訪談紀錄、可追蹤客戶名單、公司年度業績預估表、媒體代理商名單、暫時失敗客戶名單、為客戶製作的影音廣告檔案，以電子郵件傳給在競爭對手公司上班的羅姓女子。

去年三月，梁男服務的公司發現新製作的影音廣告，對手公司不久即跟進或有類似影片；該公司新近拜訪的客戶，對手公司也跟進拜訪並提出類似企畫案，警覺有內賊，從電腦伺服器監控公司人員電子郵件信箱，發現梁男傳送至少十次上述公司業務機密給對手公司的羅姓女子，報警偵辦。

台北地檢署偵辦時，梁男承認以電子郵件傳送文件，但否認傳給競爭對手公司和洩漏公司商業機密，他說：「我傳給女朋友，討論彼此的工作狀況。」但檢察官以羅女恰在競爭對手公司上班，就算真的與女友討論工作情況，也是洩漏公司商業秘密，將梁男起訴。

台北地方法院認定梁男觸犯十次洩漏商業秘密罪，一罪一罰，判梁男每罪各五個月的徒刑，合併十個月的徒刑，易科罰金一天折算一千元，共約三十萬元。檢方認為判刑太輕，上訴；高院維持每罪五個月的量刑，但改定執行刑卅個月。

疑問十七：甲公司控告乙侵害其營業秘密，則在開庭時甲公司是否會被迫公開其營業秘密？

解惑十七：依據台灣營業秘密法：當事人提出之攻擊或防禦方法涉及營業秘密，經當事人聲請，法院認為適當者，得不公開審判或限制閱覽訴訟資料。

疑問十八：台灣企業的營業秘密被侵害時政府是否主動或協助偵辦？

解惑十八：依據台灣營業秘密法：侵害營業秘密須告訴乃論。

所以台灣企業的營業秘密被侵害時，必須自己想辦法找到證據去法院提告。也可以向經濟部查禁仿冒商品小組請求協助。

延　　伸：美國的法律分為聯邦法(適用於全美國)與州法(只適用於該州)，因為美國認為商業機密等同於國安機密，為了有效防止外國廠商甚至外國政府竊取美國廠商的商業機密，進而危害美國的經濟甚至國家安全，美國的經濟間諜法是屬於聯邦法的層級，經濟間諜法的制定使美國聯邦調查局(FBI)對侵害營業秘密採取主動、積極且深入的偵查。

相較於台灣企業的營業秘密被侵害時必須自己想辦法找到證據，民間有限的財力與人力，尤其欠缺能進入可疑公司搜索的公權力，美國政府主動、積極且深入協助美國企業的制度非常值得台灣效法！

以下為詢問智慧財產局所得知回覆：

疑問十九：甲擁有營業秘密 A，乙若用竊取等方式取得 A 是違法，但乙若用還原工程取得 A 並無違法，請問當乙用還原工程取得 A 之後，加以使用，洩漏甚至公開，是否有違法？

解惑十九：甲擁有營業秘密 A，乙若用竊取等方式取得 A 是違法，若乙以還原工程得知 A 之技術或資訊，非屬侵害甲之營業秘密，故乙後續之使用或揭露行為，無違反營業秘密法之規定。

12

疑問二十：甲擁有營業秘密 A，乙自行研發獲得 A 並無違法，請問當乙自行研發獲得
A 之後，加以使用，洩漏甚至公開，是否有違法？

解惑二十：甲擁有營業秘密 A，乙自行研發獲得 A 並無違法，故乙後續之使用或揭露
行為，無違反營業秘密法之規定。

疑問二十一：甲擁有營業秘密 A，若乙無法證明是用還原工程取得 A，也無法證明是
自行研發取得 A，則乙加以使用，洩漏甚至公開，是否有違法？

解惑二十一：若乙無法證明是用還原工程取得 A，也無法證明是自行研發取得 A，則
乙加以使用，洩漏甚至公開，是否有違法？此屬事實認定之問題，須由
法院視案情再行判斷之。

疑問二十二：甲擁有營業秘密 A，若乙是用還原工程取得 A，或是自行研發取得 A，
如果沒有洩漏與公開，只是使用，則甲與乙算是共有營業秘密 A 嗎？或
是各自擁有營業秘密 A？或是 A 已經不算是營業秘密？

解惑二十二：如果沒有洩漏與公開，若甲與乙各自持有 A 之技術或資訊，皆符合營業
秘密法第 2 條之要件規定，則甲與乙持有之 A 皆屬受營業秘密法所保護
之標的，甲、乙各自擁有 A 技術之營業秘密。

疑問二十三：甲擁有營業秘密 A，若乙是用還原工程取得 A，或是自行研發取得 A，
如果乙有洩漏與公開，則 A 還算是營業秘密嗎？

解惑二十三：依營業秘密法第 2 條之規定，營業秘密需符合秘密性、經濟性及具有合
理保密措施等三要件，一旦 A 已洩露或公開，則已喪失秘密性，不符合
前述要件，故非屬營業秘密。

疑問二十四：甲擁有營業秘密 A 但無使用，乙用還原工程取得 A，或者乙自行研發獲
得 A 之後，乙將 A 申請專利，甲可以主張乙的專利無新穎性或進步性而
不應獲准專利嗎？

解惑二十四：甲擁有營業秘密 A 但無使用，乙用還原工程取得 A，或者乙自行研發獲
得 A 之後，乙將 A 申請專利，有可能符合新穎性要件，但是否符合進步

性之要件仍須經審查。若乙就 A 技術提出專利申請，經審查符合專利要件而獲專利權，甲認有不准專利事由，可依專利法之規定，檢附相關事證對該專利權提起舉發。

疑問二十五：疑問二十四的情況，在乙申請專利之前，甲已經使用 A 製造物品販售，是否算是已公開使用？或者只是秘密使用而不影響新穎性？

解惑二十五：疑問二十四的情況，在乙申請專利之前，甲已經使用 A 製造物品販售，是否算是已公開使用？應視依 A 技術之實施是否處於公開之情形而判斷。

12-4 限制離職員工的禁(競)業條款 🔍

疑問一：公司與老闆可以限制在職的員工不可以洩漏公司的營業秘密，但若員工在離職後利用在職期間所獲知之營業秘密與自己競爭該怎麼辦？

解惑一：老闆為了避免離職員工在離職後利用在職期間所獲知之營業秘密與自己競爭，經常會在聘用員工的契約中事先規定，員工在離職後的特定時間(例如 2 年)內不得從事相關行業與原來的老闆競爭，這類訂定於勞動契約中禁止離職員工在離職後，特定時間內不得從事特定行業的條款稱為競業條款，也有人稱為禁業條款，競業禁止條款或同行競業條款。

疑問二：其他國家是否有禁業條款的前例？

解惑二：西元 1868 年美國麻塞諸塞州，被告的工人在原工廠學會如何製造麻纖維織布生產機器，離職後轉到其他工廠利用先前所學，為新工廠製造相同的麻纖維織布生產機器與原工廠競爭而被告，因而有了禁止被告離開原工廠後違反契約約定為他人製造相同的麻纖維織布生產機器的判例，對後來公司與老闆限制離職員工的禁業條款造成重大影響。

12

疑問三： 有的員工才開始工作沒多久就想換工作，讓公司對新人的培訓投資無法回收，公司與老闆是否可以在與員工的勞動契約中，規定勞工的服務年限及違約賠償？

解惑三： 依據新竹市政府勞工處問題集勞動基準法 Q&A：勞動契約係屬私法上之契約，因當事人間之意思表示一致而成立。因此公司與老闆若基於企業營運之需要，經徵得勞工同意，於勞動契約中為服務年限及違約賠償之約定，尚無不可，惟該項約定仍應符合誠信原則及民法相關規定。

疑問四： 若員工洩漏雇主的營業秘密，則雇主是否可以此理由解僱勞工？是否必須發給該員工資遣費？

解惑四： 依據新竹市政府勞工處問題集勞動基準法 Q&A：故意損耗機器、工具、原料、產品或其他雇主所有物品，或故意洩漏雇主技術上、營業上之秘密，致雇主受有損害者，雇主可以解僱勞工而且不發給資遣費。

疑問五： 公司與老闆要求員工簽定競業禁止條款，是否違反憲法賦予人民的工作權？

解惑五： 依據新竹市政府勞工處問題集勞動基準法 Q&A：行政院勞工委員會台八十九年八月二十一日台八十九勞資二字第○○三六二五五號函解釋：勞資雙方於勞動契約中約定競業禁止條款現行法令並未禁止，惟依民法第二百四十七條之一的規定，契約條款內容之約定，其情形如顯失公平者，該部份無效；另法院就競業禁止條款是否有效之爭議所作出之判決，可歸納出下列衡量原則：

1. 企業或雇主須有依競業禁止特約之保護利益存在。
2. 勞工在原雇主之事業應有一定之職務或地位。
3. 對勞工就業之對象、期間、區域或職業活動範圍，應有合理之範疇。
4. 應有補償勞工因競業禁止損失之措施。
5. 離職勞工之競業行為，是否具有背信或違反誠信原則之事實。

所以，如果員工在該企業只是最基層員工，根本不會接觸到公司的機密，則不應該受到禁業條款的限制。

得獎發明介紹

得獎發明介紹（空中水庫與水中水庫）

空中水庫與水中水庫(Reservoirs in the air and reservoirs on the water)獲准美國發明專利 US7348685 號。

一、以空中水庫化解能源危機

傳統水庫並沒有充分利用雨水的落差，因為由氣象學得知會下雨的雨層雲，其雲底高度通常距離地面 600 公尺以上，如果等雨降到地面後，才去利用水庫蓄水所造成的落差來發電，則落差較小，通常只有幾十公尺，完全辜負大自然所給予的幾百公尺落差。本發明專利提出的空中水庫，係以浮體使水庫漂浮於 500 公尺空中，在高空中收集雨水，再以幾百公尺的落差來發電，將可使發電量大幅增加。還可將發電後的水送到陸上水庫或自來水廠，以陸上水庫蓄水所造成的落差再次發電，並供應民生、工業與農業所需的淡水。

二、以水中水庫與空中水庫化解缺水與停水危機

許多雨水直接落在海洋，而非落在陸地上。因此，本案提出的水中水庫，係以浮體使水庫漂浮於水中，在海洋、湖泊或陸上水庫收集雨水，再以蓄水所造成的落差來發電，發電後的水也可供應民生、工業與農業所需的淡水。

空中水庫實施例

假設某一座山正好是某一陸上水庫集水區的分水嶺，以下簡稱分水嶺山，換句話說，落在分水嶺山左側的雨水會流入該陸上水庫，而落在分水嶺山右側的雨水則不會流入該陸上水庫。我們將空中水庫裝設在分水嶺山上空，當缺水的時候，以驅動裝置將水庫移動到分水嶺山右側(非集水區)，將所蒐集的雨水經由引水管路導引到該陸上水庫中，等於機動地增加該陸上水庫的集水區。相反的，當降雨太多形成水患的時候，以驅動裝置將水庫移動到分水嶺山左側(集水區)，將所蒐集的雨水經由引水管路導引到分水嶺山右側(非集水區)，等於機動地減少該陸上水庫的集水區。

12

疑問六：過去雇主經常任意使用競業條款限制員工，例如水電行要求離職的水電工不能從事水電工作，甚至學生暑假到紅茶店打工也被要求離職後不得到其他紅茶店工作，亂象叢生，為保障員工權益，勞動基準法有增訂哪些內容來保障勞工權益？

解惑六：勞動基準法增訂

第 9-1 條

未符合下列規定者，雇主不得與勞工為離職後競業禁止之約定：

一、雇主有應受保護之正當營業利益。

二、勞工擔任之職位或職務，能接觸或使用雇主之營業秘密。

三、競業禁止之期間、區域、職業活動之範圍及就業對象，未逾合理範疇。

四、雇主對勞工因不從事競業行為所受損失有合理補償。

前項第四款所定合理補償，不包括勞工於工作期間所受領之給付。

違反第一項各款規定之一者，其約定無效。

離職後競業禁止之期間，最長不得逾二年。逾二年者，縮短為二年。

所以一般基層員工基本上不會接觸到營業秘密，不應受競業條款限制，而受競業條款限制的員工，受限期不得超過 2 年。

疑問七：勞工被競業條款限制將影響收入，有何補償措施？

解惑七：勞動基準法施行細則增訂

第 7-1 條

離職後競業禁止之約定，應以書面為之，且應詳細記載本法第九條之一第一項第三款及第四款規定之內容，並由雇主與勞工簽章，各執一份。

第 7-2 條

本法第九條之一第一項第三款所為之約定未逾合理範疇，應符合下列
規定：

一、競業禁止之期間，不得逾越雇主欲保護之營業秘密或技術資訊之
生命週期，且最長不得逾二年。

二、競業禁止之區域，應以原雇主實際營業活動之範圍為限。

三、競業禁止之職業活動範圍，應具體明確，且與勞工原職業活動範
圍相同或類似。

四、競業禁止之就業對象，應具體明確，並以與原雇主之營業活動相
同或類似，且有競爭關係者為限。

第 7-3 條

本法第九條之一第一項第四款所定之合理補償，應就下列事項綜合考
量：

一、每月補償金額不低於勞工離職時一個月平均工資百分之五十。

二、補償金額足以維持勞工離職後競業禁止期間之生活所需。

三、補償金額與勞工遵守競業禁止之期間、區域、職業活動範圍及就
業對象之範疇所受損失相當。

四、其他與判斷補償基準合理性有關之事項。

前項合理補償，應約定離職後一次預為給付或按月給付。所以受限期
雇主必須給予至少半薪的補償。

以下為詢問智慧財產局所得知回覆：

疑問八：離職員工禁業條款最多只能限制 2 年，若 2 年後離職員工將原任職公司的營
業秘密 B 使用，洩漏甚至公開，是否有違法？被洩漏甚至公開的 B 還算是營
業秘密嗎？

解惑八：關於競業禁止約定與對營業秘密是否具保密義務係屬二事，若離職員工與原
雇主簽有對營業秘密 B 應保密之約定，無論競業禁止年限是否已屆滿，該員
工仍有保密之義務。另所詢 B 經洩露或公開，如已喪失秘密性之情形，則 B
無法符合營業秘密要件。

12

以下節錄自 TVBS 新聞網 2022 年 05 月 20 日的報導供參考。

立院三讀/嚴懲中國經濟間諜　最重關 12 年、罰 1 億

〔記者吳紹瑜報導〕

「立法院院會今(20 日)三讀通過《國安法》修正案。三讀條文明定，任何人不可為外國、陸港澳及境外敵對勢力侵害、竊取國家核心關鍵技術，違者最重可處 12 年有期徒刑，罰金可視不法所得利益加倍。

我國現行法制有關「反情報」相關規範，多偏向軍事政治等犯罪行為，將經濟領域部分視為民間行為，不過，近年我國高科技產業屢遭中國競爭對手，違法挖角高階研發人才並竊取產業核心技術，不但侵害企業利益，更危及國家、社會的整體經濟發展，恐影響經濟安全。

為保護台灣半導體等高科技產業，防止中國等境外敵對勢力侵害，政府推動修正《國安法，增訂「經濟間諜罪」最重關 12 年、罰 1 億元。

三讀條文明訂，任何人不得意圖在外國、大陸地區、香港或澳門使用國家核心關鍵技術的營業秘密。針對「國家核心關鍵技術」定義為，如流入外國、大陸地區、香港、澳門或境外敵對勢力，將重大損害國家安全、產業競爭力或經濟發展。

若以竊取、侵占、詐術、脅迫、擅自重製或其他不正方法，而取得國家核心關鍵技術的營業秘密，或取得後進而使用、洩漏，可處 5 年以上 12 年以下有期徒刑，得併科 500 萬元以上、1 億元以下罰金。若在外國、大陸地區、香港或澳門使用國家核心關鍵技術的營業秘密，可處 3 年以上 10 年以下有期徒刑，得併科 500 萬元以上、5000 萬元以下罰金。

內政委員會先前初審通過《國安法》相關條文，新增「經濟間諜罪」，任何人不可為外國、陸港澳及境外敵對勢力侵害、竊取國家核心關鍵技術，違者最重可處 12 年有期徒刑。但民進黨立院黨團總召柯建銘在協商時指出，國防軍事武器也非常重要，除了規定境外敵對勢力或陸港澳產製的不予採購，對於重要軍事工程、財務、勞務採購也有規範；他舉例，有些飛彈重要零件，明知為假還以假亂真，未來要加重其刑。

今三讀通過條文增訂，對於軍事工程、財物或勞務採購，若知悉是由大陸、港澳或境外敵對勢力製造，而交付或提供，處 1 年以上、7 年以下徒刑、可併科 3000 萬元以下罰金。若知悉的是不實的軍用武器、彈藥、作戰物資，而為交付或提供，處 3 年以上、10 年以下徒刑，可併科 500 萬元以上、5000 萬元以下罰金。

13

著作權概論

許多學生都必須寫論文或繳交報告，上班族也經常需要製作文宣與簡報，甚至一般民眾也經常上網找資料，這些都有可能會侵犯別人的著作權，因此，本章將介紹著作權的基本概念。

13-1 著作權的範圍與定義 IQ

本節將介紹著作人因完成著作所可以擁有的權利。

疑問一：台灣為什麼要制定著作權法？

解惑一：依據台灣著作權法：為保障著作人著作權益，調和社會公共利益，促進國家文化發展，特制定本法。

著作人花了許多心血，運用巧思才完成著作，若無適當保護任人侵害使用，則著作人將不再努力創作，文化發展也將遭受重大阻礙，所以特別制定著作權法來保障著作人的權益，促進文化的發展。

疑問二：著作權的主管機關是哪個單位？

解惑二：依據台灣著作權法：本法主管機關為經濟部。著作權業務，由經濟部指定專責機關辦理。

因為<u>著作權、專利權、商標權與營業秘密都屬於智慧財產權，所以，目前著作權業務實際上是由經濟部智慧財產局負責</u>。

疑問三：著作權有那些分類？

解惑三：依據台灣著作權法：著作：指屬於文學、科學、藝術或其他學術範圍之創作。

本法所稱著作，例示如下：

(一) 語文著作：包括詩、詞、散文、小說、劇本、學術論述、演講及其他之語文著作。

(二) 音樂著作：包括曲譜、歌詞及其他之音樂著作。

(三) 戲劇、舞蹈著作：包括舞蹈、默劇、歌劇、話劇及其他之戲劇、舞蹈著作。

(四) 美術著作：包括繪畫、版畫、漫畫、連環圖(卡通)、素描、法書(書法)、字型繪畫、雕塑、美術工藝品及其他之美術著作。

(五) 攝影著作：包括照片、幻燈片及其他以攝影之製作方法所創作之著作。

(六) 圖形著作：包括地圖、圖表、科技或工程設計圖及其他之圖形著作。

(七) 視聽著作：包括電影、錄影、碟影、電腦螢幕上顯示之影像及其他藉機械或設備表現系列影像，不論有無附隨聲音而能附著於任何媒介物上之著作。

(八) 錄音著作：包括任何藉機械或設備表現系列聲音而能附著於任何媒介物上之著作。但附隨於視聽著作之聲音不屬之。

(九) 建築著作：包括建築設計圖、建築模型、建築物及其他之建築著作。

(十) 電腦程式著作：包括直接或間接使電腦產生一定結果為目的所組成指令組合之著作。

所以在台灣著作權共分為 10 大類。

疑問四：甚麼是著作人格權？

解惑四：著作權包含著作人格權與著作財產權。
著作人格權是對著作人的人格或名譽的保障，包含姓名表示權、公開發表權與禁止不當改變權共 3 項權利，依據台灣著作權法：當著作人格權被侵害時，著作人也就是被害人可以請求表示著作人之姓名或名稱、更正內容或為其他回復名譽之適當處分。

延　伸：依據台灣著作權法：以侵害著作人名譽之方法利用其著作者，視為侵害著作權。所以，如果甲將自拍照放在網路上，而乙卻在旁邊配上不堪入目的解說文字，就是侵害著作權的行為。

疑問五：甚麼是著作財產權？

解惑五：著作財產權是對著作人因著作所衍生各項利益的保障，包含公開演出權、出租權、公開展示權、重製權、公開上映權、散布權、公開播送權、編輯權、公開口述權、改作權及公開傳輸權共 11 項權利。

疑問六：甚麼是重製？

解惑六：依據台灣著作權法：重製：指以印刷、複印、錄音、錄影、攝影、筆錄或其他方法直接、間接、永久或暫時之重複製作。於劇本、音樂著作或其他類似著作演出或播送時予以錄音或錄影；或依建築設計圖或建築模型建造建築物者，亦屬之。

延伸一：甲出版社將乙的小說製版印成書，丙未獲同意將書拿去影印，就是侵害著作權的行為。

13

延伸二：甲在名歌手的演唱會未獲同意用手機或錄影機錄音或錄影，就是侵害著作權的行為。

疑問七：甚麼是公開口述？

解惑七：依據台灣著作權法：公開口述：指以言詞或其他方法向公眾傳達著作內容。

延　伸：甲將乙的小說內容未獲同意宣讀給廣播電台的聽眾聽，就是侵害著作權的行為。

疑問八：甚麼是公開播送？

解惑八：依據台灣著作權法：公開播送：指基於公眾直接收聽或收視為目的，以有線電、無線電或其他器材之廣播系統傳送訊息之方法，藉聲音或影像，向公眾傳達著作內容。由原播送人以外之人，以有線電、無線電或其他器材之廣播系統傳送訊息之方法，將原播送之聲音或影像向公眾傳達者，亦屬之。

延　伸：甲將演唱會的過程未獲同意播放給廣播電台的聽眾聽，就是侵害著作權的行為。

疑問九：甚麼是公開上映？

解惑九：依據台灣著作權法：公開上映：指以單一或多數視聽機或其他傳送影像之方法於同一時間向現場或現場以外一定場所之公眾傳達著作內容。

延伸一：甲教師將家用版電影錄影帶的內容播放給教室內的同學看，就是侵害著作權的行為。

延伸二：甲教師將公播版電影錄影帶的內容播放給教室內的同學看，並不是侵害著作權的行為。

延伸三：甲教師將家用版電影錄影帶的內容播放給來家裡拜訪的客廳內的親友看，並不是侵害著作權的行為。
因為依據台灣著作權法：<u>公眾：指不特定人或特定之多數人。但家庭及其正常社交之多數人，不在此限</u>。

疑問十：甚麼是公開演出？

解惑十：依據台灣著作權法：公開演出：指以演技、舞蹈、歌唱、彈奏樂器或其他方法向現場之公眾傳達著作內容。以擴音器或其他器材，將原播送之聲音或影像向公眾傳達者，亦屬之。

延　伸：名歌手可以決定其巡迴演唱會的檔期，在哪些地點，哪個時間公開演出，藉這些公開演出時間與地點的安排賺取酬勞，尤其在跨年晚會趕場更能增加收入。

以下節錄自聯合新聞網 2013 年 6 月 19 日的新聞非常值得借鏡：

〔記者白錫鏗、莊亞築台中報導〕

台中市聚合發建設公司以二千多萬元購買雕塑家朱銘太極系列「轉身蹬腳」作品，將其製成圖片登在建案廣告網頁，台中地檢署昨天依違反著作權法將建設公司、陳姓負責人及祁姓總經理起訴。台中地檢署襄閱主任檢察官蔡宗熙表示，業者雖購得朱銘雕塑品，但僅擁有所有權，並無著作權，不得作為商業用途；且必須取得創作者同意，才得重製、散布，但業者未經同意即重製、散布。

聚合發建設公司昨天發表聲明指出，公司總經理購買朱銘「轉身蹬腳」雕塑品，因誤解著作權法規定，誤用雕塑品照片，與朱銘溝通、解釋後，朱銘未再追究；後因公司委託代銷建案的廣告公司未察，又再誤用朱銘著作的雕塑品照片，公司將持續與朱銘溝通，化解誤會。

疑問十一：甚麼是公開傳輸？

解惑十一：依據台灣著作權法：公開傳輸：指以有線電、無線電之網路或其他通訊方法，藉聲音或影像向公眾提供或傳達著作內容，包括使公眾得於其各自選定之時間或地點，以上述方法接收著作內容。

延　伸：甲將演唱會的過程未獲同意放在網路上供任意人隨時點閱，就是侵害著作權的行為。

疑問十二：甚麼是改作？

解惑十二：依據台灣著作權法：改作：指以翻譯、編曲、改寫、拍攝影片或其他方法就原著作另為創作。

延　　伸：將外文書翻譯成中文就是改作，所以將外文書翻譯成中文必須經過原作者或出版社的同意，否則會被告侵犯著作權。

疑問十三：甚麼是散布？

解惑十三：依據台灣著作權法：散布：指不問有償或無償，將著作之原件或重製物提供公眾交易或流通。

延　　伸：甲將盜版光碟放在其夜市的攤位上意圖販售，就是侵害著作權的行為。

疑問十四：甚麼是公開展示？

解惑十四：依據台灣著作權法：公開展示：指向公眾展示著作內容。

延　　伸：甲女未經追求者乙男的同意將乙男寫給甲女的情書貼在公佈欄，藉此向眾人炫耀有人追求，就是侵害著作權的行為。

疑問十五：甚麼是發行？

解惑十五：依據台灣著作權法：發行：指權利人散布能滿足公眾合理需要之重製物。

延　　伸：名歌手可以決定其新歌的發行日期與形式，藉發行日期與簽唱會形式等宣傳活動的安排謀取最佳的銷售量來賺取更多酬勞，增加收入。

疑問十六：甚麼是公開發表？

解惑十六：依據台灣著作權法：公開發表：指權利人以發行、播送、上映、口述、演出、展示或其他方法向公眾公開提示著作內容。

延　　伸：黃色小鴨的著作人可以決定以何種方式展示，違反其意願的安排將可能被拒絕甚至被告。

疑問十七：甚麼是衍生著作？

解惑十七：依據台灣著作權法：就原著作改作之創作為衍生著作，以獨立之著作保護之。衍生著作之保護，對原著作之著作權不生影響。著作人專有將其著作改作成衍生著作或編輯成編輯著作之權利。但表演不適用之。

延　　伸：編劇甲將鹿鼎記的小說改寫成劇本就是衍生著作，此劇本為編劇甲的心血，故可擁有一獨立的著作權。但原本鹿鼎記的作者也有一個著作權，鹿鼎記作者的著作權不受編劇甲劇本著作權的影響。

提醒：編劇甲將鹿鼎記的小說改寫成劇本是屬於改作，換句話說，編劇甲必須得到鹿鼎記原作者的同意才能將鹿鼎記的小說改寫成劇本，否則就是侵犯鹿鼎記原作者的著作權。

疑問十八：甚麼是編輯著作？

解惑十八：依據台灣著作權法：就資料之選擇及編排具有創作性者為編輯著作，以獨立之著作保護之。編輯著作之保護，對其所收編著作之著作權不生影響。

延　　伸：甲將名詩人乙、丙、丁、戊的詩依照描寫愛情、戰爭、生活、政治分門別類整理編輯成一本詩集就是編輯著作，此詩集為甲的心血，故可擁有一獨立的著作權。但原本乙、丙、丁、戊的詩也都有著作權，乙、丙、丁、戊所寫之詩的著作權不受甲詩集著作權的影響。

提醒：甲將名詩人乙、丙、丁、戊的詩整理編輯成詩集是屬於改作，換句話說，甲必須得到乙、丙、丁、戊的同意才能將乙、丙、丁、戊的詩整理編輯成詩集，否則就是侵犯乙、丙、丁、戊的著作權。

疑問十九：著作權對表演者有甚麼保護？

解惑十九：依據台灣著作權法：表演人對既有著作或民俗創作之表演，以獨立之著作保護之。表演之保護，對原著作之著作權不生影響。

延　　伸：舞者甲將舞者乙跳紅的舞蹈，以其個人獨特的風格加以演繹變成一種獨特的表演，此獨特的表演為舞者甲的努力練習與創作的心血，故可擁有一獨立的著作權。但原本舞者乙的舞蹈也有一個著作權，舞者乙舞蹈的著作權不受舞者甲舞蹈的著作權影響。

13

提醒：依據台灣著作權法：著作人專有將其著作改作成衍生著作或編輯成編輯著作之權利。但表演不適用之。所以舞者甲將舞者乙跳紅的舞蹈以其個人獨特的風格加以演繹並不需要事先得到舞者乙的同意。

疑問二十：甚麼是共同著作？

解惑二十： 依據台灣著作權法：二人以上共同完成之著作，其各人之創作，不能分離利用者，為共同著作。

延伸一： 歌手甲與歌手乙合作創作一首歌，就是共同著作。

延伸二： 歌手甲與歌手乙分別各自創作一首歌，把這 2 首歌合在一起唱並不是共同著作。

延伸三： 歌手甲創作一首歌只完成一半就過世了，歌手乙把剩下的一半完成，因為兩人並無共同的創作理念，所以並不是共同著作。

延伸四： 歌手甲創作一首歌只完成一半因太忙而擱置，歌手乙經歌手甲的同意把剩下的一半完成，因為兩人有共同的創作理念，所以是共同著作。

以下節錄自由時報 2013 年 12 月 16 日的報導供參考：

〔記者黃美珠／竹縣報導〕陳姓女碩士幫旅行社設計「認識台灣」網頁，未經生態攝影家林英典同意，使用其「灰面鵟鷹得斯文豪氏攀蜥」的作品挨告，付出 20 幾倍車馬費才和解落幕。

36 歲陳姓女碩士說，她原來是電腦 SOHO 族，去年初應之前打工的旅行社邀請，幫該旅行社設計一份「認識台灣」網頁。因對方不提供圖片，她受到林英典的作品吸引，認為使用的免費網頁空間，只要沒有正式登錄、且流量沒達到一定人數，不久就會被自動撤掉，才會未取得同意就用了。

她說，這個提案最後沒被採用，她未特別理會，不過今年 9 月初仍被林英典發現。

95 年間，台灣大學昆蟲學系在網頁上，引用林英典拍攝的長臂金龜照片，被控告侵害著作權，高等法院判決台大應賠償 12 萬 5000 元，並登報刊登道歉啟事。

疑問二十一：公文有沒有著作權？

解惑二十一： 依據台灣著作權法：下列各款不得為著作權之標的：憲法、法律、命令或公文，包括公務員於職務上草擬之文告、講稿、新聞稿及其他文書。中央或地方機關就前款著作作成之翻譯物或編輯物。

延　　伸：總統元旦文告通常並非總統親自擬稿，而是有專人負責擬稿，但文稿完成後就當作是總統本身要說的話，負責擬稿的公務員並不能要求在文稿上要求註明他是作者。同時，總統元旦文告、法律條文、命令或公文的內容都是要廣為民眾知道的，所以也不能以著作權去禁止重製與散布。

疑問二十二：標語有沒有著作權？

解惑二十二：依據台灣著作權法：下列各款不得為著作權之標的：標語及通用之符號、名詞、公式、數表、表格、簿冊或時曆。

疑問二十三：新聞有沒有著作權？

解惑二十三：依據台灣著作權法：下列各款不得為著作權之標的：單純為傳達事實之新聞報導所作成之語文著作。

延　　伸：台灣著作權法只限定單純為傳達事實之新聞報導所作成之語文著作不得為著作權之標的，所以，如果新聞報導有圖或影片則該圖或影片依然有著作權。

疑問二十四：全國公務人員高普考試的考題有沒有著作權？

解惑二十四：依據台灣著作權法：下列各款不得為著作權之標的：依法令舉行之各類考試試題及其備用試題。全國公務人員高普考試是依法令舉行的考試，所以沒有著作權。

延　　伸：補習班入學招生為了區分學生程度所辦的能力分班之考題並不是依法令舉行的考試，所以有著作權。

疑問二十五：什麼是製版權？

解惑二十五：無著作財產權或著作財產權消滅之文字著述或美術著作，經製版人就文字著述整理印刷，或就美術著作原件以影印、印刷或類似方式重製首次發行，並依法登記者，製版人就其版面，專有以影印、印刷或類似方式重製之權利。製版人之權利，自製版完成時起算存續十年。前項保護期間，以該期間屆滿當年之末日，為期間之終止。

13

偵測形變之導電織物

偵測形變之導電織物獲准專利 I294000 號，如圖 13-1 所示。主要內容為：一種偵測形變之導電織物，包含至少一條包繞導電紗線，此包繞導電紗線由至少二條導電纖維包繞於一條彈性紗線所構成。另一種偵測形變之導電織物，包含至少二條包繞導電紗線，每一包繞導電紗線由一條導電纖維包繞於一條彈性紗線上所構成。當上述兩種結構的包繞導電紗線受到外力產生形變時，導電織物之電阻會隨之改變。

傳統以光纖彎曲度改變造成的光強度改變來偵測，但昂貴也易於洗滌時損壞，本專利改以導電紗線之電阻變化來偵測，解決昂貴與洗滌易損壞的問題。

⊿ 圖 13-1　偵測形變之導電織物

13-2　著作權的歸屬　🔍

本節將介紹在甚麼狀況下著作權會屬於那些人。

疑問一：著作人何時開始擁有著作權？

解惑一： 依據台灣著作權法：著作人於著作完成時享有著作權。但本法另有規定者，從其規定。

注意：著作人於著作完成後並不需要經過審查，可以立刻擁有著作權。

疑問二：著作權保護的標的是甚麼？

解惑二： 依據台灣著作權法：依本法取得之著作權，其保護僅及於該著作之表達，而不及於其所表達之思想、程序、製程、系統、操作方法、概念、原理、發現。

<u>延　伸</u>：如果想保護的是程序、製程、系統、操作方法則應該申請專利權。

<u>疑問三</u>：**甲任職於 A 公司，甲幫公司完成一份文件，著作人是員工甲還是 A 公司？**

<u>解惑三</u>：依據台灣著作權法：著作人：指創作著作之人。受雇人於職務上完成之著作，以該受雇人為著作人。但契約約定以雇用人為著作人者，從其約定。

所以，除非 A 公司與員工甲有另訂契約約定以 A 公司為著作人，否則，著作人就是真正完成該著作的員工甲。

<u>疑問四</u>：**甲任職於 A 公司，A 公司與員工甲沒有另訂契約，甲幫公司完成一份文件，著作人格權是屬於員工甲還是 A 公司？**

<u>解惑四</u>：依據台灣著作權法：著作人格權專屬於著作人本身，不得讓與或繼承。

所以，著作人是員工甲著作人格權就是屬於員工甲。

<u>推　論</u>：如果 A 公司與員工甲有另訂契約約定以 A 公司為著作人，則著作人格權就屬於 A 公司。

<u>疑問五</u>：**甲任職於 A 公司，甲幫公司完成一份文件，著作財產權是屬於員工甲還是 A 公司？**

<u>解惑五</u>：依據台灣著作權法：以受雇人為著作人者，其著作財產權歸雇用人享有。但契約約定其著作財產權歸受雇人享有者，從其約定。

所以，除非 A 公司與員工甲有另訂契約約定著作財產權歸員工甲，否則著作財產權就歸 A 公司所有。

<u>疑問六</u>：**甲出錢請乙完成一份文件，著作人是甲還是乙？**

<u>解惑六</u>：依據台灣著作權法：出資聘請他人完成之著作，以該受聘人為著作人。但契約約定以出資人為著作人者，從其約定。

所以，除非乙與甲有另訂契約約定以出錢的甲為著作人，否則著作人就是真正完成該著作的乙。

13

疑問七：甲出錢請乙完成一份文件，著作財產權是歸屬於甲還是乙？

解惑七：依據台灣著作權法：以受聘人為著作人者，其著作財產權依契約約定歸受聘人或出資人享有。未約定著作財產權之歸屬者，其著作財產權歸受聘人享有。依前項規定著作財產權歸受聘人享有者，出資人得利用該著作。

所以如果乙與甲有另訂契約約定著作財產權的歸屬就依照約定，否則著作財產權就歸屬於真正完成該著作的乙。

提醒：新聞報導甲出錢找乙拍食物照片，未定契約，則照片的著作權歸乙所有，而非歸出錢的甲所有。

延 伸：如果著作財產權歸完成該著作的乙，則出錢的甲可以利用該著作。至於如何利用？通常出錢的是老大，在同意出錢之前應該都會先提出願意出錢的要求條件。

疑問八：甚麼是原件？

解惑八：依據台灣著作權法：原件：指著作首次附著之物。

當一位作家寫了一本書，其手寫或打字的原稿就是原件，如果作家把該書讓出版社出版，出版社可能會取得該書的著作財產權，但不包含原件。某些藝術品的原件(真跡)價格會遠高於複製品。

以下節錄自由時報 2013 年 12 月 6 日的報導供參考：

賴和文教基金會在「台灣新文學運動之父」賴和過世後，把他生前作品集結成「賴和手稿影像集」出版，日前控告聯合百科電子出版公司和大人物管理顧問公司，涉以掃描方式把該書的新文學卷、漢詩卷等著作，上傳到網路供會員或民眾付費下載；被告否認犯行，台北地檢署昨依違反著作權法，將兩家公司負責人伍翠蓮和范揚松起訴。

檢方說，伍女去年以四千五百元買進賴和手稿影像集叢書，未經賴和基金會同意，擅自掃描賴和著作並製成電子檔，張貼在聯合百科和大人物公司電子資料庫，對外讓民眾以購買點數方式下載，並行銷到全球各機構及圖書館。（記者林俊宏）

疑問九： 一般人如何得知某份文件的著作人或著作財產權人是誰？

解惑九： 依據台灣著作權法：在著作之原件或其已發行之重製物上，或將著作公開發表時，以通常之方法表示著作人之本名或眾所周知之別名者，推定為該著作之著作人。前項規定，於著作發行日期、地點及著作財產權人之推定，準用之。

通常文章與書籍都會標明作者是誰，作者就是著作人及著作財產權人，而期刊或出版社就是獲得重製等授權的人或單位。

疑問十： 甲是任職於台北市政府的公務員，甲奉命編寫了一份台北市的旅遊交通導覽文件，該旅遊交通導覽文件的著作人與著作財產權人是誰？

解惑十： 公務員在職務上完成的著作，通常著作財產權會歸該公務員隸屬之法人享有。至於著作人則視情況而定，有時會註明擬稿人的姓名，有時則會以機關的名義發佈。

疑問十一： 作家甲寫了一本書，尚未對外公開發表，作家甲把該書讓出版社乙出版，出版社乙是否可自行決定該書對外公開發表的時間？

解惑十一： 依據台灣著作權法：著作人就其著作享有公開發表之權利。但有下列情形者，推定著作人同意公開發表其著作：著作人將其尚未公開發表著作之著作財產權讓與他人或授權他人利用時，因著作財產權之行使或利用而公開發表者。

因為作家甲已經同意該書讓出版社乙出版，依據以上法條推定著作人同意公開發表其著作，所以出版社乙可以自行決定該書對外公開發表的時間。

疑問十二： 畫家甲畫了一幅畫，尚未對外公開發表，畫家甲把該畫賣給乙，乙是否可將該畫對外公開展示？

解惑十二： 依據台灣著作權法：著作人就其著作享有公開發表之權利。但有下列情形者，推定著作人同意公開發表其著作：著作人將其尚未公開發表之美術著作或攝影著作之著作原件或其重製物讓與他人，受讓人以其著作原件或其重製物公開展示者。

13

因為畫家甲已經將該畫賣給乙，依據以上法條推定著作人同意公開發表其著作，所以乙可以自行決定該畫對外公開發表的時間。

疑問十三：碩士班學生甲寫了一本碩士論文，藉此取得碩士學位，學校是否可將該碩士論文對外公開發表？

解惑十三：依據台灣著作權法：著作人就其著作享有公開發表之權利。但有下列情形者，推定著作人同意公開發表其著作：依學位授予法撰寫之碩士、博士論文，著作人已取得學位者。

注意：如果碩士班學生甲的碩士論文有牽涉到專利或其他應保密事項，可要求延後公開發表，但是只能延後公開發表不能拒絕公開發表。

疑問十四：作家甲寫了一本書，作家甲把該書讓出版社乙出版，出版社乙是否必須在書上標明作者是甲？

解惑十四：依據台灣著作權法：著作人於著作之原件或其重製物上或於著作公開發表時，有表示其本名、別名或不具名之權利。著作人就其著作所生之衍生著作，亦有相同之權利。
所以出版社乙是否必須在書上標明作者是甲完全看甲的意願是要標示本名、別名或不具名而定。

延　　伸：如果是一本翻譯書，就是衍生著作，除了必須標示翻譯作者之外，還必須標示原來的作者。

疑問十五：作家甲寫了一本書，作家甲把該書讓出版社乙出版，出版社乙是否可以自行設計封面？

解惑十五：依據台灣著作權法：利用著作之人，得使用自己之封面設計，並加冠設計人或主編之姓名或名稱。但著作人有特別表示或違反社會使用慣例者，不在此限。
所以出版社乙可以自行設計封面，不過通常會徵詢作者的同意。

疑問十六：畫家甲畫了一幅畫，畫家甲把該畫賣給乙，乙是否可依自己的喜好將該畫修改？

解惑十六：依據台灣著作權法：著作人享有禁止他人以歪曲、割裂、竄改或其他方法改變其著作之內容、形式或名目致損害其名譽之權利。

所以，雖然畫家甲已經把該畫賣給乙，乙卻不能依自己的喜好將該畫修改，若真的不喜歡，只能賣給別人，送給別人，或把該畫毀棄。若自行修改著作之內容將侵犯作者的著作人格權。

> 注意：網路上常見將他人作品修改藉此達到搞笑、諷刺等目的，其實大部分都牽涉到侵犯作者的著作人格權。

疑問十七：畫家甲畫了一幅畫，畫家甲把該畫賣給乙，畫家甲死亡之後，乙是否可依自己的喜好將該畫修改？

解惑十七：依據台灣著作權法：著作人死亡或消滅者，關於其著作人格權之保護，視同生存或存續，任何人不得侵害。

所以，就算畫家甲已經死亡，乙還是不能依自己的喜好將該畫修改。

疑問十八：作家甲、乙、丙合寫了一本書，作家甲、乙、丙把該書讓出版社丁出版，出版社丁是否必須在書上標明作者是甲、乙、丙？

解惑十八：依據台灣著作權法：共同著作之著作人格權，非經著作人全體同意，不得行使之。各著作人無正當理由者，不得拒絕同意。共同著作之著作人，得於著作人中選定代表人行使著作人格權。對於前項代表人之代表權所加限制，不得對抗善意第三人。

所以，除非甲、乙、丙其中有人不同意，否則，原則上出版社丁必須在書上標明作者是甲、乙、丙，。

此外，甲、乙、丙也可以指定甲為代表人，由甲代表行使著作人格權。

13

疑問十九：研究生甲寫了一篇論文，投稿到 A 期刊，A 期刊接受該投稿後，因為期刊發行 1000 份，所以將該論文複製 1000 份，A 期刊是否侵犯研究生甲的著作權？

解惑十九：依據台灣著作權法：著作人除本法另有規定外，專有重製其著作之權利。所以，原本將該論文複製是屬於著作人也就是研究生甲的權利。但是，通常投稿到期刊或研討會，在期刊或研討會接受該投稿前都會要求作者簽署著作權授權書或讓渡書，否則不會接受該投稿，因此，當投稿被接受後，期刊或研討會就會享有可以複製該論文的權利。

延　　伸：通常參加比賽，不論是文稿、照片或圖畫等，主辦單位也會要求作者簽署著作權授權書或讓渡書，以便讓比賽的主辦單位可於後續各項宣傳、頒獎、推廣等活動可以使用參賽者的文稿、照片或圖畫等資料。

以下節錄自由時報 2014 年 12 月 4 日的報導供參考：

〔記者錢利忠／台北報導〕曾在燦坤網銷部門打工的 25 歲周姓男子，盜用 PChome 網站商品宣傳照，吃上違反著作權官司；士林地院認為，燦坤年營收達 16 億元，卻要求時薪不高的工讀生，每天處理百餘件廣告文宣，涉嫌監督不周，因此判罰 25 萬元，另須賠償 PChome 購物網 40 萬元，至於工讀生因思慮欠周，罰 2 萬元，緩刑 2 年。

100 年間，周姓工讀生因不堪每天工作過於繁重，盜用 PChome 網站筆電廣告文宣，重製後上傳燦坤網路商城，PChome 發現後提告，燦坤也遭求償。

法官認為，文宣上的文字敘述，屬於 PChome 員工使用筆電後的主觀體驗，沒有援引或照錄，內容還出現錯別字，足以表現作者的創意，符合原創性，判燦坤敗訴，至於工讀生，因無法負荷工作量才盜圖，給予緩刑。

疑問二十：名歌手甲在演唱會精心編排了一段歌舞，歌迷乙花了 800 元買票入場，歌迷乙在現場錄音、錄影是否侵犯名歌手甲的著作權？

解惑二十：依據台灣著作權法：表演人專有以錄音、錄影或攝影重製其表演之權利。所以歌迷乙未獲同意不能在現場錄音、錄影。

注意：老師上課或演講者演講時也不能未經同意就錄音、錄影，否則將成為侵犯著作權的行為。

疑問二十一：學生甲在作文課寫了一篇作文，老師乙覺得寫得很好值得讓其他同學效法，老師乙在教室將該作文朗讀給全班同學聽是否侵犯學生甲的著作權？

解惑二十一：依據台灣著作權法：著作人專有公開口述其語文著作之權利。所以如果老師乙未獲得學生甲的同意就在教室將該作文朗讀給全班同學聽，將會是侵犯學生甲著作權的行為。雖然許多老師把這種行為視為是對學生甲的鼓勵與榮譽，但在著作權法通過後，其實應該先徵求學生甲的同意才是比較妥適的作法。

延　　伸：學生甲在美術課的畫作或攝影課的拍攝作品，老師應該先徵求學生甲的同意才能展示，因為依據台灣著作權法：著作人專有公開展示其未發行之美術著作或攝影著作之權利。

疑問二十二：名歌手甲在演唱會精心編排了一段歌舞，乙電視台在現場錄音、錄影後播出是否侵犯名歌手甲的著作權？

解惑二十二：依據台灣著作權法：著作人除本法另有規定外，專有公開播送其著作之權利。

所以乙電視台應該先徵求名歌手甲的同意才能播出。

疑問二十三：名歌手甲在演唱會精心編排了一段歌舞，以高額費用授權乙電視台在現場錄音、錄影後播出，乙電視台後來又重播是否侵犯名歌手甲的著作權？

解惑二十三：依據台灣著作權法：表演人就其經重製或公開播送後之表演，再公開播送者，不適用前項規定。

所以乙電視台後來重播的行為並沒有侵犯名歌手甲的著作權。

疑問二十四：名導演甲拍了一部電影，乙電影院自行將該電影上映是否侵犯名導演甲的著作權？

解惑二十四：依據台灣著作權法：著作人專有公開上映其視聽著作之權利。

所以乙電影院應該先徵求名導演甲的同意才能上映。

13

疑問二十五：名歌手甲精心編排了一段歌舞，經錄音、錄影後製作成錄影帶，唱片行
販賣該錄影帶是否侵犯名歌手甲的著作權？

解惑二十五：依據台灣著作權法：著作人除本法另有規定外，專有以移轉所有權之方
式，散布其著作之權利。表演人就其經重製於錄音著作之表演，專有以
移轉所有權之方式散布之權利。

所以唱片行應該先徵求名歌手甲的同意才能販賣該錄影帶。

以下節錄自由時報 2014 年 8 月 31 日的報導供參考：

〔本報訊〕北市張姓女子日前在網路下載多首流行歌曲，遭到 8 家唱片公司提告張女違反著作
權法，台北地檢署認為張女非供營利使用，作出緩起訴處分，並支付 1 萬元罰金上繳國庫。

張姓女子今年 3 月在網路論壇，透過「BT 種子」用「Torent」程式下載「合輯 2014-03-01kkbox2014
華語單曲榜 TOP100」。由於 BT 種子的下載方式屬於點對點分散式，因此當使用者下載盜版檔案
時，也會公開傳輸盜版檔案，此舉違反著作權法，被 8 家唱片公司提出告訴。

張姓女子承認下載歌曲，但沒有營利用途，檢方考量她態度良好，沒有前科，且 8 家唱片公司
也願意給予張姓女子緩起訴，最終作出緩起訴處分。不過依照「擅自以公開傳輸之方法侵害他人著
作財產權罪」規定，相關罪行可處 3 年以下有期徒刑、拘役，或科或併科 75 萬元以下罰金，屬本
刑為死刑、無期徒刑或最輕本刑 3 年以上以外之罪，呼籲民眾切勿以身試法。

疑問二十六：名歌手甲精心編排了一段歌舞，經錄音、錄影後製作成錄影帶，錄影帶
出租店出租該錄影帶是否侵犯名歌手甲的著作權？

解惑二十六：依據台灣著作權法：著作人除本法另有規定外，專有出租其著作之權利。
表演人就其經重製於錄音著作之表演，專有出租之權利。

所以，錄影帶出租店應該先徵求名歌手甲的同意才能出租該錄影帶。

13-3 著作權的期限

本節將說明在甚麼狀況下可擁有多久的著作權。

疑問一： 作家甲於民國 103 年 3 月 2 日寫完一本書，作家甲於民國 153 年 3 月 2 日死亡，著作權到何時結束？

解惑一： 依據台灣著作權法：著作財產權，除本法另有規定外，存續於著作人之生存期間及其死亡後五十年。

所以，作家甲寫的那一本書，著作權自民國 103 年 3 月 2 日起到作家甲死亡後五十年，也就是民國 203 年 3 月 1 日。

疑問二： 作家甲、乙、丙於民國 103 年 3 月 2 日合寫完一本書，作家甲於民國 133 年 8 月 21 日死亡，作家乙於民國 143 年 10 月 20 日死亡，作家丙於民國 153 年 3 月 2 日死亡，著作權到何時結束？

解惑二： 依據台灣著作權法：共同著作之著作財產權，存續至最後死亡之著作人死亡後五十年。

所以，作家甲、乙、丙合寫的那一本書，著作權自民國 103 年 3 月 2 日起到最後死亡的作家丙死亡後五十年，也就是民國 203 年 3 月 1 日。

疑問三： 公司甲於民國 103 年 6 月 12 日以公司為著作人發表了一份文稿，公司甲不會死亡，著作權到何時結束？

解惑三： 依據台灣著作權法：法人為著作人之著作，其著作財產權存續至其著作公開發表後五十年。

所以民國 103 年 6 月 12 日以公司為著作人發表的文稿，著作權到民國 153 年 6 月 11 日。

疑問四： 作家甲於民國 103 年 3 月 2 日寫完一本書一直沒有公開發表，作家甲於民國 153 年 3 月 2 日死亡，其家人在民國 175 年 3 月 2 日發現該書並首次予以公開發表，著作權到何時結束？

13

解惑四： 依據台灣著作權法：著作財產權，除本法另有規定外，存續於著作人之生存期間及其死亡後五十年。著作於著作人死亡後四十年至五十年間首次公開發表者，著作財產權之期間，自公開發表時起存續十年。

因為自民國 153 年 3 月 2 日到民國 175 年 3 月 2 日不到四十年，所以，作家甲寫的那一本書，著作權到作家甲死亡後五十年，也就是民國 205 年 3 月 1 日。雖然其家人在民國 175 年 3 月 2 日才發現該書，但仍能享有其原本應有的著作權。

疑問五： 作家甲於民國 103 年 3 月 2 日寫完一本書一直沒有公開發表，作家甲於民國 153 年 3 月 2 日死亡，其家人在民國 199 年 3 月 2 日發現該書並首次予以公開發表，著作權到何時結束？

解惑五： 依據台灣著作權法：著作於著作人死亡後四十年至五十年間首次公開發表者，著作財產權之期間，自公開發表時起存續十年。

因為自民國 153 年 3 月 2 日到民國 199 年 3 月 2 日超過四十年不到五十年，所以，作家甲寫的那一本書，著作權自民國 199 年 3 月 2 日起十年，也就是民國 209 年 3 月 1 日。雖然其家人在民國 199 年 3 月 2 日才發現該書，但仍能享有 10 年的著作權。

疑問六： 作家甲於民國 103 年 3 月 2 日寫完一本書一直沒有公開發表，作家甲於民國 153 年 3 月 2 日死亡，其家人在民國 215 年 3 月 2 日發現該書並首次予以公開發表，著作權到何時結束？

解惑六： 依據台灣著作權法：著作財產權，除本法另有規定外，存續於著作人之生存期間及其死亡後五十年。著作於著作人死亡後四十年至五十年間首次公開發表者，著作財產權之期間，自公開發表時起存續十年。

因為自民國 153 年 3 月 2 日到民國 215 年 3 月 2 日已經超過五十年，所以，作家甲寫的那一本書，著作權到作家甲死亡後五十年，也就是民國 205 年 3 月 1 日。其家人在民國 215 年 3 月 2 日才發現該書，已經無法享受其著作權了！

疑問七：歌手甲於民國 103 年 3 月 2 日公開發表其表演，著作權到何時結束？

解惑七：依據台灣著作權法：攝影、視聽、錄音及表演之著作財產權存續至著作公開發表後五十年，也就是民國 153 年 3 月 1 日。

注意：攝影、視聽、錄音及表演之著作財產權的規定與其他著作稍有不同。

13-4 不算侵犯著作權的情況

本節將說明在甚麼狀況下不算侵犯著作權。

疑問一：名歌手甲在演唱會精心編排了一段歌舞，以高額費用授權乙電視台在現場錄音、錄影後播出，乙電視台在播出的過程中必須經由好幾個轉播站才能陸續把信號送出去，在轉播站將內容重製以便把信號送出去的動作是否有侵犯著作權？

解惑一：依據台灣著作權法：專為網路合法中繼性傳輸，或合法使用著作，屬技術操作過程中必要之過渡性、附帶性而不具獨立經濟意義之暫時性重製，不適用之。但電腦程式著作，不在此限。前項網路合法中繼性傳輸之暫時性重製情形，包括網路瀏覽、快速存取或其他為達成傳輸功能之電腦或機械本身技術上所不可避免之現象。

所以轉播站為了把信號送出去而將內容重製，是屬技術操作過程中必要之過渡性、附帶性而不具獨立經濟意義之暫時性重製不算侵犯著作權。

延　伸：學生上網查資料，電腦為了在螢幕上顯示該圖片或文字而將資料暫時複製，該資料只要電腦關機就會自動消除，也是屬技術操作過程中必要之過渡性、附帶性而不具獨立經濟意義之暫時性重製不算侵犯著作權。

注意：如果複製的是電腦程式仍然是侵犯著作權的行為，因為電腦程式例如作業系統或排版軟體通常是必須花錢購買才能使用的。

13

疑問二：學生甲、乙、丙相約到 KTV 唱歌，使用 KTV 的電腦伴唱機播放並演唱歌曲，是否侵犯著作權？

解惑二：依據台灣著作權法：音樂著作經授權重製於電腦伴唱機者，利用人得利用該電腦伴唱機公開演出該著作。

所以除非該電腦伴唱機播放的是未經授權的歌曲，否則一般到 KTV 唱歌使用 KTV 的電腦伴唱機播放並演唱歌曲並不會侵犯著作權。

疑問三：高雄市政府為了推廣再生能源將研究生甲有關再生能源的研究結果節錄在推廣文宣中以增進民眾對使用再生能源好處的認知，增加民眾使用再生能源的意願，是否侵犯著作權？

解惑三：依據台灣著作權法：中央或地方機關，因立法或行政目的所需，認有必要將他人著作列為內部參考資料時，在合理範圍內，得重製他人之著作。但依該著作之種類、用途及其重製物之數量、方法，有害於著作財產權人之利益者，不在此限。

所以除非節錄的內容過多，否則因立法或行政目的所需的節錄通常不算侵犯著作權。

疑問四：法院為了起訴犯人必須提出證據，但該證據包含作家甲著作的一部份，法院影印該證據(包含作家甲著作的一部份)，是否侵犯著作權？

解惑四：依據台灣著作權法：專為司法程序使用之必要，在合理範圍內，得重製他人之著作。

所以法院影印該證據(包含作家甲著作的一部份)，不算侵犯著作權。

疑問五：老師使用投影片上課，製作投影片的內容有部分是直接影印所用教科書的內容，是否侵犯著作權？

解惑五：依據台灣著作權法：依法設立之各級學校及其擔任教學之人，為學校授課需要，在合理範圍內，得重製他人已公開發表之著作。

所以雖然所用的教科書是有著作權的，但是，老師為了上課之需要，可以直接影印教科書的內容而不會侵犯著作權。

以下為詢問智慧財產局獲得的回覆：

依著作權法(下稱本法)規定，A 教師用 B 的著作製成投影片或講義，可能涉及「重製」、「改作」行為；後續影印給學生，則涉及「散布」行為；**如上傳網路，不論是線上教學、遠距教學、視訊等方式向學生授課或上傳班級群組，均會另涉及「公開傳輸」行為。**因上述行為均屬著作財產權人享有之專屬權利，A 教師除有符合本法第 44 至第 65 條之合理使用情形外，**須徵得著作財產權人（原則上為 B）的同意或授權，否則即可能構成侵害著作財產權之行為，**而須負擔民、刑事責任。

A 教師可能符合合理使用的情形，依本法第 46 條第 1 項規定：「依法設立之各級學校及其擔任教學之人，為學校授課需要，在合理範圍內，得重製他人已公開發表之著作。」A 教師如果是在依法設立的各級學校授課的老師，為了授課需要，可以在「合理範圍」內將 B 的著作「重製」在講義內，也可以將講義印製紙本發送「散布」給學生（同法第 63 條規定參照）。

但是，**要將講義上傳網路，則需向著作財產權人取得「公開傳輸」的同意或授權，**因為前述課堂的合理使用僅限於重製之行為，不包括「公開傳輸」。所以，新冠肺炎期間，因疫情實施的線上教學、遠距教學及視訊授課，若將教材上網均為違反著作權之行為，但因屬告訴乃論，無著作權人提告則無事，萬一有著作權人提告老師違法，而須負擔民事(賠錢)、刑事(坐牢)責任的可能性極高，但老師係受教育部與學校之命令而為之，該罰誰？

提醒一：老師影印教科書的內容用於上課不會侵犯著作權，但是學生影印教科書的內容就是侵犯著作權的行為。

提醒二：老師影印教科書的內容用於上課不會侵犯著作權，但是如果把影印教科書的內容上網供人瀏覽就是侵犯著作權的行為。

疑問六：**國立編譯館負責編寫國中物理課本，國中物理課本中的一個實驗係由作者甲出版的物理書籍改編而成，是否侵犯著作權？**

解惑六：依據台灣著作權法：為編製依法令應經教育行政機關審定之教科用書，或教育行政機關編製教科用書者，在合理範圍內，得重製、改作或編輯他人已公開發表之著作。前項規定，於編製附隨於該教科用書且專供教學之人教學用之輔助用品，準用之。但以由該教科用書編製者編製為限。前項情形，利用人應將利用情形通知著作財產權人並支付使用報酬。使用報酬率，由主管機關定之。

所以，國立編譯館編寫國中物理課本時將作者甲出版的物理書籍的部分內容改編成國中物理課本中的一個實驗，甚至製成輔助實驗器材，並不會侵犯著作權，可是可能需要付費。

提醒：私人補習班編製教材時未經同意將作者甲出版的物理書籍的部分內容改編成補習班教材的內容就是侵犯著作權的行為。

疑問七：學校為了宣導反毒，讓學生了解毒品的害處，利用教室內的電視播放作者甲出版的毒品介紹影片，是否侵犯著作權？

解惑七：依據台灣著作權法：依法設立之各級學校或教育機構，為教育目的之必要，在合理範圍內，得公開播送他人已公開發表之著作。前項情形，利用人應將利用情形通知著作財產權人並支付使用報酬。使用報酬率，由主管機關定之。

所以，學校利用教室內的電視播放作者甲出版的毒品介紹影片並不會侵犯著作權，可是可能需要付費。

提醒一：學校午休時間播放歌曲並非為教育目的之必要，所以除非有獲得授權，否則就是侵犯著作權的行為。

提醒二：學校利用教室內的電視播放電影並非為教育目的之必要，所以除非有獲得授權，否則就是侵犯著作權的行為。

疑問八：研究生甲依照老師的指示到圖書館找資料，影印了期刊中的一篇論文，是否侵犯著作權？

解惑八：依據台灣著作權法：供公眾使用之圖書館、博物館、歷史館、科學館、藝術館或其他文教機構，得應閱覽人供個人研究之要求，重製已公開發表著作之一部分，或期刊或已公開發表之研討會論文集之單篇著作，每人以一份為限。所以只印一份不會侵犯著作權，可是如果印很多份就是侵犯著作權的行為。

疑問九：**圖書館發現期刊經常被沒有公德心或不願花錢影印的讀者偷偷撕走幾頁，為了讓後續的讀者也能看到完整的期刊，圖書館將該期刊影印保存，是否侵犯著作權？**

解惑九：依據台灣著作權法：供公眾使用之圖書館、博物館、歷史館、科學館、藝術館或其他文教機構，基於保存資料之必要者，得就其收藏之著作重製之。

 得獎發明介紹

感應式紅綠燈

當到達十路口遇到紅燈，可是綠燈方向完全沒有人車，在枯等紅燈時，是否覺得自己像被機器愚弄的呆子。本發明的紅綠燈可自動感應控制，讓有人車的方向由紅燈變為綠燈，避免上述枯等紅燈的情況。

疑問十：**大師級的絕版著作全台灣只剩台大圖書館有一本，為了讓其他地區的民眾也有機會拜讀大師的絕版著作，台大圖書館是否可以影印該著作供其他圖書館收藏？**

解惑十：依據台灣著作權法：供公眾使用之圖書館、博物館、歷史館、科學館、藝術館或其他文教機構，得就絕版或難以購得之著作，應同性質機構之要求重製之。

疑問十一：**學校是否可以複製碩士、博士論文的摘要以方便學生檢索論文？**

解惑十一：依據台灣著作權法：中央或地方機關、依法設立之教育機構或供公眾使用之圖書館，得重製依學位授予法撰寫之碩士、博士論文，著作人已取得學位者已公開發表之著作所附之摘要。

13

疑問十二：圖書館為了方便論文檢索，是否可以複製刊載於期刊中之學術論文所附的摘要？

解惑十二：依據台灣著作權法：中央或地方機關、依法設立之教育機構或供公眾使用之圖書館，得重製刊載於期刊中之學術論文所附之摘要。

疑問十三：學校是否可以複製已公開發表之研討會論文集或研究報告的摘要以方便學生檢索論文？

解惑十三：依據台灣著作權法：中央或地方機關、依法設立之教育機構或供公眾使用之圖書館，得重製已公開發表之研討會論文集或研究報告所附之摘要。

疑問十四：記者在報導新聞時是否可以直接引用與該新聞直接有關的著作？

解惑十四：依據台灣著作權法：以廣播、攝影、錄影、新聞紙、網路或其他方法為時事報導者，在報導之必要範圍內，得利用其報導過程中所接觸之著作。

疑問十五：志工甲為了宣導反毒，是否可以影印高雄市政府製作的反毒文宣？

解惑十五：依據台灣著作權法：以中央或地方機關或公法人之名義公開發表之著作，在合理範圍內，得重製、公開播送或公開傳輸。

疑問十六：孕婦丙在圖書館看到一篇教導如何育兒的文章，是否可以影印一份帶回家當作育兒參考？

解惑十六：依據台灣著作權法：供個人或家庭為非營利之目的，在合理範圍內，得利用圖書館及非供公眾使用之機器重製已公開發表之著作。

疑問十七：研究生乙在寫論文時是否可以引用別人的論文內容？

解惑十七：依據台灣著作權法：為報導、評論、教學、研究或其他正當目的之必要，在合理範圍內，得引用已公開發表之著作。

注意：引用別人的論文內容必須在合理範圍內，如果只引用幾行應該沒有問題，但若為了增加自己論文的篇幅，引用別人的論文長達好幾頁，則會被認定超出合理範圍而侵犯著作權。

疑問十八：**眼睛看不見的人無法看書，大善人牟鍺協出錢請視障協會把作家甲的書作成點字書無償提供給視障朋友，以方便視障者可以摸著學，是否侵犯作家甲的著作權？**

解惑十八：依據台灣著作權法：中央或地方政府機關、非營利機構或團體、依法立案之各級學校，為專供視覺障礙者、學習障礙者、聽覺障礙者或其他感知著作有困難之障礙者使用之目的，得以翻譯、點字、錄音、數位轉換、口述影像、附加手語或其他方式利用已公開發表之著作。

注意：如果牟鍺協出錢請人把作家甲的書作成點字書再賣給視障朋友，因為有營利行為，將侵犯作家甲的著作權。

疑問十九：**學校舉行期中考，老師是否可以把教科書裡的例題拿來當作考題？**

解惑十九：依據台灣著作權法：中央或地方機關、依法設立之各級學校或教育機構辦理之各種考試，得重製已公開發表之著作，供為試題之用。
所以老師可以把教科書裡的例題拿來當作考題。

疑問二十：**學校舉行期中考，老師是否可以把作者甲出版的"考前大猜題"裡面的題目拿來當作考題？**

解惑二十：依據台灣著作權法：中央或地方機關、依法設立之各級學校或教育機構辦理之各種考試，得重製已公開發表之著作，供為試題之用。但已公開發表之著作如為試題者，不適用之。
因為作者甲出版的"考前大猜題"本來就是試題，所以老師不可以把作者甲出版的"考前大猜題"裡面的題目拿來當作考題，只能直接購買作者甲出版的"考前大猜題"當作考卷使用。

疑問二十一：**學校迎新晚會是否可以讓同學上台演唱李宗盛寫的歌？**

解惑二十一：依據台灣著作權法：非以營利為目的，未對觀眾或聽眾直接或間接收取任何費用，且未對表演人支付報酬者，得於活動中公開口述、公開播送、公開上映或公開演出他人已公開發表之著作。
所以，如果沒有對入場者收費，也沒有給表演者酬勞，也就是沒有營利

13

行為就不侵犯著作權。但若有對入場者收費或有給表演者酬勞，就變成有營利行為，就是侵犯著作權。

有關公開演唱會可參考以下新聞：

師徒關係決裂？林暐哲告青峰違反著作權

鏡週刊　　2019 年 11 月 14 日下午 12:06

蘇打綠樂團自 2017 年休團 3 年，主唱吳青峰去年底宣布與恩師林暐哲結束合作關係，現卻傳出林暐哲告吳青峰侵權，指控青峰違反《著作權法》，表示蘇打綠將所有創作歌曲的著作財產權讓給他，2 人師徒情生變，蘇打綠的復出計畫恐成泡影。

吳青峰與林暐哲去年 12 月 31 日發表共同聲明，宣布正式結束合作關係，當時敘述 2 人的關係「像是父子，又像是好友，是師徒，有時候又密切到開玩笑說是在談戀愛嗎？」更稱「不管我們各自做著什麼事，那種心裡的關心跟陪伴都會在的。」沒想到不到一年就風雲變色，現在林暐哲對吳青峰提告侵權，讓人擔心明年蘇打綠若正式復出，是否還能演唱先前創作的無數經典歌曲。

根據《聯合報》報導，林暐哲音樂社有限公司向北檢提起告訴，指控蘇打綠已將所有創作歌曲的著作財產權，全都讓給他，但青峰卻在未獲得他及所屬的公司同意下公開演唱，因此對吳青峰、哈里坤的狂歡有限公司及公司負責人廖碧珍提告。也就是說只要林暐哲不同意，吳青峰就不能唱自己所創作包括〈小情歌〉等逾 270 首的歌，此舉讓 11 月 23、24 日青峰在高雄巨蛋演唱會面臨無歌可唱危機，蘇打綠明年復出的計畫恐都成泡影。

報導稱，吳青峰所屬唱片公司回應：「2 人已於去年 12 月 31 日結束合作，也發表過共同聲明，提告應是一場誤會，希望能趕緊把誤會釐清。」而林暐哲未接電話。據悉蘇打綠團員已了解所有情況，團長阿福透過訊息表示稍晚會回覆。

蘇打綠樂團 2003 年在貢寮海洋音樂祭被林暐哲挖掘，隔年發片後開始活躍於華語流行樂壇。青峰曾獲得金曲獎「最佳作曲人獎」「最佳作詞人獎」等獎，出色歌藝與創作才華更獲陳奕迅、張惠妹、蔡依林等天王天后青睞。

> 注意：上述非以營利為目的，未對觀眾或聽眾直接或間接收取任何費用，且未對表演人支付報酬者，得於活動中使用他人已公開發表之著作並不包含公開傳輸的行為。

延 伸 一：非以營利為目的不包含在產品說明會上播放音樂，即使音樂 CD 是主辦者自己帶來的，而且主辦者對與會人員及來賓都沒有收取費用，也沒有對表演人支付報酬，但是，因為產品說明會是為了獲取經濟上的利益所

舉辦的，所以，即使經濟上的利益無法立即實現，但可能轉換爲無形或延後發生的經濟利益就不符合非以營利爲目的之規定。

延　伸　二：如果有對觀眾或聽眾收取入場費、飲料費、會員費、清潔費、服務費、飲食費或器材費等，與利用著作行爲有關之直接或間接之相關費用，就不符合未對觀眾或聽眾直接或間接收取任何費用的規定。

延　伸　三：如果要求觀眾或聽眾必須用報紙或雜誌上刊登的印花才能兌換入場券，因爲購買報紙或雜誌必須花錢，等於間接收取入場費，所以就不符合未對觀眾或聽眾直接或間接收取任何費用的規定。

延　伸　四：如果對表演人有支付工資、津貼、抽紅或工作獎金等，不論換成哪種名目，只要被認定是相當於對其表演之對價的話，統統都不符合未對表演人支付報酬的規定。

延　伸　五：如果對表演人支付的是交通費或車馬費，只要不超過正常實際交通所需之金額，仍然符合未對表演人支付報酬的規定。

延　伸　六：如果對表演人支付的是中獎的獎金或比賽獲得名次的獎金，仍然符合未對表演人支付報酬的規定。

延　伸　七：如果使用的是未經權利人以發行、播送、上映、口述、演出、展出或其他方法向公眾公開提示著作內容者，就不符合已公開發表的規定。

延　伸　八：如果是經常性的活動而非特殊活動，就不符合上述可免費使用的規定，例如學校或辦公室在午休時間或休息時間播放音樂，或例如機關團體或社區提供電腦伴唱機，讓員工或社區人員點唱，都屬於經常性的活動，都不符合上述可免費使用的規定。

延　伸　九：如果是年終尾牙或年初春酒活動，由員工自己上場演出，或爲了特定主題舉辦例如電影欣賞週、卡拉 OK 大賽等，都屬於非經常性的特定活動，如果沒有向觀眾或聽眾收取費用，也沒有向表演人支付報酬，則可以符合上述可免費使用的規定。

13

延　伸　十：如果年終尾牙或年初春酒等活動是在餐廳舉辦，則該餐廳業者應徵得著
　　　　　　作權利人之授權，機關或公司行號的使用行為就變成由餐廳業者所取得
　　　　　　的授權所涵蓋，機關或公司行號就不需要再考慮是否符合上述可免費使
　　　　　　用規定的問題。

　　有關婚喪喜慶是否符合上述可免費使用規定的問題，請參考以下自由時報 2010 年 5 月 19 日的新聞報導：

　　〔記者林毅璋、林俊宏／綜合報導〕國人在婚喪喜慶的場合，難免都會演奏或播放音樂增添氣氛，然而一旦涉及營利行為，版權音樂都須付費。經濟部智慧財產局昨日指出，著作權團體已開始向殯葬業與靈骨塔業者要求使用報酬，目前萬安與國寶兩家禮儀公司也已主動尋求授權使用。同樣的，飯店業者在婚禮時播放歌曲也要付費。

　　遊覽車司機溫振輝去年八月在車上公開播放「思慕的人」、「恰似你的溫柔」等原唱歌曲供乘客點唱，就被控涉嫌侵犯他人智慧財產權，台北地檢署昨偵結，依違反著作權法將溫嫌起訴。

　　檢方表示，被告點唱機內共有十二首歌，版權屬於提告的財團法人音樂著作權人聯合總會及社團法人台灣音樂著作權協會所有，未經許可，不得擅自公開播放。

　　智慧局長王美花指出，不管是告別式或是飯店、餐廳舉行婚禮，由於殯葬、禮儀與飯店業者都是屬於營業上的利用行為，因此應向著作財產權人徵得授權後才能利用，目前一場活動的費用約為一千元。

　　王也說，如果襯底音樂是現場播放唱片音樂，除了詞曲的音樂著作的部份，另還涉及公開播放他人錄音著作，唱片著作財產權人也可以請求利用人支付使用報酬。

　　喪家自製光碟　不用授權

　　王美花也說明，如果告別式播放的光碟是由喪家自行準備，且內容是喪家自己利用個人相片、影片加上襯底音樂，符合「著作權法」規定，不需要取得授權。

　　智慧局也提醒，禮儀公司應依照在告別式上實際的利用情形支付公開演出或公開播送的授權費用，而不是由喪家、禮儀公司員工或樂師個別的去洽商。

疑問二十二：收藏家將其數十年來收藏的世界各國著名畫家的畫在藝廊展出，是否侵
　　　　　　犯著作權？

解惑二十二：依據台灣著作權法：美術著作或攝影著作原件或合法重製物之所有人或經其同意之人，得公開展示該著作原件或合法重製物。前項公開展示之人，為向參觀人解說著作，得於說明書內重製該著作。

疑問二十三：**遊客甲到台北 101 大樓自拍，該照片是否侵犯著作權？**

解惑二十三：依據台灣著作權法：於街道、公園、建築物之外壁或其他向公眾開放之戶外場所長期展示之美術著作或建築著作，除下列情形外，得以任何方法利用之：一、以建築方式重製建築物。二、以雕塑方式重製雕塑物。三、為於本條規定之場所長期展示目的所為之重製。四、專門以販賣美術著作重製物為目的所為之重製。

所以遊客甲的台北 101 大樓自拍照如果沒有製成卡片販賣，只是自己使用，並沒有侵犯著作權。

延　　　伸：如果根據照片蓋出另一棟與台北 101 大樓造型相同的建築，就是侵犯著作權。

疑問二十四：**學生甲買了一部電腦附有合法的驅動程式套裝軟體，學生甲將該驅動程式套裝軟體製作備份以防萬一，是否侵犯著作權？**

解惑二十四：依據台灣著作權法：合法電腦程式著作重製物之所有人得因配合其所使用機器之需要，修改其程式，或因備用存檔之需要重製其程式。但限於該所有人自行使用。

注意：該驅動程式套裝軟體製作的備份只能供學生甲自己使用，如果提供給學生乙使用，讓學生乙不必花錢買該軟體就是侵犯著作權。

疑問二十五：**甲在書店購買 1 本作者乙寫的書，甲把該書賣給丙，是否侵犯著作權？**

解惑二十五：依據台灣著作權法：在中華民國管轄區域內取得著作原件或其合法重製物所有權之人，得以移轉所有權之方式散布之。

雖然原本"散布"是屬於著作權人的權利，但取得著作原件或其合法重製物所有權之人，得以移轉所有權之方式散布之。所以把買來的書賣掉並沒有侵犯著作權。

13

疑問二十六：甲在書店購買 1 本作者乙寫的書，甲把該書出租給丙，是否侵犯著作權？

解惑二十六：依據台灣著作權法：著作原件或其合法著作重製物之所有人，得出租該原件或重製物。但錄音及電腦程式著作，不適用之。附含於貨物、機器或設備之電腦程式著作重製物，隨同貨物、機器或設備合法出租且非該項出租之主要標的物者，不適用前項但書之規定。

延　伸　一：甲在書店購買 1 卷歌手乙錄音光碟，甲把該錄音光碟出租給丙，就是侵犯著作權，因為出租錄音光碟是屬於著作權人的權利。

延　伸　二：甲在電腦商場購買 1 套電腦程式，甲把該電腦程式出租給丙，就是侵犯著作權，因為出租電腦程式是屬於著作權人的權利。

延　伸　三：甲公司購買 1 套美國進口的設備，甲公司把這套美國進口的設備出租給乙公司，在出租的同時，連同這套美國進口設備的操作控制電腦程式也一起出租給乙公司，並沒有侵犯著作權，因為如果沒有連同這套美國進口設備的操作控制電腦程式也一起出租給乙公司，則該設備根本無法使用，所以成為特殊情況。

疑問二十七：甲報紙刊登一篇有關藝人乙對於台北市長候選人丙的看法，丁報紙是否可以轉載該篇論述？

解惑二十七：依據台灣著作權法：揭載於新聞紙、雜誌或網路上有關政治、經濟或社會上時事問題之論述，得由其他新聞紙、雜誌轉載或由廣播或電視公開播送，或於網路上公開傳輸。但經註明不許轉載、公開播送或公開傳輸者，不在此限。

所以除非藝人乙對於台北市長候選人丙看法的論述有註明不許轉載、公開播送或公開傳輸，否則丁報紙轉載該篇論述並沒有侵犯著作權，不過丁報紙應該註明該篇論述的出處是來自於甲報紙。

疑問二十八：甲報紙刊登一篇有關名廚師乙對於特殊蛋糕的作法，丁報紙是否可以轉載該篇論述？

解惑二十八：依據台灣著作權法只有政治、經濟或社會上時事問題之論述才可以轉載，蛋糕的作法並非政治、經濟或社會上時事問題之論述，所以丁報紙轉載該篇論述是侵犯著作權的行為。

疑問二十九：台北市長候選人甲在政見發表會發表一場公開演說闡述其政見，對手乙將該演說的部分內容印在文宣中加以批評，對手乙是否侵犯著作權？

解惑二十九：依據台灣著作權法：政治或宗教上之公開演說、裁判程序及中央或地方機關之公開陳述，任何人得利用之。但專就特定人之演說或陳述，編輯成編輯著作者，應經著作財產權人之同意。

所以對手乙的行為並沒有侵犯著作權。

延　伸：如果台北市長候選人甲是在其輔選團隊的內部會議發放會議手冊的同時，對其輔選團隊的成員發表演說，演說內容刊登於會議手冊中，對手乙將該演說的部分內容印在文宣中加以批評，就是侵犯著作權的行為。因為這是對特定人之演說或陳述，並且編輯成編輯著作者，而且依照常理推斷，台北市長候選人甲不可能會同意競爭對手乙使用該資料。

以下節錄自由時報 2013 年 12 月 26 日的報導供參考：

〔記者王定傳／新北報導〕去年 7 月，謝姓女子將 YouTube 上的電影《人在囧途》連結網址，放在自己的部落格，電影代理商發現後控告侵權，一審法院判她拘役 20 日；智慧財產法院審理後逆轉，認定謝女因信賴網站影片合法而分享，無「明知」影片未經授權，還故意分享的犯罪動機，改判無罪定讞。

智財法院庭長李得灶表示，YouTube 對有版權的影片，有檢舉下架制度，民眾因而相信網站影片未下架應屬合法，謝女也因信賴網站上影片有版權才分享，無「明知」還故意的犯罪行為。

李得灶提醒，民眾若將未經授權的影片上傳網路恐觸法。至於分享的民眾，個案情形不一，若是知道影片未經授權，還刻意分享才可能構成犯罪。

一審法院依違反著作權法判謝女拘役 20 日。謝女上訴主張：「因信賴 YouTube 網站影片有版權才分享，並無提供下載，不知這樣違法！」合議庭認為，謝女僅在部落格提供連結網址分享，與著作權法規定的「公開傳輸」要件不符，且謝女無法知悉影片未經授權，因信賴網站才分享，判決無罪。

疑問三十：只影印 1 本書的十分之一，是否侵犯著作權？

解惑三十：依據台灣著作權法：著作之合理使用，不構成著作財產權之侵害。著作之利用是否合於合理範圍或其他合理使用之情形，應審酌一切情狀，尤應注意下列事項，以為判斷之基準：一、利用之目的及性質，包括係為商業目的或非營利教育目的。二、著作之性質。三、所利用之質量及其在整個著作所占之比例。四、利用結果對著作潛在市場與現在價值之影響。著作權人團體與利用人團體就著作之合理使用範圍達成協議者，得為前項判斷之參考。前項協議過程中，得諮詢著作權專責機關之意見。

所以只影印 1 本書的十分之一，並不能保證就沒有侵犯著作權，還必須視個案依照上述原則判斷才能確定。

13-5 其他常見的著作權問題 IQ

疑問一：甲下載網路上的"免費軟體"到自己的電腦是否有侵犯著作權？

解惑一：網路上的免費軟體是著作人自己放在網路上免費提供使用的，換句話說，著作權人已經同意讓人重製，所以下載網路上的免費軟體到自己的電腦並不會侵犯著作權。

疑問二：甲下載網路上的"共享軟體"到自己的電腦是否有侵犯著作權？

解惑二：網路上的共享軟體是著作人自己放在網路上，免費提供試用一段時間，一方面測試軟體使否有漏洞，另一方面藉由免費試用期培養後續付費使用的客戶群，換句話說，著作權人已經同意讓人重製，但是有時間限制，所以在限定的時間內下載網路上的共用軟體到自己的電腦，並不會侵犯著作權。

疑問三：如果甲下載網路上的共享軟體到自己的電腦，試用後覺得很好用，但在免費試用期過後要繼續使用必須付費，甲不想付費，破解其註冊碼後下載，是否有侵犯著作權？

解惑三：依據台灣著作權法：防盜拷措施：指著作權人所採取有效禁止或限制他人擅自進入或利用著作之設備、器材、零件、技術或其他科技方法。著作權人所採取禁止或限制他人擅自進入著作之防盜拷措施，未經合法授權不得予以破解、破壞或以其他方法規避之。破解、破壞或規避防盜拷措施之設備、器材、零件、技術或資訊，未經合法授權不得製造、輸入、提供公眾使用或爲公眾提供服務。

所以甲破解其註冊碼的行爲，就是未經合法授權破解防盜拷措施的違法行爲。

延　伸：在網路上提供破解版軟體供人下載使用也是違反著作權的不法行爲。

以下節錄東森新聞 2015 年 1 月 10 日 "LINE 驚傳破解付費貼圖免費用觸法" 的報導供參考：

知名通訊軟體 LINE，是很多民眾愛用的軟體，尤其裡面的貼圖更讓人愛不釋手，不過現在有網友在網路貼出一支破解影片，宣稱可以破解 LINE，讓原本要付費的貼圖通通免費使用，消息傳出，LINE 官方表示已經在緊急修復中也呼籲民眾不要以身試法。

LINE 的訊息聲響個不停，打開手機原來有朋友用 LINE 傳貼圖來問候，這是時下流行的聊天方式，只不過看看貼圖小舖，不少熱門貼圖像是蛋黃哥或是超療癒的蛋黃哥或是可愛貓爪抓，都要額外付費，現在網路就出現了破解方法讓原本要付費的貼圖通通免費，有網友在臉書貼出影片教大家要怎麼破解，3c 達人推測可能是因爲 LINE 裡面每個群組貼圖都有一個代號，而 LINE 的伺服器只會檢查這個代號，不會去一一檢視裡面的貼圖，而利用這個漏洞網友竄改群組裡的貼圖，LINE 也不會發現，有人就按教學影片照做，結果就在饅頭人的貼圖裡出現要付費的花爸花媽，以及貓爪抓貼圖，再來看看熊大兔兔和櫻桃可可，也出現同樣狀況混入了其他貼圖。

消息曝光後這個網友立刻把教學影片刪除，LINE 公司也緊急修正程式同時提出呼籲，說這樣的行爲已經侵犯智慧財產權，一般民眾不要以身試法。

疑問四：甲下載網路上的"公共軟體"到自己的電腦是否有侵犯著作權？

解惑四：網路上的公共軟體是著作人放棄其著作財產權，或著作財產權已經到期截止，換句話說，公共軟體已經沒有著作財產權，所以下載網路上的公共軟體到自己的電腦並不會侵犯著作權。

13

疑問五：甲到夜市買到一張匯集 20 種盜版軟體的光碟，也就是俗稱的"大補帖"安裝到自己的電腦使用是否有侵犯著作權？

解惑五：安裝到電腦就是重製，盜版軟體沒有經過合法授權，就是侵犯著作權。

延　伸：如果甲把在夜市買到的盜版光碟借給同學、送給朋友或租給別人都是屬於散布，都是侵犯著作權的行為。

疑問六：甲把一首歌改成 MP3 的數位形式是否有侵犯著作權？

解惑六：歌曲原本是類比的(連續的聲音信號)，改成 MP3 後雖然變成數位的(不連續的聲音信號)，但是因為數位信號很密集，導致不夠靈敏的人耳聽起來有相同的效果，所以還是屬於重製，還是有侵犯著作權。

疑問七：甲觀看 DVD 影片時發現都會先播一些演員、音效、道具與導演等名單，要等很久影片才會正式開始，是否可將影片前面的名單刪除？

解惑七：依據台灣著作權法：權利管理電子資訊：指於著作原件或其重製物，或於著作向公眾傳達時，所表示足以確認著作、著作名稱、著作人、著作財產權人或其授權之人及利用期間或條件之相關電子資訊；以數字、符號表示此類資訊者，亦屬之。著作權人所為之權利管理電子資訊，不得移除或變更。

疑問八：路口監視器拍到的畫面有沒有著作權？

解惑八：必須有原創性才稱為著作才會有著作權，路口監視器只是架設在定點隨機拍攝通過的人與物，並沒有人用心去導演，所以沒有原創性，沒有著作權。

疑問九：甲到野外拍攝動物的行為與聲音有沒有著作權？

解惑九：甲拍攝時會選擇想拍的畫面與聲音，甚至可能後續會剪接，所以有原創性有著作權。

延　伸：乙不能主張野生動物自然存在是公共財，而任意使用甲的拍攝成果，所以乙若想使用該野生動物的畫面與聲音，可以尋求授權或自己去拍攝。

疑問十：行車紀錄器拍到的畫面有沒有著作權？

解惑十：行車紀錄器雖然固定在車上隨機拍攝通過的人與物，但是車上的駕駛與乘客可以經由開車與對話操控拍攝的內容，所以可以有編導的效果，可以有原創性，可以有著作權。

疑問十一：甲在紙張上畫了一輛車，乙未經甲的同意就依據該車的圖畫作出一輛立體的模型車玩具，乙是否有侵犯甲的著作權？

解惑十一：重點不在於平面或立體，如果由乙製作的立體模型車玩具之某一角度看過去會呈現與甲在紙張上所畫的相同圖樣，就是有侵犯甲的著作權。

疑問十二：學生撰寫的碩士論文指導教授要求加以修改是否侵犯著作權？

解惑十二：由於學生是在指導教授的指導之下撰寫碩士論文，所以是屬於共同著作，而且學生要畢業必須經過指導教授簽名與同意，指導教授也必須在論文上掛名與負責，所以指導教授當然有權要求該論文的內容必須達到其所要求的水準，才同意讓學生畢業。

延伸一：碩士或博士的口試老師也必須在論文上簽名表示其同意該論文的內容已經達到所要求的水準，所以口試老師也有權提出修改的要求。

延伸二：碩士或博士班學生當然可以主張其論文的著作權，而不同意指導教授與口試老師修改，但相對地，指導教授與口試老師也可以主張其論文未達到所要求的水準而拒絕簽名，不同意讓該生畢業。所以通常學生為了畢業，都會同意讓指導教授與口試老師修改，既然指導教授與口試老師是在作者同意的情況下修改，當然就不會有侵犯著作權的問題。

疑問十三：師生撰寫的論文投稿到期刊或研討會，論文審查委員要求修改是否侵犯著作權？

解惑十三：研討會或期刊會要求該論文的內容，必須達到其所要求的水準才同意刊登，投稿者當然可以主張其論文的著作權而不同意修改，但是如此一來就會失去被接受與刊登的機會，所以通常投稿者為了被接受與刊登都會同意論文審查委員要求的修改，既然是在作者同意的情況下修改，當然就不會

13

有侵犯著作權的問題。若作者不同意修改，可放棄該期刊改投其他期刊或研討會。

疑問十四：甚麼是創用 CC？ (CC)

解惑十四： 創用 CC 通常用 4 個簡單的符號表示，圓圈內有 "BY：" (BY:) 或 "人的形狀" (i) 表示要求必須標示作者的姓名，圓圈內有 "等號" (=)" 表示要求禁止改作，圓圈內有 "錢的符號被劃一條斜線" (S) 表示要求非商業性使用，圓圈內有 "迴轉箭頭" (C) 表示要求以相同的方式分享，所以只要符合上述要求就可以使用該著作。基本上沒有創用 cc 就是未經同意不得使用，而有創用 cc 只要遵守其要求就能使用。

疑問十五：專利說明書是否有著作權？

解惑十五： 專利說明書是申請人或其代理人用心撰寫的文書，屬於有原創性的著作，所以有著作權。但是當專利核准後會被公告，因為政府的公告是要讓大家廣為複製與散布以便讓大家都知道的，依據台灣著作權法，政府的公告不受著作權保護。所以專利說明書在被公告前有著作權，但在被公告後則沒有著作權。

> 提醒：許多學生在撰寫論文或報告時為了增加篇幅，經常喜歡引用別人的論文或抓取網路上的資料，若引用的篇幅太多，很容易被認定為非合理使用而侵犯著作權。但若引用的是被公告後的專利文字或圖片，因為沒有著作權，所以可以放心大量引用。

疑問十六：甲開創一個留言板，乙到留言板上留言的內容其實是盜用丙的文章，甲與乙是否有侵犯丙的著作權？

解惑十六： 乙盜用丙的文章到留言板上留言很明顯是侵犯丙著作權的行為，至於留言板的板主甲，因為到留言板上留言的內容太多，實務上甲不可能一一比對與審查，所以，原則上甲並沒有責任。

延　伸：雖然實務上甲不可能一一比對與審查而沒有責任，但是如果有人提出檢舉，告知留言板的板主甲，其實乙到留言板上留言的內容是盜用丙的文章，則甲就應該去查證，若屬實，就必須將乙盜用的留言刪除，否則還是算共犯。

疑問十七：甲在 BBS 看到一篇很棒的文章，是否可以用 e-mail 轉寄給朋友觀看，或是把該文章列印下來？

解惑十七：BBS 上的文章也是有著作權的，未經同意重製與散布都是違法的。

提醒：曾經有引誘犯罪的案例，也就是作者甲故意將自己的文章用 e-mail 寄給乙、丙、丁等人，乙、丙、丁覺得文章不錯，就用 e-mail 轉寄給朋友戊，戊又用 e-mail 轉寄給朋友己，己又用 e-mail 轉寄給朋友庚，結果庚又用 e-mail 轉寄給朋友甲。此時，居心叵測的甲就以此為證據控告乙、丙、丁、戊、己、庚等人侵犯其著作權。所以，收到朋友寄來的資料看完後最好趕快刪除不要隨便轉寄，否則可能會落入陷阱而害人害己。

疑問十八：A 片是否有著作權？

解惑十八：這是一個具有高度爭議性的話題，因為依據世界潮流，著作完成即自動受到保護不必接受審查。既然無人審查，那麼，誰來認定是否為 A 片？因此，以立法精神來看，任何著作(包含 A 片)都不必接受審查於著作完成即自動受到保護，所以 A 片有著作權。但是台灣司法單位實務上偏向以下看法：A 片違反善良風俗，或認為 A 片沒有原創性，既然沒有原創性就不屬於著作權法所保護的著作，因而主張 A 片沒有著作權。

以下節錄自自由時報 2014 年 2 月 21 日的報導供參考：

〔記者王定傳、吳岳修／新北報導〕信不信由你，A 片也受著作權保護！最高法院八八年度的判決，A 片不受著作權保護，但智慧財產法院昨推翻此一見解，依台大法律系教授黃銘傑鑑定，認定三部 A 片具原創性、有劇情，並非一般 A 片「男女主角一路做到底」，且日本與我國同屬 WTO（世界貿易組織）會員，其國民色情著作應受我國著作權法保護。

本判決為智慧財產法院二審宣判，不得上訴，成為智慧財產法院成立以來，第一件認定國外合法色情片享有著作權的確定判決。

13

但智財法院庭長李得灶說，本判決對其他法官、合議庭無拘束力，未來若出現不同見解時，法院可能舉辦法律座談，但座談見解也僅供參考，同樣無拘束力，法官承審類似案件，仍可依其心證作不同判決。

兩男賣色情光碟 判刑半年

本案販賣色情光碟的兩名男子，被依違反著作權法各判刑六個月定讞，委任律師薛欽峰表示，此判決與歷來實務見解不同，其他法官不一定認同。

判決書指出，男子張善震在台北市開「東京熱便利屋」，九十九年僱周佳民當店員賣 A 片，被查扣一萬多片，日本桃太郎映像出版等公司跨海提告，一審台北地院採前述的最高法院判決見解，認為不受我國著作權法所保護，刑事方面則依販售猥褻物品罪，各判刑六月。

但檢方認為若干片子具原創性，應受著作權法保護，遂上訴智財法院，檢方並請黃銘傑教授，針對其中三部最具原創性的片子進行鑑定、攻防。

合議庭：色情定義因時而變

黃銘傑認為，拍攝手法、劇情構思，都足以表現作者的個性或獨特性，具有最低程度的創意，它以紀錄片、訪談進行，情色（有性愛部分）與非情色的劇情穿插、設計，足以表現獨創性，與純「嘿咻」影片不同。

合議庭認為，色情或猥褻的定義因時代而變，過去認為色情小說的《查泰萊夫人的情人》，現代認為是探討女性情慾的重要文學經典；導演李安的電影《色戒》，也不因有性交畫面就認定非著作，國家可適當管制色情著作，但有原創性的色情著作仍應有著作權。

疑問十九：由國外輸入侵害著作權之物品，可否於海關查扣？

解惑十九：有下列情形之一者，除本法另有規定外，視為侵害著作權或製版權：

一、以侵害著作人名譽之方法利用其著作者。

二、明知為侵害製版權之物而散布或意圖散布而公開陳列或持有者。

三、輸入未經著作財產權人或製版權人授權重製之重製物或製版物者。

四、未經著作財產權人同意而輸入著作原件或其國外合法重製物者。

如被害人不易證明其實際損害額，得請求法院依侵害情節，在新臺幣一萬元以上一百萬元以下酌定賠償額。如損害行為屬故意且情節重大者，賠償額得增至新臺幣五百萬元。

著作權人或製版權人對輸入或輸出侵害其著作權或製版權之物者,得申請海關先予查扣。

前項申請應以書面為之,並釋明侵害之事實,及提供相當於海關核估該進口貨物完稅價格或出口貨物離岸價格之保證金,作為被查扣人因查扣所受損害之賠償擔保。海關受理查扣之申請,應即通知申請人。

如認符合前項規定而實施查扣時,應以書面通知申請人及被查扣人。申請人或被查扣人,得向海關申請檢視被查扣之物。查扣之物,經申請人取得法院民事確定判決,屬侵害著作權或製版權者,由海關予以沒入。沒入物之貨櫃延滯費、倉租、裝卸費等有關費用暨處理銷毀費用應由被查扣人負擔。

疑問二十:投稿到報紙的文章,報社是否可重覆刊登?

解惑二十:著作財產權人投稿於新聞紙、雜誌或授權公開播送著作者,除另有約定外,推定僅授與刊載或公開播送一次之權利,對著作財產權人之其他權利不生影響。

疑問二十一:著作是否可申請強制授權?

解惑二十一:錄有音樂著作之銷售用錄音著作發行滿六個月,欲利用該音樂著作錄製其他銷售用錄音著作者,經申請著作權專責機關許可強制授權,並給付使用報酬後,得利用該音樂著作,另行錄製。依前條規定利用音樂著作者,不得將其錄音著作之重製物銷售至中華民國管轄區域外。

疑問二十二:著作強制授權應付給著作權人多少費用?

解惑二十二:著作權專責機關許可強制授權者,應同時告知使用報酬之計算方法及許可利用之方式。

申請人應給付之使用報酬,其計算公式如下:

使用報酬率= (預定發行之錄音著作批發價格 × 5.4% × 預定發行之錄音著作數量) / (預定發行之錄音著作所利用之音樂著作數量)

依前項計算公式計算之使用報酬低於新臺幣二萬元者,以新臺幣二萬元計算。

13

疑問二十三：著作財產權人是否可組成團體？

解惑二十三：著作財產權人為行使權利、收受及分配使用報酬，經著作權專責機關之許可，得組成著作權集體管理團體。

疑問二十四：著作權遇有紛爭怎麼辦？

解惑二十四：依據著作權爭議調解辦法

有下列情形之一者，當事人得依本辦法規定申請著作權專責機關調解之：

一、著作權仲介團體與利用人間，對使用報酬之爭議。

二、著作權或製版權之爭議。

前項第二款所定爭議之調解，其涉及刑事者，以告訴乃論之案件為限。

第三條前條所定爭議之調解，由經濟部智慧財產局著作權審議及調解委員會（以下簡稱委員會）依事件之性質或著作之類別指定委員（以下簡稱調解委員）一人至三人調解之。申請調解每件 4000 元。

疑問二十五：政府有鼓勵著作的措施嗎？

解惑二十五：依據文化創意產業發展法

一、視覺藝術產業。

二、音樂及表演藝術產業。

三、文化資產應用及展演設施產業。

四、工藝產業。

五、電影產業。

六、廣播電視產業。

七、出版產業。

八、廣告產業。

九、產品設計產業。

十、視覺傳達設計產業。

十一、設計品牌時尚產業。

十二、建築設計產業。

十三、數位內容產業。

十四、創意生活產業。

十五、流行音樂及文化內容產業。

十六、其他經中央主管機關指定之產業。

國家發展基金應提撥一定比例投資文化創意產業。所以政府會編預算鼓勵。

另外也可接受民間捐款，營利事業之下列捐贈，其捐贈總額在新臺幣一千萬元或所得額百分之十之額度內，得列為當年度費用或損失，不受所得稅法第三十六條第二款限制：

一、購買由國內文化創意事業原創之產品或服務，並經由學校、機關、團體捐贈學生或弱勢團體。

二、偏遠地區舉辦之文化創意活動。

三、捐贈文化創意事業成立育成中心。

四、其他經中央主管機關認定之事項。

文化創意事業自國外輸入自用之機器、設備，經中央目的事業主管機關證明屬實，並經經濟部專案認定國內尚未製造者，免徵進口稅捐。

疑問二十六：輸出鐳射唱片必須經政府核准？

解惑二十六：輸出視聽著作及代工鐳射唱片申請核驗著作權文件作業要點

一、經濟部智慧財產局(以下簡稱本局)為執行貿易法第十七條第一款、貿易法施行細則第十三條、貨品輸出管理辦法第十五條、第十六條，及避免自我國輸出之視聽著作及代工鐳射唱片侵害其他國家依法保護之著作權，特訂定本作業要點。

二、輸出視聽著作或代工鐳射唱片，應依本要點事先檢附著作財產權人授權證明書及相關文件，向本局或各核驗中心申請著作權文件核驗單。

前項申請並得透過網路以電子資料傳輸方式為之。

13

疑問二十七：音樂系學生舉辦畢業音樂會或成果發表會，或慈善音樂會，或歌者翻唱他人成名曲上傳網路，是否需取得該歌曲的著作授權？

解惑二十七：以下為詢問智慧財產局所得到的答覆：

有關您詢問的問題，本局說明如下：

一、古典或流行音樂之「曲譜」為著作權法(下稱本法)所稱之「音樂著作」，其著作財產權保護期間，存續於著作人生存期間及其死亡後50年（參考本法第30條），故所使用之曲目若已超過本法規定的保護期間，即屬公共財，在不侵害著作人格權（包括著作人姓名表示、禁止不當改變著作致損害著作人名譽等）之情形下，原則上任何人均得自由利用，不會侵害著作財產權；反之，若相關著作仍處於本法所規定之保護期間內，而於畢業音樂會進行演奏，會涉及音樂著作之「公開演出」利用行為，除有本法第44條至第65條合理使用之情形外，應分別取得著作財產權人或其所加入之著作權集體管理團體同意或授權，始得合法利用，先予說明。

二、有關您來信之問題，分述如下：

(一) 按依本法第55條：「非以營利為目的，未對觀眾或聽眾直接或間接收取任何費用，且未對表演人支付報酬者，得於活動中公開口述、公開播送、公開上映或公開演出他人已公開發表之著作。」因此，所詢問題一，學生於畢業音樂會演奏他人著作，若符合1、非「以營利為目的」；2、未對觀眾或聽眾直接或間接收取任何費用；3、未對表演人支付報酬；4、必須是非屬經常性之「特定活動」等要件，例如為特定節慶、主題所舉辦的活動，即可主張上述合理使用，無庸取得著作財產權人之授權。至所詢問題二，學生自辦音樂會雖符合上述1、2、3的要件，惟若係於每週或每月等時間經常性或例行性舉辦，則不屬「非經常性活動」，需另行取得著作財產權人之授權。

(二) 所詢問題三，本法第 55 條「未對觀眾直接或間接收取任何費用」之要件(下稱本要件)解釋上應指未對觀眾收取入場費、會員費、清潔費、服務費或器材費等與利用著作行為有關之直接或間接相關費用，請參考本局編製之「非營利性活動中如何合理使用他人著作？」說明，因此若慈善性質之音樂會，有少數聽眾自由樂捐(收入將捐助給弱勢)，是因公益自由捐款而非強制收費，仍可符合本要件，惟若係經常性活動，仍須取得授權。

(三) 所詢問題四、五，**將自行演唱的曲目錄製上傳至網路並供人點閱的行為，均涉及「重製」及「公開傳輸」音樂著作(詞、曲)及錄音著作(若利用他人的無人聲伴奏樂)，且不論有無接受廣告分潤或打賞贊助，該等利用行為並無本法第 55 條之適用，除另符合本法第 44 條至第 65 條其他合理使用的範圍之外，原則上應先取得著作財產權人或其所加入之集管團體的同意或授權，方得利用，否則有可能構成侵害著作財產權之行為，而涉及民刑事責任之問題。**另有關如何取得授權，請參考本局著作授權管道資訊之說明。

三、上述說明，請參考本局電子郵件 1020826、電子郵件 1030724。由於著作權屬私權，有關利用著作之行為是否屬合理使用？有無構成著作權侵害等爭議，均須由司法機關依具體個案事實調查證據認定之。如您仍有疑義，請逕電(02)23767150 與本局著作權組第一科黃小姐聯繫。

經濟部智慧財產局　敬上

附　錄

附錄　參考資料

附錄　參考資料(引用之專利與新聞都已經於內文標示，故在此不再列出)

1.	經濟部智慧財產局智慧財產培訓學院教材。	2.	兩岸暨歐美專利法，曾陳明汝，學林出版社。
3.	專利就是科技競爭力，廖和信，天下遠見出版股份有限公司。	4.	世界科技英才錄技術發明篇，袁運開，王順義，世潮出版股份有限公司。
5.	專利實務，黃文儀，三民書局。	6.	臺灣發明啟示錄邁向創意發明成功之路，高發育，鼎茂圖書出版股份有限公司。
7.	專利寫作，周卓明，易湘雲，全華科技圖書股份有限公司。	8.	中華民國專利法。
9.	中華民國專利法施行細則。	10.	中華民國專利審查基準。
11.	中華民國憲法。	12.	中華民國專利師法。
13.	中華民國專利審查官資格條例。	14.	中華民國專利規費標準。
15.	中華民國專利電子申請相關事項。	16.	中華民國發明創作獎助辦法。
17.	中華民國商標法。	18.	中華民國商標法施行細則。
19.	中華民國商標規費收費標準。	20.	中華民國著作權法。
21.	中華民國營業秘密法。	22.	考選部網站。
23.	經濟部智慧財產局網站。	24.	經濟部工業局網站。
25.	國立臺灣大學網站。	26.	國立政治大學網站。
27.	國立清華大學網站。	28.	國立交通大學網站。
29.	國立成功大學網站。	30.	國立高雄科技大學網站。
31.	國立臺灣科技大學網站。	32.	國立台北科技大學網站。
33.	國立雲林科技大學網站。	34.	智慧財產培訓學院網站。

活人不及死人香

　　明末清初，清兵包圍江陰城，圍城八十一日後終於破城而入，因怨恨該城百姓在毫無外援的情況下竟然死守八十一日不肯投降，因而屠城，造成屍橫遍野，屍臭四散，路人因屍臭難聞而掩鼻，相傳一名女子被帶到江邊處決前，咬破手指，以鮮血在城牆上留下

腐屍白骨滿疆場，萬死孤城未肯降，
寄予路人休掩鼻，活人不及死人香！

的著名詩句。

　　為什麼活人不及死人香？因為死屍雖臭，卻是誓死不降的守城忠骨！而活下來的，則是貪生怕死，甘受屈辱的投降者！

　　人生在世，總有些時候，總有些事，就算知道做了可以得到高官厚祿，榮華富貴，但人們就是猶豫再三，不肯去做！
人生在世，也總有些時候，總有些事，就算知道做了之後，可能大禍臨頭，甚至喪命，但人們就是義無反顧，勇往直前！
為什麼？只因為人有榮辱，有尊嚴，有志節！

　　是要貪圖一世的榮華富貴或是追求千古的名節，經常就在一念之差，不可不慎！

許多人教專利，總愛強調賺大錢，以能告倒對手，告死對手為樂，以能獨佔市場獲取暴利為目標，全然忘卻任何人的成就，都來自於前人經驗智慧的累積與傳承，故得之於人多，出之於己少，應回饋社會，造福人群的基本精神。所以研發專利只是為了賺錢，實在是一項急需改正的錯誤觀念！

歡迎加入 全華會員

● 會員獨享

會員享購書折扣、紅利積點、生日禮金、不定期優惠活動⋯等。

● 如何加入會員

掃 QRcode 或填妥讀者回函卡直接傳真 (02) 2262-0900 或寄回，將由專人協助登入會員資料，待收到 E-MAIL 通知後即可成為會員。

如何購買 全華書籍

1. 網路購書

全華網路書店「http://www.opentech.com.tw」，加入會員購書更便利，並享有紅利積點回饋等各式優惠。

2. 實體門市

歡迎至全華門市（新北市土城區忠義路 21 號）或各大書局選購。

3. 來電訂購

(1) 訂購專線：(02) 2262-5666 轉 321-324
(2) 傳真專線：(02) 6637-3696
(3) 郵局劃撥（帳號：0100836-1 戶名：全華圖書股份有限公司）
※ 購書未滿 990 元者，酌收運費 80 元。

OpenTech .com.tw 全華網路書店

全華網路書店 www.opentech.com.tw
E-mail: service@chwa.com.tw

※ 本會員制如有變更則以最新修訂制度為準，造成不便請見諒。

讀者回函卡

掃 QRcode 線上填寫 ▶▶▶

姓名：

生日：西元＿＿＿＿年＿＿＿＿月＿＿＿＿日　性別：□男 □女

電話：（　　　）　　　　　　　手機：

通訊處：□□□□□

e-mail：　　　　　　（必填）

註：數字零，請用 Φ 表示，數字 1 與英文 L 請另註明並書寫端正，謝謝。

學歷：□高中·職 □專科 □大學 □碩士 □博士

職業：□工程師 □教師 □學生 □軍·公 □其他

學校/公司：　　　　　　　　　科系/部門：

· 需求書類：

□ A. 電子 □ B. 電機 □ C. 資訊 □ D. 機械 □ E. 汽車 □ F. 工管 □ G. 土木 □ H. 化工 □ I. 設計

□ J. 商管 □ K. 日文 □ L. 美容 □ M. 休閒 □ N. 餐飲 □ O. 其他

· 本次購買圖書為：　　　　　　　　　書號：

· 您對本書的評價：

封面設計：□非常滿意 □滿意 □尚可 □需改善，請說明

內容表達：□非常滿意 □滿意 □尚可 □需改善，請說明

版面編排：□非常滿意 □滿意 □尚可 □需改善，請說明

印刷品質：□非常滿意 □滿意 □尚可 □需改善，請說明

書籍定價：□非常滿意 □滿意 □尚可 □需改善，請說明

整體評價：請說明

· 您在何處購買本書？

□書局 □網路書店 □書展 □團購 □其他

· 您購買本書的原因？(可複選)

□個人需要 □公司採購 □親友推薦 □老師指定用書 □其他

· 您希望全華以何種方式提供出版訊息及特惠活動？

□電子報 □DM □廣告 （媒體名稱　　　　　　）

· 您是否上過全華網路書店？(www.opentech.com.tw)

□是 □否 您的建議

· 您希望全華出版哪方面書籍？

· 您希望全華加強哪些服務？

感謝您提供寶貴意見，全華將秉持服務的熱忱，出版更多好書，以饗讀者。

填寫日期：　　　/　　　/

2020.09 修訂

親愛的讀者：

感謝您對全華圖書的支持與愛護，雖然我們很慎重的處理每一本書，但恐仍有疏漏之處，若您發現本書有任何錯誤，請填寫於勘誤表內寄回，我們將於再版時修正，您的批評與指教是我們進步的原動力，謝謝！

全華圖書　敬上

勘 誤 表

書　號		書　名		作　者
頁　數	行　數	錯誤或不當之詞句		建議修改之詞句

我有話要說：（其它之批評與建議，如封面、編排、內容、印刷品質等...）

第 1 章 習 題

班級：_____ 姓名：_____ 學號：_____

(　　) 1. 冷靜、深入探究原因及善於聯想，是成功發明家必備的特質。

(　　) 2. 粗心、不擅觀察及不更新改良，是成功發明家必備的特質。

(　　) 3. 人類的科技與文明是經由不斷累積前人的經驗與智慧而來的。

(　　) 4. 在台灣必須考上專利師才能為自己申請專利。

(　　) 5. 專利制度可以避免有研發能力的人因仿冒者惡性競爭，血本無歸，心灰意冷，使各項技術停滯不前，導致社會失去進步的動力。

(　　) 6. 專利制度是要讓人們去爭名逐利的制度。

(　　) 7. 專利制度的一項重要功能就是：確保每件有提出申請的新發明技術都有被詳細記錄下來，並且流傳下去。

(　　) 8. 想要成為一個成功的發明家，一定要懂得善用專利資料，才能有效降低研發成本與時間。

(　　) 9. 任何企業在研發產品之前，一定要進行專利調查，確認即將研發的產品沒有侵犯他人的專利權，否則，將有傾家蕩產的可能。

(　　) 10. 大約 80% 的新技術，只在專利資料庫找得到，而在其他如期刊、雜誌或教科書等資料庫，則必須等一段時間，甚至幾年之後才能找得到。

(　　) 11. 研究專利新技術的取代方案(迴避設計)、衍生方案(申請新的專利)，還有即將到期的專利(可以開始籌設生產線，等該專利到期後即可合法免費使用，搶佔剩餘市場與商機)都是藉由專利資料庫尋找商機的重要方法。

(　　) 12. 一個只懂得研發的研發工程師，只是最初階的研發工程師，而一個看得懂專利資料，並且能夠撰寫專利申請書的研發工程師，才是高階的研發工程師。

(　　) 13. 在台灣必須經過專利師考試，取得專利師證照的人，才可以擔任專利代理人，才可以幫別人代為處理專利事務。

(　　) 14. 在台灣考取專利師後不必接受職前訓練，也不必加入專利師公會，就能正式執業。

(　　) 15. 在台灣在經濟部智慧財產局負責審查專利申請案否應該核准的人，稱為專利審查官。

(　　) 16. 在台灣必須要考上專利師才能在企業當研發工程師。

(　　) 17. 必須是天才或擁有高深學識的人，才夠資格從事發明創新的工作。

(　　) 18. 台灣智慧財產管理規範(TIPS)是經濟部工業局委託資策會科技法律中心輔導產業建立智慧財產管理的制度，是專門為企業量身訂做的制度。

(　　) 19. 在台灣「智慧財產人員能力認證」是經濟部智慧財產局委託智慧財產培訓學院開辦的。

(　　) 20. 在台灣「智慧財產人員能力認證」是與專利師相同的考試。

第 2 章 習 題

班級：＿＿＿＿＿＿＿ 姓名：＿＿＿＿＿＿＿ 學號：＿＿＿＿＿＿＿

( ) 1. 在台灣專利獲准後，必須每年在期限前向政府繳交專利年費，才能繼續擁有專利權。

( ) 2. 在台灣在專利權期滿後，任何人都可以無償使用該專利技術。

( ) 3. 在台灣查詢專利年費的繳交狀況，可由沒有按時繳交年費的專利，獲取合法免費使用該專利技術的機會。

( ) 4. 在台灣，藥物只要獲准專利就能上市販售。

( ) 5. 在台灣任何專利權的授權或轉讓都必須到主管機關(經濟部智慧財產局)進行登錄才有效。

( ) 6. 在台灣專利證書與身分證、畢業證書類似，若不慎遺失，可以登報作廢，申請補發。

( ) 7. 在台灣新型專利的授權或轉讓，被授權人或被讓與人應該檢視「新型專利技術報告」，以避免買到與其他既有專利有衝突的新型專利。

( ) 8. 在台灣「職務上發明」的專利權屬於公司或老闆，所以發明人也應該是老闆。

( ) 9. 在台灣有利用雇用人資源或經驗的「非職務上發明」，雇用人只獲得於該公司內使用該專利的「使用權」或稱為「營業權」，而非獲得專利權。

( ) 10. 在台灣同一件新物品的發明品，可以同時申請發明專利及設計專利。

( ) 11. 在台灣同一件新物品的發明品，可以同時申請新型專利及設計專利。

( ) 12. 在台灣無罪推定的舉證責任在被告。

( ) 13. 在台灣國外優先權是前申請案(國外申請案)與後申請案(國內申請案)兩件申請案並存。

( ) 14. 在台灣國內優先權是以改良之後申請案(國內申請案)取代前申請案(國內申請案)，兩件申請案不能並存，只保留後申請案。

( ) 15. 在台灣同一件新物品的發明可以同時申請發明專利及新型專利。

(   ) 16. 在台灣 2 個以上之發明或新型屬於一個廣義發明概念(單一性)，是指說明書之內容，而非申請專利範圍。

(   ) 17. 在台灣將一件專利申請案分成兩件(含)以上的專利申請案，稱為改請。

(   ) 18. 在台灣分割子案的申請人不必與原申請案的申請人相同。

(   ) 19. 在台灣分割子案的發明人可以不必與原申請案的發明人相同，只要是原申請案發明人的全部或一部分就可以了。

(   ) 20. 在台灣可以將發明專利申請案 A 分割成發明專利申請案 B 與新型專利申請案 C。

(   ) 21. 在台灣早期公開制只適用於發明專利申請案。

(   ) 22. 在台灣早期公開制只適用於新型專利申請案。

(   ) 23. 在台灣早期公開制只適用於設計專利申請案。

(   ) 24. 在台灣實體審查申請制只適用於新型專利申請案。

(   ) 25. 某物品 A 在美國、日本、德國與韓國有專利，但在台灣沒有專利，則在台灣生產製造與販賣物品 A 並不違法。

(   ) 26. 在台灣沒有經過專利所有權人同意，直接由政府授權他人實施專利的情況，稱為強制授權。

(   ) 27. 在台灣對進口之物有侵害專利之虞者，得申請海關先予查扣。

(   ) 28. 上題申請海關先予查扣必須支應相對的保證金。

(   ) 29. 在台灣共同擁有專利權的專利所有權人中，只要有一個符合減免專利年費的規定，就能向經濟部智慧財產局申請減免專利年費。

(   ) 30. 在台灣甲擁有 A 物品的專利權，調查之後發現乙在仿冒，甲發存證信函警告乙不要再繼續仿冒，乙置之不理，仍然繼續仿冒，所以乙的仿冒行為是屬故意。

第3章 習 題

班級：＿＿＿＿＿＿＿　姓名：＿＿＿＿＿＿＿　學號：＿＿＿＿＿＿＿

(　　) 1. 培養敏銳的觀察力，關心生活週遭的人、事、物，對他人的遭遇與不便，設身處地的去感受，是尋找發明主題的重要方式。

(　　) 2. 每個人找靈感的方式完全相同。

(　　) 3. 以回收各廠牌舊機的方式，傾聽使用者對各廠牌舊機型的抱怨，哪些部分常故障，哪些功能不理想，應該增加哪些功能，是廠商找商機的常用手法。

(　　) 4. 大膽違反傳統思維的反向叛逆思考也是尋找發明主題的方式之一。

(　　) 5. 跨領域、廣泛的閱讀，對達成有效的正向互補聯想有相當的助益。

(　　) 6. 為失敗作品找新用途是尋找發明主題的方式之一。

(　　) 7. 迴避設計也是尋找發明主題的方式之一。

(　　) 8. 在台灣申請專利範圍只可以有獨立項不能有附屬項。

(　　) 9. 在台灣獨立項應以最基本且不可或缺的部份組成。

(　　) 10. 在台灣申請專利範圍愈大愈好。

(　　) 11. 在台灣可附加之功能與變化應分別以附屬項涵蓋，而非全部寫在獨立項內。

(　　) 12. 在台灣申請專利範圍的撰寫，不須考慮反迴避設計的問題。

(　　) 13. 在台灣經濟部中小企業處與大專院校創新育成中心都有提供創業協助。

(　　) 14. 德國紐倫堡國際發明展、瑞士日內瓦國際發明展與美國匹茲堡國際發明展，被稱為三大國際發明展。

(　　) 15. 台北發明展原本是國內展，民國94年才改為國際發明展。

(　　) 16. 國際發明展有時會遇見以不實發明品、剪報與文宣誘使提供研發資金，或謊稱可代為以高價出售專利，其實是騙取仲介費，或謊稱有國外買主要下大訂單，以騙取宣稱用於打點買方關鍵人物的禮物與紅包等詐騙行為。

(　　) 17. 在台灣有些業者會在名片印假的「博士」頭銜，招搖撞騙，有意投資者應該要向教育部或相關學校查詢，以免受騙。

(　　) 18. 在台灣如獲不明大陸買主邀約，應提高警覺以免受騙或被綁票勒贖。

（　）19.「瞬間功率」與「能量」是相同的。

（　）20. 一個人存在的價值，不在於是否賺了很多錢或擁有很高的職位，而是在於是否留給後世很多值得感念的貢獻與典範。

（　）21. 配合當地的民情風俗有時是能否成功商品化的關鍵所在。

（　）22. 只要一堆人腦力激盪，就可以達到 3 個臭皮匠勝過一個諸葛亮的效果。

（　）23. 在台灣國際發明展的攤位是免費的。

（　）24. 在台灣在國際發明展中設置金牌獎、銀牌獎、銅牌獎與特別獎是一種慣例。

（　）25. 在台灣在國際發明展中獲得金牌獎、銀牌獎、銅牌獎與特別獎可獲得高額獎金。

（　）26. 在台灣在國際發明展中大約每十件參展品中會有一件金牌獎。

（　）27. 各個國際發明展主辦單位的評分方式完全相同。

（　）28. 在參展品超過一千件的大型國際發明展中，金牌獎可能超過一百個。

（　）29. 在台灣發明人為國爭光在國際發明展獲獎，政府會頒發高額獎金。

（　）30. 在台灣國家發明創作獎每兩年辦理一次。

（　）31. 在台灣國家發明創作獎頒發的最高獎金為新台幣四十五萬元。

（　）32. 在台灣國家發明創作獎頒發的獎金是給專利所有權人而非發明人。

（　）33. 在台灣參選國家發明創作獎的發明獎必須是在報名截止日前六年內，取得我國之發明專利權才可以。

（　）34. 在台灣參選國家發明創作獎的創作獎必須是在報名截止日前六年內，取得我國之新型或設計專利權才可以。

（　）35. 在台灣只要提出專利申請案就能報名國家發明創作獎。

（　）36. 在台灣只要提出專利申請案就能報名國際發明展。

（　）37. 在台灣民國 93 年之後，以新型專利報名國家發明創作獎者，一定要檢附新型專利技術報告。

（　）38. 在台灣國際發明展如果以前有參展但沒有得過獎，就可以再報名。

（　）39. 在台灣國家發明創作獎如果以前有參展但沒有得過獎，就可以再報名。

（　）40. 在台灣國家發明創作獎歷屆都由行政院院長、經濟部部長與智慧財產局局長等長官親自出席頒獎，以隆重的頒獎典禮活動來表揚在創新研發上有卓越貢獻的企業、學界、團隊與個人。

第4章 習 題

班級：＿＿＿＿＿＿＿＿　姓名：＿＿＿＿＿＿＿＿　學號：＿＿＿＿＿＿＿＿

(　) 1. 在台灣兩件物品看起來很像就是侵犯專利權。

(　) 2. 在台灣全要件原則是指疑似仿冒品與專利物品的「申請專利範圍」中，某一請求項的全部元件或全部技術特徵一一對應。

(　) 3. 在台灣由專利物品的「申請專利範圍」中，某一請求項的文字意義看起來，疑似仿冒品與專利物品 A 是一樣的，稱為文義侵權。

(　) 4. 在台灣如果以「申請專利範圍」中的某一請求項逐一檢視疑似仿冒品，結果大多數都不符合，就可以確定沒有侵犯專利權。

(　) 5. 在台灣均等是指實質上使用同一方法，發揮同一作用，實現同一結果。

(　) 6. 在台灣如果以「申請專利範圍」中的某一請求項逐一檢視疑似仿冒品，結果大多數都符合，只是少數一、兩個不符合，就可以確定沒有侵犯專利權。

(　) 7. 在台灣迴避設計是在沒有侵犯專利權的情況下，合法使用與該專利非常近似的技術。

(　) 8. 在台灣在元件(或步驟)較少的情況下，仍能達成相同的功效，是最保險也最成功的迴避設計。

(　) 9. 在台灣若能有效改變或扭曲某關鍵元件，有時也能達成迴避設計的需求。

(　) 10. 在台灣以最基本及不可缺少的元件(或步驟)組成「申請專利範圍」中的獨立項是達成反迴避設計的原則。

(　) 11. 在台灣以「申請專利範圍」中的附屬項，將獨立項的各種可能變化儘量包含進去是達成反迴避設計的原則。

(　) 12. 在台灣附屬在 1 個獨立項(或附屬項)的附屬項，稱為單一附屬項。

(　) 13. 在台灣附屬在 3 個或 3 個以上獨立項(或附屬項)的附屬項，才能稱為多項附屬項。

(　) 14. 在台灣多項附屬項裡各項之間的聯接詞除了用「或」，也能使用「及」，還能使用「和」。

(　) 15. 在台灣多項附屬項可以附屬在多項附屬項上。

( ) 16. 在台灣撰寫申請專利範圍必須考慮反迴避設計。

( ) 17. 在台灣申請專利範圍可以有 2 個獨立項。

( ) 18. 在台灣雖然被認定實質上使用同一方法，發揮同一作用，實現同一結
果，但若是屬於「習知技術」就不會被認定為均等，這種情況被稱為
「逆均等」。

( ) 19. 在台灣把某專利物品中以彈簧的彈力分開的 2 個元件，改成以金屬彈
片將 2 個元件分開，就是成功的迴避設計。

( ) 20. 在台灣把某專利物品中以彈簧的彈力分開的 2 個元件，改成以電磁鐵
的磁力將 2 個元件分開，就是成功的迴避設計。

( ) 21. 在台灣符合全要件原則就一定有侵犯專利權。

( ) 22. 在台灣調閱專利審查階段與舉發階段的先前技術引證案與答辯資料，
對打贏侵犯專利權的官司毫無幫助。

( ) 23. 在台灣如果符合文義侵權，又有禁反言的情況，就是有侵犯專利權。

( ) 24. 在台灣習知技術不能獲准專利。

( ) 25. 在台灣如果判定為逆均等，就是有侵犯專利權。

第 5 章 習 題

班級：_____　　　姓名：_____　　　學號：_____

(　　) 1. 在台灣由經濟部智慧財產局網站下載的「發明專利申請書」、「新型專利申請書」與「設計專利申請書」各段的字體大小可以自行加以更改。

(　　) 2. 在台灣專利申請書首頁最上方的申請案號、案由、申請日，前面以符號※加以標示，是提醒專利申請人務必要填寫這些事項。

(　　) 3. 在台灣如果申請的是新型專利或設計專利，就會有「□本案一併申請實體審查」的欄位須填寫。

(　　) 4. 在台灣如果專利申請人在「□本案一併申請實體審查」的選項打勾，則在繳費時，除了專利申請費之外，還要繳交實體審查費。

(　　) 5. 在台灣如果專利申請人沒有在「□本案一併申請實體審查」的選項打勾，則必須在申請日起 4 年內繳費另外提出要求進行實體審查的申請，否則此一專利申請案將會被視為放棄。

(　　) 6. 在台灣不論是「發明名稱」、「新型名稱」或「設計名稱」，都可以加入廣告與姓氏。

(　　) 7. 在台灣當專利獲准之後，「申請人」就變成「專利所有權人」。

(　　) 8. 在台灣專利申請書中必須填寫「申請人」總共有幾人。

(　　) 9. 在台灣專利申請書中必須填寫該位「申請人」是第幾位申請人。

(　　) 10. 在台灣專利申請書中必須填寫「申請人」的國籍。

(　　) 11. 在台灣自然人是指有生命的人，法人是指沒有生命的機構，例如公司或學校。

(　　) 12. 在台灣如果「申請人」是中華民國國民，則識別碼(ID)應填寫身分證號碼。

(　　) 13. 在台灣如果「申請人」是自然人，但不是中華民國國民，則識別碼(ID)應填寫護照號碼或經濟部智慧財產局所給予的識別編號。

(　　) 14. 在台灣如果「申請人」是法人，則識別碼(ID)應填寫該機構的統一編號。

(　　) 15. 在台灣「申請人」的姓名不論中、英文都是姓在前，名在後。

(　　) 16. 在台灣「申請人」的姓名，英文只有第一個字母大寫。

（　　）17. 在台灣專利申請書中申請人的姓名或名稱旁一定要蓋章。

（　　）18. 在台灣申請人委任的專利代理人不得逾 2 人。

（　　）19. 在台灣專利代理人有二人以上者，不得單獨代理申請人。

（　　）20. 在台灣發明專利應繳的規費金額與說明書的總頁數，以及申請專利範圍請求項的項數有關。

（　　）21. 在台灣如果申請的是發明專利，若發明名稱、申請人姓名或名稱、發明人姓名或名稱以及說明書摘要全部附有英文翻譯，則可減收新台幣 800 元。

（　　）22. 在台灣新型專利的應繳規費與專利說明書的總頁數，以及申請專利範圍請求項的項數無關。

（　　）23. 在台灣設計專利的應繳規費與專利說明書的總頁數，以及申請專利範圍請求項的項數無關。

（　　）24. 在台灣如果申請的是新型專利，則應繳規費固定為新台幣 3000 元。

（　　）25. 在台灣如果申請的是設計專利，則應繳規費固定為新台幣 3000 元。

（　　）26. 在台灣如果申請人沒有找專利代理人，而是自己提出專利申請，就必須附委任書。

（　　）27. 在台灣設計專利會影響國家安全。

（　　）28. 在台灣申請新型專利必須附 2 份摘要。

（　　）29. 在台灣申請設計專利必須附 1 份圖式。

（　　）30. 在台灣同時申請發明專利跟新型專利必須在聲明事項中聲明。

第6章 習 題

班級：＿＿＿＿＿＿＿＿　姓名：＿＿＿＿＿＿＿＿　學號：＿＿＿＿＿＿＿＿

( ) 1. 在台灣申請案號與申請日，這些是專利申請人不必填寫的事項。

( ) 2. 在台灣在「專利說明書」所寫的「發明名稱」必須與在「專利申請書」所寫的「發明名稱」相同。

( ) 3. 在台灣如果申請的是發明專利或新型專利，則必須選擇一個最能代表本件專利申請案的圖，稱為指定代表圖。

( ) 4. 在台灣如果申請的是發明專利或新型專利，指定代表圖必須是專利說明書所有圖中的第一個圖。

( ) 5. 在台灣設計專利的指定代表圖必須放在第一個圖，而且必須單獨一頁。

( ) 6. 在台灣如果申請的是跟化學有關的發明專利，可以選擇 3 個最能代表本件專利申請案的化學式。

( ) 7. 在台灣如果申請的是新型專利或設計專利，則不會有化學式的欄位須填寫。

( ) 8. 在台灣技術領域不應該強調發明創作的「實用性」。

( ) 9. 在台灣如果申請的是設計專利，則沒有技術領域的欄位須填寫，只有「物品用途」的欄位須填寫。

( ) 10. 在台灣如果申請的是設計專利，則沒有先前技術的欄位須填寫，只有「設計說明」的欄位須填寫。

( ) 11. 在台灣如果申請的是新型專利或發明專利，為了證明所申請的專利內容確實具有「實用性」，必須至少舉出 2 個實施範例。

( ) 12. 在台灣申請專利範圍不必為發明說明及圖式所支持。

( ) 13. 在台灣圖式應註明圖號及元件符號，除必要註記外，不得記載其他說明文字。

( ) 14. 在台灣設計專利沒有「實施方式」的欄位須填寫。

( ) 15. 在台灣申請專利範圍原則上是一段學術論文或科學報告。

( ) 16. 在台灣申請專利範圍至少要有一個獨立項。

( ) 17. 在台灣申請專利範圍只能有一個獨立項。

( ) 18. 在台灣每一個獨立項與附屬項前面,都必須用阿拉伯數字依序編號。

( ) 19. 在台灣每一個附屬項都是一個獨立且完整的法律文件。

( ) 20. 在台灣每一個附屬項都必須寫明被它所附屬的是那一個或那幾個「被附屬項」。

( ) 21. 在台灣每一個附屬項的內容都包含「被附屬項」的全部內容。

( ) 22. 在台灣單項附屬項不可以附屬在獨立項或單項附屬項之上。

( ) 23. 在台灣多項附屬項不可以附屬在獨立項或單項附屬項之上。

( ) 24. 在台灣多項附屬項可以附屬在多項附屬項之上。

( ) 25. 在台灣每一個獨立項或附屬項都只能有一個句號。

( ) 26. 在台灣申請專利範圍的內容可以引述說明書之行數、圖式或圖式之元件符號。

( ) 27. 在台灣發明專利與新型專利的申請專利範圍可以有圖。

( ) 28. 在台灣設計專利的申請專利範圍就是圖。

( ) 29. 在台灣申請專利範圍可以包含化學式或數學式,所以化學式或數學式本身可以直接是申請專利的標的。

( ) 30. 在台灣為了表示流體的狀態,可在圖中標示「液態」或「汽態」的字。

( ) 31. 在台灣為了表示開關的狀態,可在圖中標示「開」或「關」的字。

( ) 32. 在台灣在流程圖上可標示每一個流程的處理內容摘要。

( ) 33. 在台灣「圖式」應以繪圖為主,照片為附件。

( ) 34. 在台灣申請專利範圍元件連接方式說明的文字之間應使用逗號或頓號。

( ) 35. 在台灣設計專利,可以繪製參考圖,所以專利範圍包含參考圖。

( ) 36. 在台灣設計主張色彩者,應呈現其色彩。

( ) 37. 在台灣圖式必須在被縮小至原來的四分之三之後,仍然必須可以清晰分辨圖式中各項元件。

( ) 38. 在台灣在每一個獨立項或附屬項的文字中,元件或步驟之間應以分號「;」分開。

( ) 39. 在台灣多項附屬項應以選擇式為之。

( ) 40. 在台灣設計專利沒有「摘要」。

第7章 習題

班級：_____　　　姓名：_____　　　學號：_____

(　) 1. 在台灣雖然由「申請專利範圍」比對的結果為「均等」，可是因為該技術完全沒有在專利權人的專利說明中揭露，而申請專利範圍必須為發明說明及圖式所支持。所以此一情況稱為「逆均等」。

(　) 2. 在台灣在實施範例中，將各種可能的方法、技術或元件都列出來，是避免因逆均等論而失去部份專利範圍的最佳防禦方式。

(　) 3. 在台灣上位概念與下位概念是絕對的。

(　) 4. 在台灣以上位概念撰寫的「申請專利範圍」具有較小的範圍，而以下位概念撰寫的「申請專利範圍」具有較大的範圍。

(　) 5. 在台灣如果使用開放性連接詞，表示元件、成分或步驟之組合中，可能還有請求項未記載的其他元件、成分或步驟。

(　) 6. 在台灣如果使用封閉性連接詞，表示元件、成分或步驟之組合中，不可能有請求項未記載的其他元件、成分或步驟。

(　) 7. 在台灣疑似侵權的產品只要包含開放性申請專利範圍的全部元件(或步驟)，而且連接方式與功能都相同，即使還有其他元件，仍構成文義侵權。

(　) 8. 在台灣疑似侵權的產品只要包含封閉性申請專利範圍的全部元件(或步驟)，而且連接方式與功能都相同，即使還有其他元件，仍構成文義侵權。

(　) 9. 在台灣特徵式(吉普森氏)寫法的固定格式為「與先前技術相同的元件或步驟」「其特徵在於」「與先前技術不同的元件或步驟」。

(　) 10. 在台灣審查進步性時，只能就每一請求項中所載之發明與單一先前技術進行比對。

(　) 11. 在台灣審查新穎性時，得以多份引證文件中之全部或部分技術內容的組合與「申請專利範圍」中的每一個請求項進行比對。

(　) 12. 在台灣如果找不到任何與申請案有關的先前技術，就表示申請案是開創性發明。

(　) 13. 在台灣開創性發明不具進步性。

( ) 14. 在台灣轉用發明,指將某一技術領域之先前技術轉用至其他技術領域之發明。

( ) 15. 在台灣轉用發明無須產生無法預期的功效,也無須克服其他技術領域中前所未有但長期存在於該發明所屬技術領域中的問題,就應認定該發明具進步性。

( ) 16. 在台灣用途發明,指將已知物質或物品用於新目的之發明。

( ) 17. 在台灣若用途發明能產生無法預期的功效,應認定該發明具進步性。

( ) 18. 在台灣改變技術特徵關係之發明,指改變先前技術中之元件形狀、尺寸、比例、位置及作用關係或步驟的順序等之發明。

( ) 19. 在台灣若改變技術特徵關係之發明能產生無法預期的功效或新的用途,應認定該發明非能輕易完成,具進步性。

( ) 20. 在台灣組合發明,指組合先前技術中複數個技術手段所構成之發明。

( ) 21. 在台灣選擇發明,指從先前技術的較大範圍中,有目的去選擇先前技術未明確揭露之較小範圍或個體作為其技術特徵之發明。

( ) 22. 在台灣兩個以上發明若屬於一個廣義發明概念,則可以合併成一件申請案。

( ) 23. 在台灣某發明為物之發明,他發明為專用於製造該物之方法,則可以合併成一件申請案。

( ) 24. 在台灣某發明為方法發明,他發明為實施該方法專用的機械、器具或裝置,則可以合併成一件申請案。

( ) 25. 在台灣獨立項與其附屬項之間無發明單一性的問題。

( ) 26. 在台灣依附於同一獨立項的各附屬項之間,會有發明單一性的問題。

( ) 27. 在台灣分割申請應於原申請案再審查,審定後為之。

( ) 28. 在台灣所謂「劃線」是指在原本存在,但因修正而要刪除的文字劃「刪除線」(=),而在原本不存在,但因修正而要增加的文字劃「底線」(__)。

( ) 29. 在台灣申請補充、修正說明書或圖式者,若修正後不會導致原說明書或圖式出現頁數不連續的情況,則只要提出有修正的那幾頁,包含有劃線與沒有劃線的修正頁即可,不必提出修正後的整份專利說明書。

( ) 30. 在台灣申請補充、修正說明書或圖式者,若修正後會導致原說明書或圖式出現頁數不連續的情況,則必須提出修正後的整份專利說明書。

第 8 章 習 題

班級：_____　　姓名：_____　　學號：_____

(　) 1. 檢索專利只要有找到相關資料即可。

(　) 2. 在台灣公開公報的內容是已經核准的專利，會包含比較久以前的資料。

(　) 3. 在台灣專利公報的內容是被早期公開的發明專利申請案，屬於比較新的資料，許多甚至還在審查中。

(　) 4. 在台灣號碼檢索可以用「公開／公告號」、「證書號」與「申請號」的選項查詢。

(　) 5. 在台灣布林檢索關鍵字之間的關聯詞只能用「AND」，不可用「OR」或「NOT」。

(　) 6. 在台灣 A　AND　B，表示必須同時符合條件 A 與條件 B 的資料才會被檢出。

(　) 7. 在台灣 A　OR　B，表示只要符合條件 A 或條件 B 其中之一的資料就會被檢出。

(　) 8. 在台灣 A　NOT　B，表示必須符合條件 A 但是不符合條件 B 的資料才會被檢出。

(　) 9. 第一版國際專利分類(IPC)在 1968 年 9 月生效。

(　) 10. 國際專利分類分為六層，分別是主部、次部、主類、次類、主目與次目。

(　) 11. 在查詢國際專利分類時，若標示為 Int.Cl^5，上標的 "5" 就表示是依據國際專利分類第五版所做的分類。

(　) 12. 國際專利分類(IPC)第一層「部」以小寫英文字母 a ~ h 表示。

(　) 13. 國際專利分類(IPC)第二層「主類」是以兩位數字呈現。

(　) 14. 國際專利分類(IPC)第三層「次類」是以一個大寫的英文字母呈現。

(　) 15. 國際專利分類(IPC)第四層「主目」是以 1 ~ 2 位數字呈現。

(　) 16. 國際專利分類(IPC)第五層「次目」是以斜線(／)後面的數字呈現。

( ) 17. 如果第四層「主目」的資料還不是很多，有時第五層「次目」就只有 "/00"。

( ) 18. 如果第四層「主目」的資料很多，有時第五層「次目」會出現超過兩位的數字。

( ) 19. A47H007/583 應該介於 A47H007/58 與 A47H007/59 之間。

( ) 20. 有出現圓點(●)的分類為往上、最接近而且圓點數目多一個的那個分類的細分類。

( ) 21. 專利地圖就是專利概況分析。

( ) 22. 將某一技術的歷年變化依照時間陳列進行分析，稱之為專利強度分析。

( ) 23. 用某件專利被其他專利或文獻引用的次數來評估該專利產生的新技術對相關產業的影響力，稱為專利技術趨勢分析。

( ) 24. 對一個新技術剛開發出來前幾年的被引用設定較高權重，以及對一個技術開發出來許多年後的被引用設定較高權重的方式，稱為優質專利指數。

( ) 25. 被引用積分排名前 25%的專利稱為優質專利。

( ) 26. 將某公司最近 5 年內在某領域擁有的專利數乘以該公司在該領域的即時影響指數，就稱為該公司在該領域的專利技術強度。

( ) 27. 將專利技術引用與被引用的關係畫成圖，稱為技術功效矩陣。

( ) 28. 以類似魚骨的形狀將相關技術功效畫成圖，稱為技術功效魚骨圖。

( ) 29. 將技術功效魚骨圖改為以矩陣的形式來表達某項目的專利數量，稱為技術關聯分析圖。

( ) 30. 針對某件專利的核准與否、專利年費維護狀態與訴訟狀態等進行分析稱為法律狀態分析。

第9章　習　題

班級：_____　姓名：_____　學號：_____

(　) 1. 歐洲專利公約只是程序文件並未制定歐洲專利法。

(　) 2. 歐洲專利的審查只由一位審查員負責審查。

(　) 3. 台灣人可以經由歐洲專利公約同時向許多國家提出專利申請。

(　) 4. 甲經歐洲專利局獲得英國、法國、德國、瑞典、比利時及丹麥等國的專利，
後來在英國的專利被宣告無效，則在其他國的專利也同時失效。

(　) 5. 申請歐洲專利可指定斯洛維尼亞。

(　) 6. 植物專利申請前在美國公開販賣九個月仍然未喪失新穎性。

(　) 7. 美國的暫時性申請必需包含申請專利範圍。

(　) 8. 台灣人不可以經由歐洲專利公約向挪威提出專利申請。

(　) 9. 甲向美國提出專利申請時罹患癌症可以請求提前審查。

(　) 10. 在美國研發的技術申請外國專利不必經過政府核准。

(　) 11. 經由歐洲專利局申請英國與法國之歐洲專利，核准後只會取得一張歐洲專
利證書。

(　) 12. 中間物品之發明不可以申請歐洲專利。

(　) 13. 在美國於沒有專利的物品上標示假的專利字號是違反規定的。

(　) 14. 美國的暫時性申請可以主張優先權。

(　) 15. 歐洲專利對申請專利範圍採折衷主義。

(　) 16. 美國人可以經由專利合作條約同時向許多國家提出專利申請。

(　) 17. 台灣人可以經由歐洲專利公約向羅馬尼亞提出專利申請。

(　) 18. 甲向美國提出專利申請時為六十歲可以請求提前審查。

(　) 19. 歐洲專利局的總局設在慕尼黑。

(　) 20. 美國專利局職員在離職半年後可以申請專利。

(　) 21. 歐洲專利的審查由 3~4 位審查員負責審查。

(　) 22. 申請歐洲專利不必包含發明步驟。

(　　) 23. 英國是歐洲專利公約的會員國。

(　　) 24. 將內容貼在公佈欄就構成歐洲專利的技術狀態。

(　　) 25. 在美國，甲乙二人共同擁有 A 物品的專利，甲可以不經乙的同意，將
其應有部分授權給丙。

(　　) 26. 不完全之發明可以申請歐洲專利。

(　　) 27. 申請歐洲專利不能使用德文。

(　　) 28. 申請歐洲專利會收到先前技術調查報告。

(　　) 29. 甲乙二人共同研發一件專利，在申請歐洲專利時，可以甲指定英國，
乙指定法國。

(　　) 30. 台灣是專利合作條約的會員國。

(　　) 31. 美國的發明專利權期限是十八年。

(　　) 32. 非歐洲專利締約國國民不能申請歐洲專利。

(　　) 33. 甲擁有一件美國專利，授權時，可以授權乙在加州，丙在德州。

(　　) 34. 申請歐洲專利在專利核准前，可以撤回全部的指定國。

(　　) 35. 透過專利合作條約可以獲得超過 12 個月的國際優先權期限。

第 11 章 習 題

班級：＿＿＿＿＿＿＿＿　姓名：＿＿＿＿＿＿＿＿　學號：＿＿＿＿＿＿＿＿

（　　）1. 在台灣，商標具有辨識功能。

（　　）2. 台灣可申請圖形商標。

（　　）3. 台灣可申請聲音商標。

（　　）4. 在台灣，圓形外觀可註冊為輪胎商標。

（　　）5. 池上米為台灣的證明標章。

（　　）6. 在台灣，蔣中正可註冊為商標。

（　　）7. 在台灣，二者在外觀、讀音或觀念上有一近似即為近似之商標。

（　　）8. 台灣可申請立體商標。

（　　）9. 在台灣，商標字體用正楷與用草書即視為不同文字。

（　　）10. 在台灣，咖啡廳服務與咖啡商品構成近似。

（　　）11. 在台灣，鱷魚牌蚊香與鱷魚牌皮帶會造成混淆誤認。

（　　）12. 在台灣，商標具有來源功能。

（　　）13. 在台灣，以假品裝入真商標商品之包裝內，冒充真品之商標者，因商標權耗盡，故並無侵害商標權。

（　　）14. 在台灣，孫中山可註冊為商標。

（　　）15. 在台灣，可以用免削為免削鉛筆之商標。

（　　）16. 在台灣，可將化妝品 Avon 用作音響商標。

（　　）17. 在台灣商品及服務分類表中分在不同類就不屬於類似商品。

（　　）18. 在台灣，申請商標註冊不必指定使用之商品或服務。

（　　）19. 在台灣，商標具有品質保障功能。

（　　）20. 在台灣，真品平行輸入之商品其品質與國內商標使用權人行銷之同一商品相當，而且沒有引起消費者混同、誤認、欺矇之虞者，不構成侵害商標使用權。

（　　）21. 在台灣，外包裝無商標但透過遊樂器主機執行程式時，於螢幕會出現商標圖樣就是侵害商標權。

（　）22. 在台灣，港澳碼頭可註冊為服裝之商標。

（　）23. 台灣可申請顏色商標。

（　）24. 甲在 2013 年 11 月 8 日在美國申請一個商標，在 2014 年 10 月 5 日以
相同的商標來台灣申請，可以主張國際優先權。

（　）25. 在台灣，可將威士忌用作清潔劑商標。

（　）26. 在台灣，商標字體用大寫與小寫即視為不同文字。

（　）27. 在台灣，可以用烏溜溜為洗髮精之商標。

（　）28. 在台灣，可將蘇活用作化妝品、洗面皂、香水的商標。

（　）29. 在台灣，二商標以同一動物為商標圖樣但造型不同就是構成近似。

（　）30. 可口可樂的玻璃瓶裝造型在美國已經註冊為立體商標。

（　）31. 在台灣，彩色牙膏設計圖是具有識別性的商標。

（　）32. 在台灣，商標具有廣告功能。

（　）33. 在台灣，以假品裝入真商標商品之包裝內，冒充真品之商標者，因該
附有商標之商品已變質，故有侵害商標權。

（　）34. 在台灣，商標不受延展次數之限制。

（　）35. 台灣可申請文字商標。

（　）36. 在台灣，俾斯麥可註冊為商標。

（　）37. 台灣菸酒股份有限公司的吉祥羊酒瓶是台灣的立體商標。

（　）38. 台灣可申請記號商標。

（　）39. 在台灣，領帶與領帶夾為類似商品。

（　）40. 在德國販售 30 年但並不曾於台灣販售，可在台灣認定為著名商標。

第 12 章 習 題

班級：_____　姓名：_____　學號：_____

(　) 1. 台灣營業秘密法所稱的營業秘密，係指方法、技術、製程、配方、程式、設計或其他可用於生產、銷售或經營之資訊。

(　) 2. 美國經濟間諜法是有刑責會被抓去關而非賠錢就可以的。

(　) 3. 在台灣，失敗的實驗報告不算是營業秘密。

(　) 4. 在台灣，員工除了因為接觸雇主的營業秘密之外，基本上員工在工作中所學習的都算職業技能。

(　) 5. 在台灣，營業秘密係利用雇用人之資源或經驗者，雇用人得於支付合理報酬後，於該事業使用其營業秘密。

(　) 6. 在台灣，營業秘密不得為質權及強制執行之標的。

(　) 7. 在台灣，房屋仲介業的賣方委託價格是營業秘密。

(　) 8. 在台灣，出資聘請他人從事研究或開發之營業秘密，其營業秘密之歸屬依契約之約定；契約未約定者，歸受聘人所有。

(　) 9. 在台灣，若客戶名單因招標而公開則非營業秘密。

(　) 10. 在台灣，企業間記載有具競爭性之產品銷售價格與條件的英文傳真是營業秘密。

(　) 11. 在台灣，營業秘密所有人有標示機密文件、需一定程序才能影印、出入口有門禁就算是合理的保密措施。

(　) 12. 在台灣，參加公司舉辦的營業秘密教育訓練講習之簽到單，可用於證明員工知悉相關規定。

(　) 13. 美國經濟間諜法是屬於聯邦法。

(　) 14. 在台灣，房屋仲介業的佣金是營業秘密。

(　) 15. 在台灣，禁業條款限制員工離職後 20 年內，不得在全世界任何地方從事與原公司相同的行業是合法的。

(　) 16. 在台灣，營業秘密屬員工所有，職業技能屬雇主所有。

(　) 17. 在台灣，上游業者將工程轉包給下游代工業者，有簽立保密協定，則下游代工業者不得將該工程所需之施工圖面外流、拷貝或施作。

( ) 18. 在台灣，以不正當方法取得營業秘密是指以竊盜、詐欺、脅迫、賄賂、擅自重製、違反保密義務、引誘他人違反其保密義務或其他類似之方法取得營業秘密。

( ) 19. 美國經濟間諜法不僅處罰實際實行之犯罪行為，也及於未遂犯、陰謀犯與共謀犯。

( ) 20. 在台灣，營業秘密為共有時，各共有人非經其他共有人之同意，不得以其應有部分讓與他人。

( ) 21. 在台灣，以還原工程取得營業秘密就算是以不正當方法取得營業秘密。

( ) 22. 在台灣，申請加油站設置之文件資料在未經政府核准前是營業秘密。

( ) 23. 在台灣，受雇人於職務上研究或開發之營業秘密，歸雇用人所有。

( ) 24. 在台灣，房屋仲介業的中人費是營業秘密。

( ) 25. 在台灣，擅自重製機車引擎零件設計圖並據以製造是侵害營業秘密。

( ) 26. 在台灣，因其秘密性而具有實際或潛在之經濟價值者才算是營業秘密。

( ) 27. 在台灣，房屋仲介業的業績分配是營業秘密。

( ) 28. 在台灣，建築新工法算是營業秘密。

( ) 29. 在台灣，房屋仲介業的不動產買賣意願書是營業秘密。

( ) 30. 在台灣，受雇人於非職務上研究或開發之營業秘密，歸受雇人所有。。

( ) 31. 在台灣，非一般涉及該類資訊之人所知者才算是營業秘密。

( ) 32. 在台灣，客戶資料是營業秘密。

( ) 33. 在台灣，營業價格表是營業秘密。

( ) 34. 在台灣，學生名單及載送路線不是營業秘密。

( ) 35. 在台灣，營業秘密所有人對機密文件需明確標示，相關規定應經員工簽收才算是合理的保密措施。

( ) 36. 在台灣，所有人已採取合理之保密措施者才算是營業秘密。

( ) 37. 在台灣，房屋仲介業的銷售物件來源分析表是營業秘密。

( ) 38. 在台灣，房屋仲介業的專任委託銷售契約書是營業秘密。

( ) 39. 在台灣，數人共同研究或開發之營業秘密，其應有部分依契約之約定；無約定者，推定為均等。

( ) 40. 美國聯邦調查局(FBI)會參與對營業秘密的調查。

第 13 章 習 題

班級：_____ 姓名：_____ 學號：_____

( ) 1. 在台灣，著作權的保護及於所表達之思想、程序、製程、系統、操作方法、概念、原理或發現。

( ) 2. 在台灣，3 人共同完成一套軟體，某人完成部分在技術上可獨立運作，即為共同著作。

( ) 3. 在台灣，非以營利為目的，未對觀眾或聽眾直接或間接收取任何費用，且未對表演人支付報酬者，得於活動中公開口述他人已公開發表之著作。

( ) 4. 在台灣，非以營利為目的，未對觀眾或聽眾直接或間接收取任何費用，且未對表演人支付報酬者，得於活動中公開播送他人已公開發表之著作。

( ) 5. 在台灣，非以營利為目的，未對觀眾或聽眾直接或間接收取任何費用，且未對表演人支付報酬者，得於活動中公開上映他人已公開發表之著作。

( ) 6. 在台灣，非以營利為目的，未對觀眾或聽眾直接或間接收取任何費用，且未對表演人支付報酬者，得於活動中公開演出他人已公開發表之著作。

( ) 7. 在台灣，非以營利為目的，未對觀眾或聽眾直接或間接收取任何費用，且未對表演人支付報酬者，得公開傳輸他人已公開發表之著作。

( ) 8. 在台灣，公文受著作權保護。

( ) 9. 在台灣，將英文著作翻譯成中文是衍生著作。

( ) 10. 在台灣，政治或宗教上之公開演說任何人得利用之。

( ) 11. 在台灣，中央或地方機關之公開陳述，任何人得利用之。

( ) 12. 在台灣，將自己購買的 CD 複製，以便與他人交換其所擁有的音樂不算侵犯著作權。

( ) 13. 在台灣，將網路上的圖片製作成縮圖提供檢索之用不算侵犯著作權。

( ) 14. 在台灣，造型藝術作品出售後買方可任意改變該作品的造型。

( ) 15. 在台灣，學校老師為了考試，可以重製他人已公開發表之試題供為試題之用。

( ) 16. 在台灣，著作權人所採取禁止或限制他人擅自進入著作之防盜拷措施，未經合法授權不得予以破解、破壞或以其他方法規避之。

( ) 17. 在台灣，憲法、法律、命令或公文與依法令舉行之各類考試試題及其備用試題若經選取與編排，則其所作之選擇與編排將受著作權保護。

( ) 18. 在台灣，單純的警示就構成防盜拷措施。

( ) 19. 在台灣，供公眾使用之圖書館基於保存資料之必要，可以重製收藏之著作。

( ) 20. 在台灣，著作人為法人時，著作權期限到公開發表後 50 年。

( ) 21. 在台灣，著作人為公務員其著作財產權歸該公務員隸屬之法人所有。

( ) 22. 在台灣，在俱樂部或旅館房間放映影片屬於公開上映。

( ) 23. 在台灣，可以未經同意就使用別人的帳號與密碼。

( ) 24. 在台灣，繁體中文與簡體中文都是中文，故繁體中文授權與簡體中文授權屬同一個授權範圍。

( ) 25. 在台灣，發表於報紙的食譜，可以由報紙轉載。

( ) 26. 在台灣，可以隨意下載印製他人發表於 BBS 的文章。

( ) 27. 在台灣，著作人為自然人時，攝影、視聽、錄音及表演著作的著作權期限到公開發表後 50 年。

( ) 28. 在台灣，對他人著作的事後修改、改編屬共同著作。

( ) 29. 在台灣，在作者死後 45 年首次公開發表的著作有 10 年的著作權。

( ) 30. 在台灣，某些事務的表達方法若僅有一種或少數幾種時則該表達方式不受著作權保護。

( ) 31. 在台灣，因報導畫展而拍攝所展出的畫是侵犯著作權。

( ) 32. 在台灣，數學、自然、社會科學等一般常識、周知觀念或方法，屬公共財，不受著作權保護。

( ) 33. 在台灣，著作人格權乃一身專屬權，不得讓與或繼承。

( ) 34. 在台灣，甲將其創作之音樂上網並註明歡迎下載，則乙非由網路下載，而是由非法管道取得後再傳給別人是侵犯著作權。

( ) 35. 在台灣，圓圈內有錢的符號被畫一條斜線，表示只要是非商業性就可免費使用該著作。